Abgeleitete physikalische Größen (Fortsetzung)

Name	Zeichen	Definitions-gleichung	Einheiten		Weitere		
			Name	Zeichen	Name		
Drehmoment	M	$M = F \cdot a$	Newtonmeter	Nm			
Richtgröße	D	$D = \dfrac{F}{\Delta l}$	Newton durch Meter	$\dfrac{N}{m}$			
Energie Arbeit innere Energie Wärme	E, W W U Q	$W = F_s \cdot s$	Joule	J	Newtonmeter Wattsekunde Kilowatt-stunde Kilogramm-Steinkohlen-einheit	Nm Ws kWh kg SKE	1 J = 1 Nm = 1 Ws 1 kWh = 3 600 000 Ws Ws = 3,6 MJ 1 kg SKE = 8,12 kWh
Druck	p	$p = \dfrac{F}{A}$	Pascal	Pa	Hektopascal Bar	hPa bar	$1\,\text{Pa} = 1\,\dfrac{N}{m^2} = 10^{-5}\,\text{bar}$ 1 hPa = 1 mbar
Leistung	P	$P = \dfrac{W}{t}$	Watt	W			$1\,\text{W} = 1\,\dfrac{J}{s} = 1\,\text{VA}$
Temperatur-differenz	$\Delta T,$ $\Delta \vartheta$	$\Delta T = T_2 - T_1$ $\Delta \vartheta = \vartheta_2 - \vartheta_1$	Kelvin	K	Grad Celsius	°C	1 °C = 1 K
Wärme-kapazität	C	$C = \dfrac{Q}{\Delta \vartheta}$	Joule durch Kelvin	$\dfrac{J}{K}$	Joule durch Grad Celsius	$\dfrac{J}{°C}$	$1\,\dfrac{J}{K} = 1\,\dfrac{J}{°C}$
Spezifische Wärme-kapazität	c	$c = \dfrac{Q}{m\Delta \vartheta}$	Joule durch Kilogramm-Kelvin	$\dfrac{J}{kg\,K}$	Joule durch Kilogramm-Grad Celsius	$\dfrac{J}{kg\,°C}$	$1\,\dfrac{J}{kg\,K} = 1\,\dfrac{J}{kg\,°C}$
Spezifische Verdampfungs-wärme	E_s	$E_s = \dfrac{E}{m}$	Joule durch Kilogramm	$\dfrac{J}{kg}$	Joule durch Gramm	$\dfrac{J}{g}$	$1\,\dfrac{J}{g} = 1\,\dfrac{kJ}{kg}$
Spezifische Schmelzwärme	E_v	$E_v = \dfrac{E}{m}$					
Brechkraft	D	$D = \dfrac{1}{f}$	Dioptrie	dpt			$1\,\text{dpt} = \dfrac{1}{m}$
Elektrische Ladung	Q	$Q = I \cdot t$	Coulomb	C	Ampere-stunde	Ah	1 C = 1 As 1 Ah = 3600 As
Elektrische Spannung	U	$U = \dfrac{W}{Q}$	Volt	V			$1\,\text{V} = 1\,\dfrac{Nm}{C} = 1\,\dfrac{Ws}{C}$
Elektrischer Widerstand	R	$R = \dfrac{U}{l}$	Ohm	Ω			$1\,\Omega = 1\,\dfrac{V}{A}$
Elektrische Kapazität	C	$C = \dfrac{Q}{U}$	Farad	F			$1\,\text{F} = 1\,\dfrac{C}{V}$
Spezifischer Widerstand (linearer Leiter)	ϱ	$\varrho = R \cdot \dfrac{A}{l}$	Ohmquadrat-millimeter durch Meter	$\dfrac{\Omega\,mm^2}{m}$			
Energiedosis	D	$D = \dfrac{W}{m}$	Joule durch Kilogramm	$\dfrac{J}{kg}$	Gray	Gy	$1\,\text{Gy} = 1\,\dfrac{J}{kg}$
Äquivalentdosis	D_q	$D_q = D_q$	Joule durch Kilogramm	$\dfrac{J}{kg}$	Sievert	Sv	$1\,\text{Sv} = 1\,\dfrac{J}{kg}$
Aktivität	A	$A = \dfrac{n}{t}$	Anzahl der Kernumwand-lungen durch Sekunde	$\dfrac{1}{s}$	Becquerel	Bq	$1\,\text{Bq} = \dfrac{1}{s}$

Wilfried Kuhn

Physik 1

Ausgabe in zwei Teilbänden

Band 1.2

Bearbeiter:

Gunter Bang

Wilfried Kuhn

Horst Lochhaas

Heike Marchand

Herbert Pientka

Hans Erich Riedel

Karl-Heinz Zwittlinger

Lehrbuch der Physik

Herausgegeben von:
Prof. Dr. Wilfried Kuhn
Institut für Didaktik der Physik der Universität Gießen

Bearbeitet von:
Oberstudienrat Dr. Gunter Bang, Darmstadt
Prof. Dr. Wilfried Kuhn, Gießen
LRSD Horst Lochhaas, Darmstadt
Dr. Heike Marchand, Rostock
Studiendirektor Herbert Pientka, Meppen
Prof. Dr. Hans Erich Riedel, Rostock
Studiendirektor Karl-Heinz Zwittlinger, Mainz

Im Buch verwendete Kennzeichnungen von Textabschnitten:

 Beispiel

 Bemerkungen zur Methode der Physik

 Quellentext

 Sicherheitsregeln

LV Lehrerversuch

Dieses Papier wurde
aus chlorfrei gebleichtem
Zellstoff hergestellt

2. Auflage   Druck   5   4   3   2   1
Herstellungsjahr   2000   1999   1998   1997   1996
Alle Drucke dieser Auflage können im Unterricht parallel verwendet werden.

© Westermann Schulbuchverlag GmbH, Braunschweig 1996

Verlagslektorat: Jürgen Diem, Rita Dittbrenner
Typografie und Layout: Thomas Schröder
Herstellung: Reinhard Hörner

Druck und Bindung: westermann druck GmbH, Braunschweig

ISBN 3 - 14 - **15 2229** - 4

Inhaltsverzeichnis

Basiswissen Optik 1 5
Basiswissen Optik 2 6
Basiswissen Mechanik 1 7
Basiswissen Mechanik 2 8
Basiswissen Mechanik 3 9
Basiswissen Wärmelehre 10
Basiswissen Elektrizitätslehre 1 11
Basiswissen Elektrizitätslehre 2 13

Mechanik II

Kinematik
Bewegungen kennzeichnen unsere Welt 14
Beschreiben von Bewegungen 16
Gleichförmige Bewegungen 18
Beschleunigte geradlinige Bewegungen 22

Dynamik
Kraft und Beschleunigung 26
Newtonsche Axiome 28
Fallbewegung und Gewichtskraft 30

Bewegungslehre - Anwendungen
Sicherheit im Straßenverkehr . . . . 32 P
Zusammengesetzte Bewegungen 34
Der Wurf 36
Physik und Sport . . . . 38 P

Bewegung auf Kreisbahnen
Kreisbewegung 40

Arbeit, Leistung, Energie
Arbeit, Leistung 44
Mechanische Energie 46
Basiswissen Mechanik 4 48

Elektrizitätslehre II

Bewegte Ladungen und Magnetfeld
Einführung 50
Die Lorentzkraft 52
Anwendungen der Lorentzkraft 54
Was ich schon immer wissen wollte: Wie entsteht
das Fernsehbild? 55
Elektromotoren . . . . 56 P

Elektromagnetische Induktion
Elektromagnetische Induktion 58
Wie erzielt man hohe Induktionsspannungen? 60
Was ich schon immer wissen wollte: Fahrrad-
dynamo – Mikrophon – Diskette 61
Induktion und Energieerhaltung: Lenzsche Regel . . 62
Faradays unerwartete Entdeckung 63
Erzeugung von Wechselspannung 64
Technische Erzeugung von Wechselspannung 66
Transformatoren als Spannungswandler 68
Anwendungen des Transformators 70

Übertragung elektrischer Energie 72
Basiswissen Elektrizitätslehre 3 73

Elektronik
Leitfähigkeit bei Halbleitern 74
Löcherleitung, Störstellenleitung, Fotoleitung 76
Halbleiterdioden 78
Solarzellen und Leuchtdioden . . . . 80 P
Transistoren 82
Transistoren verstärken 84
Logische Schaltungen mit Transistoren 86
Die Flip-Flop-Schaltung . . . . 88 P
Steuern und Regeln 90
Was ich schon immer wissen wollte: Was sind
Fets und Mosfets ? 92
Basiswissen Elektronik 93

Schwingungen und Wellen

Akustik
Einführung 94
Erzeugung von Schall 96
Ausbreitung des Schalls 98
Reflexion und Absorption des Schalls 100
Schall und Musik . . . . 102 P
Das Ohr als Schallempfänger 104
Lärm . . . . 106 P

Mechanische Schwingungen und Wellen
Mechanische Schwingungen - qualitativ 108
Mechanische Schwingungen - quantitativ 110
Erzwungene Schwingungen und Resonanz 112
Vom schwingenden Teilchen zur Welle 114
Eigenschaften mechanischer Wellen 116

Elektromagnetische Schwingungen und Wellen
Erzeugung elektromagnetischer Schwingungen . . 118
Eigenfrequenz und Schwingungsdauer eines
Schwingkreises 120
Erzwungene elektromagnetische Schwingungen . 122
Ungedämpfte Schwingungen durch Rückkopplung . 123
Erzeugung elektromagnetischer Wellen 124
Eigenschaften elektromagnetischer Wellen 125
Was ich schon immer wissen wollte: Drahtlose
Übertragung von Sprache und Musik 126
Basiswissen Schwingungen und Wellen 127

Optik II

Farben und Spektren   P
Farben 128
Spektrale Zerlegung des Lichts 130
Spektren verschiedener Lichtquellen 132
Farbensehen 134
Körperfarben und Farbbilder 136

Kernphysik

Atome
Einführung. 138
Was wissen wir über Atome?. 140

Ionisierende Strahlung
Röntgenstrahlen und radioaktive Strahlung 142
Nachweis radioaktiver Strahlung 144
Strahlungsarten 146
Die Natur von α-, β- und γ-Strahlen 148

Atomkerne und Radioaktivität
Bau der Atomkerne - Kernzerfall. 150
Halbwertszeit 152
Was ich schon immer wissen wollte: Altersbe-
stimmung mit Radionukliden. . . . . 153 P

**Gefahren durch ionisierende Strahlung -
Strahlenschutz**
Biologische Strahlenwirkung. . . . . 154 P
Quellen radioaktiver Strahlung 156

**Radioaktive Strahlung in Medizin, Biologie
und Technik**
Anwendung radioaktiver Isotope. 158

Energie aus dem Atom
Kernspaltung. 159
Kernkraftwerke . . . . 162 P
Basiswissen Kernphysik 166

Energie und Umwelt

Energienutzung - Bedeutung und Grenzen
Einführung. 168
Bedeutung der Energie für unsere Gesellschaft . . 170
Energieumwandlungen – Energieentwertung 172
Umweltbelastung durch Energienutzung. 174
Treibhauseffekt und Klima 176

Regenerative Energiequellen
Erde, Wasser und Luft als Energiequellen. 178
Sonnenenergie 180

Zukunftsperspektiven
Rationelle Energienutzung und Energiesparen
verringern den CO_2 - Ausstoß 182
Was sind die Energiequellen der Zukunft? 184
Basiswissen Energie und Umwelt 185

Rückblick und Ausblick 186

Stichwortverzeichnis 188

Personenverzeichnis 191

Periodensystem 192

P: Für Projektarbeit geeignete Themen

Bildquellenverzeichnis

Archiv für Kunst u. Geschichte AKG, Berlin: 27.4; 30.1a; 63.4; 130.2u.3; 143.8; 169.3 · Prof. Gerd Aretz, Wuppertal: 159.8 · ASEA Brown Boveri, Mannheim: 50; 51.3; 56.1c · Astrofoto Bernd Koch, Leichlingen: 15.4; 16.1 c · Dr. Gunter Bang, Ober Ramstadt: 8 Fotos · Bavaria, Gauting: 15.3 (W. Rauch); 86.1 (Bramaz); 95.2 (TCL) · Bundesforschung für Landeskunde u. Raumordnung, Bonn: 174.1 · Burligh Instruments GmbH, Pfungstadt: 140.1 · Prof. Dr. med. K.H. Deininger, Darmstadt: 158.1 b · Deutsche Bahn AG, Mainz: 14 · Deutsche Bahn AG, Berlin: 16.a; 122.3 · Deutsches Röntgen-Museum, Remscheid: 143.7 · Deutsche Presseagentur dpa, Frankfurt: 139.3 (Tass) · Deutsche Seerederei, Rostock: 34.1 · Deutsche Verlagsanstalt (Kosmos), Stuttgart: 158.2 (aus: Kosmos 9/77) · Jürgen Diem, Sickte: 114.1 · Hans Einhell AG, Landau a.d. Isar: 71.4 · ELWE (Neva), Cremlingen: 147.4; 149.5 · Energie-Versorgung Schwaben AG, Biberach: 169.4 · Dr. Georg Gerster, Zumikon (Schweiz): 180.1 · Gruner & Jahr Syndication, München: 101.6 gsf Forschungszentrum für Umwelt u. Gesundheit, Braunschweig: 139.2 · gsf Forschungszentrum, Neuherberg, Oberschleißheim: 145.4 · Theodor Heimer Metallwerk KG, Erwitte: 183.4 · Hirschmann, Neckartenzlingen: 42.1 · Dr. Reinhard Hoffmann, Potsdam: 15.5 · Husumer Schiffswerft Kröger, Husum: 168 IFA, München-Taufkirchen: 40.1 (Ostgathe); 108.1b (Weststock) · A. van Kaick Neu-Isenburg, Dreieich: 64.1 · KFA Forschungszentrum Jülich, GmbH, Jülich: 138 Küstenschutz u. Umweltamt, Warnemünde: 46.1 · KWG, Emmerthal: 59.5a KWU, Mülheim: 163.2 u. 3 · Horst Lochhaas, Darmstadt: 40.2; 129.7 · Henning Lübbe, Braunschweig: 59.5 b · Mauritius, Mittenwald: 108.1c (Rauschenbach) Max-Planck-Institut f. Aeronomie, Katlenburg-Lindau: 54.1 · Max-Planck-Institut f. Radioastronomie, Bonn: 95.3 · Mercedes-Benz AG, Stuttgart: 90.1 · Okapia,

Frankfurt: 153.3 (A. Kerstitch) · Opel AG, Rüsselsheim: 19.5 · Philips Medizin Systeme, Hamburg: 142.2 · Philips UB Consumer Electronics, Hamburg: 121.4 Photo-Studio Druwe & Polastri, Cremlingen (Weddel): 5 Fotos · Physikalisch-Technische Bundesanstalt PTB, Braunschweig: 143.6 · Phywe, Göttingen: 56.1b; 114.2 u. 3; 116.4; 117.6; 125.6: · Foto Pickenpack, Stade: 181.4 · Herbert Pientka, Meppen: 79.5 b; 120.1 b · Preußischer Kulturbesitz, Berlin: 159.6 · Prof. Dr. Hans-Erich Riedel, Elmenhorst: 44.1 · Dieter Rixe, Braunschweig: 26 Fotos · RWE Energie, Biblis: 162.1 · RWE, Essen: 68.1 · August Schmid, Donzdorf: 106.2 Schuster, Oberursel: 84.1 (Bayer); 94 (Harding) · Seiko Deutschland GmbH, Düsseldorf: 59.5c · Siemens, München: 51.1; 77.4 a · Siemens AG, Medizinische Technik, Erlangen: 156.1 · Siemens AG, Siemens Museum, München: 75.4 a Sven Simon, Essen: 17.3; 38.1 · Spektrum der Wissenschaft, Heidelberg, aus: R.W. Conn, W.A. Tschujanow, N. · Inoue und D. Sweetmann. Der Internationale Thermonukleare Experimental-Reaktor: 184.2 · Springer Verlag, Heidelberg: 116.1 u. 3; 159.5 a · Prof. Peter Steiner, Stuttgart: 124.2 · Prof. Norbert Treitz, Duisburg: 129.5 · Jupp Wolter, Lohmar-Weegen: 183.6 · Württembergisches Landesmuseum, Stuttgart: 153.4 · Zefa, Düsseldorf: 47.3 (H.W. Müller); 161.3 (Novak) · Umschlagfoto: IFA, München-Taufkirchen (Int. Stock) Westermann, Braunschweig; aus Weltraum Bildatlas: 43.3 · Alle übrigen Fotos: Westermann Archiv, Braunschweig · Grafiken: Dietmar Griese, Hannover: 22 Abbildungen Beate Lochhaas, Roßdorf: 3 Abbildungen · Alle übrigen Grafiken u. Zeichnungen: Technisch-Grafische Abteilung Westermann, Braunschweig und Fa. Lithos, Braunschweig · Wir danken den Firmen Elwe (Cremlingen), Leybold (Hürth) und Phywe (Göttingen) für die freundliche Unterstützung bei der Anfertigung von Fotos.

Sehvorgang

Licht, das von Lichtquellen direkt oder nach Reflexion an beleuchteten Körpern in unsere Augen gelangt, löst in ihnen Nervenreize aus, die im Gehirn verarbeitet werden. Dadurch nehmen wir den Körper wahr, von dem das Licht herkommt.

Lichtausbreitung

In einheitlichen Stoffen breitet sich Licht geradlinig aus. Man kann deshalb den Lichtweg mit geometrischen Strahlen beschreiben (*Lichtstrahlen*). In Experimenten benutzt du oft schmale Lichtbündel, um den Strahlenverlauf sichtbar zu machen.

Lichtgeschwindigkeit

Licht breitet sich ungeheuer schnell aus: In Luft oder im Weltraum legt es in 1 Sekunde etwa 300 000 km zurück. Genauso schnell transportiert Licht Energie und Nachrichten von der Lichtquelle zum Lichtempfänger.

Lochkamera

Das Bild auf der Mattscheibe setzt sich aus lauter Lichtflecken in der Form der Kameraöffnung zusammen. Es steht auf dem Kopf und ist seitenverkehrt.

Abbildungsmaßstab:

$$A = \frac{B}{G}.$$

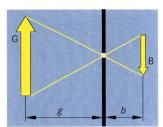

Abbildungsgesetz:

$$\frac{B}{G} = \frac{b}{g}.$$

Schatten

Hinter beleuchteten, lichtundurchlässigen Körpern entstehen Schatten. Du kannst den Schattenbereich mit Hilfe von Lichtstrahlen konstruieren. Bei einer punktförmigen Lichtquelle ist der Schatten scharf begrenzt. Beleuchten mehrere punktförmige Lichtquellen den Gegenstand, so gibt es verschieden helle Schattenbereiche (*Kernschatten, Übergangsschatten*). Flächenhafte Lichtquellen erzeugen Schatten mit unscharfen Rändern.

Mondphasen und Finsternisse

Der Mond verändert seine sichtbare Gestalt (*Phase*) ständig, weil er auf seiner Bahn um die Erde stets eine andere Lage bezüglich Erde und Sonne einnimmt. Die Mondphasen wiederholen sich regelmäßig nach rund 29 Tagen. So lange benötigt der Mond für einen Umlauf um die Erde. Nur bei *Mondfinsternissen* taucht er in den Erdschatten ein. Dazu muß sich die Erde zwischen Sonne und Mond befinden (Vollmond).

Sonnenfinsternisse können nur bei Neumond eintreten. Nur in den seltenen Fällen, bei denen sich dann der Mond genau zwischen Sonne und Erde befindet, bedeckt sein Schatten einen Teil der Erdoberfläche.

Reflexionsgesetz

Einfallender und reflektierter Strahl liegen mit dem Einfallslot in einer Ebene. Einfallswinkel und Reflexionswinkel sind gleich groß: $\alpha = \alpha'$. Bei der Reflexion ist der Lichtweg umkehrbar.

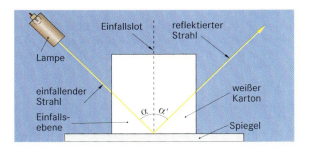

Bild am ebenen Spiegel

Die rückwärtige Verlängerung aller Strahlen, die von einem Gegenstandspunkt P ausgehen, schneiden sich im Bildpunkt P'. Die Strecke $\overline{PP'}$ steht senkrecht auf der Spiegelfläche und wird durch sie halbiert. Für den Betrachter scheinen die Lichtstrahlen von P' herzukommen. Er sieht dort das virtuelle Bild von P.

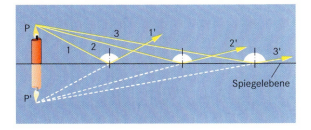

Hohlspiegel

Bei kugelförmigen Hohlspiegeln verlaufen achsenparallele Strahlen nach der Reflexion ungefähr durch einen Punkt, den *Brennpunkt*. Brennpunktstrahlen werden entsprechend zu achsenparallelen Strahlen. (Exakt gilt dies für Parabolspiegel.) Beim Kugelspiegel ist die *Brennweite f* halb so groß wie der Kugelradius. Hohlspiegel entwerfen vergrößerte, aufrechte und seitenrichtige *virtuelle Bilder*, wenn sich der Gegenstand *zwischen Brennpunkt und Spiegel* befindet. Befindet er sich *außerhalb*, so entsteht ein umgekehrtes, seitenvertauschtes *reelles Bild*.

Wölbspiegel

Bei Wölbspiegeln liegt die Spiegelfläche außen. Wölbspiegelbilder sind *immer virtuell*, verkleinert aufrecht und seitenrichtig.

Brechung des Lichts

Trifft Licht auf die Grenzfläche zweier durchsichtiger Stoffe, so wird es zum Teil reflektiert und zum Teil gebrochen. Einfallender, reflektierter und gebrochener Strahl liegen mit dem Einfallslot in einer Ebene.

Wird das Licht beim Übergang von Stoff A in Stoff B zum Lot hin gebrochen, so heißt B *optisch dichter* als A. Glas ist z. B. optisch dichter als Wasser und dieses optisch dichter als Luft.

Verändert sich die optische Dichte nicht plötzlich wie an der Grenzfläche zweier Stoffe, so können Lichtbündel auch gekrümmt verlaufen. Dies ist z. B. die Ursache von Luftspiegelungen oder dem Flimmern der Sterne am Nachthimmel.

Totalreflexion

Geht ein Lichtbündel von einem optisch dichteren in einen optisch dünneren Stoff über, wird es vom Lot weg gebrochen. Ist jedoch der Winkel im optisch dichteren Stoff größer als ein bestimmter *Grenzwinkel*, so tritt Totalreflexion ein. Das Licht wird vollständig reflektiert und kann den optisch dichteren Stoff nicht verlassen. Wichtige Anwendung: Lichtleitfasern.

Dispersion

Bei der Brechung wird „weißes" Licht in Farben aufgefächert. Man nennt das die Dispersion des Lichts. Sie tritt immer auf, wenn Licht gebrochen wird und macht sich besonders deutlich bemerkbar, wenn die Lichtbündel bei der Brechung stark abgelenkt werden. Es kommt zur Dispersion, weil Lichtbündel verschiedener Farben unterschiedlich stark gebrochen werden.

Brechung und Dispersion sind an der Entstehung des Regenbogens beteiligt.

Optische Linsen

Optische Linsen sind durchsichtige Körper mit unterschiedlich gekrümmten Oberflächen (meist kugelförmig). *Konvexlinsen* sind in der Mitte dicker, *Konkavlinsen* dünner als am Rand. Mit Linsen kann man Dinge abbilden.

Sammellinsen

Konvexlinsen wirken als Sammellinsen, sie bündeln hindurchgehende Lichtstrahlen. Jede Sammellinse hat zwei *Brennpunkte* F_1 und F_2 auf der optischen Achse. Bei dünnen Sammellinsen ist die Brennweite f gleich dem Abstand der Brennpunkte vom Linsenmittelpunkt M. Bei dünnen Sammellinsen gilt für achsennahe Strahlen:
- Parallelstrahlen werden zu Brennstrahlen.
- Brennstrahlen werden zu Parallelstrahlen.
- Mittelpunktsstrahlen gehen gerade durch.

Bildkonstruktion bei Sammellinsen

Mit den Hauptstrahlen (siehe vorigen Absatz) kann man das Bild eines Gegenstandes konstruieren. Befindet sich der Gegenstand innerhalb der Brennweite, entsteht ein virtuelles, vergrößertes, seitenrichtiges und aufrechtes Bild (Lupe). Ist die Gegenstandsweite größer als die Brennweite, ist das Bild reell, seitenverkehrt und steht auf dem Kopf.

Beziehungen zwischen Bild und Gegenstand

Ort und Größe des Bildes kann man auch rechnerisch ermitteln. Es gelten das

Abbildungsgesetz $\quad \dfrac{B}{G} = \dfrac{b}{g}\quad$ und die

Linsengleichung $\quad \dfrac{1}{f} = \dfrac{1}{b} + \dfrac{1}{g}$.

B: Bildgröße $\qquad\qquad$ b: Bildweite
G: Gegenstandsgröße $\quad$ g: Gegenstandsweite.

Zerstreuungslinsen

Konkavlinsen weiten hindurchgehende Lichtbündel auf, daher der Name Zerstreuungslinsen. Die Bilder bei Zerstreuungslinsen sind stets virtuell, verkleinert, aufrecht und seitenrichtig. Man benutzt Zerstreuungslinsen z. B. für Brillen und in Linsensystemen.

Optische Geräte und Auge

Im Fotoapparat entwirft ein Linsensystem (Objektiv) wie eine Sammellinse ein reelles Bild der Gegenstände auf dem Film Zur richtigen Belichtung des Films muß eine geeignete Kombination aus Belichtungsdauer (Kameraverschluß) und Blendenzahl (Irisblende) eingestellt werden.

Der Diaprojektor ist die Umkehrung des Fotoapparats. Zur richtigen Ausleuchtung der Dias ist aber noch eine *Kondensorlinse* erforderlich.

Das menschliche *Auge* läßt sich mit einer vollautomatischen Kamera vergleichen. Das Linsensystem aus Hornhaut, Augenlinse und Glaskörper entwirft auf der Netzhaut ein reelles Bild der betrachteten Dinge. Das Auge paßt sich selbsttätig an die Helligkeit an und sorgt automatisch für scharfe Bilder.

Im *Mikroskop* und im *Fernrohr* betrachtet man mit einer Lupe (Okular) das reelle Bild des Gegenstands, das von einer Sammellinse (Objektiv) entworfen wird. Wie bei der *Lupe* entstehen auch durch diese Geräte auf der Netzhaut größere Bilder als beim Betrachten mit bloßem Auge. Dies entspricht einer Vergrößerung des Sehwinkels.

Eigenschaften der Körper

Alle Körper sind träge
Körper verharren in Ruhe oder in gleichförmiger Bewegung, solange keine Kraft auf sie einwirkt.

Alle Körper ziehen sich gegenseitig an. Diese Erscheinung heißt **Gravitation**. Daher besteht auch zwischen jedem Körper und der Erde eine Anziehungskraft (Gewichtskraft).

Alle Körper bestehen aus kleinsten Teilchen. Diese sind in ständiger Bewegung.

Meßgenauigkeit
Jede Messung ist grundsätzlich nicht fehlerfrei.

Gehen mehrere Meßwerte in eine Rechnung ein, so ist das Rechenergebnis so zu runden, daß es höchstens so viele geltende Ziffern besitzt wie das Meßergebnis mit den wenigsten geltenden Ziffern.

Physikalische Größen (s. auch Umschlagseite!)
Masse: Die Masse ist ein Maß für die Trägheit. Einheit: 1 Kilogramm, repräsentiert durch das Massennormal.

Dichte: Die Dichte eines Stoffes ist der Quotient aus Masse und Volumen.

$\varrho = \dfrac{m}{V}$ Einheiten: $\dfrac{\text{kg}}{\text{m}^3}$; $\dfrac{\text{g}}{\text{cm}^3}$.

Geschwindigkeit: Unter der Geschwindigkeit eines Körpers bei einer gleichförmigen Bewegung versteht man den Quotienten aus der Länge s des zurückgelegten Wegs und der zugehörigen Zeit t.

$v = \dfrac{s}{t}$ Einheiten: $\dfrac{\text{m}}{\text{s}}$; $\dfrac{\text{km}}{\text{h}}$ $1\,\dfrac{\text{m}}{\text{s}} = 3{,}6\,\dfrac{\text{km}}{\text{h}}$.

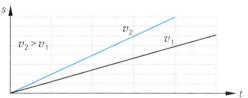

Kraft: Kräfte bewirken Verformungen und Bewegungsänderungen.

Die Krafteinheit 1 Newton (1 N) liegt vor, wenn ein Körper der Masse 1 kg in einer Sekunde aus dem Stand auf 1 m/s beschleunigt wird.

Die Wirkung einer Kraft hängt von Richtung, Betrag und häufig auch vom Angriffspunkt ab. Kräfte lassen sich in ihrer Wirkungslinie verschieben, ohne daß sich ihre Wirkung ändert.

Arbeit: Die mechanische Arbeit W ist das Produkt aus dem Betrag der Kraft F_S in Richtung des Weges, längs dessen die Kraft wirkt, und der Länge s dieses Weges: $W = F_S \cdot s$. Einheit: 1 Nm = 1 J. Hubarbeit: $W = F_G \cdot h$ oder $W = m \cdot g \cdot h$.

Leistung: Die Leistung ist der Quotient aus Arbeit und Zeit: $P = W/t$. Einheit: Watt (W). 1 Joule/ 1 Sekunde = 1 Watt.

Energie: Mit dem Begriff Energie beschreibt man die Unmöglichkeit eines Perpetuum mobile.
Man unterscheidet verschiedene **Energieformen**. Die Arbeit ist eine Energieform, die von einem Körper A auf einen Körper B übertragen wird.

Wird an einem Körper die Arbeit W verrichtet, so gilt: Energiezuwachs = Arbeit.

Der **Schwerpunkt** ist der Angriffspunkt der Gewichtskraft eines Körpers. Der Schwerpunkt eines frei beweglichen, an einem Faden aufgehängten Körpers befindet sich stets lotrecht unter dem Aufhängepunkt.

S= Schwerpunkt

Reibungskräfte entstehen an der Berührungsfläche zweier Körper. Es gibt: **Gleitreibung**, **Haftreibung** und **Rollreibung**. Die Gleitreibungskraft ist kleiner als die maximale Haftreibungskraft.

Gesetze und Zusammenhänge
Die Gewichtskraft F_G und die Masse m sind am gleichen Ort einander proportional: $F_G \sim m$ oder $F_G = g \cdot m$. g ist ortsabhängig. In Mitteleuropa gilt: $g = 9{,}81$ N/kg.

Bei einer bei $t = 0$ und $s = 0$ beginnenden **gleichförmigen Bewegung** sind Weg s und Zeit t einander proportional: $s \sim t$. Der Quotient s/t ist konstant. Es gilt $s = v \cdot t$.

Hookesches Gesetz: Die Verlängerung Δl ist der Zugkraft F proportional $\Delta l \sim F$; $F = D \cdot \Delta l$.

Reibungsgesetz: $F_R = \mu \cdot F_N$ (μ heißt Reibungszahl).

Zusammensetzen und Zerlegen von Kräften

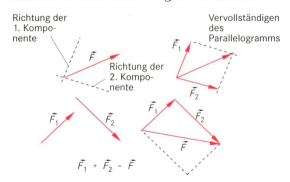

Richtung der 1. Komponente

Richtung der 2. Komponente

Vervollständigen des Parallelogramms

$\vec{F}_1 + \vec{F}_2 = \vec{F}$

Zusammensetzen von Kräften: $\vec{F}_2$ wird an $\vec{F}_1$ angesetzt. $\vec{F}$ ist die Resultierende (Diagonale im Kräfteparallelogramm).

Zerlegung von Kräften: $\vec{F}$ ist Diagonale. Mit Hilfe der Parallelogrammseiten findet man die Komponenten.

Kraftwandler

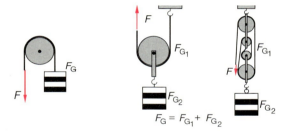

$F_G = F_{G_1} + F_{G_2}$

Rollen und Flaschenzug

Feste Rolle: Sie ändert Richtung und Angriffspunkt der Kraft, der Betrag bleibt unverändert.
Lose Rolle: $F = F_G/2$
Flaschenzug mit n Seilen: Zugkraft $F = F_G/n$

Gleichgewichtsbedingung für die schiefe Ebene:

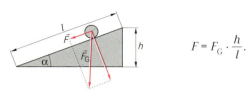

$$F = F_G \cdot \frac{h}{l}.$$

Hebelgesetz: $F_1 \cdot a_1 = F_2 \cdot a_2$.

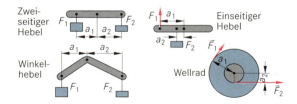

Zweiseitiger Hebel

Winkelhebel

Einseitiger Hebel

Wellrad

Der **Hebelarm** ist der Abstand der Drehachse von der Wirkungslinie der Kraft.

Drehmoment M einer Kraft: $M = F \cdot a$.

Drehmomentwandler

Der **Kettenantrieb** (Riemenantrieb) ist ein Drehmomentwandler. Bei ihm wirken gleiche Kräfte, aber verschiedene Drehmomente: $M_1 = F \cdot r_1$; $M_2 = F \cdot r_2$. Wenn $r_1 > r_2$, dann ist $M_1 > M_2$.

Die Drehzahlen n_1, n_2 stehen im umgekehrten Verhältnis wie die Umfänge. Zahnradantriebe sind ebenfalls Drehmomentwandler.

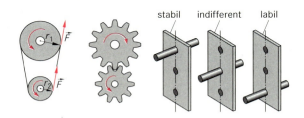

stabil   indifferent   labil

Gleichgewichtsbedingungen – Schwerpunkt

Die Gewichtskraft eines Körpers können wir uns im Schwerpunkt angreifend denken.

Ein in einem beliebigen Punkt unterstützter Körper ist im Gleichgewicht, wenn der Schwerpunkt senkrecht unter (stabiles Gleichgewicht) oder senkrecht über (labiles Gleichgewicht) dem Unterstützungspunkt oder in ihm selbst (indifferentes Gleichgewicht) liegt.

Energieumwandlung

Goldene Regel der Mechanik: Das Produkt aus Kraft in Wegrichtung und Weg bleibt bei allen einfachen Maschinen unverändert.

Ein System, das weder Energie nach außen abgibt noch von außen erhält, heißt abgeschlossen. Für abgeschlossene Systeme gilt der **Energieerhaltungssatz**: In einem abgeschlossenen System ist die Summe der Energien konstant.

Maschinen wie Wasserräder, Wasserturbinen und Windenergieanlagen wandeln mechanische Energie um. Dabei wird nur ein bestimmter Teil in die gewünschte **Nutzenergie** überführt.

Der **Wirkungsgrad** gibt an, welcher Anteil der zugeführten Energie in die gewünschte Energieform (Nutzenergie) umgewandelt werden kann. Der Wirkungsgrad wird meist in Prozent angegeben.

$$\text{Wirkungsgrad} = \frac{\text{ausgenutzte Energie}}{\text{hineingesteckte Energie}}.$$

1 *Konstanter Ausschlag durch viele Stöße*

$F \approx 0{,}1$ N

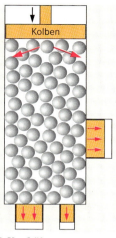

2 *Kraftübertragung von Kugel zu Kugel*

Kolben

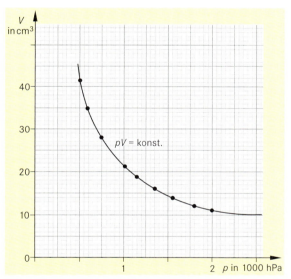

3 *V-p-Diagramm von Luft*

pV = konst.

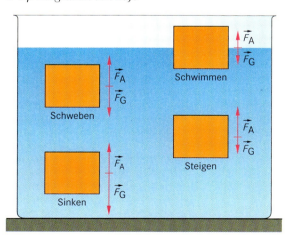

4 *Schweben, Sinken, Schwimmen*

Schwimmen — $\vec{F}_A$, $\vec{F}_G$

Schweben — $\vec{F}_A$, $\vec{F}_G$

Steigen — $\vec{F}_A$, $\vec{F}_G$

Sinken — $\vec{F}_A$, $\vec{F}_G$

Druck: Preßt man Flüssigkeits- bzw. Gasmengen zusammen, so entsteht ein Druck, der sich nach allen Seiten gleich stark durch eine senkrecht auf die Begrenzungsfläche wirkende Kraft äußert.

In Flüssigkeiten erfolgt die Kraftübertragung von Teilchen zu Teilchen, in Gasen durch unregelmäßige Stöße der Teilchen auf die Wand.

Der Druck p ist der Quotient aus dem Betrag F der senkrecht auf eine Fläche wirkenden Kraft und dem Flächeninhalt A dieser Fläche.

$$p = \frac{F}{A}; \ \text{Einheit } \frac{1 \text{ N}}{\text{m}^2} = 1 \text{ Pa}.$$

Schweredruck, hydrostatischer Druck: Er ist in Flüssigkeiten in gleicher Tiefe überall gleich groß und hat keine bevorzugte Richtung.

Für ihn gilt: $\quad p = g \cdot \varrho \cdot h$.

Der Schweredruck der irdischen Lufthülle (Atmosphäre) beträgt an der Erdoberfläche etwa 1 bar = 1000 hPa.

Der Luftdruck ist eine wichtige Größe in der Wetterkunde.

Vakuum: In der Physik versteht man unter einem Vakuum einen Raum ohne Materie.

Boyle-Mariottesches Gesetz: Bei konstanter Temperatur ist das Produkt aus Druck und Volumen für eine bestimmte Gasmenge konstant: $p \cdot V$ = konst.

Allgemeine Gasgleichung:

$$\frac{p \cdot V}{T} = \text{konst}.$$

Auftrieb: Jeder vollständig eingetauchte Körper erfährt in einer Flüssigkeit einen von der Eintauchtiefe unabhängigen Auftrieb.

Archimedisches Gesetz, Schwimmen: Der Auftrieb, den ein in eine Flüssigkeit eingetauchter Körper erfährt, ist genauso groß wie die Gewichtskraft der von dem Körper verdrängten Flüssigkeitsmenge: $F_A = g \cdot \varrho \cdot V$.

Ein schwimmender Körper taucht so tief in eine Flüssigkeit ein, bis der durch den Schweredruck erzeugte Auftrieb entgegengesetzt gleich der Gewichtskraft des Körpers ist.

Fliegen: Das Fliegen ist möglich durch den statischen oder den dynamischen Auftrieb in Luft. Der statische Auftrieb entsteht durch den Schweredruck, der dynamische durch die den Körper umströmende Luft.

Temperatur

Die Temperatur eines Körpers ist bestimmt durch die Energie der Teilchen, aus denen er besteht. Die Heftigkeit der Teilchenbewegung steigt mit der Temperatur.

Celsiusskala.

Fixpunkte: 1. Temperatur des schmelzenden Eises: 0 °C; 2. Temperatur des siedenden Wassers: 100 °C (bei Normdruck).
Der Abstand zwischen diesen beiden Marken wird in 100 gleiche Teile eingeteilt. Die Einteilung wird nach oben und unten fortgesetzt.

Absolute Temperaturskala (Kelvinskala):

Zusammenhang zwischen Celsius-Temperatur (Symbol ϑ) und absoluter Temperatur (Symbol T):

$$T = \frac{\vartheta}{°C} \text{ K} + 273{,}15 \text{ K}.$$

Der **absolute Nullpunkt** liegt bei –273,15 °C. Es gibt keine tiefere Temperatur.

Ausdehnung der Körper

Nahezu alle Körper dehnen sich beim Erwärmen aus und ziehen sich beim Abkühlen zusammen. Die Ausdehnung ist um so stärker, je stärker man erwärmt.

Bei 4 °C hat Wasser seine größte Dichte (Anomalie des Wassers).

Innere Energie und Wärme

Die **innere Energie** eines Körpers kann durch Wärme oder Arbeit geändert werden.

Die innere Energie eines Körpers ist gleich der Summe der kinetischen und potentiellen Teilchenenergien.

Als **Wärme** bezeichnet man die Energieform, die durch Leitung oder Strahlung übertragen wird.

Energietransport

Bei der **Konvektion** wird keine Wärme transportiert, sondern innere Energie. Das Transportmittel nimmt hierbei Energie in Form von Wärme auf und gibt Energie als Wärme ab.

Bei der **Wärmeleitung** wird die Wärme durch die Materie weitergeleitet. Diese bewegt sich aber selbst nicht dabei.

Die **Wärmestrahlung** ist Wärmetransport ohne Materie.

Emission und Absorption der Wärmestrahlung

Körper mit dunkler Oberfläche absorbieren (= verschlucken) die Wärmestrahlung stärker als helle und glänzende, strahlen aber auch stärker ab. Die Strahlung wird von den Körpern teils reflektiert (zurückgeworfen), teils absorbiert.

Erwärmungsgesetz

Zwischen der übertragenen Wärme Q, der Temperaturänderung $\Delta\vartheta$ und der Masse m des erwärmten Körpers besteht der Zusammenhang:

$$Q = c \cdot m \cdot \Delta\vartheta.$$

Die **Wärmekapazität** C eines Körpers gibt an, wieviel Energie nötig ist, um ihn um 1 K zu erwärmen:

$$C = \frac{W}{\Delta\vartheta} \; ; \quad \text{Einheit: } \frac{\text{J}}{\text{K}}.$$

Die **spezifische Wärmekapazität** c eines Stoffs gibt an, wieviel Energie nötig ist, um 1 g des betreffenden Stoffs um 1 K zu erwärmen:

$$c = \frac{W}{m \cdot \Delta\vartheta} \; ; \text{ Einheit: } \frac{\text{J}}{\text{g K}}.$$

Aggregatzustandsänderungen

Beim Sieden bzw. beim Kondensieren bleibt die Temperatur konstant. Siede- und Kondensationstemperatur sind gleich. Entsprechendes gilt für das Schmelzen bzw. das Erstarren.

Nahezu alle Stoffe dehnen sich beim Schmelzen aus und ziehen sich beim Erstarren zusammen.

Verdampfungsenergie, Schmelzenergie

Wärmeübergang, zweiter Hauptsatz

Wärme kann nie von selbst von einem Körper niederer Temperatur auf einen Körper höherer Temperatur übergehen.

Technische Energiewandler

Zu den Wärmekraftmaschinen gehören die Kolbendampfmaschine und die Dampfturbine, zu den Verbrennungskraftmaschinen die Verbrennungsmotoren und die Gasturbinen.

Kraftwerke wandeln andere Energieformen in elektrische Energie um. In **Wärmekraftwerken** wird der zum Betrieb der Turbinen nötige Wasserdampf durch Kohle-, Öl- oder Gasfeuerung oder mit Hilfe eines Kernreaktors erzeugt.

Theoretischer Wirkungsgrad: $\eta = 1 - T_1/T_2$.

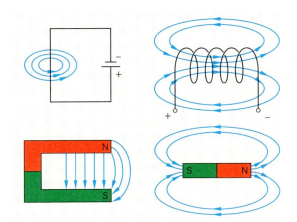

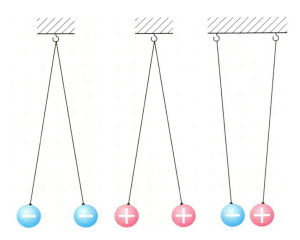

Magnetismus

Dauermagnete haben jeweils einen Nord- und einen Südpol. Gleichnamige Pole stoßen sich ab, ungleichnamige ziehen sich an.

Das **Magnetisieren** von ferromagnetischen Körpern ist im Modell der Elementarmagnete zu erklären: Magnetisieren bedeutet gleichsinnige Ausrichtung der Elementarmagnete.

Dauermagnete und stromführende Leiter sind von einem **Magnetfeld** umgeben. Magnetische Feldlinien sind gedachte Linien, die die Kraftwirkung auf einen magnetischen Nordpol angeben.

Magnetfelder sind durch Probemagnete und ferromagnetische Körper nachweisbar.

Elektrischer Stromkreis

Ein elektrischer Stromkreis besteht aus einer Spannungsquelle, einem Elektrogerät, Schaltern und Verbindungsleitungen. Besteht zwischen den Polen der Spannungsquelle eine leitende Verbindung, so liegt ein geschlossener Stromkreis vor.

Der elektrische Strom ist mit **Gefahren** verbunden.

Elektrische Ladung

Atome sind aus negativ geladenen Elektronen und einem positiv geladenen Kern aufgebaut. Jedes Elektron trägt eine negative **Elementarladung**. Es ist die kleinste nachweisbare elektrische Ladungsmenge.

Ein Körper ist **negativ geladen**, wenn er Elektronenüberschuß hat. Bei Elektronenmangel ist er **positiv geladen**. Körper sind elektrisch **neutral**, wenn sie gleich viel positive wie negative Ladungen enthalten.

Bei einem geladenen Körper verteilen sich die Ladungen auf der Oberfläche.

Bei enger Berührung von Körpern aus verschiedenen Stoffen können Elektronen von einem Körper auf den anderen übergehen (**Kontaktelektrizität**).

Kräfte zwischen geladenen Körpern

Gleichartig geladene Körper stoßen sich ab, ungleichartig geladene ziehen sich an.

In der Umgebung elektrisch geladener Körper besteht ein **elektrisches Feld**. In ihm erfahren elektrisch geladene Körper Kräfte.

Befindet sich ein Leiter in einem elektrischen Feld, so werden Ladungen in ihm verschoben. Dieser Vorgang heißt **Influenz**.

Elektrischer Strom

Elektrischer Strom ist bewegte Ladung.

Stromwirkungen

Ein Strom erzeugt in seiner Umgebung ein Magnetfeld.
Ein elektrischer Strom erwärmt den Leiter.
Beim Stromfluß in einem Elektrolyten werden Stoffe abgeschieden (Elektrolyse).

Der **Ladungstransport** erfolgt
- in Metallen durch Leitungselektronen,
- in Elektrolyten durch Ionen,
- in Gasen durch Ionen und Elektronen.

In der **Braunschen Röhre** werden die aus einem glühenden Draht ausgesandten Elektronen (Glühelektrischer Effekt) zu einem Elektronenstrahl gebündelt. Dieser kann in elektrischen Feldern abgelenkt werden. Braunsche Röhren werden in Fernsehgeräten und Oszilloskopen verwendet.

Die **technische Stromrichtung** wurde vom positiven zum negativen Pol der Spannungsquelle vereinbart. Elektronen und negative Ionen bewegen sich entgegengesetzt zur technischen Stromrichtung

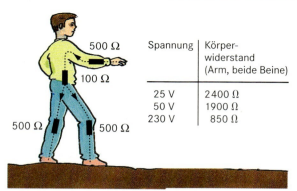

Spannung	Körper-widerstand (Arm, beide Beine)
25 V	2400 Ω
50 V	1900 Ω
230 V	850 Ω

1 Widerstand des menschlichen Körpers

Wann wird elektrischer Strom gefährlich?
Der menschliche Körper leitet den elektrischen Strom. Werden bestimmte Stromstärken überschritten, so können gesundheitliche Schäden auftreten oder es kann zum Tode führen. Wenn Strom durch den Körper fließt, kann folgendes passieren:

- Durch die chemische Wirkung des Stromes werden *Zellen* zerstört.
- Es treten *Muskelkrämpfe* auf, da die Steuersignale an die Nerven gestört werden.
- Es tritt *Herzkammerflimmern* auf, das zum Herzstillstand führt.

Die Stärke des Stromes durch einen Menschen wird durch die Spannung und den Körperwiderstand bestimmt. Dieser ist nicht konstant, sondern hängt auch von der anliegenden Spannung ab (Bild 1). Der Körperwiderstand hängt auch davon ab, wo die Ein- und Austrittstellen des Stromes liegen. Berührt man stromführende Leitungen, so spielen die Übergangswiderstände der Haut eine große Rolle. Bei feuchten Händen ist der **Übergangswiderstand** viel kleiner als bei trockenen Händen. Auch der sogenannte **Standortwiderstand** ist wichtig. Wenn du barfuß auf feuchtem Rasen stehst, hast du einen sehr geringen Standortwiderstand. Stehst du dagegen mit Turn-

schuhen auf einem Kunststoffboden, so ist der Standortwiderstand hoch.

Besondere Vorsicht ist daher beim Umgang mit elektrischen Geräten in feuchten Räumen und im Freien geboten. Die Übergangswiderstände bilden mit dem Körperwiderstand eine Reihenschaltung und addieren sich zum Gesamtwiderstand. Dieser bestimmt schließlich die Stärke des Stromes, der durch den menschlichen Körper fließen kann.

Aber nicht nur die Stromstärke, sondern auch die **Einwirkdauer** des Stromes sind von entscheidender Bedeutung. Bild 2 zeigt, daß bei Einwirkzeiten länger als 200 ms die „Flimmerschwelle" zu recht kleinen Stromstärken verschoben ist. Die Schutzmaßnahmen, z.B. durch FI-Schalter, zielen daher darauf ab, die Einwirkzeiten möglichst kleiner als 200 ms = 0,2 s zu halten.

B Du bist barfuß und mähst den Rasen mit einem elektrischen Rasenmäher. Wie gefährlich ist es, wenn du mit einer Hand Kontakt mit dem spannungführenden Kabel bekommst?

Der Strom fließt in diesem Fall über die Hand durch den Arm und über beide Beine zur Erde. Wir nehmen den Übergangswiderstand (feuchte Hände) zu 150 Ω an und der Standortwiderstand liegt in diesem Fall bei 500 Ω. Bei einer anliegenden Spannung von 230 V beträgt der Körperwiderstand 850 Ω, so daß sich ein Gesamtwiderstand von 1500 Ω ergibt. Der durch den Körper fließende Strom berechnet sich dann zu

$$I = \frac{230 \text{ V}}{1500 \text{ } \Omega} = 153 \text{ mA}.$$

Mit Hilfe des Bildes 2 kannst du feststellen, daß ein Strom von 150 mA bei einer Einwirkdauer von nur etwa 500 ms = 0,5 s bereits zum Herzkammerflimmern führt und damit tödliche Folgen hat. Würde die Einwirkdauer durch einen FI-Schalter auf 200 ms verringert, so würde ein solcher Stromunfall nicht so schlimm enden. ■

Bild 2 zeigt dir eine Übersicht zu den Gefahren des Stromes:

Bereich 1: Hier sind normalerweise keine Wirkungen wahrnehmbar.
Bereich 2: Normalerweise entstehen in diesem Bereich keine schädigenden Einwirkungen.
Bereich 3: Es treten Muskelverkrampfungen auf, und der Herzschlag wird unregelmäßig.
Bereich 4: Hier ist die Gefahr des Herzkammerflimmerns sehr groß, und tödliche Stromwirkungen sind wahrscheinlich. Wenn die Einwirkzeiten 2 Sekunden übersteigen, so können Stromstärken über 30 mA bereits tödliche Wirkungen haben. Aber auch kleinere Stromstärken sind gefährlich.

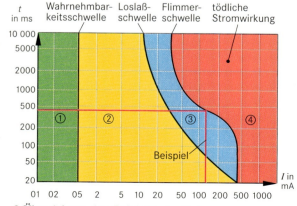

2 Übersicht zu den Gefahren des Stromes

Elektrische Stromstärke

Die elektrische Stromstärke I für einen gleichbleibenden Strom ist der Quotient aus der durch einen Leiterquerschnitt fließenden Ladung Q und der Zeit t:

$$I = \frac{Q}{t}$$

Die Einheit ist 1 A (Ampere).

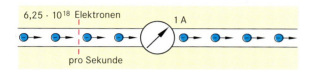

Bei einem konstanten Strom kann die transportierte **Ladung** Q mit Hilfe der Gleichung $Q = I \cdot t$ bestimmt werden. Die Einheit der Ladung ist 1 As (Amperesekunde); 1 As = 1 C (Coulomb).

Elektrische Spannung

Die elektrische Spannung ist eine notwendige Voraussetzung für das Fließen eines Stromes. In einer Spannungsquelle werden Ladungen unter Arbeitsaufwand getrennt. Die getrennten Ladungen besitzen Energie und können Arbeit verrichten. Die Spannung U ist definiert:

$$U = \frac{W}{Q}.$$

Die Einheit der Spannung ist 1 V (Volt).

Werden Spannungsquellen in Reihe geschaltet, so addieren sich die Einzelspannungen. Bei Parallelschaltung gleicher Spannungsquellen ist die Gesamtspannung gleich der Einzelspannung.

Elektrischer Widerstand

Der elektrische Widerstand R kennzeichnet die Eigenschaft eines Leiters, den elektrischen Strom zu hemmen. Der Widerstand ist definiert durch

$$R = \frac{U}{I}.$$

Die Einheit des Widerstandes ist 1 V/A = 1 Ω (Ohm).

Der elektrische Widerstand hängt vom Stoff und den Abmessungen des Leiters ab. Für einen Leiter mit der Länge l und dem überall gleichen Querschnittsfläche A gilt:

$$R = \varrho \frac{l}{A}.$$

ϱ ist der spezifische Widerstand.

Ohmsches Gesetz

Den Zusammenhang zwischen der Stromstärke I und der Spannung U geben die Kennlinien eines Leiters an. Bei konstanter Temperatur gilt für fast alle Metalle das Ohmsche Gesetz:

$$U/I = R = \text{konstant.}$$

Der elektrische Widerstand eines Leiters hängt von der Temperatur ab.

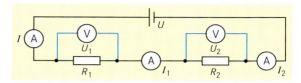

Reihenschaltung von Widerständen

Spannungen: $U_{\text{ges}} = U_1 + U_2$; $\dfrac{U_1}{U_2} = \dfrac{R_1}{R_2}$.

Ströme   : $I_{\text{ges}} = I_1 = I_2$.

Widerstände: $R_{\text{ges}} = R_1 + R_2$.

Parallelschaltung von Widerständen

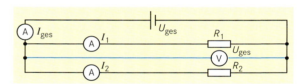

Spannungen: $U_{\text{ges}} = U_1 = U_2$.

Kirchhoffsche Gesetze:

Ströme   : $I_{\text{ges}} = I_1 + I_2$; $\dfrac{I_1}{I_2} = \dfrac{R_2}{R_1}$.

Widerstände: $\dfrac{1}{R_{\text{ges}}} = \dfrac{1}{R_1} + \dfrac{1}{R_2}$.

Elektrische Arbeit

Durch elektrische Arbeit wird elektrische Energie in andere Energiearten (Wärme, mechanische Energie, Licht) umgewandelt. Die elektrische Arbeit W ist das Produkt aus der Spannung U, der Stromstärke I und der Zeit t:

$$W = U \cdot I \cdot t.$$

Die Einheit 1 VAs = 1 J.

Elektrische Leistung

Die elektrische Leistung P ist der Quotient aus elektrischer Arbeit und Zeit:

$$P = \frac{W}{t} = U \cdot I.$$

Für die Leistung gelten die Beziehungen:

$$P = U^2/R \quad \text{oder} \quad P = I^2 \cdot R.$$

Bewegungen kennzeichnen unsere Welt

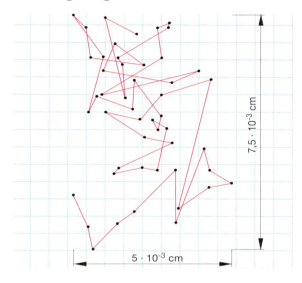

Bewegungen, d. h. Ortsveränderungen, begegnen uns an vielen Stellen, z. B. beim Radfahren, Autofahren, Sporttreiben. Bewegungen finden aber auch dort statt, wo du sie nicht direkt wahrnehmen kannst. Betrachtest du mit einem Mikroskop einen Wassertropfen, in dem sich kleine Farbteilchen befinden, so kannst du zitternde Bewegungen der Farbpartikelchen beobachten, die dir bereits bekannte Brownsche Bewegung. Grund dafür ist die Eigenbewegung der Atome und Moleküle.

Warum fallen die Personen nicht aus dem Wagen der Achterbahn mit Looping heraus? Scheinbar von Geisterhand werden sie kopfstehend an den Sitzen „festgehalten". Offenbar spielen bei Bewegungen auch Kräfte eine Rolle.

Bewegungen gibt es nicht nur in makroskopischen und mikrophysikalischen Bereichen, sondern auch im ganz Großen, im Kosmos. Himmelskörper sind in ständiger Bewegung. Schon die Form der Milchstraßensysteme – Spiralnebel – deuten auf rotierende Bewegungen des gesamten Systems hin.

In der Natur finden vielfältige Bewegungen statt. Bei Wasserfällen schießt das Wasser in beeindruckender Weise nieder. Auch bei dieser Bewegung treten Kräfte auf, die z. B. in den Steinwänden Wirkungen hinterlassen.

Beschreibung von Bewegungen

Ruhe und Bewegung

Wenn du Fahrzeuge, Flugzeuge, Schiffe u. a. beobachtest, scheint es sehr einfach zu sein, zu entscheiden, ob und wie sich diese Körper bewegen.

Wenn du z. B. am Fenster eines fahrenden Eisenbahnzuges sitzt, hast du den Eindruck, daß die Landschaft an dir vorübereilt, während du dich gegenüber dem Zug in Ruhe befindest. Für einen außenstehenden Beobachter fährt der Zug vorbei.

Die Schwierigkeit bei der Beurteilung von Bewegungsabläufen wird dir an folgendem Beispiel deutlich: Du sitzt auf einem Bahnhof in einem Zug. Auf dem Nachbargleis steht ebenfalls ein Zug. Fährt einer der beiden Züge langsam und ruhig an, so kannst du oft nicht sofort entscheiden, welcher der beiden Züge fährt. Du mußt dich erst an Gebäuden, Laternen u. a. orientieren, um festzustellen, welcher Zug sich in bezug auf diese Gegenstände bewegt. Von verschiedenen Standorten aus beurteilst du gleiche Bewegungsvorgänge unterschiedlich.

Aussagen über den *Bewegungszustand* eines Körpers sind nur dann sinnvoll, wenn du zugleich ein **Bezugssystem** festlegst. Dieses kann z. B. der Bahndamm, der Zug, ein Gebäude, also ein beliebiger Körper sein.

> Die Begriffe Ruhe und Bewegung bekommen erst dann einen Sinn, wenn ein Bezugssystem angegeben wird.

Ein Körper bewegt sich, wenn er seinen Ort gegenüber dem gewählten Bezugssystem ändert. Er befindet sich in Ruhe, wenn seine Lage im Bezugssystem gleich bleibt.

Man bezieht oft Bewegungsvorgänge auf die Erdoberfläche. Die Erde ist dann das Bezugssystem. Dies wird meistens nicht besonders erwähnt. Man sagt daher „Ein Körper ruht", wenn er sich gegenüber der Erdoberfläche nicht bewegt. Trotzdem bewegt er sich mit großer Geschwindigkeit, ohne daß wir etwas davon merken, denn die Erde dreht sich in 24 Stunden um ihre Achse. Zugleich umkreist sie während eines Jahres die Sonne. Aber auch das Sonnensystem, dem die Planeten Merkur, Venus, Mars, Jupiter, Saturn, Uranus, Neptun, Pluto und die Erde angehören, bewegt sich innerhalb eines riesigen Sternensystems, der Milchstraße. Die meisten Sterne, die wir mit bloßem Auge am Nachthimmel erkennen können, gehören zur Milchstraße. Sie besteht aus vielen Millionen von Sonnen (Fixsternen), die spiralförmig um das Zentrum der Milchstraße angeordnet sind. Einer von ihnen ist unsere Sonne. Weit außerhalb unserer Milchstraße gibt es weitere Milchstraßen, man kennt

1 Ruhe, Bewegung und Bezugssystem

heute einige Tausend. Alle diese Sternensysteme bewegen sich bezüglich der Milchstraße, und zwar um so schneller, je weiter sie von uns entfernt sind.

Was sind Bahnkurven?

Reiht man die Orte aneinander, die ein Körper im Bezugssystem nacheinander durchläuft, so erhält man die **Bahnkurve**, auf der er sich bewegt. Ein Auto auf einer geraden Straße bewegt sich auf einer geraden Bahn, ein Punkt am Umfang eines sich drehenden Rades auf einer Kreisbahn.

Betrachtest du beim Radfahren einen markierten Punkt an der Felge deines Fahrrades (Vorsicht – Straßenverkehr beachten!), so führt er eine Kreisbewegung aus. Fährt ein anderer dein Fahrrad, beobachtest du vom Bürgersteig aus eine Bahnkurve bezüglich der Straße, die sich aus langgestreckten Bogenstücken zusammensetzt (Bild 2).

Häufig sind die Bewegungen von Körpern sehr kompliziert, wie z.B. beim Sprung eines Weitspringers (Bild 3). In vielen Fällen reicht es aber aus, nur einen Punkt des sich bewegenden Körpers zu betrachten. Dazu denkt man sich die Masse des ganzen Körpers in seinem Schwerpunkt vereinigt. Der Körper „schrumpft" zum **Massenpunkt**, seine Form und sein Volumen werden dabei vernachlässigt. So bewegt sich der Schwerpunkt des Springers auf einer verhältnismäßig einfachen Bahnkurve, einer Parabel.

M Der Massenpunkt ist ein physikalisches Modell in der Mechanik (ähnlich dem Modell Lichtstrahl in der Optik), das zur vereinfachten Beschreibung der Bewegung von Körpern dient. ∎

Besonders einfache Bahnkurven findest du bei **geradlinigen Bewegungen** und **Kreisbewegungen**. Hier sind die Bahnkurven Geraden bzw. Kreise oder Kreisbogenstücke.

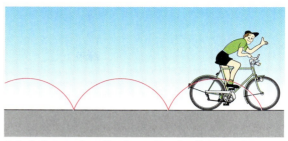

2 Bahnkurve eines Punktes einer Radfelge im Bezugssystem „Straße"

Aufgaben

1 Gib Beispiele an, in denen sich Körper (Fahrzeuge, Personen) bewegen oder in Ruhe befinden! Bezeichne dazu die geeigneten Bezugssysteme!

2 Du fährst mit einem Fahrrad und blickst auf das Ventil des Vorderrades, wenn es sich genau in seiner tiefsten Stellung befindet. Welche Bewegung führt es im Bezugssystem Fahrrad, im Bezugssystem Radweg und im Bezugssystem vordere Radachse aus? Skizziere die jeweiligen Bahnkurven!

3 Auf der Gepäckablage eines Eisenbahnwagens steht ein Koffer. Beschreibe seinen Bewegungszustand in den Bezugssystemen „fahrender Zug" bzw. „Bahndamm"!

4 Beschreibe Beispiele aus der Technik, in denen geradlinige und Kreisbewegungen vorkommen!

5 Ein Motorschiff fährt mit einer Geschwindigkeit von 12 Knoten (= 12 Seemeilen pro Stunde). Auf welche Bezugssysteme kann sich diese Angabe beziehen?

Experimentiere selbst!

1 Durchbohre einen Bierdeckel an verschiedenen Stellen mit einem Bleistift und rolle den Bierdeckel auf einem Blatt Papier ab! Beobachte zum einen die Bewegung des Bleistiftes hinsichtlich des Bierdeckels, zum anderen hinsichtlich des Papierblattes! Beschreibe deine Beobachtung der jeweiligen Bahnkurven!

3 Der Schwerpunkt des Weitspringers bewegt sich auf einer Parabelbahn

Gleichförmige Bewegung

Weg und Zeit stehen in Zusammenhang
Als Radfahrer bewegst du dich schneller als ein Fußgänger. Das bedeutet z. B., daß du in einer Minute eine größere Strecke zurücklegst als der Fußgänger. Für einen Kilometer brauchst du nicht so lange wie er. Um eine Bewegung zu erfassen, genügt es nicht, nur die Bahnkurve zu kennen. Du mußt auch wissen, welche Strecke in einer bestimmten Zeitspanne überwunden wird.

Legt ein Körper in gleichen Zeitspannen Δt immer gleich lange Strecken Δs zurück, so heißt seine Bewegung **gleichförmig**. Der Quotient $\Delta s / \Delta t$ ist dann konstant. In einem s-t-Diagramm ist der Graph eine Gerade (Bild 1). Alle anderen Bewegungen heißen **ungleichförmig**.

> Bei einer gleichförmig geradlinigen Bewegung ist der Quotient $\dfrac{\Delta s}{\Delta t}$ konstant.

Die gleichförmig geradlinige Bewegung ist die einfachste Bewegungsform. Du kannst sie z. B. beobachten, wenn du eine Rolltreppe benutzt oder dein Koffer in einem Flughafen auf einem Transportband bewegt wird (Bild 2). Die Bahnkurve dieser Bewegung ist eine **Gerade**.

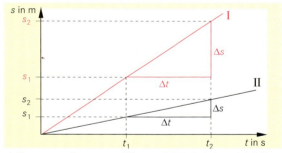

1 Zusammenhang von Weg und Zeit bei der gleichförmigen Bewegung

2 Beispiel für eine gleichförmig geradlinige Bewegung

Bewegungsvorgänge auf geradlinigen Bahnen lassen sich besonders gut mit der *Luftkissenfahrbahn* untersuchen (Bild 3). Sie besteht aus einer Hohlschiene, die mit feinen Bohrungen versehen ist. In das Innere der Schiene wird mit einem Gebläse Luft eingeblasen, die aus den zahlreichen feinen Düsen strömt. Auf diesem Luftpolster gleitet der Schlitten oder Gleiter dann weitgehend reibungsfrei.

Versuch 1: Untersuche, wie ein zurückgelegter Weg s und die dazu benötigte Zeit t eines auf einer Luftkissenfahrbahn gleitenden Schlittens miteinander zusammenhängen! Stößt du den Schlitten kurz an, so gleitet er langsam und gleichmäßig über die Fahrbahn. Miß die zurückgelegten Wege und die dazugehörigen Zeiten! Trage die Wertepaare $(s\,|\,t)$ in eine Tabelle ein und übertrage sie in ein Diagramm! ■

Weg s in m	0	0,2	0,4	0,6	0,8
Zeit t in s	0	0,7	1,3	2,0	2,7

Tabelle der Meßwerte

Ergebnis: Jedes Wertepaar $(s\,|\,t)$ entspricht einem Punkt im s-t-Diagramm (Bild 4). Die Meßpunkte liegen ziemlich genau auf einer Geraden, die durch den Koordinatenursprung geht: In gleichen Zeitspannen Δt werden immer gleich lange Wege Δs zurückgelegt. Du erkennst daran, daß es die theoretisch vorhergesagte gleichförmige Bewegung tatsächlich gibt.

Bildest du die Quotienten aus zusammengehörenden Weg- und Zeitdifferenzen, so ergibt sich immer der gleiche Wert, d. h.

$$\frac{\Delta s}{\Delta t} = \frac{s_2 - s_1}{t_2 - t_1} = \text{konst.}$$

Geschwindigkeit
Versuch 2: Wiederhole Versuch 1 mit verschieden schnell gleitenden Schlitten! Trage die dabei gemessenen Wertepaare $(s\,|\,t)$ wiederum in ein Weg-Zeit-Diagramm ein! ■

Du stellst fest: Wenn der Schlitten schneller ist, so verläuft die Gerade im Diagramm steiler. In gleichen Zeitspannen legt der Schlitten längere Wege zurück oder er braucht für den gleichen Weg kürzere Zeiten. Dann hat die Konstante $\Delta s / \Delta t$ einen größeren Wert, d. h. die Geschwindigkeit ist größer geworden. Der Quotient $\Delta s / \Delta t$ ist also ein Maß dafür, wie schnell sich der Körper bewegt. Die Geschwindigkeit v ist die *Steigung* der Geraden im Weg-Zeit-Diagramm (Steigungsdreieck in den Bildern 1 und 4). Da die Steigung konstant ist, spielt es keine Rolle, welches Steigungsdreieck wir zur Berechnung von v heranziehen. Je größer die Steigung der Geraden im s-t-Diagramm ist, desto größer ist auch die Geschwindigkeit.

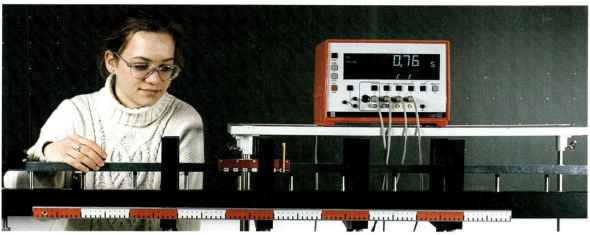

3 Untersuchung einer gleichförmigen Bewegung auf der Luftkissenfahrbahn

Für die gleichförmige Bewegung gilt:

$$\text{Geschwindigkeit} = \frac{\text{Weglänge}}{\text{benötigte Zeit}}$$

$$v = \frac{\Delta s}{\Delta t} = \frac{s_2 - s_1}{t_2 - t_1}.$$

Die Geschwindigkeit ist eine aus dem Weg Δs und der Zeit Δt abgeleitete physikalische Größe, deren Einheit $\frac{m}{s}$ wir aus der Definitionsgleichung gewinnen.

Gebräuchlich sind auch $\frac{cm}{s}$ und $\frac{km}{h}$.

Umrechnung: $1\frac{m}{s} = 3{,}6\frac{km}{h}$.

Für schnelle Berechnungen multipliziere den Zahlenwert der Geschwindigkeitsangabe in m/s mit 4 und subtrahiere davon 10 % des Wertes! Begründe!

Um die Geschwindigkeit eines Körpers zu bestimmen, mußt du den Weg und die dazugehörige Zeitspanne messen und v dann entsprechend der Definitionsgleichung berechnen. In Fahrzeugen, z. B. in Autos, wird die Geschwindigkeit vom **Tachometer** direkt angezeigt (Bild 5).

Aufgaben

1 Gib für jeden der Bewegungsvorgänge aus Versuch 2 die Geschwindigkeiten zu verschiedenen Zeitpunkten an und trage die Wertepaare $(v \mid t)$ in ein Diagramm ein! Du erhältst damit das Geschwindigkeit-Zeit-Diagramm der gleichförmig geradlinigen Bewegung. Interpretiere deine graphische Darstellung!

2 In einer U-Bahn-Station hat die Rolltreppe eine Länge von 30 m. Die Fahrt dauert 60 s. Mit welcher Geschwindigkeit wirst du bewegt?

3 Wie weit bist du ungefähr von einem Berg entfernt, wenn dein Echo nach etwa 3 s zu hören ist? (Schallgeschwindigkeit beträgt 340 m/s)

4 In der Seefahrt ist als Geschwindigkeitseinheit noch der Knoten (kn) zulässig:

1 kn = 1 sm/h = 1,852 km/h

Gib die Geschwindigkeit eines Schiffes in km/h an, das mit 17 kn fährt!

5 Ein Fußgänger macht je Minute 100 Schritte. Die Schrittlänge beträgt 80 cm. Bestimme die Geschwindigkeit des Fußgängers in km/h!

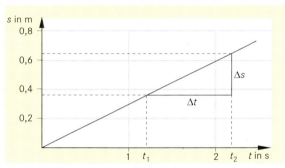

4 Weg-Zeit-Diagramm zu Versuch 1

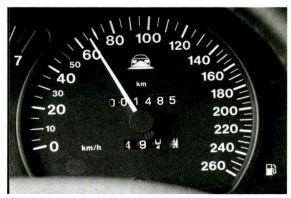

5 Tachometer

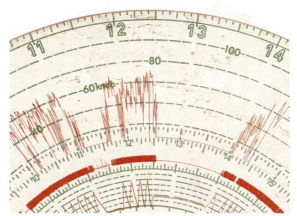

1 Fahrtenschreiber überwachen die Fahrweise von Kraftfahrern

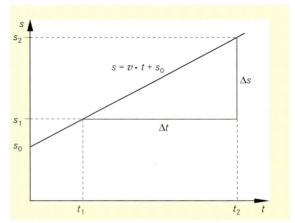

2 s-t-Diagramm einer gleichförmigen Bewegung mit Anfangsweg s_0

Durchschnittsgeschwindigkeit

Ein anfahrendes Auto, ein bremsender Zug, eine rollende Kugel auf einer schiefen Ebene bewegen sich nicht gleichförmig. In den seltensten Fällen bleibt die Geschwindigkeit eines sich bewegenden Körpers konstant. Dies kannst du beim Autofahren beobachten. Auch dort ändert sich die Geschwindigkeit oft von „Anhalten" bis „Höchstgeschwindigkeit". Selbst auf einer geraden Autobahnstrecke läßt sich kaum eine gleichförmige Bewegung erreichen. Die Tachoanzeige schwankt. Ein **Fahrtenschreiber**, wie er z. B. für Lkw und Busse vorgeschrieben ist, hält solche Schwankungen fest (Bild 1). Er zeigt beispielsweise an, ob die vorgeschriebene Höchstgeschwindigkeit eingehalten wurde und ob der Fahrer notwendige Erholungspausen einlegte.

Vielfach genügt es, solche komplizierten Bewegungen durch Angabe der **Durchschnittsgeschwindigkeit** zu beschreiben. Sie wird bestimmt, indem die Zeitspanne Δt_{gesamt} für das Durchfahren der gesamten Strecke Δs_{gesamt} gemessen und damit die Geschwindigkeit

$$\overline{v} = \frac{\Delta s_{ges}}{\Delta t_{ges}} \qquad \text{(lies „} v \text{ quer")} \text{ berechnet wird.}$$

Innerhalb der Strecke Δs_{ges} kann dabei die Geschwindigkeit durchaus unterschiedliche Werte annehmen.

B **1:** Ein ICE benötigt für die Strecke Hamburg – München rund 6 Stunden. Dabei legt er eine Entfernung von etwa 900 km zurück. Daraus kann man die Durchschnittsgeschwindigkeit

$$\overline{v} = \frac{\Delta s_{ges}}{\Delta t_{ges}} = 150\,\text{km/h ausrechnen. Jeder weiß, daß}$$

diese Durchschnittsgeschwindigkeit nicht mit der augenblicklichen Fahrtgeschwindigkeit (Momentangeschwindigkeit) des Zuges übereinstimmen muß. So ist z. B. auf Haltebahnhöfen die Geschwindigkeit Null. ■

> Für eine ungleichförmige Bewegung gibt der Quotient aus dem insgesamt zurückgelegten Weg und der dafür benötigten Zeit die Durchschnittsgeschwindigkeit an.

Weg-Zeit-Gesetz der gleichförmig geradlinigen Bewegung

Den mathematischen Zusammenhang zwischen Weg und Zeit bei einer gleichförmig geradlinigen Bewegung kannst du aus Bild 1, S. 18, entnehmen. Entsprechende Wegstrecken und Zeitspannen sind zueinander proportional, die Geschwindigkeit v ist der Proportionalitätsfaktor (Steigung der Geraden). Demnach gilt: $s = v \cdot t$.

Diese Gleichung stellt das **Weg-Zeit-Gesetz der gleichförmig geradlinigen Bewegung** dar. Sie gilt aber nur, wenn zum Zeitpunkt $t = 0$ der Körper noch keinen Weg zurückgelegt hat ($s_0 = 0$). Dies ist ein *Sonderfall*. In vielen praktischen Fällen hat der Körper bereits vor der Zeitmessung einen bestimmten Anfangsweg s_0 zurückgelegt. Im Bild 2 kannst du erkennen, daß dann die Gerade die Wegachse im Punkt $(0 \mid s_0)$ schneidet. Daher ist im allgemeinen der Weg eine lineare Funktion der Zeit. Es gilt:

> **Weg-Zeit-Gesetz der gleichförmig geradlinigen Bewegung:** $s = v \cdot t + s_0$.

Mit Hilfe des Weg-Zeit-Gesetzes lassen sich viele praktische Aufgabenstellungen lösen.

B **2:** In Frankfurt startet ein Transportflugzeug, seine Durchschnittsgeschwindigkeit beträgt 320 km/h. 30 Minuten später steigt ein Passagierflugzeug (Reisegeschwindigkeit 625 km/h) mit dem gleichen Reiseziel auf. Wann und wie weit von Frankfurt entfernt überholt das Passagierflugzeug die Transportmaschine?

Gegeben: $v_1 = 320$ km/h   Gesucht: $s_ü$ in km
$\; v_2 = 625$ km/h $\; t_ü$ in h
$\; \Delta t = 0{,}5$ h

Lösung: Veranschauliche dir zunächst den Bewegungsablauf in einem Weg-Zeit-Diagramm (Bild 3)! Die Koordinaten des Schnittpunktes der beiden Geraden stellen die gesuchten Größen dar (Entfernung des Überholpunktes von Frankfurt $s_ü$, Zeitdauer vom Start des 1. Flugzeugs bis zum Überholen $t_ü$). Eine maßstäbliche Zeichnung würde zu einer graphischen Lösung der Aufgabe im Rahmen der Zeichengenauigkeit führen. Eine exakte Lösung dieser Aufgabe erhältst du rechnerisch: Stelle dazu die beiden Geradengleichungen auf und setze sie gleich! Du gewinnst so die Koordinaten des Schnittpunktes, also die Lösung der Aufgabe.

$$s_ü = v_1 \cdot t_ü = v_2 \cdot \left(t_ü - \Delta t\right)$$

$$v_1 \cdot t_ü = v_2 \left(t_ü - \Delta t\right) = v_2 \cdot t_ü - v_2 \cdot \Delta t$$

$$v_2 \cdot \Delta t = t_ü \left(v_2 - v_1\right)$$

$$t_ü = \frac{v_2 \cdot \Delta t}{v_2 - v_1} = \frac{625 \, \frac{\text{km}}{\text{h}} \cdot 0{,}5 \, \text{h}}{625 \, \frac{\text{km}}{\text{h}} - 320 \, \frac{\text{km}}{\text{h}}} \approx 1{,}025 \, \text{h}$$

$$s_ü = v_1 \cdot t_ü \approx 320 \, \frac{\text{km}}{\text{h}} \cdot 1{,}025 \, \text{h} = 328 \, \text{km}.$$

Die Flugzeit bis zum Treffpunkt beträgt 1 h 1 min 30 s. Der Treffpunkt liegt 328 km von Frankfurt entfernt. ■

Aufgaben

1 An einer auf einer geraden Strecke fahrenden Spielzeugeisenbahn wurden die Wege und die Zeiten gemessen und in einer Tabelle festgehalten:

s in cm	0	40	80	120	160
t in s	0	11,7	23,5	35,2	47,0

Zeichne das Weg-Zeit- und das Geschwindigkeit-Zeit-Diagramm! Welche Bewegungsart liegt vor? Bestimme die Zeiten, die bis zu den Marken 50 cm und 90 cm benötigt wurden! Bestimme die Wege, die in 20 s und 40 s zurückgelegt wurden!

2 Die Geschwindigkeit eines gleichförmig·geradlinig bewegten Körpers ist doppelt so groß wie die eines anderen Körpers. Worin unterscheiden sich die Weg-Zeit- und die Geschwindigkeit-Zeit-Diagramme?

3 Ein Güterzug passiert ein Signal auf dem linken Gleis einer zweigleisigen Strecke mit einer Geschwindigkeit von 80 km/h. 15 Minuten später fährt ein Interregio am gleichen Signal auf dem rechten Gleis derselben Strecke mit einer Geschwindigkeit von 150 km/h vorbei. Beide Züge fahren mit konstanter Geschwindigkeit weiter. Nach welcher Zeit und welcher Strecke

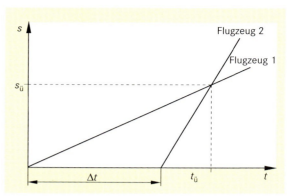

3 *Weg-Zeit-Diagramm der Flugzeugbewegungen*

überholt der Interregio den Güterzug? (Löse die Aufgabe graphisch und rechnerisch!)

4 Welche Bewegung ist im Diagramm des Bildes 4 dargestellt? Was sagt der horizontale Teil des Graphen aus? Welchen Weg hat der Körper nach 4 s, 5 s, 10 s zurückgelegt?

5 Von einem Passagierschiff aus, das sich gleichförmig bewegt, sichtet der Kapitän mit Hilfe des Radargerätes ein ihm genau entgegenlaufendes Schiff in 8 sm Entfernung. Nach 12 Minuten hat sich der Schiffsabstand auf 1,5 sm verringert. Mit welcher Geschwindigkeit nähern sich beide Schiffe? (1 sm = 1,852 km)

Experimentiere selbst!

1 Bestimme bei einer Fahrt auf der Autobahn die Geschwindigkeit des Kfz, indem du mit Hilfe der Kilometersteine den zurückgelegten Weg und mit einer Stoppuhr die dazugehörige Zeitdauer mißt! Vergleiche deinen Wert mit der vom Tachometer angezeigten Geschwindigkeit! Welche Rückschlüsse läßt dieser Vergleich zu?

2 Laß ein Spielzeugauto auf einem schräg gestellten Brett hinabrollen. Welche Bewegung findet statt? Bestimme die Durchschnittsgeschwindigkeit!
Verkleinere den Anstellwinkel soweit, bis eine gleichförmige Bewegung auftritt. Worin siehst du die Ursache dafür?

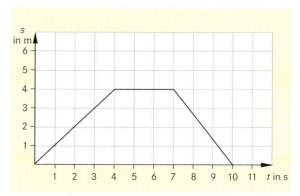

4 *Weg-Zeit-Diagramm zu Aufgabe 4*

Beschleunigte geradlinige Bewegung

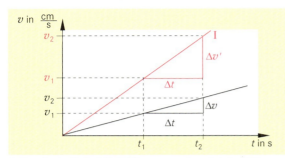

1 *Geschwindigkeit-Zeit-Diagramm der gleichmäßig beschleunigten Bewegung*

Beschleunigung

Beim Anfahren eines Autos wird durch die Kraft des Motors der Wagen zunächst immer schneller. Diese Bewegung, bei der die Geschwindigkeit zunimmt, bezeichnet man als **beschleunigte Bewegung**. Wird die Bremse betätigt, so wird der Wagen langsamer. Die Geschwindigkeit nimmt ständig ab; man spricht von einer **verzögerten Bewegung**.

> Bewegungen, bei denen sich die Geschwindigkeit ändert, heißen beschleunigte bzw. verzögerte Bewegungen.

Im folgenden wollen wir die beschleunigte Bewegung untersuchen. Dazu wählen wir den einfachsten Fall aus, bei dem in gleichen Zeitdifferenzen Δt die Geschwindigkeit sich um den gleichen Betrag Δv ändert. Diese Bewegung heißt **gleichmäßig beschleunigt**. Sie ist dadurch gekennzeichnet, daß $\Delta v/\Delta t$ konstant ist. Der $v(t)$-Graph ist eine Gerade (Bild 1). Daß es diese Bewegungsart tatsächlich gibt, soll folgendes Experiment zeigen.

Versuch 1: Laß eine Kugel auf einer nur wenig geneigten glatten Fallrinne (schiefe Ebene, Bild 2) herabrollen! Markiere auf der Fallrinne Wege, die von der Kugel durchlaufen werden! An diesen Markierungspunkten werden die Zeiten t_1, t_2, t_3, ..., die die Kugel zum Durchlaufen der Wege benötigt, bestimmt. Gleichzeitig werden die Momentangeschwindigkeiten v_1, v_2, v_3, ... der Kugel an den Markierungspunkten mit Hilfe von Lichtschranken und einer Digitaluhr gemessen. Trage die Meßwerte t und v in eine Tabelle ein! Überprüfe im Rahmen der Meßgenauigkeit der Meßwerte, ob es sich um eine gleichmäßig beschleunigte Bewegung handelt! Zeichne dazu mit den Meßwertpaaren ($v\,|\,t$) ein Geschwindigkeit-Zeit-Diagramm! ∎

t in s	2	3	4	5
v in cm/s	12,3	18,5	25	31
$\frac{\Delta v}{\Delta t}$ in $\frac{cm}{s^2}$	6,15	6,17	6,25	6,2

Tabelle der Meßwerte

Ergebnis: Die Punkte ($v\,|\,t$) liegen im Rahmen der Meßgenauigkeit auf einer Ursprungsgeraden (Bild 3). Geschwindigkeit und Zeit sind zueinander proportional ($v \sim t$). Bildest du den Quotienten $\Delta v/\Delta t$ (Zeile 3 der Tabelle), so ergibt sich (wiederum im Rahmen der Meßgenauigkeit) immer ein konstanter Wert. Diese Konstante ist ein Maß dafür, wie der Körper schneller wird. Sie gibt sozusagen die „Geschwindigkeit der Änderung der Geschwindigkeit" an. Man nennt diese Konstante **Beschleunigung a**.

Je steiler die Gerade im v-t-Diagramm ist, desto größer ist die Beschleunigung, d. h. um so stärker ändert sich die Geschwindigkeit in einem bestimmten Zeitintervall. Die Beschleunigung a entspricht also der Steigung der Geraden (Steigungsdreieck im Bild 1). Je größer die Steigung, desto größer ist die Beschleunigung.

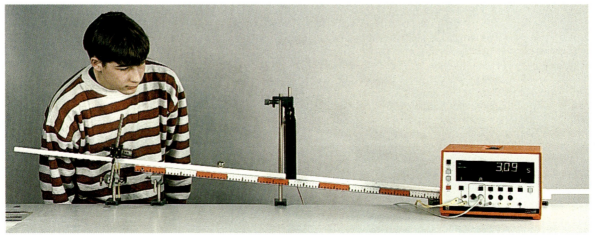

2 *Experimentieranordnung zu Versuch 1*

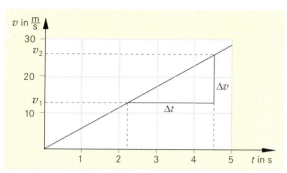

3 *v-t-Diagramm zu Versuch 1. Das Steigungsdreieck gibt Auskunft über die Beschleunigung*

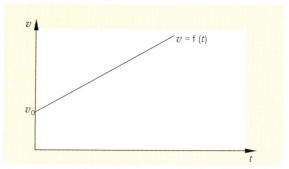

4 *v-t-Diagramm einer beschleunigten Bewegung mit Anfangsgeschwindigkeit v_0*

Gleichmäßig beschleunigte Bewegung:

$$\text{Beschleunigung} = \frac{\text{Geschwindigkeitsänderung}}{\text{benötigte Zeit}}$$

$$a = \frac{\Delta v}{\Delta t} = \frac{v_2 - v_1}{t_2 - t_1}.$$

Die Beschleunigung ist eine aus der Geschwindigkeit v und der Zeit t abgeleitete physikalische Größe. Ihre Einheit gewinnt man aus der Definitionsgleichung

$$[a] = \frac{[v]}{[t]} = \frac{\text{m/s}}{\text{s}} = \frac{\text{m}}{\text{s}^2}.$$

Bei einer *verzögerten Bewegung* spricht man von einer *negativen Beschleunigung*.

Die Beschleunigung im Versuch 1 beträgt im Mittel $6,2 \text{ cm/s}^2$.

Beispiele für Beschleunigungen beim Anfahren:

Bewegung	Beschleunigung
Nahverkehrszüge	$0,4 \text{ m/s}^2$
Straßenbahn	$0,9 \text{ m/s}^2$
Pkw (60 kW)	$2,0 \text{ m/s}^2$
Geschoß im Lauf	$500\,000 \text{ m/s}^2$

Geschwindigkeit-Zeit-Gesetz der gleichmäßig beschleunigten Bewegung

In der Auswertung des Versuchs 1 haben wir festgestellt, daß sich in gleichen Zeitdifferenzen die Geschwindigkeit immer um den gleichen Betrag verändert. Die Beschleunigung a ist konstant. Dies ist ein Sonderfall, der bei tatsächlichen Bewegungsabläufen – ähnlich wie die gleichförmige Bewegung – nur näherungsweise erfüllt wird. Dieser Sonderfall ist aber so einfach, daß wir für ihn leicht physikalische Gesetze finden können.

Du hattest bereits erkannt, daß für die gleichmäßig beschleunigte Bewegung $v \sim t$ ist, d. h. $v = \text{konst.} \cdot t$. Der Proportionalitätsfaktor in dieser Gleichung ist die Beschleunigung a, so daß sich folgende Gleichung ergibt: $v = a \cdot t$.

Diese Gleichung gilt nur für den Fall, daß die Bewegung vom Stillstand aus erfolgt, also zur Zeit $t = 0$ auch $v_0 = 0$ ist. Oft beginnt aber der Beschleunigungsvorgang aus einer bestimmten Anfangsgeschwindigkeit heraus, der Körper hat zur Zeit $t = 0$ bereits eine Anfangsgeschwindigkeit v_0. Das v-t-Diagramm eines solchen Vorganges zeigt Bild 4.

Geschwindigkeit-Zeit-Gesetz der gleichmäßig beschleunigten Bewegung:

$$v = a \cdot t + v_0.$$

B Ein Güterzug passiert einen Bahnhof mit der Geschwindigkeit von 40 km/h ($\approx 11,1 \text{ m/s}$). Danach steigert er 10 s lang seine Geschwindigkeit mit einer Beschleunigung von $0,35 \text{ m/s}^2$. Welche Geschwindigkeit hat er dann erreicht?

$$v = a \cdot t + v_0 = 0,35\,\frac{\text{m}}{\text{s}^2} \cdot 10\text{s} + 11,1\,\frac{\text{m}}{\text{s}} = 3,5\,\frac{\text{m}}{\text{s}} + 11,1\,\frac{\text{m}}{\text{s}}$$

$$v = 14,6\,\frac{\text{m}}{\text{s}} = 14,6 \cdot 3,6\,\frac{\text{km}}{\text{h}} = 52,6\,\frac{\text{km}}{\text{h}}.$$

Der Güterzug erreicht 52,6 km/h. ■

Aufgaben

1 Worin unterscheiden sich gleichförmige und ungleichförmige Bewegungen? Nenne Beispiele für beide Arten dieser Bewegung!

2 Ein Eisenbahnzug erreicht 2 Minuten nach der Abfahrt eine Geschwindigkeit von 43,2 km/h. Bestimme die Beschleunigung des Zuges in m/s²!

3 Welche Geschwindigkeit erreicht ein Radfahrer nach 20 Sekunden, wenn er mit 720 m/min² beschleunigt?

4 Nach wieviel Sekunden erreicht ein Auto aus dem Stand heraus eine Geschwindigkeit von 36 km/h, wenn die Beschleunigung $0,2 \text{ m/s}^2$ beträgt?

5 Ein Auto fährt bergauf mit einer konstanten Geschwindigkeit von 40 km/h und dann die gleiche Wegstrecke bergab mit 60 km/h. Bestimme die Durchschnittsgeschwindigkeit bezogen auf die gesamte Wegstrecke?

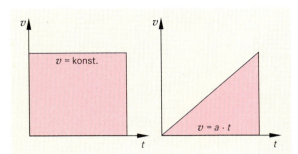

1 *Weg als Flächeninhalt bei gleichförmiger und gleichmäßig beschleunigter Bewegung*

Weg-Zeit-Gesetz der gleichmäßig beschleunigten Bewegung

Wir wollen nun untersuchen, welche Beziehungen zwischen dem zurückgelegten Weg und der dazu benötigten Zeit bei einer gleichmäßig beschleunigten Bewegung bestehen. Das Weg-Zeit-Gesetz läßt sich mit Hilfe des v-t-Diagramms *theoretisch* finden. Im Bild 1 siehst du das v-t-Diagramm für die gleichförmige und die gleichmäßig beschleunigte Bewegung. Betrachte zunächst die gleichförmige Bewegung.

Das Weg-Zeit-Gesetz dieser Bewegung lautet: $s = v \cdot t$. Dieses Produkt stellt den Flächeninhalt unter dem $v(t)$-Graphen dar (Rechteck). Diese Erkenntnis wenden wir nun auf die gleichmäßig beschleunigte Bewegung an. Der $v(t)$-Graph ist eine durch den Nullpunkt verlaufende Gerade (Bild 1). Die Fläche unter dieser Geraden ist ein rechtwinkliges Dreieck, ihr Flächeninhalt ($\hat{=}$ Weg) ist $\frac{1}{2} \cdot v \cdot t$. Setzt man $v = a \cdot t$ ein, ergibt sich

$$s = \frac{1}{2} \cdot a \cdot t^2. \qquad (1)$$

Dieses Ergebnis soll experimentell überprüft werden.

Versuch 1: Wiederhole Versuch 1, auf S. 22 (Bild 2)! Die Wege werden wiederum festgelegt, die zum Durchlaufen benötigte Zeit gemessen und die Wertepaare in eine Tabelle eingetragen. ■

s in cm	5	10	15	20
t in s	1,3	1,6	2,2	2,6
s/t^2 in cm/s^2	3,1	3,0	3,1	2,9

Tabelle der Meßwerte

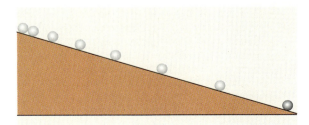

2 *Auf einer schiefen Ebene rollende Kugel*

Stelle die experimentell ermittelten Wertepaare $(s \,|\, t)$ in einem Weg-Zeit-Diagramm dar (Bild 3)! Du erkennst, daß die Meßpunkte nicht auf einer Geraden liegen, wie bei der gleichförmigen Bewegung. Der zurückgelegte Weg wächst stärker als linear mit der Zeit an.

Aus Gleichung 1 folgt, daß die Meßwerte auf dem rechten Ast einer Parabel liegen müssen. Die Gleichung einer Parabel mit dem Scheitelpunkt im Koordinatenursprung im x, y-Koordinatensystem lautet $y = k \cdot x^2$. Im s, t-Koordinatensystem (Bild 3) gilt die Beziehung $s = k \cdot t^2$. Daraus ergibt sich $k = s/t^2$.

Das experimentelle Ergebnis ist im Einklang mit der theoretischen Vorhersage $s \sim t^2$. Die Werte der Quotienten s/t^2 findest du in der 3. Zeile der Tabelle (Mittelwert $k = 3{,}07$ cm/s^2). Im Bild 3 ist die zugehörige Parabel $s(t) = 3{,}07$ cm/s$^2 \cdot t^2$ eingezeichnet. Das Weg-Zeit-Gesetz ergibt sich dann für $s_0 = 0$ und $v_0 = 0$ zur Zeit $t = 0$ ($v_0 = 0$ bedeutet, aus der Ruhe gestartet):

$$s = \frac{1}{2} a\, t^2.$$

Dies ist wieder ein Sonderfall. Hat der Körper bereits vor der Zeitmessung eine Anfangsgeschwindigkeit v_0 und einen bestimmten Anfangsweg s_0 zurückgelegt, müssen diese berücksichtigt werden.

> **Weg-Zeit-Gesetz der gleichmäßig beschleunigten Bewegung:**
>
> $$s = \frac{1}{2} a\, t^2 + v_0 t + s_0.$$

Im vorliegenden Fall folgt das Weg-Zeit-Gesetz (1) nicht aus experimentell gewonnen Daten, sondern aus einem theoretischen Ansatz und der Definition der gleichmäßig beschleunigten Bewegung. Es wird dann durch das Experiment bestätigt. Das Beispiel macht den folgenden Sachverhalt deutlich.

M Es ist nicht möglich, ein Naturgesetz aus einer Reihe von Meßpunkten zu gewinnen, sondern die Theorie bestimmt, was gemessen wird. ■

B **1:** Ein Auto beschleunigt gleichmäßig aus dem Stand in 10 s auf eine Endgeschwindigkeit von 100,8 km/h (28 m/s). Welchen Weg legt das Auto dabei zurück?

Aus der Gleichung $\quad s = \frac{1}{2} \cdot a \cdot t^2 = \frac{1}{2} \cdot a \cdot t \cdot t$

und Einsetzen von $a \cdot t = v$ ergibt sich:

$$s = \frac{1}{2} \cdot v \cdot t.$$

Diese Gleichung ist dir bereits aus der Wegberechnung im v-t-Diagramm (Bild 1) bekannt.
Setze die gegebenen Größen in diese Gleichung ein und berechne den zurückgelegten Weg!

$$s = \frac{1}{2} \cdot 28 \, \frac{m}{s} \cdot 10 \, s = 140 \, m.$$

Der Weg des Autos beträgt 140 m. ■

B 2: Berechne die Länge der Strecke, die der Güterzug aus dem Beispiel auf S. 23 während der Beschleunigungsphase zurückgelegt hat!

$$s = \frac{1}{2} a \, t^2 + s_0, \text{ wobei } s_0 = v_0 \cdot t \text{ ist.}$$

$$s = \frac{1}{2} \cdot 0{,}35 \, \frac{m}{s^2} \cdot 10^2 \, s^2 + 11{,}1 \, \frac{m}{s} \cdot 10 \, s$$

$$s = 17{,}5 \, m + 111 \, m = 128{,}5 \, m.$$

Der Güterzug legt 128,5 m zurück. ■

B 3: Beim Anfahren beschleunigt ein Zug auf einer Strecke von 1000 m gleichmäßig mit $a = 0{,}2 \, m/s^2$. Welche Geschwindigkeit hat dann der Zug?

In die Gleichung $s = \frac{1}{2} \cdot v \cdot t$ setzt du für $t = \frac{v}{a}$ ein.

Du erhältst $\qquad v = \sqrt{2 \cdot a \cdot s}$.
Damit kannst du die gewünschte Geschwindigkeit berechnen:

$$v = \sqrt{2 \cdot 0{,}2 \, \frac{m}{s^2} \cdot 1000 \, m} = 20 \, \frac{m}{s} = 72 \, \frac{km}{h}. \; ■$$

Für den Sonderfall der gleichmäßig beschleunigten Bewegung mit $t = 0$ und $s_0 = 0$ gilt:

$$s = \frac{1}{2} \cdot v \cdot t \text{ und } v = \sqrt{2 \cdot a \cdot s}.$$

Aufgaben

1 In der nachfolgenden Tabelle sind die Zeiten angegeben, die verschiedene Pkw-Typen benötigen, um ihre Geschwindigkeit von 0 auf 100 km/h zu steigern. Wie groß ist jeweils die Beschleunigung, wenn angenommen wird, daß eine gleichmäßig beschleunigte Bewegung vorliegt? Welche Strecke benötigen die einzelnen Pkw, um auf 100 km/h zu beschleunigen?

Autotyp	Zeit
Audi 80	11,8 s
Mercedes C 220	8,9 s
VW Golf VR 6	7,6 s
Opel Vectra Turbo	6,8 s

2 Ein Fahrzeug, aus der Ruhe heraus gleichmäßig beschleunigt, durchlief 180 m in 15 Sekunden. Wie weit war es nach 5 Sekunden vom Ausgangspunkt entfernt?

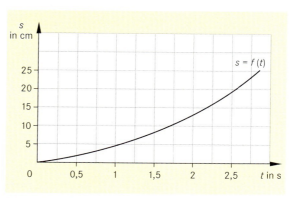

3 *Weg-Zeit-Diagramm einer gleichmäßig beschleunigten Bewegung*

3 Ein Zug fährt mit einer Durchschnittsgeschwindigkeit von 10 m/s gleichmäßig verzögert bergan. Welche Anfangsgeschwindigkeit besaß er, wenn seine Endgeschwindigkeit 5 m/s beträgt?

4 Der Fahrer eines Kraftwagens will seine Bremsen prüfen und macht eine Bremsprobe bei einer Geschwindigkeit von 60 km/h. Er erhält einen Bremsweg von 19 m. Berechne die Bremsverzögerung!

5 Ein Zug mit einer Geschwindigkeit von 96 km/h wird vor einem Haltesignal bis zum Stillstand abgebremst. Der Bremsweg beträgt 1210 m. Nach 85 s fährt der Zug wieder an und erreicht nach 115 s wieder seine frühere Geschwindigkeit. Wie groß ist die entstandene Verspätung?

6 Ein Zug hat eine Geschwindigkeit von 54 km/h. 1,5 min lang wird die Geschwindigkeit in jeder Sekunde um 0,72 km/h gesteigert. Welche Strecke wird in der Beschleunigungszeit durchfahren?

7 Vergleiche gleichförmige und gleichmäßig beschleunigte Bewegung miteinander (Merkmale, Gesetze, Diagramme)! Fertige dir eine Übersicht an!

8 Ein Pkw beschleunigt in 11 s auf 60 km/h. Wie groß ist seine Beschleunigung?

Experimentiere selbst!

1 Nimm das Weg-Zeit-Diagramm eines beschleunigenden Radfahrers auf! Die Meßwertepaare erhältst du folgendermaßen: Auf einem ebenen Gelände (Schulhof) steht ein Radfahrer anfahrbereit mit dem Vorderrad an einer Startlinie. Entlang einer Geraden sind im Abstand von 2 m, 5 m, 10 m, 15 m, 20 m und 25 m vom Start Markierungslinien gezeichnet. Dort steht jeweils ein Mitschüler und löst auf das Startkommando hin seine Stoppuhr aus. Er bestimmt den Zeitpunkt, zu dem das Vorderrad des Fahrads seine Markierungslinie erreicht.

2 Prüfe die Bremsanlage eines Fahrrades! Bremse dazu aus einer Geschwindigkeit von 20 km/h auf Null ab (keine Vollbremsung, das Rad darf nicht blockieren)! Miß Bremsweg und Bremszeit, errechne die Verzögerung (negative Beschleunigung)! Beachte: Durchführung nur auf unbelebten, zulässigen Wegen!

Kraft und Beschleunigung

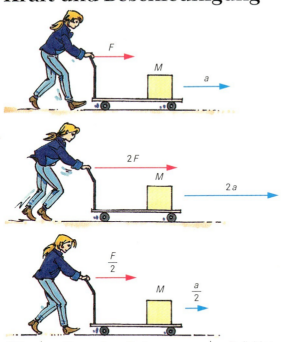

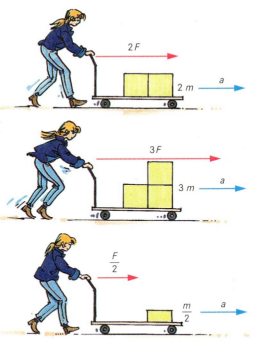

Bild	Vorgegebene Bedingungen		Definition
1a	m	a	F
1b	m	$2a$	$2F$
1c	m	$\frac{1}{2}a$	$\frac{1}{2}F$

1 *Definition der Kraft bei m = konst.*

Bild	Vorgegebene Bedingungen		Definition
2a	$2m$	a	$2F$
2b	$3m$	a	$3F$
2c	$\frac{1}{2}m$	a	$\frac{1}{2}F$

2 *Definition der Kraft bei a = konst.*

Grundgleichung der Mechanik

Früher hast du bereits gelernt, daß die physikalische Größe Kraft mit den durch sie verursachten Bewegungsänderungen in Beziehung gebracht wird. Mit unseren Kenntnissen über Bewegungen können wir jetzt diese Vorstellung präzisieren.

Gedankenexperiment: Um einen Wagen der Masse m zu beschleunigen, muß z. B. ein Mensch mit einer Kraft F auf diesen Wagen wirken (Bild 1a). Die Beschleunigung sei a. Um dem gleichen Wagen die doppelte Beschleunigung $2a$ zu erteilen, ist eine größere Kraft notwendig, die mit $2F$ festgelegt wird (Bild 1b). Wendet die Versuchsperson nur die halbe Kraft auf, so ist die Beschleunigung nur halb so groß (Bild 1c).

In Bild 1 ist dargestellt, daß aufgrund der Vereinbarung bei konstanter Masse die wirkende Kraft der Beschleunigung proportional ist: $F \sim a$ für m = konst. Wird nun aber der doppelten Masse $2m$ die Beschleunigung a erteilt, ist es auch hier sinnvoll, die doppelte Kraft ($2F$) zu vereinbaren (Bild 2a). Soll der Wagen mit der Masse $3m$ die Beschleunigung a erfahren, muß die Versuchsperson die dreifache Kraft ($3F$) (Bild 2b), bei halber Masse und gleicher Beschleunigung nur die halbe Kraft aufbringen (Bild 2c).

Aus Bild 2 ersiehst du, daß bei konstanter Beschleunigung die wirkende Kraft der Masse proportional ist: $F \sim m$ für a = konst.

Aus $F \sim a$ für m = konst. und $F \sim m$ für a = konst. folgt $F \sim m \cdot a$. Legt man jetzt fest, daß der Proportionalitätsfaktor 1 sein soll, so erhalten wir $F = m \cdot a$. Wird m in kg und a in m/s² gemessen, so ergibt sich als *Einheit für die Kraft ein Newton (1 N):*

$$1\,\text{N} = 1\,\text{kg} \cdot 1\,\frac{\text{m}}{\text{s}^2}\,.$$

Eine Kraft hat den Betrag 1 N, wenn sie einem Körper mit der Masse 1 kg die Beschleunigung von 1 Meter pro Sekunde zum Quadrat erteilt (d. h. den Körper von der Ruhe aus in 1 s auf eine Geschwindigkeit von 1 m/s bringt).

> Der Zusammenhang der Meßgrößen Kraft *F*, Masse *m* und Beschleunigung *a* wird ausgedrückt durch die Grundgleichung der Mechanik (2. NEWTONsches Axiom):
>
> $$F = m \cdot a.$$

Mit Hilfe eines Experiments kannst du dich davon überzeugen, daß der hergestellte Zusammenhang zwischen Kraft, Masse und Beschleunigung sinnvoll ist. Im Versuch werden die Antriebskräfte des Wagens durch Gewichtskräfte realisiert.

Versuch 1: Baue eine Experimentieranordnung entsprechend Bild 3 (Luftkissenfahrbahn oder Schienenwagen) auf! Ein Wägestück ist an einem Faden befestigt und zieht über eine Umlenkrolle an einem Luftkissen-Schwebekörper bzw. Wagen. Untersuche im ersten Teilexperiment den Zusammenhang zwischen der Beschleunigung und der Kraft bei gleichbleibender Masse („Umladen" der beschleunigenden Gewichtsstücke) und im zweiten Teilexperiment die Abhängigkeit der Beschleunigung von der Masse bei gleichbleibender Kraft! Nimm die jeweiligen Meßreihen auf und stelle sie graphisch dar! ∎

Ergebnis: 1. Bei konstanter Masse ist die Beschleunigung der Anzahl der angehängten Gewichtsstücke proportional: $a \sim F$.
2. Bei konstanter beschleunigender Kraft ist die Beschleunigung dem Kehrwert der Masse proportional: $a \sim \frac{1}{m}$.

Die Gleichung $F = m \cdot a$ ist fundamental für die von NEWTON begründete Mechanik (1687). Sie heißt deshalb **Grundgleichung der Mechanik**. Man bezeichnet sie auch als 2. NEWTONsches Axiom. Das Wort Axiom bedeutete nicht dasselbe wie in der Mathematik. Es macht deutlich, das $F = m \cdot a$ weder eine mathematische Definition noch ein allgemeingültiges Naturgesetz darstellt, sondern eine Aussage, in die sowohl theoretische Überlegungen als auch experimentelle Erfahrungen eingeflossen sind.

B **1:** Wie groß ist die Kraft, durch die ein Motorrad bei gleichmäßiger Beschleunigung aus dem Stand in 5 s eine Geschwindigkeit von 36 km/h erreicht? Die Masse beträgt 150 kg. Die Reibung ist zu vernachlässigen.

$F = m \cdot a, \quad a = \frac{v}{t} \quad$ somit wird $\quad F = m \cdot \frac{v}{t}$.

Eingesetzt ergibt sich

$$F = \frac{150\,\text{kg} \cdot 36 \cdot 10^3\text{m}}{5\,\text{s} \cdot 36 \cdot 10^2 s} = 300\,\frac{\text{kg m}}{\text{s}^2} = 300\,\text{N}. \ \blacksquare$$

B **2:** Ein Fußballer erteilt einem Ball ($m = 700$ g) eine Geschwindigkeit von 15 m/s. Berechne die Schußkraft, wenn der Ball 0,02 s lang beschleunigt wird!

$$F = m \cdot a, \quad \text{mit} \quad a = \frac{\Delta v}{\Delta t}.$$

$$F = m \cdot \frac{\Delta v}{\Delta t} = 0,7\,\text{kg} \cdot \frac{15\,\text{m/s}}{0,02\,\text{s}} = 525\,\text{N} \ . \ \blacksquare$$

Masse	Kraft
kennzeichnet Trägheit und Schwere eines Körpers	bewirkt Bewegungsänderungen eines frei beweglichen Körpers
Masse ist eine Grundgröße. Einheit: Kilogramm (kg)	Kraft ist eine abgeleitete Größe: $F = m \cdot a$. Einheit: Newton (N)

Tabelle 1: Gegenüberstellung Masse – Kraft

Aufgaben

1 Welche Beschleunigung erfährt ein Wagen der Masse 6 kg, wenn die Beschleunigungskraft 49 N beträgt?
2 Ein Motorrad der Masse 100 kg erfährt eine Beschleunigung von 1,3 m/s². Wie groß ist die Beschleunigungskraft, wenn der Fahrer 75 kg Masse besitzt?
3 Auf einen Körper der Masse 200 g wirkt eine konstante Kraft, die ihm im Laufe von 5 s die Geschwindigkeit 1 m/s erteilt. Wie groß ist die Kraft?
4 Unter der Wirkung einer konstanten Kraft legt ein zuerst in Ruhe befindlicher Körper der Masse 300 g in 5 s einen Weg von 25 m zurück. Wie groß ist die Kraft?
5 Wie groß ist die Masse eines Körpers, der durch eine Kraft von 1 N eine Beschleunigung von 0,5 m/s² erhält?

3 Experimentieranordnung zur Veranschaulichung der Gleichung $F = m \cdot a$

4 Isaac Newton

Newtons Programm

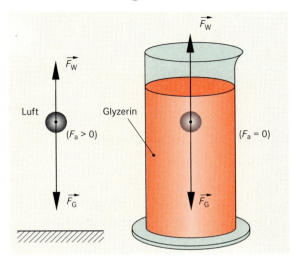

1 Resultierende Kraft Null, also a = 0

2 Wechselwirkungsgesetz bei Muskelkräften

Trägheitssatz

Aus der Grundgleichung $F = m \cdot a$ folgt als Sonderfall für die Kraft $F = 0$, daß auch die Beschleunigung $a = 0$ ist. Das ist mit dem von NEWTON ausgesprochenen **Trägheitssatz** (1. NEWTONsches Axiom) verträglich. Dieser Zusammenhang gilt auch, wenn auf einen Körper Kräfte wirken, deren Summe gleich Null ist. Für seine Beschleunigung gilt dann: $a = 0$.

Versuch 1: Laß eine Eisenkugel zuerst eine bestimmte Strecke in Luft und dann in Glyzerin, das sich in einem Glaszylinder befindet, fallen. (Bild 1) ∎

Ergebnis: In Luft wird bei nicht zu großer Fallstrecke die Geschwindigkeit der fallenden Kugel immer größer. In Glyzerin dagegen stellt sich nach wenigen Zentimetern eine konstante Geschwindigkeit ein. In beiden Fällen wirkt auf die Kugel die Gewichtskraft F_G. Ihr entgegen ist die Reibungskraft F_R gerichtet, die in Luft kleiner als die Gewichtskraft ist. Deshalb wirkt eine beschleunigende Kraft F_a ($F_a > 0$). Im Glyzerin stellt sich schnell ein Gleichgewicht zwischen Reibungs- und Gewichtskraft ein ($F_a = 0$).

> Jeder Körper verharrt im Zustand der Ruhe oder der gleichförmig geradlinigen Bewegung, solange die Summe der äußeren Kräfte, die auf ihn einwirken, Null ist.

Wechselwirkungsgesetz

Versuch 2: Zwei Schüler etwa gleicher Masse stehen sich auf Rollschuhen oder Skateboards gegenüber (Bild 2). Beide ziehen etwa gleich fest am selben Seil in entgegengesetzter Richtung. Die Schüler treffen sich in der Mitte. ∎

Was geschieht, wenn nur der eine Schüler zieht, während der andere sich das Seil um den Körper bindet? Überraschendes Ergebnis: Gleichgültig wer zieht und wie fest gezogen wird, immer ist die Mitte der Treffpunkt (Voraussetzung ist etwa gleiche Masse). Auf jeden der beiden Schüler muß eine Kraft wirken. Der Betrag der Kräfte ist gleich, sie sind entgegengesetzt gerichtet. Man bezeichnet diese Kräfte als Kraft und Gegenkraft. Ist die Masse der Schüler verschieden groß, treffen sie sich nicht in der Mitte. Trotzdem wirkt auf jeden Schüler die gleiche Kraft. Dies kann mit Kraftmessern an den Seilenden festgestellt werden. Begründe dies mit der Gleichung $F = m \cdot a$!

Versuch 3: Entsprechend Bild 3 wird über zwei Rundstäbe ein Brett gelegt, auf dem sich eine Spielzeuglokomotive auf Schienen bewegt. Fährt die Lokomotive an, wirkt auf sie eine beschleunigende Kraft. Die gleich große, entgegengesetzt wirkende Gegenkraft treibt das Brett mit den Schienen auf den Rollen rückwärts. ∎

Die Beispiele demonstrieren ein grundsätzliches Gesetz: Eine Kraft erzeugt immer eine gleich große Gegenkraft. Dieser Sachverhalt wurde von NEWTON als **Wechselwirkungsgesetz** (3. NEWTONsches Axiom), formuliert: Kräfte treten immer paarweise auf. Man nennt diese Kräfte **Wechselwirkungskräfte**.

Zur Wechselwirkung sind immer zwei verschiedene Körper notwendig. Die Wechselwirkungskräfte greifen deshalb immer an zwei Körpern an. Sie sind dem Betrag nach gleich, doch in ihrer Richtung entgegengesetzt. Gleichgültig, welche Art von Kräften du anwendest, Federkräfte, Muskelkräfte oder magnetische Kräfte, du findest immer, daß Kraft und Gegenkraft entgegengesetzt gleich sind.

> Kräfte treten paarweise auf. Wechselwirkungs-
> kräfte haben den gleichen Betrag, doch unter-
> schiedliche Richtung: actio = reactio.

B **1:** Springst du von einem Ruderboot an Land, so mußt du aufpassen, daß du nicht ins Wasser fällst. Die Gegenkraft zu deiner Absprungkraft beschleunigt das Boot in entgegengesetzter Richtung zu deinem Absprung. ■

B **2:** Beim Schießen verspürt man einen Rückstoß. Die Pulvergase treiben das Geschoß aus dem Lauf und drücken das Gewehr gegen die Schulter des Schützen. ■

Dieses im Beispiel 2 geschilderte **Rückstoßprinzip** bewirkt den **Raketenantrieb** (Bild 4). Er beruht aber nicht etwa darauf, daß die Treibgase der Rakete sich an der Luft abstoßen. Die Treibgase werden im Raketenmotor durch die Volumenvergrößerung bei der Verbrennung beschleunigt und wirken ihrerseits mit einer entsprechenden Gegenkraft auf die Rakete zurück.

Versuch 4: Fülle eine Spielzeugrakete zur Hälfte mit Wasser und pumpe Luft hinein! Strömt das Wasser mit hoher Geschwindigkeit aus der Düse, so beschleunigt die Rakete. ■

Beim **Strahltriebwerk** eines Düsen-Jets strömt die Luft vorn in das Triebwerk ein, wird verdichtet und gelangt in die Brennkammern, in die Kraftstoff eingespritzt wird. Die entstehenden Verbrennungsgase treiben die Verdichtungsturbine an und strömen anschließend mit großer Geschwindigkeit durch die Schubdüse ins Freie. Die Gegenkraft wirkt auf das Flugzeug und beschleunigt es.

Die drei NEWTONschen Axiome und der dir bereits bekannte Satz vom Kräfteparallelogramm repräsentieren das von NEWTON entworfene Programm zur Behandlung mechanischer Vorgänge. Mit Hilfe dieser Sätze ist es möglich, zu jedem zukünftigen Zeitpunkt die Bewegung eines Körpers vorauszuberechnen, wenn sein Ort, seine Geschwindigkeit, seine Masse und die auf ihn wirkenden Kräfte bekannt sind.

Aufgaben
1 Wie verhält sich Wasser in einem Gefäß, welches rasch vorwärts bewegt und plötzlich abgebremst wird?
2 Wie treibt man einen Stiel in einen Hammerkopf? Begründe das Verfahren!
3 Nenne ein Beispiel, bei dem durch Trägheitswirkungen ein Unfall entstehen kann! Welche Lehre sollte man daraus für das Verhalten im Straßenverkehr ziehen? Berechne die Kräfte, die mit einem Sicherheitsgurt aufgefangen werden müssen, wenn das Auto aus 50 km/h in 0,5 s abgebremst wird!

4 Warum kannst du leicht den Halt verlieren, wenn du in einer fahrenden Eisenbahn oder Straßenbahn frei stehst und dich nicht festhältst? In welche Richtung kippst du beim schnellen Anfahren bzw. beim stärkeren Bremsen?
5 Warum ist es schwierig, von einem nahe des Ufers schwimmenden leichten Boot an Land zu springen, jedoch einfach von einem Dampfer, der sich im gleichen Abstand vom Ufer befindet?
6 Warum muß die Ladung auf einem Dachgepäckträger eines Kraftfahrzeuges besonders gut gesichert werden?
7 An einem Auto sind die Bremsanlagen defekt. Erkläre, warum es verboten ist, dieses Fahrzeug mit einem Abschleppseil in die Werkstatt zu schleppen!
8 Warum fällt der Staub durch Schütteln von staubiger Kleidung ab?
9 Wie kannst du es dir erklären, daß ein laufender Mensch, der stolpert, stets in die Richtung seiner Bewegung fällt? Dagegen fällt ein auf dem Eis ausrutschender Mensch entgegengesetzt zu seiner Bewegungsrichtung.

Experimentiere selbst!
1 Lege eine ausgebreitete Zeitung auf den Tisch und schiebe ein Brettchen zur Hälfte darunter! Die andere Hälfte des Brettchens ragt über die Tischplatte hinaus. Führe auf das überstehende Ende des Brettchens einen kräftigen Schlag! Erkläre deine Beobachtung!
2 Befestige einen aufgeblasenen Luftballon auf einem kleinen Wagen! Was geschieht, wenn die Luft aus dem Ballon entweicht?

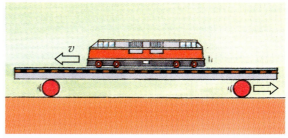

3 actio = reactio

4 Rückstoßprinzip

Fallbewegung und Gewichtskraft

Der Fall – eine beschleunigte Bewegung?
Wenn eine Kugel eine schiefe Ebene herunterrollt,
liegt eine gleichmäßig beschleunigte Bewegung vor.

Versuch 1: Auf einer schiefen Ebene rollt eine Kugel
herab. Untersuche die Abhängigkeit der Beschleunigung vom Neigungswinkel! Dazu miß die zu konstanten
Wegstrecken Δs gehörenden Zeitintervalle Δt! ■

Du stellst fest, daß die Beschleunigung zunimmt. Bei
größeren Winkeln kannst du die Zeitintervalle nicht
mehr einfach ermitteln. Bei einem Neigungswinkel
von 90° führt die Kugel eine **Fallbewegung** aus. Diese Fallbewegung ist aus den gleichmäßig beschleunigten Bewegungen durch immer stärkere Neigung der
schiefen Ebene hervorgegangen. Daher ist die Vermutung berechtigt, daß auch die Fallbewegung eine
gleichmäßig beschleunigte Bewegung ist. Dieses wollen wir mit einem einfachen Experiment bestätigen.

Versuch 2: Stelle dir eine Fallschnur her (Bild 2)! Erinnere dich an die Gesetze der gleichmäßig beschleunigten Bewegung! Der zurückgelegte Weg s ist proportional zum Quadrat der Zeit t; $s \sim t^2$ (Weg-Zeit-Gesetz).
Entsprechend diesem Gesetz werden kleine Kugeln im
Abstand von Quadratzahlen ($1^2 : 2^2 : 3^2 : 4^2 : 5^2$ usw.)
an einer Schnur befestigt. Halte die Schnur so, daß die
untere Kugel den Fußboden berührt! Nach dem Loslassen schlagen die Kugeln in *gleichen* Zeitintervallen
auf den Boden auf. Du erkennst also, daß auch hier
das Weg-Zeit-Gesetz der gleichmäßig beschleunigten
Bewegung gilt. ■

Die Fallbewegung der Kugel ist offenbar eine gleichmäßig beschleunigte Bewegung. Scheinbar wider-
spricht diese Erkenntnis unseren Erfahrungen, denn
du kennst bestimmt Beispiele, bei denen ein Körper

nicht gleichmäßig beschleunigt fällt: Fallschirmspringer, zu Boden fallendes Blatt Papier, Fallen einer
Vogelfeder u. a. In einem weiteren Experiment untersuchen wir diesen scheinbaren Widerspruch.

Versuch 3: Laß eine Stahlkugel und ein Blatt Papier
gleichzeitig aus gleicher Höhe fallen! Die Stahlkugel
kommt zuerst auf dem Boden an. Knülle das Blatt
Papier kräftig zu einem kleinen Ball zusammen! Jetzt
fällt es kaum merklich langsamer als die Stahlkugel.
Deshalb kannst du vermuten, daß alle Körper mit der
gleichen Beschleunigung fallen, solange der Luftwiderstand klein ist. ■

Daß tatsächlich für das unterschiedliche Fallen der
Luftwiderstand verantwortlich ist, kannst du in folgendem Experiment erkennen.

Versuch 4: In einer etwa 1 m langen Glasröhre, die mit
Hilfe einer Vakuumpumpe weitgehend luftleer gepumpt werden kann, befinden sich eine Vogelfeder, ein
Stück Papier, ein Korkstück und eine Metallkugel
(Bild 3). Wir stellen die Fallröhre zunächst senkrecht
auf. Die Körper liegen am Boden der Röhre. Kippen wir
nun die Röhre um 180°, so fallen die Körper unterschiedlich schnell. Der Luftwiderstand macht sich
bemerkbar. Der Versuch wird wiederholt, nachdem die
Luft aus der Röhre gepumpt wurde (Vakuum). Jetzt
kommen die Körper gleichzeitig unten an. Der Luftwiderstand spielt keine Rolle mehr. ■

Fällt ein Körper allein durch das Einwirken der
Schwerkraft, also völlig ungehindert, so heißt diese
Bewegung **freier Fall**. Der freie Fall kann unter nor-
malen Bedingungen nur annähernd verwirklicht wer-
den, da stets Luftwiderstand auf den Körper einwirkt.
Somit stellt der freie Fall eine *Idealisierung* dar.

> **Kann bei einer Fallbewegung der Luftwider-
> stand vernachlässigt werden, so spricht man
> von einem freien Fall.**

Versuch 2 wurde nicht im luftleeren Raum durchgeführt. Trotzdem lag eine gleichmäßig beschleunigte
Bewegung vor. Bei kugelförmigen, schweren Körpern
kann man den Luftwiderstand bei kurzen Meß-
strecken vernachlässigen, da sie strömungsgünstig
geformt sind und bei großem Gewicht eine kleine
Oberfläche haben. Versuch 4 zeigt:

> **Alle Körper erfahren beim freien Fall, d. h.
> beim Fallen im Vakuum, am selben Ort die
> gleiche Fallbeschleunigung g.**

*1 a) Galileo Galilei, b) Abhängigkeit der Beschleuni-
gung vom Neigungswinkel*

Messungen ergaben für den 45. Breitengrad und in Höhe des Meeresspiegels einen Wert von

$$g = 9{,}81 \ \frac{\text{m}}{\text{s}^2}.$$

Die Fallbeschleunigung g ist vom Ort abhängig. Ihre Ursache ist die Schwerkraft, die ebenfalls ortsabhängig ist. Das Formelzeichen g kommt vom lateinischen Wort *gravis* (= schwer).

ARISTOTELES (384–322 v. Chr.) legte die alltägliche Beobachtung, daß leichte Körper langsamer fallen als schwere, seiner Bewegungslehre zugrunde. Erst GALILEI (1564–1642) ging davon aus, daß dieses eine Folge des Luftwiderstandes ist. Er leitete seine Fallgesetze theoretisch für den idealisierten Fall im Vakuum her. Hier fallen alle Körper gleich.

Da wir den freien Fall als eine gleichmäßig beschleunigte Bewegung erkannt haben, können wir die dort geltenden Gesetze auf den Fall übertragen:

$$s = \frac{1}{2} \cdot a \cdot t^2 \qquad \rightarrow \qquad s = \frac{1}{2} \cdot g \cdot t^2 \quad (1)$$

$$v = a \cdot t \qquad \rightarrow \qquad v = g \cdot t \quad (2)$$

$$v = \sqrt{2 \cdot a \cdot s} \qquad \rightarrow \qquad v = \sqrt{2 \cdot g \cdot s} \quad (3).$$

Gewichtskraft

Auf einen Körper mit der Masse m wirkt auf der Erde die Gewichtskraft F_G. Wegen der Beziehung $F = m\,a$ muß gelten: $\frac{F_G}{m} = a$. Jeder Körper erfährt also durch die Gewichtskraft eine Beschleunigung, die Fallbeschleunigung g.

> Gewichtskraft F_G und Masse m sind zueinander proportional: $F_G = m \cdot g$. Der Proportionalitätsfaktor ist die Fallbeschleunigung g.

Früher hast du g als „Ortsfaktor" kennengelernt, der das Verhältnis von Gewichtskraft eines Körpers zu seiner Masse angegeben hat. Die Masse ist überall gleich groß, die Gewichtskraft aber ortsabhängig. Wie du weißt, wird die Fallbeschleunigung vom Pol zum Äquator hin etwas kleiner. In gleichem Maße ist die Gewichtskraft eines Körpers am Äquator kleiner als am Pol. Ist die Fallbeschleunigung g für einen Ort bekannt, so kann die Gewichtskraft eines Körpers an diesem Ort nach obiger Gleichung errechnet werden.

B In Mitteleuropa ist $g = 9{,}81\,\text{m/s}^2$, also ist die Gewichtskraft eines Körpers mit der Masse 1 kg: $F_G = m \cdot g = 1\,\text{kg} \cdot 9{,}81\,\text{m/s}^2 = 9{,}81\,\text{N}$. Auf der Erde kann näherungsweise für den Faktor g der Wert $10\,\text{m/s}^2$ genommen werden. Daher gilt:

$$F_G = 1\,\text{kg} \cdot 10\,\text{m/s}^2 = 10\,\text{N}. \ \blacksquare$$

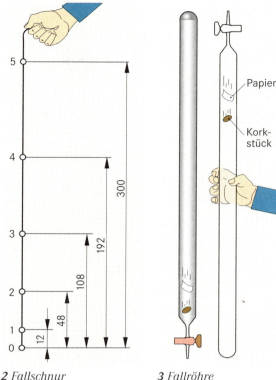

2 Fallschnur   *3 Fallröhre*

> Auf einen Körper mit der Masse 1 kg wirkt auf der Erdoberfläche ungefähr die Gewichtskraft 10 Newton.

Aufgaben

1 Wie groß ist die Fallgeschwindigkeit eines Körpers nach einer Fallstrecke von 4,9 m?

2 Welche Geschwindigkeit hat ein Mensch nach einem Sturz aus einer Höhe von 2 m? Diskutiere Konsequenzen für den häuslichen Bereich!

3 Fertige zu den drei Fallgesetzen die entsprechenden Diagramme an! Leite das Geschwindigkeit-Weg-Gesetz aus dem Weg-Zeit- und dem Geschwindigkeit-Zeit-Gesetz ab!

4 In einen 170 m tiefen Schacht läßt man einen Stein fallen. Nach wieviel Sekunden hört man das Aufschlagen des Steins auf den Boden (ohne Luftwiderstand)?

5 Um wieviel ist der Weg, den ein frei fallender Körper in der n-ten Sekunde zurücklegt, länger als der Weg in der $(n-1)$-ten Sekunde?

Experimentiere selbst!

1 Bestimme mit einer Stoppuhr g als Mittel aus 5 Messungen! (Eine Fallhöhe von einigen Metern genügt.)

2 Stelle dir eine Fallschnur her! Anstelle der Kugeln kannst du Schraubenmuttern nehmen. Was ergibt sich, wenn die Schraubenmuttern in gleichen Abständen an der Schnur angeknotet sind?

Sicherheit im Straßenverkehr

1 Reicht der Anhalteweg?

Physik überzeugt auch Gurtmuffel

Viele Autofahrer glauben, bei geringen Geschwindigkeiten wie im Stadtverkehr ohne Sicherheitsgurt aus-
kommen zu können. Sie nehmen an, sie können sich
bei einem Unfall noch mit den Händen am Lenkrad
abstützen. Dies kann ein verhängnisvoller Irrtum
sein, wie folgende Überlegung zeigt:

B **1:** Nach einem Frontalaufprall mit $v = 50\,km/h$
($\approx 14\,m/s$) kommt ein Pkw nach einem „Bremsweg" von ca. 1 m, für den er etwa 0,15 s benötigt, zum
Stehen. Der „Bremsweg" ergibt sich aus der Länge der
Verformungszone (Knautschzone) des Pkw. Die
Geschwindigkeit ändert sich also von $v = 14\,m/s$ auf
Null, also ist $\Delta v = -14\,m/s$ (das Minuszeichen bedeutet, daß die Geschwindigkeit abnimmt). Nehmen wir
an, daß es sich beim Bremsvorgang um eine gleichmäßig verzögerte Bewegung handelt, so können wir
die Bremsverzögerung (= negative Beschleunigung)
einfach ermitteln:

$$a = \frac{\Delta v}{\Delta t} = \frac{-14\,m/s}{0,15\,s} = -93\,m/s^2 \,.$$

Das ist etwa der zehnfache Betrag der Fallbeschleunigung. Auf den Fahrer wirkt die Kraft $F = m \cdot a$. Sie ist
fast zehnmal so groß wie seine Gewichtskraft! Er kann
sie also unmöglich abfangen. Zum Vergleich: Ein Aufprall mit 50 km/h entspricht einem Sturz aus 10 m
Höhe! ■

Sicherheit durch Schutzhelme

Für Zweirad- und Fahrradfahrer sind Schutzhelme
unbedingt nötig. Die Helmschale schützt bei einem
Sturz auf hartem Boden oder bei einem Aufprall auf
Kanten vor Verletzungen, indem sie die Kräfte auf
eine größere Fläche des Schädels verteilt. Die Schutz-
polsterung im Inneren des Helms wirkt bei einem
Aufprall wie eine „Knautschzone". Wenn du mit
Helm Fahrrad, Mofa oder Motorrad fährst, sind deine
Chancen, bei einem Unfall zu überleben oder dich bei
einem Sturz geringer zu verletzen, erheblich größer.

Sicherheitsabstand ist lebenswichtig!

Ein Autofahrer muß jederzeit sein Fahrzeug rasch
anhalten können. Die dafür benötigten Anhaltewege
werden häufig unterschätzt. Wenn der Fahrer ein
Hindernis sieht, löst er nicht sofort den Bremsvorgang aus. Es vergeht noch eine bestimmte Verzöge-
rungszeit („Schrecksekunde"). Während dieser Zeit
bewegt sich das Fahrzeug mit konstanter Geschwindigkeit weiter. Erst danach beginnt die Verzögerung.

B **2:** Ein Pkw fährt mit 54 km/h, als der Fahrer 40 m
vor sich ein Kind auf der Straße sieht, das einem
Ball nachläuft. Nach einer Zeit von 1 s (Schrecksekunde)
tritt er voll auf die Bremse und kommt nach weiteren 3 s
zum Stehen. Konnte er einen Unfall vermeiden?

Das Fahrzeug bewegt sich noch 1 s mit $v = 54\,km/h =
15\,m/s$. Es legt in dieser Zeit 15 m zurück. Im Zeitin-
tervall $\Delta t = 3\,s$ beträgt die Geschwindigkeitsänderung
$\Delta v = -15\,m/s$. Daraus ergibt sich die Bremsverzögerung $a = -5\,m/s^2$. Zur Berechnung des Bremsweges
betrachten wir nur ihren Betrag und finden, wenn wir
auch hier eine gleichmäßig verzögerte Bewegung
annehmen:

$$s_{Brems} = \frac{a}{2}\,t^2 = 2,5\,\frac{m}{s^2} \cdot 9\,s^2 = 22,5\,m\,.$$

Der gesamte Anhalteweg beträgt demnach 15 m +
22,5 m = 37,5 m. Der Fahrer konnte noch knapp einen
Unfall verhüten. ■

> Der Anhalteweg eines Autos setzt sich aus dem
> Reaktionsweg und dem eigentlichen Bremsweg
> zusammen.

Die Länge des *Reaktionsweges* hängt von der Fahrzeuggeschwindigkeit v und von persönlichen Eigenschaften des Fahrers ab, z.B. wie schnell er die
Gefahrensituation erfaßt und darauf mit dem Betätigen des Bremspedals reagiert. Für den Reaktionsweg
s_{Re} gilt: $s_{Re} = v \cdot t_{Re}$. Die *Reaktionszeit* t_{Re} einer Person
kannst du mit einem Experiment, ohne Uhr, nur mit
einem Lineal ausgestattet, einfach bestimmen.

Versuch 1: Halte ein Lineal mit einer Länge von 1 m oben fest! Die Testperson wartet mit offener Hand in ca. 20 cm Abstand neben dem unteren Linealende (Bild 2). Du läßt plötzlich den Stab fallen, der andere versucht ihn zu fassen. Zwischen Loslassen und Festhalten durchfällt der Stab eine bestimmte Strecke s. Sie ist von der Reaktionszeit t_{Re} abhängig. Der Luftwiderstand spielt hier kaum eine Rolle. Deshalb kannst du das Weg-Zeit-Gesetz des freien Falls anwenden:

$$s = \frac{g}{2} \cdot t_{\text{Re}}{}^2 = \frac{9{,}81\ \text{m}}{2\ \text{s}^2} \cdot t_{\text{Re}}{}^2 \ .$$

Löst du diese Gleichung nach t_{Re} auf und setzt den gemessenen Fallweg s ein, erhältst du die Reaktionszeit. Um die Umrechnung von Fallstrecke auf die Reaktionszeit zu ersparen, kannst du am Lineal eine neue Skala anbringen, mit der direkt die gewünschte Zeit abgelesen werden kann. ■

Der Bremsweg s_{B} hängt neben der Fahrzeuggeschwindigkeit noch vom Zustand der Bremsen und der Reifen, vor allem aber vom Straßenzustand ab. Es gelten die Gesetze der gleichmäßig beschleunigten Bewegung:

$$s_{\text{B}} = \frac{1}{2}\ a \cdot t^2 \ \text{und}\ v = a \cdot t.$$

Aus beiden Gleichungen erhältst du $s_{\text{B}} = \dfrac{v^2}{2a}$.

> Der Bremsweg ist bei konstanter Bremsverzögerung a proportional zum Quadrat der Geschwindigkeit. Bei doppelter Geschwindigkeit ist der Bremsweg bereits viermal so groß!

Bei Regen, Schnee oder Glatteis ist der Bremsweg noch wesentlich länger. Der Abstand zum Vordermann muß dann noch größer sein (Bild 3). Um den notwendigen Sicherheitsabstand beim Fahren zu ermitteln, kannst du eine der folgenden Faustregeln benutzen:

Halbe Tachometerzahl: Als Sicherheitsabstand wird eine Entfernung eingehalten, die in Metern die Hälfte der vom Tachometer angezeigten Geschwindigkeit entspricht. Bei 100 km/h z. B. ist ein Sicherheitsabstand von mindestens 50 m einzuhalten.

Zwei-Sekunden Abstand: Wenn das vorausfahrende Fahrzeug eine markante Stelle (Verkehrsschild, Brücke, Baum u. a.) passiert, fängt man an zu zählen: „ein-und-zwanzig, zwei-und-zwanzig". Erreicht man in diesem Augenblick die gleiche Stelle, so beträgt der Abstand zwei Sekunden. Dieses ist ein relativ sicherer Abstand, auch wenn der Vordermann plötzlich bremst. Begründe diese Faustregel!

Aufgaben

1 Auch bei geringeren Geschwindigkeiten als im 1. Beispiel sollte man auf den Sicherheitsgurt vertrauen! Berechne dazu die Fallhöhen, die einem Aufprall mit 20 km/h und 30 km/h entsprechen!

2 Was verstehst du unter Reaktions-, Brems- und Anhalteweg? Wie lange dauert eine „Schrecksekunde"?

3 Ein Pkw kommt bei einem Frontalaufprall auf ein unbewegliches Hindernis mit $v = 60$ km/h nach einer „Verformungsstrecke" von ca. 1 m und 0,1 s zum Stehen. Berechne die dabei auftretende Verzögerung!

4 Bei trockener Straße, guter Bereifung und gutem Zustand der Bremsanlage eines Autos besitzt dieses die Bremsverzögerung $a = -6{,}9$ m/s². Bei welcher Ausgangsgeschwindigkeit kommt das Auto nach 3 s zum Stehen?

2 Bestimmung der Reaktionszeit

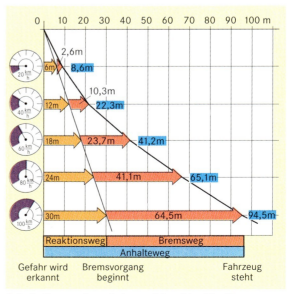

3 Anhalteweg eines Autos auf feuchter Straße

Zusammengesetzte Bewegungen

1 Zusammensetzen von Geschwindigkeiten mit gleicher Richtung

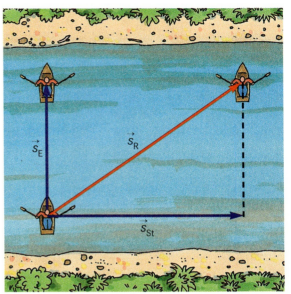

2 Weg eines Boots beim Überqueren eines Flusses senkrecht zur Strömungsrichtung

Weg und Geschwindigkeit als gerichtete Größen
Die Aufgabe: „Ein Schiff fährt mit der Geschwindigkeit 15 kn von Warnemünde ab. Wo befindet es sich nach einer Stunde?" kannst du nicht eindeutig lösen. Du weißt ja nicht, in welche Richtung sich das Schiff bewegt.

Um eine Bewegung vollständig zu beschreiben, genügt es nicht, nur die **Beträge** von Wegen und Geschwindigkeiten anzugeben. Das Beispiel zeigt dir, daß auch die **Richtung**, in die eine Bewegung erfolgt, bekannt sein muß. Dies geschieht in der Physik, indem man den Weg und die Geschwindigkeit als **gerichtete Größen** ansieht, zu deren Angabe außer dem Betrag auch die Richtung gehört. Du weißt, daß solche Größen **Vektoren** heißen. Du hast schon bei der Behandlung der Kräfte Vektoren benutzt. Im Unterschied dazu heißen Größen, die man allein durch ihren Zahlenwert angeben kann, **Skalare**. Derartige skalare physikalische Größen sind beispielsweise Zeit, Masse, Temperatur u. a. Physikalische Größen, zu deren eindeutiger Beschreibung neben einem Wert (Betrag) auch eine Richtung gehört, heißen **Vektoren**.

Vektoren werden durch **Pfeile** dargestellt. Die Länge des Pfeiles ist ein Maß für den Betrag. Die Spitze des Pfeiles gibt die Richtung der physikalischen Größe an. Um zu kennzeichnen, daß es sich um eine vektorielle Größe handelt, wird über das Formelzeichen der physikalischen Größe ein kleiner Rechtspfeil angebracht, z. B. $\vec{v}$. Läßt man den kleinen Pfeil weg, ist nur der Betrag der Größe gemeint.

Wir wollen jetzt, anders als früher, Bewegungen mit Hilfe von Vektoren beschreiben. Es zeigt sich, daß viele Probleme erst damit sachgerecht erfaßt werden können.

Zusammensetzen von Bewegungen gleicher oder entgegengesetzter Richtung
B 1: Ein Reisender ($\vec{v}_1$) geht auf dem Deck eines mit konstanter Geschwindigkeit fahrenden Schiffes ($\vec{v}_2$) in Fahrtrichtung. Die Geschwindigkeit $\vec{v}_R$ – vom Bezugssystem Erde aus betrachtet – ergibt sich aus der Summe der Geschwindigkeitsvektoren: $\vec{v}_R = \vec{v}_1 + \vec{v}_2$ (Bild 1, Teil a). Geht der Reisende entgegen der Fahrtrichtung, so addiert man zum Vektor $\vec{v}_2$ den Gegenvektor von $\vec{v}_1$ (Bild 1, Teil b). Aus Bild 1 erkennst du weiterhin, daß bei Zusammensetzen von Bewegungen in gleicher bzw. entgegengesetzter Richtung die Beträge der Geschwindigkeiten addiert bzw. subtrahiert werden. Diesen Bewegungsablauf kannst du auch in einem Experiment untersuchen. ◾

Versuch 1: Auf einem geraden, langen Brett läßt du ein Spielzeugauto mit konstanter Geschwindigkeit fahren. Ziehst du nun das Brett mit konstanter Geschwindigkeit in Fahrtrichtung des Autos, so addieren sich die Beträge der beiden Geschwindigkeiten (Bezugssystem: Tisch). Ziehst du das Brett entgegen der Fahrtrichtung des Autos über den Tisch, so subtrahieren sich die Beträge der Geschwindigkeiten. Du kannst sogar erreichen, daß das Auto gegenüber dem Tisch in Ruhe ist, wenn die beiden Teilgeschwindigkeiten den gleichen Betrag, aber entgegengesetzte Richtungen haben. ◾

Zusammensetzen von Bewegungen unterschiedlicher Richtung

Bewegungen mit derselben oder entgegengesetzter Richtung sind Sonderfälle. Wie überlagern sich Bewegungen im allgemeinen Fall?

B 2: Ein Boot bewegt sich senkrecht zur Stromrichtung eines Flusses. Es erreicht jedoch nicht den genau gegenüberliegenden Uferpunkt, sondern wird durch die Strömung abgetrieben (Bild 2). ■

Die tatsächliche Bewegung des Bootes setzt sich aus zwei Einzelbewegungen, aus seiner Eigenbewegung (Weg $\vec{s}_E$) und der Strömung des Wassers (Weg $\vec{s}_{St}$), zu einer resultierenden Bewegung (Weg $\vec{s}_R$) zusammen. Der resultierende Weg $\vec{s}_R$ ist der Weg gegenüber dem Bezugssystem Erde.
Dies kannst du dir auch in einem weiteren Experiment veranschaulichen.

Versuch 2: Das Spielzeugauto aus Versuch 1 fährt jetzt senkrecht zur Zugrichtung des Brettes. Den resultierenden Weg kannst du dir durch einen Kreidestrich verdeutlichen! ■

Versuch 3: Erweitere den Versuch 2 in folgender Weise: Zunächst fährt das Auto über das Brett, das sich noch nicht bewegt. Wenn das Auto still steht, bewege das Brett in die Endposition wie in Versuch 2. Du stellst fest, daß auch in diesem Fall das Auto die gleiche Position erreicht wie im Versuch 2. ■

> Setzt sich die Bewegung eines Körpers aus mehreren Einzelbewegungen zusammen, so erreicht er denselben Ort, wenn er die einzelnen Bewegungen in beliebiger Reihenfolge nacheinander oder gleichzeitig ausführt.

Wir betrachten nun die Geschwindigkeiten. Da in unserem Beispiel beide Teilbewegungen gleichförmig sind, erhältst du die Beträge der Geschwindigkeitsvektoren $\vec{v}_E$, $\vec{v}_{St}$ und $\vec{v}_R$, indem du die Beträge der zurückgelegten Strecken durch die benötigten Zeiten Δt dividierst. Die Richtungen der Geschwindigkeiten sind die gleichen wie die jeweiligen Wege. Entsprechend Bild 2 entsteht bei der zeichnerischen Addition von Geschwindigkeiten ein Geschwindigkeitsdreieck (Bild 3). Genauso kann man auch Geschwindigkeiten, die einen beliebigen Winkel miteinander bilden, zeichnerisch addieren.

B 3: Zusammengesetzte Bewegungen spielen in der Seeschiffahrt eine Rolle, wenn z. B. das Schiff durch Gezeitenströmungen versetzt wird. Dabei stehen der Vektor der Strömungsgeschwindigkeit im Bezugssystem Erde und der Vektor der Schiffsgeschwindigkeit im Bezugssystem Wasser selten senkrecht aufeinander. Es entsteht ein Stromdreieck (Bild 4). Schiffsgeschwindigkeit durchs Wasser und Strömungsgeschwindigkeit sind die zu addierende Geschwindigkeitsvektoren, die resultierende Geschwindigkeit im Bezugssystem Erde (Schiffsgeschwindigkeit über Grund) ist die Vektorsumme aus beiden Teilgeschwindigkeiten. ■

Aufgaben

1 Ein Schiff fährt mit einer Geschwindigkeit von 5 m/s nach Westen. Eine Strömung in Richtung SW wirkt zusätzlich mit einer Geschwindigkeit von 2 m/s auf das Schiff. Wie groß ist die Geschwindigkeit (Betrag und Richtung) des Schiffes über Grund? Löse diese Aufgabe zeichnerisch!

2 Was muß der Pilot eines Flugzeuges bei stärkerem Seitenwind beachten, wenn er sein Ziel pünktlich erreichen will?

3 Beschreibe mögliche zusammengesetzte Bewegungen beim Heben einer Last mit einem Kran!

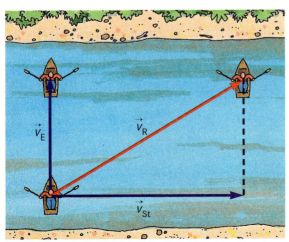

3 Zeichnerische Addition von aufeinander senkrecht stehenden Geschwindigkeiten

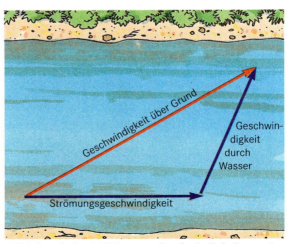

4 Zeichnerische Addition von Geschwindigkeiten unter beliebigem Winkel

Der Wurf

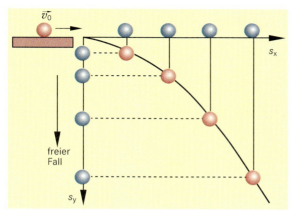

1 Flugbahn beim horizontalen Wurf

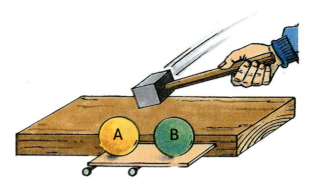

2 Fallzeiten beim horizontalen Wurf und freien Fall

Versuch 1: Veranschauliche dir die Bahn einer Wurfbewegung mit einem Wasserstrahl, der die Bahnkurve eines „geworfenen" Wassertropfens darstellt! ■

Auch Wurfbewegungen sind zusammengesetzte Bewegungen. Dazu folgendes Gedankenexperiment:

Versuch 2: Laß in einem mit konstanter Geschwindigkeit fahrenden Eisenbahnzug einen Ball fallen! Skizziere die Bahnkurve des Balls a) im Bezugssystem Zug, b) im Bezugssystem Erde! ■

Ergebnis: a) Im Bezugssystem Zug vollführt der Ball eine Fallbewegung. b) Im Bezugssystem Erde setzen sich die Bewegung des Zuges, mit der sich auch der Ball in horizontaler Richtung bewegt, und die Fallbewegung des Balles zusammen (Bild 1). Diese Bewegung ist ein **horizontaler Wurf**, bei dem die gekrümmte Wurfbahn aus einem Zusammenwirken von freiem Fall und der horizontalen Bewegung mit konstanter Geschwindigkeit entsteht. Daß dabei der freie Fall durch die gleichzeitig ablaufende horizontale Bewegung *nicht gestört* wird, kannst du in einem Experiment überprüfen.

Versuch 3: Du mußt eine Fallbewegung mit einem Wurf vergleichen. Dazu baue dir folgende Abwurfvorrichtung (Bild 2): Schlage zwei Nägel seitlich in ein Brettchen und befestige es an einem Stativ! Über die Nägel lege einen Pappstreifen und auf diesen zwei Kugeln! Wird die Kugel A nach vorne weggeschlagen, kippt der Pappstreifen nach rechts, so daß Kugel B zur gleichen Zeit herunterfällt. Wiederhole diesen Versuch mit unterschiedlichen Abwurfhöhen! Du wirst stets beobachten, daß beide Kugeln trotz unterschiedlicher Wege gleichzeitig auf der Unterlage auftreffen. In horizontaler Richtung bleibt die konstante Geschwindigkeit $\vec{v}_0$ ebenfalls unbeeinflußt. Dies erkennst du daran, daß in horizontaler Richtung in gleichen Zeiten immer gleiche Wege zurückgelegt werden. ■

Die Bahnkurven der beiden Kugeln A und B sind im Bild 1 sichtbar gemacht. Du kannst erkennen, daß sich eine Kugel auf einer Geraden (freier Fall), die andere Kugel auf einer Parabel bewegt. In horizontaler Richtung behält sie ihre Geschwindigkeit bei und führt in vertikaler Richtung zusätzlich eine Fallbewegung aus.

Wurfbewegungen setzen sich aus einer gleichförmig geradlinigen Bewegung mit der Anfangsgeschwindigkeit $\vec{v}_0$, die durch den Abwurf hervorgerufen wird, und der gleichmäßig beschleunigten Bewegung des fallenden Körpers $\vec{v}$ zusammen. Die vektorielle Addition dieser beiden Geschwindigkeiten ergibt die Wurfgeschwindigkeit $\vec{v}_R$. Der jeweilige Geschwindigkeitsvektor $\vec{v}_R$ liegt auf der „Tangente" des entsprechenden Bahnpunktes.

Je nachdem, ob die Anfangsrichtung der Wurfbahn eines Körpers horizontal, senkrecht (nach oben oder nach unten) oder schräge gerichtet ist, unterscheidet man horizontalen, senkrechten und schrägen Wurf.

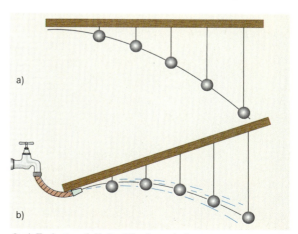

3 a) Fadenmodell der Wurfparabel
b) Wasserstrahlen beschreiben Wurfparabeln

Beim **senkrechten Wurf** erfolgen die beiden Bewegungen (gleichförmig geradlinige und Fallbewegung) auf derselben Bahnkurve. Beim senkrechten Wurf nach oben sind die Geschwindigkeiten entgegengesetzt gerichtet, beim senkrechten Wurf nach unten stimmen sie in ihren Richtungen überein. Senkrechter und horizontaler Wurf sind Sonderfälle der Wurfbewegungen.

Bei einem **schrägen Wurf** wird der Körper unter einem beliebigen Abwurfwinkel α zur Waagerechten geworfen. Auch hier erhält man, wie beim horizontalen Wurf, die resultierende Bahnkurve aus den beiden Teilbewegungen: Gleichförmig geradlinige Bewegung unter dem Winkel α und Fallbewegung. Diese Bahnkurve ist wie die eines waagerecht geworfenen Körpers eine Parabel (**Wurfparabel**).

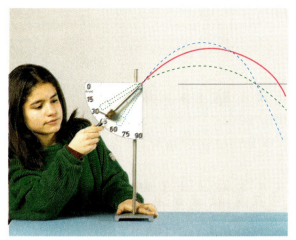

4 Abhängigkeit der Wurfparabel vom Abwurfwinkel

Versuch 4: An einer Latte werden wie im Bild 3 in gleichem Abstand Kugeln an Fäden befestigt. Die Fadenlängen entsprechen den nach 1 s, 2 s, 3 s, 4 s im freien Fall zurückgelegten Strecken. Hältst du die Latte waagerecht, befinden sich die Kugeln an den Orten, die sie im horizontalen Wurf mit einer passenden Anfangsgeschwindigkeit auch erreicht hätten. Zeigt die Latte schräg nach oben, so nehmen die Kugeln automatisch die Positionen ein, die sie in einem schrägen Wurf unter diesem Winkel mit geeigneter Anfangsgeschwindigkeit erreicht hätten. Dies läßt sich mit einem Wasserstrahl leicht nachprüfen. ■

Bei vielen Sportarten (Kugelstoßen, Weitsprung) tritt der schräge Wurf auf. Unter welchen Bedingungen erreicht man die größte Wurfweite?

Versuch 5: Untersuche mit einem Wurfgerät die Abhängigkeit der Wurfweite vom Abwurfwinkel α und von der Anfangsgeschwindigkeit v_0 (Bild 4)! Abwurfort und Ziel sollen in gleicher Höhe sein. ■

Du erkennst aus diesem Versuch:
- Die Wurfweite ist vom Betrag der Anfangsgeschwindigkeit und vom Abwurfwinkel abhängig.
- Die größte Wurfweite wird bei einem Abwurfwinkel $\alpha = 45°$ erreicht.
- Bei Abwurfwinkeln, die sich zu 90° ergänzen ($\alpha_1 + \alpha_2 = 90°$) erhält man gleiche Wurfweiten.

Aus den Bildern 4 und 5 kannst du erkennen, daß beim schrägen Wurf ein Ziel innerhalb der Reichweite auf zwei Arten, mit steilem und mit flachem Wurf, erreicht werden kann, wenn Abwurfort und Zielort in gleicher Höhe sind. Die in den Bildern gezeichneten Parabelbahnen gelten nur dann, wenn der Luftwiderstand vernachlässigt wird. Die ballistische Kurve im Bild 5 spiegelt die Verhältnisse mit Luftwiderstand

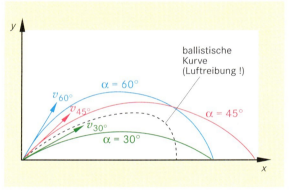

5 Verschiedene Wurfparabeln beim gleichen Betrag der Anfangsgeschwindigkeit

wider. Diese Kurve ist dadurch gekennzeichnet, daß der abfallende Ast steiler als der ansteigende ist. Wurfweite und Wurfhöhe liegen unter den für den leeren Raum ermittelten Werten. Dies ist z. B. bei Berechnungen von Geschoßbahnen zu berücksichtigen.

Aufgaben
1 Aus welchen Teilbewegungen setzt sich der Sprung eines Springers vom 3-m-Brett zusammen?
2 Bei welchem Winkel wird bei gegebener Anfangsgeschwindigkeit die größte Wurfweite erreicht?

Experimentiere selbst!
1 Zeige mit einem Wasserstrahl, daß man bei gegebener Anfangsgeschwindigkeit v_0 eine bestimmte Wurfweite mit zwei verschiedenen Wurfwinkeln erreichen kann!
2 Zwei Schüler springen gleichzeitig vom 5-m-Turm ins Schwimmbassin. Einer nimmt einen weiten Anlauf und legt deshalb einen großen Bogen zurück, der andere läßt sich einfach fallen. Wer fällt zuerst ins Wasser?

Physik und Sport

1 Start zum 100-m-Lauf

Auf die Geschwindigkeit kommt es an!
Bewegungen, Kräfte und Energieumwandlungen spielen bei sportlichen Betätigungen eine wesentliche Rolle.

Versuch 1: Du legst die 100-m-Sprintstrecke in einer bestimmten Zeit zurück. Diese Zeitangabe wird sich immer auf deine Durchschnittsgeschwindigkeit beziehen. Anfangs ist deine Geschwindigkeit Null. Nach dem Start wirst du schneller, du beschleunigst, um dann mit nahezu konstanter Geschwindigkeit bis zum Ziel zu laufen. ■

Die Fähigkeit des *Sprinters,* vom Start weg sofort zu beschleunigen, also „gut wegzukommen", und dann mit möglichst großer Geschwindigkeit durchzulaufen, ist gerade bei den Sprintstrecken für den Sieg ausschlaggebend. Der Beschleunigungsweg des Läufers beträgt in Abhängigkeit von seiner Kondition 10 m bis 15 m. Spitzenathleten benötigen für die 100-m-Strecke insgesamt etwa 10 s.

Eine Sportdisziplin, bei der noch größere Geschwindigkeiten erreicht werden, ist das *Fallschirmspringen* im „freien" Fall. Da hier der Luftwiderstand eine Rolle spielt, handelt es sich im physikalischen Sinne nicht um den freien Fall, sondern „frei vom Fallschirm". Es ist aber auch eine gleichförmige Bewegung. Der Sprung verläuft bis zum Öffnen des Schirms in 2 Phasen:
1. Direkt nach dem Absprung findet eine beschleunigte Bewegung statt. Mit zunehmender Geschwindigkeit steigt der Luftwiderstand. Deshalb wird die Beschleunigung immer kleiner (a ≠ konst.).
2. Ab einer bestimmten Geschwindigkeit ist der Luftwiderstand gleich der Gewichtskraft, die Summe der angreifenden Kräfte also Null. Es findet dann eine gleichförmige Bewegung statt (v = konst.)

Beim Formationsspringen erreichen die Springer während der Phase der gleichförmigen Bewegung Spitzengeschwindigkeiten von etwa 50 m/s. Allerdings müssen die Springer sehr genau wissen, in welcher Höhe sie ihren Schirm öffnen müssen.

Dies vergrößert die Fläche des Springers und somit seinen Luftwiderstand. Der Fallschirm verringert die Sinkgeschwindigkeit. Der Springer kann unversehrt auf dem Boden landen.

Auch beim Tennis spielen Fall und Anfangsgeschwindigkeit eine Rolle. Ob der Ball nah oder weit hinter dem Netz landen soll, hängt von der ihm erteilten Anfangsgeschwindigkeit ab. Wird keine besondere Schlagtechnik angewandt, beschreibt der Tennisball jedoch näherungsweise eine Wurfparabel.

Wurfbewegungen
Hierzu gehören außer den Sportarten der Wurfdisziplinen wie Kugelstoßen, Speer- und Basketballwurf auch die Sprungdisziplinen wie Weit-, Hoch- und Stabhochsprung. Beim Hammerwerfen oder beim Schleuderball wird der Hammer erst nach einer Kreisbewegung weggeworfen.

Die bisher beim Wurf angestellten Überlegungen (S. 37) gelten für den Fall, daß Abwurf- und Zielort in gleicher Höhe liegen. Ist dies nicht der Fall, erzielt man mit einem Abwurfwinkel von 45° nicht die größte Wurfweite.

Beim *Kugelstoßen* liegt der Zielort unterhalb des Abwurforts (Bild 2). Damit der Kugelstoßer die größte Wurfweite erreicht, muß er die Kugel mittels seiner Armkraft und des Anlaufs beschleunigen und dann unter einem Winkel wegstoßen, der kleiner als 45° ist. Der ideale Abwurfwinkel ist 42°. Dies wollen wir uns veranschaulichen: Würde der Kugelstoßer in einer Abwurfhöhe von etwa 2 m unter dem Winkel von 45° abwerfen, so erreicht er auf der Linie der Abwurfhöhe die größte Wurfweite. Die Kugel durchläuft aber die restliche Strecke bis zum Erdboden recht steil. Die in dieser Wurfphase erreichte Weite wäre gering (Bahnkurve I in Bild 2). Wenn nun unter einem Winkel kleiner als 45° abgeworfen wird, so ist die Wurfweite auf der Abwurf-Niveaulinie kleiner. Die Kugel beginnt aber die zweite Wurfphase wesentlich flacher, wodurch sich insgesamt eine größere Wurfweite ergibt (Bahnkurve II in Bild 2).

Ähnliche Überlegungen muß auch ein *Weitspringer* anstellen, um die größte Sprungweite zu erzielen. Beim Weitsprung beschleunigt der Springer seinen Körper in der Anlaufphase auf möglichst hohe Geschwindigkeit, er muß also auch ein guter Sprinter sein. Nach dem Absprung versucht er dann, seinen Körper möglichst lange in der Luft zu halten, um eine große Strecke ohne Bodenberührung zu durchqueren (Bild 3). Theoretisch müßte der Weitspringer beim optimalen Absprungwinkel von 45° die größte Weite erzielen. Der Springer müßte dann eine Sprunghöhe (höchster Punkt der Wurfparabel) von 2,5 m erreichen, was im Weitsprung unrealistisch ist. Selbst im Hochsprung meistert kein Spitzenathlet diese Höhe. Der Absprungwinkel ist kleiner, bei Idealbedingungen etwa 27°. Schaffst du beim Weitsprung eine Absprunggeschwindigkeit von 10 m/s, den Absprungwinkel von 27° und beherrschst die Sprungtechnik perfekt (Bild 3), so steht deinem Weltrekord nichts mehr im Wege.

Der *Hammerwerfer* schleudert den Hammer (Kugel der Masse von 7,26 kg am 1,22 m langen Seil befestigt) über den Kopf und dreht sich dann selbst zwei oder dreimal mit, um ihn auf Touren zu bringen. Über das Seil (Zentralkraft) zwingt er ihn auf die Kreisbahn. Der Hammer vollführt also insgesamt etwa 5 Umdrehungen. Nach dem Loslassen fliegt er geradlinig tangential zur Kreisbahn möglichst weit weg. Er

2 Wurfbahn beim Kugelstoßen

setzt also nach dem Loslassen seine Bewegung nicht auf einer Kreisbahn fort, wie du vielleicht vermutest. Der Sportler „hält" während der Drehung den Hammer mit einer Kraft von etwa 3000 N, von der er mit seiner Körpermasse (er lehnt sich schräg nach hinten) und der Reibung mit dem Boden etwa 1000 N kompensieren kann. Die restlichen 2000 N bringt er infolge der Drehbewegung auf. Aber seine Armmuskeln müssen diese große Kraft aushalten. Der Hammerwerfer muß weiterhin beachten, daß er während der letzten Umdrehung dem Hammer einen optimalen Abwurfwinkel von etwa 45° erteilt, um eine möglichst große Weite zu erzielen.

Aufgaben
1 Erläutere aus dem Bereich des Sports Beispiele für geradlinige und Kreisbewegung!
2 Bestimme die Beschleunigung eines 100-m-Weltklasse-Sprinters!
3 Wie gut wäre dieser Sprinter theoretisch als Hochspringer, wenn es ihm gelänge, mit seiner Sprintgeschwindigkeit senkrecht nach oben zu springen?
4 Welchen Weg legt ein Sportler in einer Zeit von 1/100 s beim Schwimmen, beim 10 000-m-Lauf, Bobfahren und Abfahrtslauf zurück?
5 Ein Fallschirmspringer fiel bei einem Sprung mit verzögerter Fallschirmöffnung mit geschlossenem Schirm 7680 m in 142 s. Berechne, um wieviel Sekunden der Luftwiderstand die Fallzeit des Fallschirmspringers verzögert hat?

Experimentiere selbst!
1 Schleudere einen an einem Seil befestigten Ball wie ein Hammerwerfer und lasse ihn plötzlich los! Welche Kraftwirkung spürst du, welche Bewegungsrichtung stellst du fest?
2 Versuche beim Kugelstoßen die Kugel mit immer gleicher Armkraft und Anlaufphase unter verschiedenen Winkeln wegzustoßen. Was beobachtest du? Begründe!

3 Weitsprung

Kreisbewegung

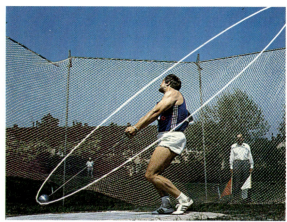

1 Der Hammerwerfer bewegt die Stahlkugel auf einer nahezu kreisförmigen Bahn

2 Demonstration einer Kreisbahn und Funken auf Tangentenbahnen

Zentralkraft

Ein Hammerwerfer schleudert die schwere Stahlkugel. Mit seiner Muskelkraft zwingt er über ein Stahlseil die Kugel auf eine kreisförmige Bahn. Läßt der Sportler die Kugel los, fliegt sie tangential zur Kreisbahn, also geradlinig weiter. Dieses „Wegfliegen" kannst du in einem Experiment demonstrieren.

Versuch 1: Schleudere eine brennende Wunderkerze an einem Bindfaden im Kreis herum! Du erkennst deutlich, daß die abspringenden Teile tangential zur Kreisbahn weiterfliegen. Die kreisförmige Bahnkurve und die Tangentenbahnen sind im Bild 2 gut sichtbar. Der Körper bewegt sich also nur solange auf einer Kreisbahn, wie er durch eine Kraft dazu gezwungen wird. Diese Kraft heißt Zentralkraft. ■

Die Zentralkraft F_Z zwingt den Körper auf die Kreisbahn. Sie ist zum Mittelpunkt hin gerichtet.

B 1: Fährt ein Auto in einer Kurve, so wird die Zentralkraft durch die Haftreibung zwischen Reifen und Fahrbahn verursacht. Bei größerer Geschwindigkeit des Autos wird auch eine größere Zentralkraft benötigt, um das Auto in der Kurve zu halten. Die Geschwindigkeit darf nur so groß sein, daß die Haftreibung nicht in Gleitreibung übergeht. Das fahrende Auto würde dann wegen seiner Trägheit aus der Kurve herausrutschen. Deshalb sollte man eine Kurve nicht zu schnell durchfahren. ■

Bahngrößen

Ähnlich wie beim horizontalen oder schrägen Wurf ändert sich auch bei der Kreisbewegung die Richtung des Geschwindigkeitsvektors ständig. Dieser Vektor zeigt stets in Richtung der Tangente des entsprechenden Punktes auf der Kreisbahn (Bild 3). Die wegfliegenden Funken der Wunderkerze im Versuch 1 zeigen diese Tangenten. Die Geschwindigkeit, mit der sich der Körper auf seiner Kreisbahn bewegt, heißt **Bahngeschwindigkeit**.

Legt der Körper auf der Kreisbahn in gleichen Zeitspannen Δt stets gleiche Kreisbogenstücke Δs zurück, so liegt eine gleichförmige Kreisbewegung vor. Entsprechend der gleichförmig geradlinigen Bewegung gilt dann für die Bahngeschwindigkeit (vergleiche Bild 3):

$$v = \frac{\Delta s}{\Delta t} = \frac{\widehat{AB}}{\Delta t}.$$

Bei einer gleichförmigen Kreisbewegung ist der Betrag der Bahngeschwindigkeit konstant.

Der bei einem vollen Umlauf des Punktes auf der Kreisbahn zurückgelegte Weg ist gleich dem Umfang des Kreises, d. h. $\Delta s = 2\pi r$. Die für diesen einen Umlauf benötigte Zeit ist die **Umlaufzeit T**.

Daraus kannst du den Betrag der Bahngeschwindigkeit einer gleichförmigen Kreisbewegung berechnen:

$$v = \frac{2 \cdot \pi \cdot r}{T}.$$

Der Kehrwert der Umlaufzeit T ist die **Umlauffrequenz f**. Ihre Maßzahl gibt die Anzahl der Umläufe in der Zeiteinheit (z. B. Sekunde) an.

$$f = \frac{n}{t}. \qquad n: \text{Zahl der Umläufe in der Zeit } t.$$

Für eine Umdrehung ergibt sich $f = \frac{1}{T}$. Die Umlauffrequenz f wird in der Technik oft auch als Drehzahl oder Tourenzahl bezeichnet. Ihre Einheit ist $\frac{1}{s}$. Somit kannst du die Bahngeschwindigkeit auch nach der Formel $v = 2 \cdot \pi \cdot r \cdot f$ berechnen. Bei konstanter Umlauffrequenz ist die Bahngeschwindigkeit v dem Radius r proportional.

B **2:** Ein Raumschiff umkreist in 88 Minuten und 16 Sekunden einmal die Erde. Der Radius der Umlaufbahn (Kreisbahn) beträgt 6575 km. Welche Bahngeschwindigkeit hat das Raumschiff?

$T = 88\,\text{min}\ 16\,\text{s} = 5296\,\text{s}$
$r = 6575\,\text{km}$

$$v = \frac{2 \cdot \pi \cdot r}{T} = \frac{2 \cdot 3{,}14 \cdot 6575\,\text{km}}{5296\,\text{s}} \approx 7{,}8\ \frac{\text{km}}{\text{s}}\,. \ \blacksquare$$

> Die Bahngeschwindigkeit ist vom Radius abhängig.

Winkelgrößen
Betrachte verschiedene Punkte eines sich drehenden Autorades (z. B. Radmutter, Ventil, Punkt auf der Lauffläche). Diese Punkte haben unterschiedliche Abstände von der Achse. Du stellst fest, daß die Bahngeschwindigkeit mit zunehmendem Radius größer wird, obwohl alle Punkte auf demselben Rad liegen. Die Bahngeschwindigkeit allein liefert also ohne Angabe des Radius noch keine eindeutige Aussage über die Kreisbewegung. Um Kreisbewegungen auch ohne Angabe von Radien beschreiben zu können, führt man neue physikalische Größen, sogenannte *Winkelgrößen* ein. Diese Winkelgrößen erlauben es, weitgehende Analogien zur geradlinigen Bewegung herzustellen.

Drehwinkel $\Delta\varphi$: Er gibt den vom Radius überstrichenen Winkel im Bogenmaß an. Alle Punkte des Radius bewegen sich in gleichen Zeiten um den Winkel $\Delta\varphi$. Er ist der Quotient aus der Länge des Kreisbogens Δs und dem Radius r dieses Bogens:

$$\Delta\varphi = \frac{\Delta s}{r}\,.$$

Die Winkelangabe erfolgt im Bogenmaß.

Winkelgeschwindigkeit ω: Sie gibt an, welchen Winkel $\Delta\varphi$ der Radius in einer bestimmten Zeit Δt überstreicht:

$$\omega = \frac{\Delta\varphi}{\Delta t}\,.$$

Einheit: $[\omega] = \frac{1}{s}\,.$

Für eine volle Umdrehung ist $\Delta\varphi = 2\pi$ und $\Delta t = T$. Es gilt dann die Beziehung

$$\omega = \frac{2\pi}{T} \ \text{oder}\ \omega = 2\pi f\,,$$

wenn für $\frac{1}{T}$ die Umlauffrequenz f eingesetzt wird.

> Bei der gleichförmigen Kreisbewegung ist die Winkelgeschwindigkeit konstant.

Wie bei den geradlinigen Bewegungen kann sich auch der Betrag der Bahngeschwindigkeit ändern. Die Umlauffrequenz (Drehzahl) nimmt dann zu oder ab. Die dabei auftretende Beschleunigung heißt **Winkelbeschleunigung** α. Sie gibt die Änderung der Winkelgeschwindigkeit in einem Zeitintervall (z. B. Sekunde) an:

$$\alpha = \frac{\Delta\omega}{\Delta t}\,.$$

Gegenüberstellung entsprechender Größen:

Geradlinige Bewegung	Kreisbewegung
Weg s	Winkel φ
Geschwindigkeit v	Winkelgeschwindigkeit ω
$v = \dfrac{\Delta s}{\Delta t}$	$\omega = \dfrac{\Delta\varphi}{\Delta t}$
Beschleunigung a	Winkelbeschleunigung α
$a = \dfrac{\Delta v}{\Delta t}$	$\alpha = \dfrac{\Delta\omega}{\Delta t}$

Tabelle 1

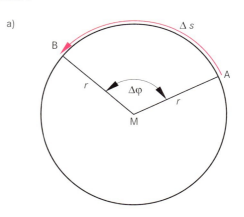

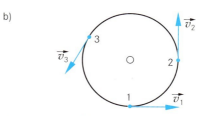

3 a) Weg auf einer Kreisbahn
b) Bahngeschwindigkeit als Vektor

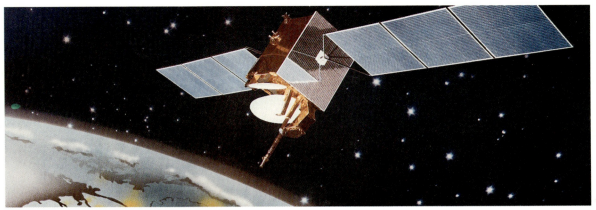

1 Ein Nachrichtensatellit umkreist die Erde

B **3:** Bestimmung der Bahngeschwindigkeit v aus der Winkelgeschwindigkeit ω:

$v = \dfrac{\Delta s}{\Delta t}$. Da $\Delta s = r \cdot \Delta \varphi$ ist, wird $v = r \cdot \dfrac{\Delta \varphi}{\Delta t} = r \cdot \omega$.

Dies Beispiel zeigt dir, daß $s = r \cdot \varphi$ und $v = r \cdot \omega$ ist. ■

Zwischen den Größen der Kreisbewegung (φ, ω, α) und den Größen der geradlinigen Bewegung (s, v, a) bestehen einfache Beziehungen:

> **Die Größen der geradlinigen Bewegung ergeben sich durch Multiplikation der entsprechenden Winkelgrößen mit dem Radius r.**

Die Gesetze der Kreisbewegung lassen sich sehr einfach aus ähnlichen (analogen) Gesetzen der geradlinigen Bewegung finden, indem in die Gleichungen der geradlinigen Bewegung die entsprechenden Winkelgrößen (siehe Tabelle 1) eingesetzt werden.

Gegenüberstellung entsprechender Gesetze:

	geradlinige Bewegung	Kreis-bewegung
Weg-Zeit-Gesetz (gleich-förmige Bewegung)	$s = v \cdot t + s_0$	$\varphi = \omega \cdot t + \varphi_0$
Weg-Zeit-Gesetz (be-schleunigte Bewegung)	$s = \frac{1}{2} \cdot a \cdot t^2 + s_0$	$\varphi = \frac{1}{2} \cdot \alpha \cdot t^2 + \varphi_0$
Geschwindigkeit-Zeit-Gesetz	$v = a \cdot t + v_0$	$\omega = \alpha \cdot t + \omega_0$
Endgeschwindigkeit	$v = \sqrt{2 \cdot a \cdot s}$	$\omega = \sqrt{2 \cdot \alpha \cdot \varphi}$

Tabelle 2

B **4:** Ein Körper, idealisiert als Massenpunkt, läuft auf einer Kreisbahn mit dem Radius 2 m und der Bahngeschwindigkeit 10 m/s um. Bestimme Winkelgeschwindigkeit, Umlaufzeit und Umlauffrequenz!

Winkelgeschwindigkeit: $\omega = \dfrac{v}{r} = \dfrac{10\,\frac{m}{s}}{2\,m} = 5\,\dfrac{1}{s}$

Umlaufzeit: $T = \dfrac{2 \cdot \pi \cdot r}{v} = \dfrac{2 \cdot 3{,}14 \cdot 2\,m}{10\,\frac{m}{s}} \approx 1{,}3\,s$

Umlauffrequenz: $f = \dfrac{\omega}{2 \cdot \pi} = \dfrac{5\,\frac{1}{s}}{2 \cdot 3{,}14} \approx 0{,}8\,\dfrac{1}{s}$.

Alle drei Ergebnisse zeigen, daß in 1 s kein voller Umlauf erfolgt. ■

Satelliten

Satelliten gehören zum „Alltag" der Fernseh-Sendeanstalten. Liveübertragungen wären ohne sie schwer vorstellbar. Auch zur Übertragung von Nachrichten und Telefongesprächen, zur Wetterbeobachtung, zur Navigation von Flugzeugen und Schiffen, zu Zwecken der Forschung, zur militärischen Aufklärung und anderen Erkundungen, wie z.B. in Fragen des Umweltschutzes, werden sie genutzt.

Von besonderer Bedeutung für die Nachrichtentechnik sind die sogenannten **geostationären Satelliten.** Sie drehen exakt mit der Erde und stehen daher scheinbar am Himmel fest. Dann können sowohl Sende- als auch Empfangsantennenschüssel immer auf den gleichen Punkt am Himmel gerichtet sein. Geostationäre Satelliten bewegen sich auf Kreisen mit dem Erdmittelpunkt als Zentrum. Der Satellit muß mit der gleichen Winkelgeschwindigkeit die Erde umkreisen, wie sich die Erde dreht. Drehrichtung der Erde und Umlaufrichtung des Satelliten müssen übereinstimmen. Um dieses zu gewährleisten, muß sich der Satellit auf einer Kreisbahn bewegen, die in der Äquatorebene liegt. Theoretische Überlegungen ergeben, daß gleiche Winkelgeschwindigkeiten auftreten, wenn der Radius der Satellitenkreisbahn $r = 42\,153$ km (Abstand Satellit - Erdmittelpunkt) beträgt. Der Abstand des Satelliten von der

Erdoberfläche beträgt also etwa 36 000 km (Bild 1). Bekannte Fernsehsatelliten sind: Kopernikus, TV-Sat, Astra. Es bevölkern über 100 geostationäre Wetter-, Nachrichten-, Telefon- und Fernsehsatelliten die Bahn über dem Äquator. Damit sie sich nicht gegenseitig stören, müssen bestimmte Abstände zwischen den einzelnen Satelliten eingehalten werden.

Nicht alle Satelliten sind geostationär. So umkreisen z. B. Forschungssatelliten zur Beobachtung der Erdoberfläche die Erde auf so vorherbestimmten Bahnen, daß sie bei mehrfacher Umkreisung der Erde praktisch jeden Teil der Erdoberfläche fotografieren können (Bild 2). Die Übertragung der Bilder zur Erde geschieht über Funk mit Hilfe der Digitaltechnik. Dazu sind im Satelliten und auf der Erde leistungsstarke Computer erforderlich. Ähnlich arbeitet ein Wettersatellit. Er funkt Bilder z. B. der Wolkenbedeckung in verschiedenen Abständen von der Erdoberfläche zu Wetterstationen und hilft damit, eine wesentlich zuverlässigere Wetterprognose zu erstellen.

Außer auf den Kreisbahnen können sich Satelliten auch auf Ellipsenbahnen bewegen.

Wie du bereits weißt, bewirkt die Gravitation die Zentralkraft, die den Satelliten auf die Bahn um die Erde zwingt. Die Gravitation ist ebenfalls die Ursache dafür, daß sich Himmelskörper um Zentralgestirne bewegen (z. B. Planeten um die Sonne, Monde um die Planeten).

Aufgaben

1 Welche Ähnlichkeiten und welche Unterschiede bestehen zwischen der gleichförmig geradlinigen Bewegung und der gleichförmigen Kreisbewegung? Nenne die entsprechenden Größen!

2 Der Schienenkreis einer Modelleisenbahn hat einen Radius von 38 cm. Eine Lokomotive (Massenpunkt!) durchfährt ihn in 2 Minuten 14 mal. Wie groß ist die Bahngeschwindigkeit der Lokomotive? Wenn man die Lokomotive nicht zu einem Massenpunkt idealisiert, muß beachtet werden, daß der Umfang der inneren Schiene kleiner als der Umfang der äußeren Schiene ist. Welche Konsequenz hat das für die Bahngeschwindigkeit der Räder der Lok?

3 Berechne die Bahn- und Winkelgeschwindigkeit der Erde bei ihrer Bewegung um die Sonne! Die Bewegung ist näherungsweise gleichförmig und die Bahn ein Kreis mit dem Radius 159,7 Millionen Kilometer. Die Umlaufzeit beträgt 365,25 Tage.

4 Wie groß sind Bahn- und Winkelgeschwindigkeit für die tägliche Drehung der Erde um ihre Achse am Äquator und beim 50. Breitengrad (Erdradius 6370 km)?

5 Ein Modellflugzeug bewegt sich an einer Leine der Länge 18 m auf einer Kreisbahn. Wie groß ist seine Bahngeschwindigkeit, wenn ein Umlauf 2,2 Sekunden dauert?

6 Zwei Körper bewegen sich auf Kreisbahnen unterschiedlicher Radien. Körper 1 benötigt bei einem Bahnradius von 13 cm für einen Umlauf 2,1 s; Körper 2 benötigt für einen Bahnradius von 39 cm eine Zeit von 12,6 s für zwei Umläufe. Welcher Körper hat die größere Bahngeschwindigkeit?

7 Die Räder eines Fahrrades haben einen Radius von 0,4 m. Der Radfahrer fährt mit einer Geschwindigkeit von 18 km/h. Berechne die Zeit für eine Radumdrehung!

8 Ein Flugzeug durchfliegt mit einer Geschwindigkeit von 400 km/h auf einer Kreisbahn eine Kurve. Der Radius des dazugehörigen Kreises beträgt 4 km. Wie groß ist die Umlaufzeit?

9 Warum werden Nachrichtensatelliten zweckmäßigerweise in 36 000 km über dem Äquator angeordnet?

Experimentiere selbst!

1 Lege ein Holzklötzchen auf den Plattentellerrand eines Plattenspielers! Was stellst du fest, wenn du den Plattenspieler einschaltest?

2 Bestimme die Bahngeschwindigkeiten eines markierten Punktes auf dem Plattentellerrand bei verschiedenen Drehzahlen!

2 Satellitenfoto

Arbeit und Leistung

1 Ein Kran hebt eine Last

Mechanische Arbeit

Den Begriff „mechanische Arbeit" hast du bereits kennengelernt. In der Umgangssprache hat das Wort Arbeit vielfältige Bedeutung. Wir sprechen im täglichen Leben auch von Arbeit, wenn wir einen Gegenstand nur tragen oder halten, ein schwieriges Buch lesen oder eine Mathematikaufgabe lösen. Erinnere dich: In der Physik wird dies nicht als Arbeit bezeichnet. Hier wird festgelegt, daß die mechanische Arbeit W sowohl dem Betrag F der wirkenden Kraft als auch dem Betrag s des Weges, längs dessen die Kraft wirkt, proportional ist. Voraussetzung dafür ist, daß Kraft und Wegrichtung übereinstimmen. Ist dies nicht der Fall, wird zur Arbeitsberechnung nur die Kraftkomponente in Wegrichtung herangezogen (Bild 2). Im Sonderfall $\alpha = 90°$ wird im physikalischen Sinne keine Arbeit verrichtet.

Arbeit = Kraft in Wegrichtung mal Weglänge:

$$W = F_s \cdot s.$$

B **1:** Hältst du einen schweren Gegenstand in der Hand, verrichtest du im physikalischen Sinne keine Arbeit, da sich der Angriffspunkt der Kraft nicht verschiebt ($s = 0$). Trotzdem ermüden deine Muskeln. Daran erkennst du, daß physikalischer und umgangssprachlicher Arbeitsbegriff zu unterscheiden sind. ■

Hubarbeit

Hebt der Kran eine Last (Bild 1) um die Höhe h, auf die eine Gewichtskraft F_G wirkt, so muß er eine gleich große Kraft aufwenden. Die verrichtete Arbeit kannst du dann berechnen: $W = F_G \cdot h$. Diese Arbeit ist die Hubarbeit.

Hubarbeit = Gewichtskraft mal Hubhöhe:

$$W = F_G \cdot h.$$

Beschleunigungsarbeit

Die zur Beschleunigung eines Körpers verrichtete Arbeit heißt Beschleunigungsarbeit. Bei ihr versetzt die wirkende Kraft den Körper gegen die Trägheit in eine beschleunigte Bewegung. Dies tritt z.B. beim Anfahren eines Fahrzeuges auf. Für den Fall einer gleichmäßig beschleunigten Bewegung kannst du die Beschleunigungsarbeit folgendermaßen berechnen: Aus $W = F \cdot s$ erhältst du mit $F = m \cdot a$: $W = m \cdot a \cdot s$.

Mit $s = \frac{1}{2} a t^2$ ergibt sich dann $W = \frac{1}{2} a^2 t^2$

und für $a = \frac{v}{t}$ eingesetzt $W = \frac{1}{2} m v^2$.

Beschleunigungsarbeit:

$$W = \frac{1}{2} m v^2.$$

Wie diese Gleichung zeigt, hängt die Beschleunigungsarbeit nur noch von der erreichten Geschwindigkeit v, aber nicht mehr von der Beschleunigung a ab. Die Gleichung gilt auch für Bewegungen, bei denen sich die Beschleunigung ändert.

B **2:** Berechne die Beschleunigungsarbeit, die erforderlich ist, um einen Eisenbahnzug der Masse $m = 800$ t auf eine Geschwindigkeit von 50 km/h (13,9 m/s) zu bringen!

2 Berechnung der Arbeit beim Ziehen eines Schlittens

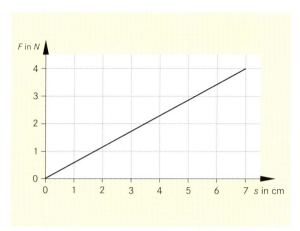

3 Zur Berechnung der Federspannarbeit

$$W = \frac{1}{2} m v^2 = \frac{8 \cdot 10^5 \, \text{kg} \cdot 13{,}9^2 \, \text{m}^2}{2 \cdot \text{s}^2}$$

$$W \approx 773 \cdot 10^5 \, \frac{\text{kg} \cdot \text{m}}{\text{s}^2} \cdot \text{m} = 773 \cdot 10^5 \, \text{Nm.} \; ■$$

Federspannarbeit

Wird eine Feder durch Auseinanderziehen um den Weg s gespannt, so wird Spannarbeit verrichtet. Bisher haben wir die Arbeit stets nur unter der Voraussetzung berechnet, daß die längs des Weges wirkende Kraft konstant blieb. Dies ist hier aber nicht der Fall. Denn die zum Spannen nötige Kraft wird um so größer, je stärker die Feder gedehnt wird. Du weißt bereits: Bei elastischen Verformungen einer Feder sind Spannkraft und Verlängerung der Feder einander proportional (HOOKEsches Gesetz).

Welche Kraft wird nun zur Berechnung der Arbeit verwendet? Eine kleine Überlegung zeigt uns: Zu Beginn des Vorganges ist die Kraft gleich Null, folglich wird keine Arbeit verrichtet. Mit zunehmendem Weg (Federauslenkung) wächst die Federspannkraft linear, somit wächst auch die verrichtete Arbeit linear (Bild 3). Am Endpunkt der Auslenkung ist die Kraft am größten. Würde man mit diesem Endwert F_E der Kraft die Arbeit berechnen, erhielte man einen falschen, zu großen Wert. Deshalb verwendet man zur Arbeitsberechnung die mittlere Kraft:

$F_m = \dfrac{0 + F_E}{2}$. Die Federspannarbeit ist dann gleich

dem Produkt aus der halben Endkraft und der Federverlängerung: $W = \frac{1}{2} \cdot F_E \cdot s$.

Federspannarbeit:

$$W = \frac{1}{2} F_E \cdot s .$$

Mechanische Leistung

Allein die Kenntnis der physikalischen Arbeit sagt noch nicht viel über die Leistungsfähigkeit einer Maschine aus. In technischen Angaben zu Autos, Flugzeugen, Schiffen, Haushaltsgeräten u. a. wird niemals die verrichtete Arbeit gekennzeichnet, sondern immer die Leistung dieser Maschinen. Zur Angabe der Leistung ist es wichtig zu wissen, in welcher Zeit die Arbeit verrichtet wird. Du weißt bereits, daß $P = W/t$ ist. Je größer die von irgendeiner Maschine in einem vorgegebenen Zeitraum verrichtete Arbeit ist, desto größer ist auch ihr technischer und ökonomischer Nutzen. Die Leistung kannst du aber auch noch anders berechnen: Zerlegst du die Arbeit in die beiden Faktoren Kraft und Weg, so ergibt sich $P = F \cdot s/t$. Wegen $v = s/t$ erhältst du für die Leistung auch $P = F \cdot v$.

Die Leistung ist der Quotient aus Arbeit und Zeit oder das Produkt aus Kraft und Geschwindigkeit:

$$P = \frac{W}{t} \quad \text{oder} \quad P = F \cdot v .$$

Einheit: $1 \, \dfrac{\text{Nm}}{\text{s}} = 1 \, \dfrac{\text{J}}{\text{s}} = 1 \, \text{W}$.

B **3:** Ein Handwagen wird in Wegrichtung mit einer Kraft von 100 N gezogen. In 10 s werden 12 m zurückgelegt. Wie groß ist die Leistung?

$$P = \frac{W}{t} = F \cdot v = \frac{F_s \cdot s}{t} = \frac{100 \, \text{N} \cdot 12 \, \text{m}}{10 \, \text{s}} = 120 \, \frac{\text{Nm}}{\text{s}} . \; ■$$

Aufgaben:

1 Welche Hubarbeit verrichtet ein Kran, wenn er einen Betonträger von 1,5 t auf 10 m Höhe hebt?
2 Welche Arbeit verrichtet ein Sportler bei 30 Kniebeugen, wenn er den Schwerpunkt des Körpers jedesmal um 40 cm hebt (Körpermasse 75 kg)?
3 Ein Schornsteinfeger klettert auf einen 30 m hohen Schornstein. Berechne die mechanische Arbeit, wenn seine Gewichtskraft 650 N beträgt!
4 Die Fördermaschine eines Bergwerks hebt von der Sohle des Schachtes einen Förderkorb von 8,6 t Masse und verrichtet dabei eine Arbeit von 3600 kJ. Wie tief ist der Schacht?
5 Erläutere den Zusammenhang zwischen den physikalischen Größen Arbeit und Leistung!
6 Bei einem Wasserfall fällt je Sekunde eine Wassermenge von 5 m^3 aus einer Höhe von 4 m. Welche Leistung hat die talwärts fließende Wassermenge?

Experimentiere selbst!

1 Bestimme deine Leistung beim Stangenklettern!
2 Bestimme die eigene Leistung beim Treppensteigen!
3 Schätze deine Leistung beim Springen auf einen Tisch ab! Vergleiche diese Leistung mit deiner Leistung aus dem 1. oder 2. Experiment!

Mechanische Energie

1 Rammen der Pfähle

Kinetische Energie

Wird an einem Körper Hub-, Federspann- oder Beschleunigungsarbeit verrichtet, so erlangt der Körper einen bestimmten Zustand. Man sagt: Der Körper besitzt mechanische Energie. Wie dir bereits bekannt ist, ist der Körper dadurch in der Lage, wiederum Arbeit zu verrichten. Man unterscheidet zwischen **potentieller** und **kinetischer Energie**.

> Ein Körper kann aufgrund seiner Lage oder elastischen Verformung Arbeit verrichten. Er hat potentielle Energie E_{pot}.

B 1: Gehobener Vorschlaghammer, Wasser im Stausee, Wasser in einer Regenwolke, Springer auf dem Sprungturm oder gespannte Feder, gespannte Sehne eines Bogens. ■

> Ein Körper kann aufgrund seiner Bewegung Arbeit verrichten. Er hat kinetische Energie E_{kin}.

B 2: Wucht eines Hammers treibt den Nagel in das Holz, fallender Rammbär treibt Pfähle in die Erde, zu Tal strömendes Wasser bewegt Mühlräder und Turbinen, Wind treibt Segelschiffe und Windräder an. ■

Berechnung der Energien

Die mechanische Energie läßt sich durch die aufgewandte Arbeit berechnen. Somit ergibt sich die potentielle Energie eines gehobenen Körpers aus der Hubarbeit.

> Potentielle Energie eines gehobenen Körpers:
> $$E_{pot} = F_G \cdot h = m \cdot g \cdot h$$

Die potentielle Energie des gehobenen Körpers muß immer auf ein bestimmtes Ausgangsniveau bezogen werden. Ohne Angabe eines solchen Bezugssystems ist eine Angabe dieser Energie nicht eindeutig. Die potentielle Energie einer gespannten Feder wird durch die entsprechende Federspannarbeit gegeben.

> Potentielle Energie einer gespannten Feder:
> $$E_{pot} = \frac{1}{2} F_E \cdot s$$

Die kinetische Energie, die der Körper durch Verrichtung von Beschleunigungsarbeit erhält, ist gleich der verrichteten Beschleunigungsarbeit. Daher kann die Gleichung zum Berechnen der Beschleunigungsarbeit auch zum Bestimmen der kinetischen Energie eines Körpers benutzt werden. Auch hier muß ein Bezugssystem angegeben werden, da die Geschwindigkeit eine relative Größe ist.

> Kinetische Energie eines Körpers:
> $$E_{kin} = \frac{1}{2} m v^2$$

Während die potentielle und kinetische Energie **Zuständen** zugeordnet sind, beschreibt die mechanische Arbeit einen **Vorgang**. Die **Energieänderung** eines Körpers kennzeichnet seinen Energiezuwachs bzw. seine Energieabnahme. Beim Energiezuwachs wird <u>am</u> Körper Arbeit verrichtet, z. B. wird er gehoben oder beschleunigt. Energieabnahme bedeutet, daß <u>der</u> Körper Arbeit verrichtet, z. B. beim Verformen. Auch die Arbeit faßt man deshalb als eine spezielle Energieform auf, nämlich als eine Energie, die von einem Körper auf einen anderen übertragen wird. Die übertragene Energie kann dann als kinetische oder potentielle Energie gespeichert werden.

Speicherformen der Energie	Übertragungsformen der Energie
potentielle, kinetische Energie	mechanische Arbeit
Ein Körper hat potentielle, kinetische Energie	Wird an einem Körper Arbeit verrichtet, so nimmt er Energie auf. Gibt ein Körper Energie ab, so verrichtet er Arbeit.
Sie kennzeichnet einen *Zustand*.	Sie kennzeichnet einen *Vorgang*.

Tabelle: Energieformen

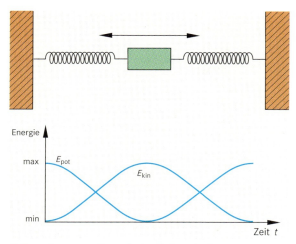

2 Energieumwandlung beim Federschwinger

3 Energieumwandlung bei einer Achterbahn

Energie im Wandel

Versuch 1: Baue dir nach Bild 1 das Modell einer Ramme auf! Wird der Rammbär der Ramme hochgehoben, mußt du Hubarbeit verrichten. Der Rammbär hat dadurch potentielle Energie erlangt. Läßt du den Rammbär los, nimmt beim Abwärtsbewegen seine Geschwindigkeit ständig zu. Beim Auftreffen auf den Pfahl hat die Geschwindigkeit ihren größten Wert. Der Rammbär hat dann seine größte kinetische Energie erlangt. Im gleichen Maße, wie die kinetische Energie beim Fallen wächst, nimmt die potentielle Energie des Rammbärs ab. Sie ist beim Aufschlagen auf den Pfahl gleich Null. Es findet ein Austausch beider mechanischer Energien statt. ■

Ergebnis: Potentielle Energie wird in kinetische Energie umgewandelt, mit der dann Nutzarbeit verrichtet wird (mit der Kraft F wird der Pfahl einen Weg s in die Erde gerammt).

Energieumwandlungen kannst du an einem weiteren Experiment untersuchen.

Versuch 2: Versetze einen Federschwinger (Bild 2) in Schwingungen! Der Federschwinger erreicht immer wieder etwa die ursprüngliche Ausgangslage. Beim Durchgang durch den mittleren Punkt hat er die höchste Geschwindigkeit. Miß an drei verschiedenen Punkten die Auslenkung s und berechne in jedem Punkt die Energie der gespannten Feder (potentielle Energie)! Miß mit Hilfe einer Lichtschranke an diesen Punkten die Geschwindigkeit und berechne damit die kinetische Energie! ■

Ergebnis: Du stellst fest, daß die Summe aus potentieller und kinetischer Energie in jedem Punkt der Schwingung konstant ist.

Dies kannst du dir noch einmal folgendermaßen veranschaulichen: Der Federschwinger schwingt hin und

her. Im Umkehrpunkt hat die potentielle Energie ihren größten Wert, die kinetische Energie ist Null ($v = 0$). Bei der rückläufigen Bewegung wächst die kinetische Energie, die potentielle Energie nimmt ab. Im mittleren Punkt ist die kinetische Energie am größten, die potentielle Energie Null. Von da an wandelt sich die kinetische Energie wieder in potentielle Energie um. Bildest du die Summe aus potentieller und kinetischer Energie, so hat sich nichts geändert. Die Summe ist konstant. Dies gilt allerdings nur für abgeschlossene Systeme, d. h., wenn von außen keine Arbeit zugeführt oder keine Arbeit nach außen abgeführt wird, wie dies z. B. bei Reibungsvorgängen stattfindet. Aus diesem Grunde wird oftmals die Reibung bewußt vernachlässigt. Bild 3 zeigt noch ein Beispiel für die Erhaltung mechanischer Energie bei einer idealisierten (reibungsfreien) Achterbahn.

> Satz von der Erhaltung der mechanischen Energie: Bei allen mechanischen Vorgängen ist die Summe aus potentieller und kinetischer Energie konstant:
>
> $$E_{\text{pot}} + E_{\text{kin}} = \text{konst.}$$
>
> Voraussetzung: Reibungsfreiheit bzw. kein Energieaustausch nach außen.

Aufgaben:

1 Welche kinetische Energie hat ein Motorrad mit Fahrer (Gesamtmasse 200 kg), wenn die Fahrgeschwindigkeit 100 km/h beträgt?

2 Beschreibe Energieumwandlungen am Beispiel einer Schaukel!

3 Ein Mauerziegel mit $F_{\text{G}} = 35$ N fällt aus einer Höhe von 10 m herab. Wie groß ist die kinetische Energie des Ziegels beim Auftreffen auf den Erdboden?

4 Ein Ball wird mit einer Geschwindigkeit $v = 20$ m/s hochgeworfen. Wie hoch steigt er?

Definition der Geschwindigkeit (gleichförmige Bewegung)

$$v = \frac{\Delta s}{\Delta t} = \frac{s_2 - s_1}{t_2 - t_1}.$$

↑ S. 19

Definition der Beschleunigung (gleichmäßig beschleunigte Bewegung)

$$a = \frac{\Delta v}{\Delta t} = \frac{v_2 - v_1}{t_2 - t_1}.$$

↑ S. 23

Gleichförmig geradlinige Bewegung

$a = 0$

v = konst.   konstante Geschwindigkeit.

$s = v \cdot t + s_0$ Weg wächst linear mit der Zeit an.

↑ S. 18 ff

Beschleunigte geradlinige Bewegung

a = konst.   konstante Beschleunigung.

$v = a \cdot t + v_0$ Geschwindigkeit wächst linear mit der Zeit an.

$s = \frac{1}{2} \cdot a \cdot t^2 + v_0 \cdot t + s_0$ Weg wächst quadratisch mit der Zeit an.

↑ S. 22 ff

Newtonsche Axiome

Trägheitssatz: Ohne Krafteinwirkungen behält ein Körper seinen Bewegungszustand bei.

$F = 0 \Leftrightarrow a = 0 \Leftrightarrow v$ = konstant.

↑ S. 28

Grundgleichung der Mechanik: Eine Kraft verursacht eine Bewegungsänderung (Beschleunigung). Die Beschleunigung ist proportional zur Kraft (konstante Masse) und umgekehrt proportional zur Masse (konstante Kraft) des Körpers.

$F = m \cdot a$.

↑ S. 26

Wechselwirkungsprinzip: Kräfte treten immer paarweise auf. Wechselwirkungskräfte haben gleichen Betrag, doch unterschiedliche Richtung:

actio = reactio.

↑ S. 29

Fallbewegung und Gewichtskraft

Gewichtskraft $F_G = m \cdot g$

$g = 9{,}81 \frac{\text{m}}{\text{s}^2}$ Fallbeschleunigung. (ortsabhängig)

Auf einen Körper mit einer Masse von 1 Kilogramm wirkt auf der Erdoberfläche ungefähr die Gewichtskraft von 10 Newton.

$v = g \cdot t = \sqrt{2 \cdot g \cdot s}$

$s = \frac{1}{2} \cdot g \cdot t^2$.

↑ S. 31

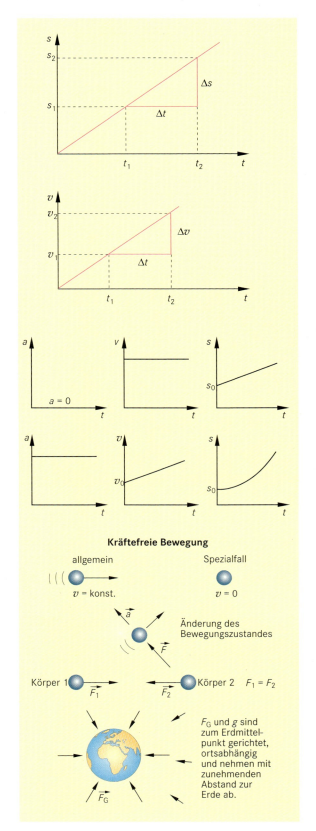

Kräftefreie Bewegung

allgemein   Spezialfall

v = konst. $v = 0$

Änderung des Bewegungszustandes

Körper 1   Körper 2 $F_1 = F_2$

F_G und g sind zum Erdmittelpunkt gerichtet, ortsabhängig und nehmen mit zunehmenden Abstand zur Erde ab.

Wurfbewegungen sind zusammengesetzte Bewegungen (Vektoraddition). Der gleichmäßig beschleunigten Fallbewegung wird eine gleichförmige Bewegung überlagert.   ↑ S. 36

Schräger Wurf: Fallbewegung und gleichförmige Bewegung bilden einen beliebigen Winkel α miteinander (außer 0° und 90°).
Horizontaler Wurf ($\alpha = 90°$): Horizontalgeschwindigkeit ist konstant, Vertikalgeschwindigkeit ist gleichmäßig beschleunigt.
Senkrechter Wurf ($\alpha = 0°$): Eine konstante Geschwindigkeit wird der Fallbewegung überlagert.
                                        ↑ S. 36 ff

Kreisbewegung
Die Zentralkraft zwingt den Körper auf die Kreisbahn. Sie ist stets zum Mittelpunkt des Kreises gerichtet.   ↑ S. 40

Gleichförmige Kreisbewegung   ↑ S. 40 ff

$$\omega = \frac{\Delta\varphi}{\Delta t} = \frac{2\pi}{T} = 2\pi f \qquad \text{Winkelgeschwindigkeit}$$

$$v = \frac{2\pi}{T}\, r = \omega \cdot r \qquad \text{Bahngeschwindigkeit.}$$

Ungleichförmige Kreisbewegung   ↑ S. 41

$$\alpha = \frac{\Delta\omega}{\Delta t} \qquad \text{Winkelbeschleunigung.}$$

Mechanische Arbeit – mechanische Energie
Wird an einem Körper mechanische Arbeit verrichtet, so nimmt seine Energie zu.
Beispiele: Heben, Beschleunigen, elastisches Verformen des Körpers.
$W = F_s \cdot s$.   ↑ S. 44

Hubarbeit – potentielle Energie
$W = F_G \cdot h$ $E_{pot} = m \cdot g \cdot h$.   ↑ S. 46

Beschleunigungsarbeit - kinetische Energie
$W = \frac{1}{2}\, mv^2$ $E_{kin} = \frac{1}{2}\, mv^2$.   ↑ S. 46

Energieerhaltungssatz der Mechanik
Bei allen (reibungsfreien) mechanischen Vorgängen ist die Summe aus potentieller und kinetischer Energie konstant.
$E = E_{pot} + E_{kin} = \text{konstant.}$ ↑ S. 47

Mechanische Leistung
Die mechanische Leistung ist der Quotient aus Arbeit und Zeit oder das Produkt aus Kraft und Geschwindigkeit.

$$P = \frac{W}{t} \quad \text{oder} \quad P = F \cdot v \,.$$
                                        ↑ S. 45

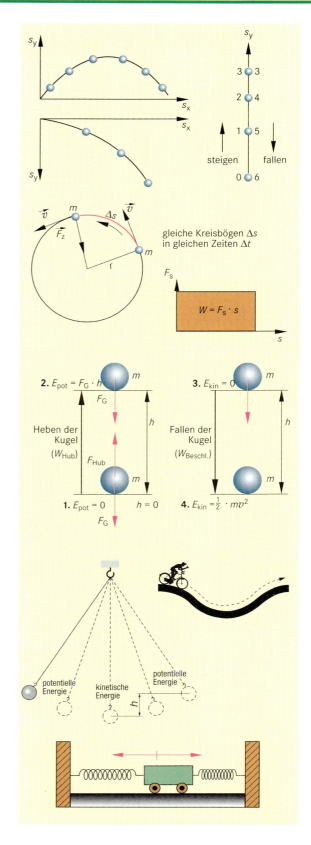

Transport elektrischer Energie

Elektrische Energie ist für die moderne Industriegesellschaft eine der wichtigsten Energieformen. Sie läßt sich leicht in andere Energieformen umwandeln und kann über das Stromnetz nahezu überall hin geliefert werden. Um Energieverluste bei der Übertragung möglichst gering zu halten, sind sehr hohe Spannungen und verhältnismäßig kleine Stromstärken erforderlich.

Die **Generatoren** der Kraftwerke liefern Spannungen bis zu etwa 20 kV. Mit Hilfe von **Transformatoren** setzt man diese Spannungen auf 110 kV bzw. 400 kV herauf. Durch Überlandleitungen wird die elektrische Energie dann von den Kraftwerken in die Nähe der Verbrauchszentren transportiert. Dort wird in Umspannstationen die Spannung auf 10 kV herabtransformiert und der Strom in die regionalen Verteilernetze eingespeist. In Ortsnetzstationen wird die Spannung schließlich auf die gebräuchlichen Werte von 240 V bzw. 400 V herabgesetzt. Das Hochspannungsnetz überzieht ganz Deutschland und bildet mit den Versorgungsnetzen der Nachbarländer ein Verbundnetz. Dies ermöglicht den Energieaustausch über Ländergrenzen hinweg.

Elektromotoren - Antriebsmaschinen unserer Zeit

Sowohl Industrie als auch Haushalte verlangen Antriebsmaschinen mit ganz unterschiedlichen Eigenschaften. Die Maschinen sollen kompakt gebaut, einfach zu steuern und zu bedienen sein, möglichst geräuscharm laufen und auch sonst umweltfreundlich sein. Dabei sollen sie wenig kosten, möglichst wenig Energie verbrauchen und weitgehend wartungsfrei arbeiten. **Elektromotoren** erfüllen die geforderten Bedingungen. Ihr Leistungsangebot reicht von wenigen Milliwatt bis zu mehreren Megawatt. Sie können mit unterschiedlichen Drehzahlen laufen und ändern selbst unter extremen Bedingungen kaum ihre Betriebseigenschaften.

Elektronik prägt unser Leben

Die Elektronik zeigt beispielhaft, wie physikalische Grundlagenforschung und technologische Entwicklung ineinandergreifen. Die Untersuchung der Leitungsvorgänge in Halbleitern brachte wichtige Einblicke in die Struktur fester Körper und ermöglicht den Bau von Halbleiterdioden, Transistoren usw. Deren technologische Weiterentwicklung führte zu einer kaum glaublichen Verkleinerung elektronischer Schaltungen. Zugleich wurden diese leistungsfähiger, schneller und zuverlässiger. Ohne moderne Elektronik wären z. B. Hochleistungscomputer, digitale Musik- und Datenübertragung unmöglich. Auch in der Medizin spielt die Elektronik bei Diagnose und Behandlung eine immer größere Rolle.

1 *Transformatoren*

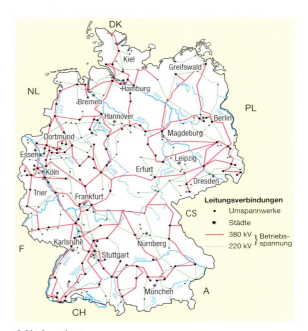

2 *Verbundnetz*

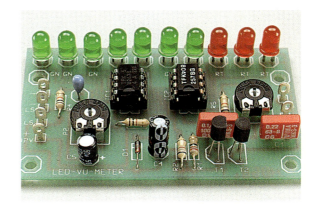

3 *Elektronische Schaltungen*

Die Lorentzkraft

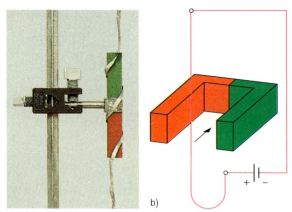

1 a) Stromführendes Metallband und Stabmagnet
b) Aufbau zu Versuch 2

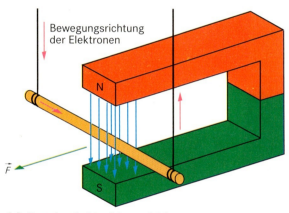

2 Leiterschaukel im Magnetfeld

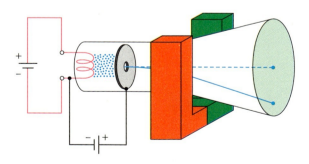

3 Ablenkung eines Elektronenstrahls im Magnetfeld

Beim OERSTED-Versuch konntest du beobachten, daß eine Magnetnadel in der Nähe eines stromführenden Leiters abgelenkt wird. Kann auch umgekehrt ein stromführender Leiter von einem Magneten abgelenkt werden?

Versuch 1: Hänge ein gewebtes, leicht biegsames Metallband locker neben einen eingespannten Stabmagneten (Bild 1a)! Das Metallband wird nicht angezogen. Läßt du Strom durch das Band fließen, so windet es sich um den Magneten. Folglich muß auf das stromführende Metallband im Magnetfeld eine Kraft wirken. ■

Versuch 2: Ändere Versuch 1 ab, indem du das Metallband gemäß Bild 1b quer zu den Feldlinien eines Hufeisenmagneten hängst! Schaltest du jetzt den Strom ein, so bewegt sich das Metallband senkrecht zu den Feldlinien ins Innere des Hufeisenmagneten. Vertauschst du die Lage von Nord- und Südpol des Magneten, so erfolgt die Ablenkung des Leiters nach außen. Läßt du den Strom in entgegengesetzter Richtung durch den Leiter fließen, so kehrt sich die Bewegungsrichtung des Leiters ebenfalls um. ■

Versuch 3: Ersetze das Metallband durch eine Leiterschaukel (Bild 2) und wiederhole Versuch 2! Welche Beobachtungen machst du, wenn du die Stromstärke veränderst oder einen stärkeren Magneten verwendest? ■

Die Versuchsfolge liefert dir folgende Ergebnisse:

> **Ein stromführender Leiter erfährt im Magnetfeld eine Kraft, die senkrecht zum Leiter und zu den Feldlinien wirkt. Die Kraft ist um so größer, je höher die Stromstärke und die Stärke des Magnetfeldes sind.**

In einem Elektronenstrahl bewegen sich Elektronen frei außerhalb eines Leiters. Ob auch auf diese bewegten Elektronen im Magnetfeld eine Kraft wirkt, kannst du mit folgendem Versuch feststellen.

Versuch 4: In einer Braunschen Röhre fliegen freie Elektronen durch die Lochanode zum Leuchtschirm. Ordne einen Hufeisenmagneten so an, daß der Nordpol vor und der Südpol hinter der Elektronenröhre liegt (Bild 3)! Dabei verlaufen die magnetischen Feldlinien senkrecht zur Bewegungsrichtung der Elektronen. Auf dem Leuchtschirm kannst du beobachten, daß der Elektronenstrahl senkrecht zur Richtung des Magnetfeldes nach unten abgelenkt wird. Drehst du den Magneten um, so wird der Strahl senkrecht nach oben abgelenkt. In beiden Fällen wird der Elektronenstrahl nicht in Richtung der Magnetpole sondern senkrecht zu den magnetischen Feldlinien abgelenkt. ■

Wirkt im Magnetfeld auch auf ruhende Elektronen eine Kraft?

4 *Dreifingerregel der linken Hand*   **5** *Zum Übungsbeispiel*

Versuch 5: Hänge ein negativ geladenes Kügelchen in der Mitte zwischen den Polen eines Hufeisenmagneten auf! Das Kügelchen bleibt in Ruhe. Es erfährt im Magnetfeld keine Kraft. ■

Auf freie Elektronen, die sich senkrecht zur Richtung eines Magnetfeldes bewegen, wirkt eine Kraft. Für die Kraftrichtung gelten die gleichen Aussagen wie beim stromführenden Draht. Dieser Sachverhalt wurde von dem holländischen Physiker H. A. LORENTZ (1853–1928) entdeckt.

> **Auf bewegte Elektronen wirkt im Magnetfeld die Lorentzkraft.**

Die Richtung der Lorentzkraft kannst du dir mit Hilfe der **Dreifingerregel der linken Hand** merken:

> **Hält man den Daumen der linken Hand in die Bewegungsrichtung der Elektronen, den Zeigefinger in die Richtung des Magnetfeldes, so gibt der zu Daumen und Zeigefinger senkrecht abgespreizte Mittelfinger die Richtung der Lorentzkraft an.**

Du kannst jetzt auch deine Beobachtungen in den Versuchen 2 und 3 erklären. Die Ursache für die Ablenkung eines stromführenden Leiters im Magnetfeld ist die Ablenkung von Elektronen im Leiter durch die Lorentzkraft. Diese wird von den Elektronen auf den gesamten Leiter übertragen.

Die Lorentzkraft nimmt zu, wenn die Stromstärke und die Stärke des Magnetfeldes vergrößert werden. Bei einem Elektronenstrahl wird die Lorentzkraft vergrößert, wenn durch eine höhere Beschleuni-

gungsspannung die Geschwindigkeit der Elektronen wächst. Stehen Elektronenbewegung und Magnetfeldrichtung nicht senkrecht zueinander, wird die Lorentzkraft geringer. Bewegen sich die Elektronen parallel zu den magnetischen Feldlinien, beobachtet man keine Ablenkung. Es wirkt keine Lorentzkraft!

B In Bild 5a ist eine Braunsche Röhre von oben dargestellt und Bild 5b zeigt ihren Leuchtschirm von vorn. In der Mitte dieses Schirms ist der auftreffende Elektronenstrahl markiert. Wie wird der Leuchtfleck abgelenkt, wenn ein Stabmagnet in der angegebenen Weise neben die Röhre gehalten wird?

Diese Aufgabe läßt sich mit der Dreifingerregel der linken Hand lösen. Dazu werden einige Feldlinien des Stabmagneten am Ort des Elektronenstrahls eingezeichnet. Nun kannst du die Dreifingerregel anwenden. Der Mittelfinger der linken Hand zeigt in die Richtung der Lorentzkraft. ■

Aufgaben

1 Ein Leiter steht senkrecht wie im Bild 1b zu den Feldlinien in einem Magnetfeld. Wie verändert sich beim stromführenden Leiter die Auslenkung, wenn
a) die Stromstärke im Leiter größer wird,
b) die Stromrichtung sich ändert,
c) der Magnet umgedreht wird,
d) der Winkel zwischen Leiter und Magnetfeld kleiner als 90° gemacht wird?
2 Skizziere beim Leiterschaukelversuch (Bild 2) für verschiedene Strom- und Feldrichtungen die Richtung der Lorentzkraft!
3 Erkläre die Anziehung bzw. Abstoßung zweier paralleler stromführender Leiter mit Hilfe der Lorentzkraft! Fertige dazu jeweils eine Skizze an!
4 Parallel zu einem Elektronenstrahl in einer Braunschen Röhre verläuft ein stromführender Leiter. Wie wird der Elektronenstrahl abgelenkt? Wovon hängt die Ablenkrichtung ab?

Anwendungen der Lorentzkraft

1 Polarlicht

Polarlicht

Von der Sonne aus wird ständig ein Strom geladener Teilchen zur Erde transportiert. Dieser **Sonnenwind** besteht vor allem aus Protonen und Elektronen. Im Magnetfeld der Erde werden diese geladenen Teilchen infolge der Lorentzkraft spiralförmig um die magnetischen Feldlinien in der Richtung auf die Erdpole abgelenkt. Deshalb ist auch in den Polargebieten die Anzahl der geladenen Teilchen in der Atmosphäre besonders groß. Hier kommt es beim Zusammenstoß der geladenen Teilchen mit den Luftmolekülen zu Leuchterscheinungen. Es entsteht das in verschiedenen Farben leuchtende Polarlicht (Bild 1).

Technische Anwendungen

In vielen technischen Geräten wie z. B. beim Elektromotor, beim Drehspulinstrument oder beim Lautsprecher wird die Lorentzkraft genutzt. Auch die Ablenkung eines Elektronenstrahls im Fernsehgerät erfolgt durch diese Kraft. Du kannst nun den Aufbau und die Wirkungsweise dieser Geräte näher kennenlernen.

Dynamischer Lautsprecher

Ein Lautsprecher soll die vom Radio, CD-Player, Cassettenrecorder oder Fernsehgerät abgegebenen elektrischen Signale hörbar machen. Der dynamische Lautsprecher besteht aus einer beweglichen Spule, der Schwingspule, die über einen Dauermagneten geschoben wird (Bild 2). An der Schwingspule ist die Lautsprechermembran befestigt. Mit Hilfe des Eisentopfes wird erreicht, daß die Schwingspule ringsum von magnetischen Feldlinien durchsetzt wird. Wird nun eine Gleichspannung an die Anschlüsse der Spule gelegt, so fließt durch den Spulendraht ein Strom. Je nach Stromrichtung wird dann die Schwingspule in das Magnetfeld des Dauermagneten hineingezogen oder herausgedrückt.

Die Ursache für die Bewegung der Schwingspule ist die Lorentzkraft auf die bewegten Elektronen im Spulendraht. Bei Sprach- und Musikübertragungen ändert

sich die Stromrichtung in der Schwingspule ständig. Spule und Membran schwingen dann im Rhythmus des sich ändernden Stromes. Dabei werden von der Membran Schallwellen erzeugt, die sich in der Luft ausbreiten und schließlich in unser Ohr gelangen.

Aufgaben

1 Beschreibe den Aufbau und die Funktionsweise eines dynamischen Lautsprechers!

2 Bild 3 zeigt dir einen ungewöhnlichen Motor. Solange der Stromkreis geschlossen ist, dreht sich das Metallrad.

a) Wie kommt diese Drehbewegung zustande?

b) Zeichne in dein Heft die Bewegungsrichtung der Elektronen und die Richtung des Magnetfeldes! Was geschieht, wenn du die Stromrichtung umkehrst?

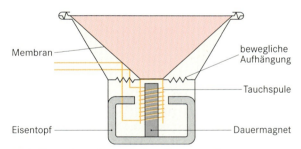

2 Aufbau eines dynamischen Lautsprechers

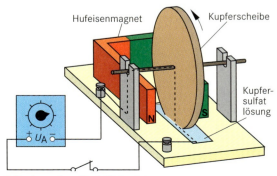

3 Barlowsches Rad (Prinzip)

Wie entsteht das Fernsehbild?

Die Bildröhre eines Fernsehgerätes gleicht im Prinzip der Braunschen Röhre eines Oszilloskops. Sie enthält auch eine geheizte Kathode und Elektroden zur Bündelung des Elektronenstrahls. Dieser wird hier jedoch mit Hilfe magnetischer Felder über den Bildschirm geführt. Erzeugt werden diese Felder von Ablenkspulen, die außen auf dem Hals der Bildröhre angebracht sind (Bild 5b).

Fließt durch die Ablenkspulen Strom, so entstehen magnetische Felder. Die bewegten Elektronen in der Bildröhre werden dann infolge der Lorentzkraft abgelenkt und treffen auf die gewünschte Stelle des Bildschirms, wo sie einen Leuchtfleck erzeugen. Die Helligkeit dieses Flecks läßt sich durch die Anzahl der auftreffenden Elektronen steuern. Insgesamt setzt sich das Fernsehbild aus verschieden hellen Bildpunkten zusammen. Diese werden Zeile für Zeile geschrieben (Bild 5a). Dabei beginnt der Elektronenstrahl am linken, oberen Bildschirmrand. Ist er am rechten Rand angelangt, springt der Strahl sofort nach links zurück und schreibt die nächste Zeile. Dies wiederholt sich so lange, bis der Strahl unten rechts auf dem Bildschirm angekommen ist. Von dort springt er wieder nach links oben und der gesamte Ablauf wiederholt sich. Mit Hilfe der folgenden Versuche kannst du die eben beschriebene Ablenkung des Elektronenstrahls noch einmal nachvollziehen.

Versuch 1: Befestige vorsichtig über dem Hals einer Braunschen Röhre eine Spule, deren vertikale Achse senkrecht zum Elektronenstrahl steht (Bild 4a) und lege an diese Spule eine Gleichspannung an! Ist der Spulenstrom so gerichtet, daß die magnetischen Feldlinien nach oben durch die Braunsche Röhre laufen, so wandert nach der Dreifingerregel der Leuchtfleck auf dem Schirm nach rechts. Verwendest du statt der Gleich- eine Wechselspannung, so wandert der Elektronenstrahl auf dem Schirm so schnell hin und her, daß du wegen der Trägheit deines Auges eine komplette Zeile siehst (Horizontalablenkung). ∎

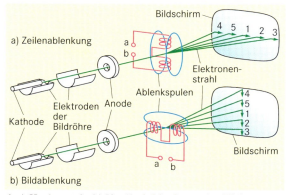

4 a) Horizontal-; b) Vertikalablenkung des Elektronenstrahls in einer Braunschen Röhre

Versuch 2: Ergänze deine Versuchsanordnung um eine weitere Spule gemäß Bild 4b und lege an diese Spule eine Gleichspannung an, die du langsam verkleinerst bzw. vergrößerst! Du beobachtest, daß die mit Wechselstrom erzeugte Zeile auf dem Bildschirm auf und ab wandert (Vertikalablenkung). ∎

Die Europäische Fernsehnorm schreibt vor, daß sich das Fernsehbild rasterförmig aus 625 Zeilen mit jeweils mindestens 625 Leuchtpunkten zusammensetzt. Damit ein flimmerfreies Bild entsteht, schreibt der Elektronenstrahl zunächst alle ungeraden und dann alle geraden Zeilen hintereinander. Folglich entstehen nacheinander zwei Halbbilder. In jeder Sekunde entstehen so 25 komplette Bilder. Durch diese rasche Aufeinanderfolge sieht der Betrachter zusammenhängende Bewegungsabläufe.

Zum Betrieb eines Farbfernsehgerätes werden drei Elektronenstrahlen benötigt, die gemeinsam von den Ablenkspulen über den Bildschirm geführt werden. Dort leuchten dann jeweils rote, grüne und blaue Farbpunkte auf (Bild 5c). Die entsprechende Mischung dieser drei Farben läßt im Sehzentrum des Gehirns jeden beliebigen Farbeindruck entstehen.

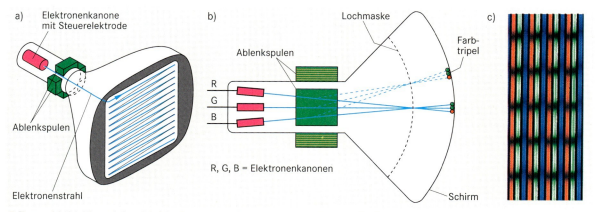

5 Fernsehbildröhre a) Strahlablenkung b) schematischer Aufbau c) Farbpunkte auf dem Schirm

Elektromotoren

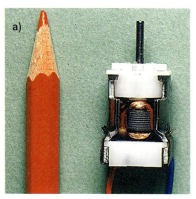
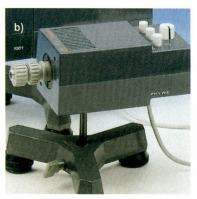
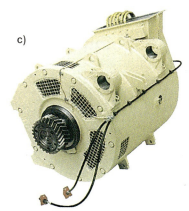

1 Verschiedene Elektromotoren: a) Spielzeugmotor b) Experimentiermotor c) Motor einer Elektrolok

Unsere technisierte Welt ist ohne den Einsatz von Elektromotoren nicht mehr denkbar. Große Bagger und schwere Güterzuglokomotiven werden ebenso von Elektromotoren angetrieben wie Küchenmaschinen und winzige Uhrwerke. Elektromotoren entlasten z. B. in Industriebetrieben und im Haushalt die Menschen von schwerer körperlicher Arbeit. Dabei arbeiten alle Elektromotoren nach dem gleichen Prinzip: Durch die *Lorentzkraft* auf stromführende Spulen im Magnetfeld wird eine Drehbewegung erzeugt. Du kennst dieses Prinzip bereits vom Drehspulinstrument und du kannst es mit Hilfe eines einfachen Experimentes zeigen.

Versuch 1: Hänge eine Schlinge aus einem Lamettafaden gemäß Bild 2 zwischen die Pole eines Hufeisenmagneten. Schaltest du den Strom ein, so dreht sich die Schlinge um 90°. Kehrst du die Stromrichtung um, so dreht sich die Schlinge in die entgegengesetzte Richtung. ∎

Eine Erklärung für die Drehung des Leiters findest du, wenn du die *Dreifingerregel der linken Hand* auf die senkrecht zum Magnetfeld verlaufenden Leiterstücke anwendest. Du siehst, daß die Lorentzkräfte auf diese Leiterstücke entgegengesetzte Richtungen haben. Dies führt zu einer Drehung des Leiters, die je nach Stromrichtung insgesamt 180° betragen kann. Denkst du dir in Versuch 1 die Leiterschleife durch eine drehbar gelagerte Spule ersetzt, so hast du schon fast einen Elektromotor entworfen. Fließt durch die Spule ein Gleichstrom, so wirkt infolge des magnetischen Feldes des Hufeisenmagneten auf die bewegten Elektronen die Lorentzkraft. Durch die Wirkung dieser Kraft wird die Spule so lange gedreht, bis sie sich im sogenannten **Totpunkt** befindet.

Startklar mit dem 3T-Anker

Wie muß nun die beschriebene Anordnung geändert werden, damit sich die Spule über den Totpunkt hinaus dreht? Beim Elektromotor wird die Teildrehung der Spule durch einen technischen Trick zu einer vollen Drehung ausgebaut. Gelingt es nämlich, im Totpunkt der Spule die Stromrichtung umzukehren, so setzt die Spule ihre Drehung bis zum nächsten Totpunkt fort. Dort kann die Stromrichtung wieder umgekehrt werden, so daß sich die Spule immer weiter dreht.

Das erforderliche Umkehren der Stromrichtung kannst du erreichen, wenn du jeweils im richtigen

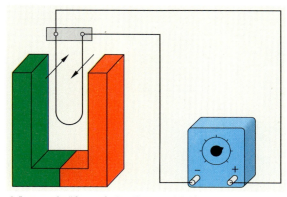

2 Lorentzkräfte auf eine Leiterschleife

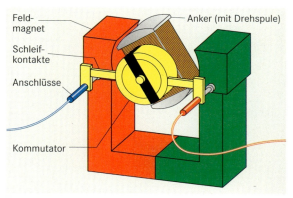

Feldmagnet — Anker (mit Drehspule)

Schleifkontakte

Anschlüsse

Kommutator

3 Aufbau eines Elektromotors

Moment die Spannungsquelle umpolst. Technisch einfacher wird das Umkehren der Stromrichtung durch einen **Kommutator** (commutare, lat. = vertauschen) ermöglicht. Dieser besteht aus zwei gegeneinander isolierten Halbringen. Die beiden Spulenanschlüsse sind jeweils mit einer Ringhälfte verbunden (Bild 3).

Um große Lorentzkräfte zu erhalten, wird eine Spule mit Eisenkern benutzt. Die Spule mit Eisenkern einschließlich des Kommutators wird **Anker** genannt. Der einfachste Anker ist der Doppel-T-Anker (Bild 4). Für technische Motoren ist dieser Anker aber ungeeignet. Wenn sich nämlich die Pole des Doppel-T-Ankers und des Feldmagneten genau gegenüberstehen, läuft der Motor nicht an. Beseitigen läßt sich diese Schwierigkeit, wenn man eine ungerade Anzahl von T-Stücken verwendet. Bei einem Dreifach-T-Anker (Bild 5) gibt es immer höchstens eine Spule, die keine Kraft erfährt. Der Motor läuft immer an und dreht gleichmäßiger.

Beim Motor in Bild 5 wird das Magnetfeld durch einen Dauermagneten erzeugt. Dieser bewegt sich nicht und heißt deshalb **Stator** (stare, lat. = stehen). Der sich bewegende Anker wird auch als **Rotor** (rotare, lat. = sich im Kreis drehen) bezeichnet. Den Dauermagneten kann man auch durch einen Elektromagneten ersetzen. In Bild 6 wird für Anker- und Feldspule die gleiche Spannungsquelle verwendet. Dabei sind Rotor und Stator parallel geschaltet. Ein so geschalteter Motor heißt **Nebenschlußmotor**. Er kann mit Gleich- und Wechselstrom betrieben werden. Sind Anker- und Feldspule in Reihe geschaltet, so spricht man von einem **Hauptschlußmotor**.

Aufgaben

1a) Nenne einige Geräte, in denen Elektromotoren vorkommen!

b) Beschreibe die wesentlichen Teile eines Elektromotors und erläutere seine Funktionsweise!

2 Der Doppel-T-Anker in Bild 4 soll sich rechtsherum drehen. In welche Richtung verlaufen bei vorgegebener Stromrichtung die Feldlinien des Stators?

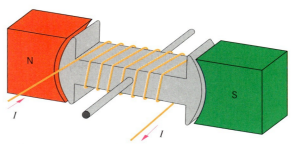

4 *Doppel-T-Anker mit Wicklung*

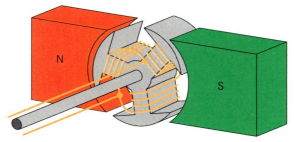

5 *Dreifach-T-Anker*

3a) Beschreibe den Unterschied zwischen Haupt- und Nebenschlußmotor!

b) Warum kehrt sich die Drehrichtung bei diesen Motoren nicht um, wenn man die Stromrichtung umdreht?

Experimentiere selbst!

1a) Baue einen einfachen „Elektromotor"! Verwende als Stator eine Spule mit Eisenkern und als Rotor eine Magnetnadel oder einen Stabmagneten! Beschreibe wie du den Rotor zum Drehen bringst!

b) Mit Hilfe einer Klingeltaste kannst du den Strom im Elektromagneten ein- und ausschalten. Schaltest du im richtigen Takt, so dreht sich die Magnetnadel ständig weiter!

c) Verwende statt der Klingeltaste einen Schalter (Bild 7)!

2 Verwende als Stator einen Hufeisenmagneten und als Rotor eine selbstgewickelte Spule, die du an ihren Zuleitungen aufhängst (Bild 8)!

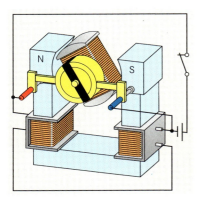

6 *Modell eines Nebenschlußmotors*

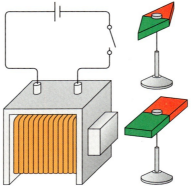

7 *Experimentiere selbst (1)*

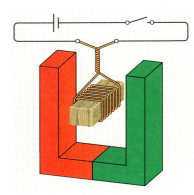

8 *Experimentiere selbst (2)*

Elektromagnetische Induktion

Der Elektromotor als Generator

Ein Elektromotor wandelt den größten Teil der ihm zugeführten elektrischen Energie in mechanische Energie um. Nur ein geringer Teil geht als Wärme „verloren". Läßt sich umgekehrt auch mechanische in elektrische Energie umwandeln?

Versuch 1: Verbinde die Anschlüsse zweier Elektromotoren durch zwei Kabel miteinander (Bild 1)! Drehst du nun die Spule im linken Motor, so setzt sich überraschenderweise auch der rechte Motor in Bewegung. ■

Wie läßt sich das erklären? Die Spule im rechten Motor dreht sich, wenn Strom durch sie fließt. Da keine zusätzliche Spannungsquelle im Stromkreis vorhanden ist, muß der Strom offenbar durch die Drehung der Spule im linken Motor erzeugt werden. Der linke Motor arbeitet als **Generator**.

Generatoren wandeln mechanische in elektrische Energie um. Es gibt Generatoren in verschiedenen Ausführungen (Bild 5). Viele arbeiten nach dem gleichen Prinzip wie unser Modellgenerator in Versuch 1.

> Dreht sich eine Spule in einem Magnetfeld, so entsteht zwischen ihren Enden eine Spannung, die über Schleifkontakte abgegriffen werden kann. Diese Anordnung heißt Generator.

Induktionspannung

Die folgenden Versuche helfen dir, deine Beobachtungen in Versuch 1 und damit die Wirkungsweise eines Generators zu verstehen.

Versuch 2: Verbinde eine Spule mit einem Spannungsmeßgerät und bewege einen Stabmagneten in die Spule hinein (Bild 2a)! Ziehe anschließend den Magneten wieder aus der Spule heraus! ■

Du kannst folgende Beobachtungen machen:
- Nur beim Bewegen des Magneten in der Spule zeigt das Meßinstrument eine Spannung an. Sie wird **Induktionsspannung** oder induzierte Spannung genannt.
- Ruht der Magnet, wird keine Spannung induziert.
- Die Richtung der Induktionsspannung hängt von der Bewegungrichtung und der Polung des Magneten ab.
- Die Induktionsspannung ist um so größer, je schneller du den Magneten bewegst.

Versuch 3: Wiederhole Versuch 2 mit einem starken Hufeisenmagneten! Wandle das Experiment ab und bewege nun die Spule über einem Pol des ruhenden Magneten (Bild 2)! Was beobachtest du, wenn du Spule und Magnet mit der gleichen Geschwindigkeit in die gleiche Richtung bewegst? ■

Versuch 4: Bewege statt der Spule eine einzelne Leiterschleife zuerst senkrecht, dann parallel und schräg zu den magnetischen Feldlinien zwischen den beiden Polen des Hufeisenmagneten! ■

Ergebnisse der Versuche 3 und 4:
- Auch in einer einzelnen Leiterschleife wird eine Spannung induziert, wenn sie sich *relativ* zu einem Magnetfeld quer zu den magnetischen Feldlinien bewegt.
- Die Spule mit vielen Windungen liefert bei sonst gleichen Bedingungen eine viel größere Induktionsspannung als eine Leiterschleife.

Was ist die Ursache der Induktionsspannung?

Versuch 5: Ein auf Schienen gelagerter Aluminiumstab AB befindet sich im Magnetfeld eines Hufeisenmagneten (Bild 3). Bewegst du den Stab z. B. nach links, so zeigt ein mit den Schienen verbundenes Meßgerät eine Induktionsspannung an. Wird der Stab nicht mehr bewegt, geht der Zeigerausschlag auf Null zurück. Bewegst du den Stab nach rechts, schlägt der

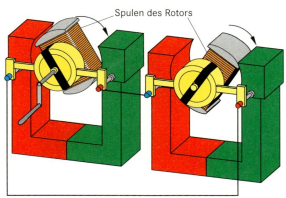

1 Motor als Generator

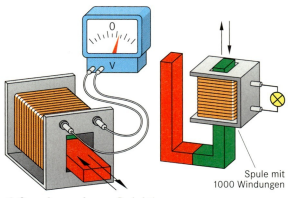

2 Grundversuche zur Induktion

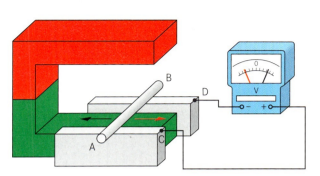

3 Aufbau von Versuch 5

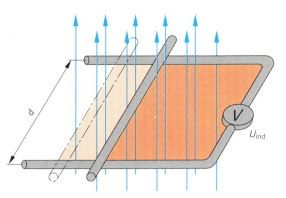

4 Veränderung der Fläche der Leiterschleife

Zeiger in die entgegengesetzte Richtung aus. Wird statt des Stabes der Magnet hin und her bewegt, entsteht ebenfalls eine Induktionsspannung. Es kommt auch hier nur auf die *Relativbewegung* an. ∎

Der Stab bildet mit dem Spannungsmeßgerät und den Zuleitungsdrähten eine *Leiterschleife.* Bewegst du den Stab nach links, so umfaßt die Leiterschleife einen größeren Bereich des Magnetfeldes (Bild 4). Anschaulich gesprochen verlaufen jetzt mehr magnetische Feldlinien durch die Leiterschleife als vorher. Bewegst du den Stab nach rechts, so wird der von der Leiterschleife umfaßte Bereich des Magnetfeldes kleiner, es gehen nun weniger Feldlinien durch die Schleife. Das gleiche geschieht, wenn du den Magneten nach links ziehst. Bewegst du dagegen Stab und Magnet mit gleicher Geschwindigkeit in die gleiche Richtung, so ändert sich das von der Leiterschleife umfaßte Magnetfeld nicht; es wird keine Spannung induziert. Damit haben wir die Ursache der Induktionsspannung erkannt:

Bisher war die Änderung des Magnetfeldes stets mit einer Bewegung des Magneten oder eines Leiters in einem Magnetfeld verbunden. Können Induktionsspannungen auch anders erzeugt werden?

Jede stromdurchflossene Spule besitzt ein Magnetfeld, das dem eines Stabmagneten ähnelt. Ersetze daher im folgenden Versuch den Dauermagneten durch eine Spule, die das Magnetfeld erzeugt! Sie wird **Feldspule** genannt. Durch Veränderung der Stromstärke in der Spule kannst du die Stärke des Magnetfeldes verändern.

Versuch 6: Eine zweite Spule wird als Induktionsspule neben die Feldspule gestellt und über einen Meßverstärker mit einem Spannungsmeßgerät verbunden (Bild 1, S. 60)! ∎

Beobachtung: Beim Ein- und Ausschalten des Elektromagneten sowie bei jeder Änderung der Stromstärke zeigt das Meßgerät eine Induktionsspannung an.

> In einer Leiterschleife wird eine Spannung induziert, wenn sich die vom Magnetfeld durchsetzte Fläche der Leiterschleife zeitlich ändert.

> Zwischen den Spulenenden entsteht eine Induktionsspannung, wenn sich die Stärke des umfaßten Magnetfeldes zeitlich ändert.

5 Verschiedene Generatoren a) im Kraftwerk b) Notstromaggregat c) in einer Armbanduhr

Wie erzielt man hohe Induktionsspannungen?

Eine induzierte Spannung wird umso größer, je schneller die Änderung der Stromstärke erfolgt (Bild 1). Legst du einen Eisenkern in eine Spule, so wird die Induktionsspannung wesentlich vergrößert. Mit Hilfe weiterer Versuche kannst du prüfen, wie die induzierte Spannung von der Windungszahl der Induktionsspule und von der Änderung des Magnetfeldes abhängt.

Eine Spule mit z. B. 250 Windungen kannst du dir aus 250 gleichsinnig gewickelten, hintereinander geschalteten Leiterschleifen aufgebaut denken. Da in jeder Leiterschleife eine Spannung induziert wird, liegt die Vermutung nahe, daß sich diese induzierten Spannungen addieren, und die Induktionsspannung proportional zur Windungszahl der Induktionsspule ist. Zur Prüfung dieser Vermutung kannst du wieder den in Bild 1 dargestellten Versuchsaufbau verwenden.

Versuch 1: Stelle den Schiebewiderstand so ein, daß der Feldstrom gerade 1A beträgt. Als Induktionsspulen verwendest du Spulen gleicher Länge mit 125, 250, 500, 750 und 1000 Windungen. Schalte jeweils den Feldstrom ein und beobachte die Ausschläge des Spannungsmessers! ■

Die Meßergebnisse bestätigen unsere Vermutung.

Versuch 2: Nimm eine bestimmte Induktionsspule (z.B. 1000 Wdg.) und stelle mit einem Schiebewiderstand nacheinander unterschiedlich starke Ströme ein, die du mit einem Schalter jeweils ein- und ausschaltest. So erreichst du, daß sich das Magnetfeld unterschiedlich stark ändert. ■

Ergebnis: Die Induktionsspannung ist doppelt, dreimal, vier- bzw. n-mal so groß, wenn die Stromstärke und damit auch die Änderung der Stärke des Magnetfeldes entsprechend vergrößert wird.

Du kannst jetzt alle Versuchsergebnisse wie folgt zusammenfassen:

> Die Induktionsspannung ist umso größer, je höher die Windungszahl der Induktionsspule ist, je stärker sich das Magnetfeld in der gleichen Zeit ändert, je kürzer die Zeit ist, in der die Änderung des Magnetfeldes erfolgt.

Aufgaben

1 Wie kann eine Induktionsspannung erzeugt werden? Beschreibe verschiedene Möglichkeiten!

2 Wann entsteht trotz der Bewegung einer Leiterschleife oder Spule in einem Magnetfeld keine Induktionsspannung?

3 In welcher Himmelsrichtung mußt du ein Drahtstück im Magnetfeld der Erde bewegen, damit eine möglichst große Induktionsspannung entsteht?

4 Begründe, warum du eine wesentlich höhere Induktionsspannung messen kannst, wenn du wie in Bild 1 einen Weicheisenkern in die felderzeugende Spule legst!

5 Ein Stabmagnet fällt durch eine Spule, die an ein Oszilloskop oder einen Computer als Spannungsmesser angeschlossen ist (Bild 2). Erkläre die Beobachtungen!

Experimentiere selbst!

1 Schließe an eine Spule mit z. B. 500 Windungen ein Spannungsmeßgerät an! Wie kannst du erreichen, daß der Spannungsmesser möglichst große Induktionsspannungen anzeigt? Erprobe mehrere Möglichkeiten!

2 Lege einen Stabmagneten in eine Spule, die mit einem Spannungsmesser verbunden ist! Beobachte den Spannungsmesser, wenn du den Stabmagneten exakt um seine Längsachse drehst und erkläre deine Beobachtung!

3 Streiche mit einem Magneten über das freie Band einer unbespielten Kassette für einen Kassettenrecorder oder Tonbandgerät! Drehe anschließend das Band weiter und bestreiche es abwechselnd mit dem Nord- oder Südpol des Magneten! Spiele das Band mit verschiedenen Lautstärken ab und erkläre die Wiedergabe deiner auf dem Band gespeicherten Informationen (Bild 6)!

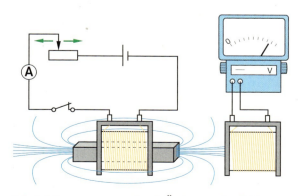

1 Induktionsspannung durch Änderung des Feldes

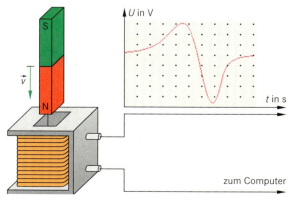

2 Wann entsteht eine Induktionsspannung? (Aufg. 5)

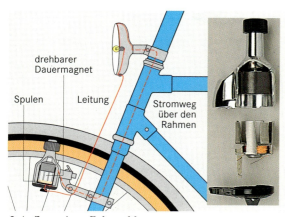

3 *Aufbau eines Fahrraddynamos*

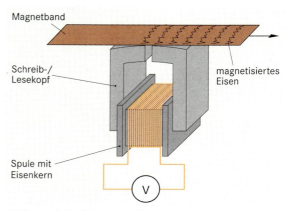

4 *Magnetische Datenspeicherung*

Wie funktioniert ein Fahrraddynamo?

Nachdem du in der Mechanik schon einiges über das Fahrrad erfahren hast, kannst du jetzt mit deinen Kenntnissen über Induktionsspannungen auch die Wirkungsweise des Fahrraddynamos in Bild 3 verstehen. An der Achse des Antriebsrädchens sitzt im Innern des Dynamos ein zylindrischer Dauermagnet, der von einer Spule umgeben ist. Das eine Spulenende ist über eine Leitung mit der Lampe verbunden, das andere hat direkten Kontakt mit dem Metallrahmen des Fahrrads. Folglich ist der Stromkreis über den Rahmen und die zur Lampe führende Leitung geschlossen. Immer, wenn sich zusammen mit dem Antriebsrädchen der Dauermagnet in der Spule dreht, entsteht eine Induktionsspannung. Sie ist Ursache des Stromes in der Spule, der die Lampe zum Leuchten bringt. Je größer die Geschwindigkeit des Rades ist, desto höher ist die erzeugte Spannung und desto heller leuchtet die Lampe.

Dynamisches Mikrofon

Im Feld eines Dauermagneten befindet sich eine Spule, an der eine Membran befestigt ist (Bild 5). Trifft Schall auf die Membran, so bewegt sich diese. Mit ihr bewegt sich auch die Spule im Feld des Dauermagneten. Dadurch wird im Rhythmus der Bewegung in der Spule eine Spannung induziert.

Magnetschrift auf Festplatte und Diskette

Jeder Computer arbeitet mit Hilfe elektrischer Spannungen im Dualsystem, d.h. er „merkt" sich die Spannungswerte „ein" und „aus". Diese einfache Information läßt sich auf Festplatten und Disketten leicht abspeichern. Betrachtest du eine Diskette unter einem Mikroskop, so stellst du fest, daß sie mit kleinen Nadeln aus Eisenoxid oder einem anderen leicht magnetisierbaren Material beschichtet ist.

Die Magnetisierung erfolgt durch eine Spule mit Weicheisenkern, dem sogenannten Magnetkopf. Beim Aufzeichnen bzw. Speichern von Daten wird der Datenträger (Magnetband oder -platte) damit in Lauf- bzw. Gegenrichtung magnetisiert (Bild 4).

Mit Hilfe des Magnetkopfes können die gespeicherten Daten anschließend auch wieder abgerufen werden. Dabei rotiert der Datenträger mit großer Geschwindigkeit in geringem Abstand vom Magnetkopf. Jede Änderung der Magnetisierungsrichtung auf dem Datenträger bewirkt eine Änderung des Magnetfeldes in der Spule des Magnetkopfes. Folglich entsteht dort auch eine Induktionsspannung, die im Dualsystem als Spannung ein bzw. „Eins" gelesen wird. Fehlt die Induktionsspannung, so wird einfach „Null" registriert.

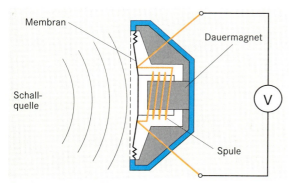

5 *Dynamisches Mikrofon*

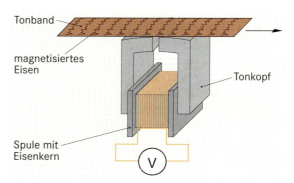

6 *Induktionsspannung beim Cassettenrecorder*

Induktion und Energieerhaltung: Lenzsche Regel

Ist es nicht eine faszinierende Idee, einen Generator mit Hilfe eines Elektromotors so anzutreiben, daß die elektrische Energie zum Betrieb des Motors wiederum vom Generator selbst geliefert wird? Eine solche Anordnung könnte, einmal angestoßen, als **Perpetuum mobile** ständig Energie liefern.

Wir wollen nun der Frage nachgehen, warum eine solche „Wundermaschine" nirgendwo auf der Erde in Betrieb ist.

Versuch 1: Eine überraschende Beobachtung machst du, wenn du mit Hilfe einer elastischen Schraubenfeder einen Stabmagneten so schwingen läßt, daß bei dieser Schwingung ein Magnetpol immer wieder in den Hohlraum der Spule eintaucht (Bild 1). Verbindest du die Enden der Spule über ein Kabel miteinander, so kommt die Schwingung rasch zum Erliegen, während sie bei offenen Spulenanschlüssen wesentlich länger andauert. ■

Wie läßt sich diese Beobachtung erklären? Durch die Relativbewegung des schwingenden Magneten zur Spule wird zwischen den Spulenenden eine Spannung induziert. Diese ändert mit der Bewegungsrichtung jeweils ihre Polung. Sind die Spulenenden miteinander verbunden, so fließt infolge der Induktionsspannung in der Spule ein Strom und die Spule erzeugt selbst ein magnetisches Feld.

Welche Richtung hat dieses Feld? Da die Schwingung gedämpft ist, müssen sich die beiden Felder bei der Bewegung des Magneten zur Spule hin schwächen. Schwingt der Magnet wieder aus der Spule heraus, so verstärken sich die Felder. Der Magnet wird nun von der Spule angezogen und damit die Schwingung noch weiter gedämpft.

Wäre die Polung des vom Induktionsstrom erzeugten Magnetfeldes gerade umgekehrt, so würde der Magnet sowohl beim Eintauchen in die Spule als auch beim Herausschwingen zusätzlich beschleunigt. Es entstünde ein Perpetuum mobile und der Energieerhaltungssatz wäre nicht mehr gültig. Für die Richtung des Induktionsstromes hat H. E. Lenz im Jahre 1834 eine nach ihm benannte Regel formuliert:

> Im Einklang mit dem Energiesatz ist der Induktionsstrom immer so gerichtet, daß er der Ursache seiner Entstehung entgegenwirkt.

Auch im Generator wird der Rotor gebremst, so bald ein Strom fließt. Deshalb muß ständig Energie aufgewandt werden, wenn der Generator Strom erzeugen soll. Motor und Generator bilden kein Perpetuum mobile!

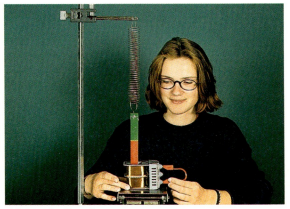

1 Lenzsche Regel

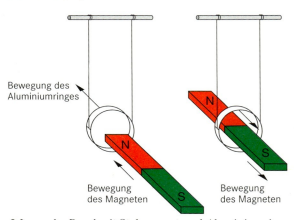

2 Lenzsche Regel mit Stabmagnet und Aluminiumring

Experimentiere selbst!
1 Bewege einen Stabmagneten auf einen freischwebenden Aluminiumring zu (Bild 2a)!
Ziehe den Stabmagneten wieder zurück (Bild 2b) und erkläre deine Beobachtungen!
2 Lasse einen Hufeisenmagneten gemäß Bild 3 in einer Spule schwingen und erkläre deine Beobachtungen a) bei offener, b) bei kurzgeschlossener Spule.

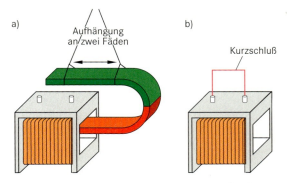

3 Lenzsche Regel bei Hufeisenmagnet und Spule

Faradays unerwartete Entdeckung

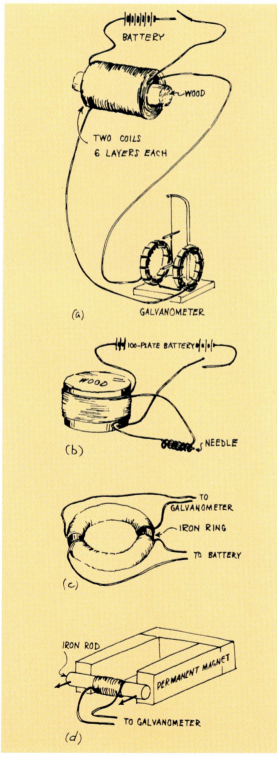

3 *Originalabbildungen aus Faradays „Experimental Researches in Electricity"*

4 H. C. Oersted (links) und M. Faraday (rechts)

HANS CHRISTIAN OERSTED (1777–1851) gelang im Jahre 1820 der Nachweis, daß elektrische Ströme Magnetfelder erzeugen und das ein stromdurchflossener Leiter von einem Magnetfeld umgeben ist. Diese Entdeckung veranlaßte MICHAEL FARADAY (1791–1867) zur Suche nach der Umkehrung: Ist es auch möglich, mit Hilfe von magnetischen Feldern elektrische Ströme zu erzeugen?

1831 gelang FARADAY dann der entscheidende Versuch. Dabei erhielt FARADAY auf seine Frage eine Antwort, die ganz anders ausfiel, als er selbst erwartete. FARADAY rechnete mit einem Induktionsstrom in einem Leiter bzw. einer Spule, wenn in einem zweiten Leiter oder einer Spule direkt daneben ein Strom floß.

FARADAY konnte allerdings nur dann einen Induktionsstrom beobachten, wenn er in einem Leiter bzw. einer Spule den Strom ein- bzw. ausschaltete oder die Stromstärke veränderte.

FARADAYS grundlegende Experimente stimmen im wesentlichen mit den in den vorhergehenden Abschnitten beschriebenen Versuchen überein. Allerdings besitzt man heute zum Nachweis der Induktionsspannungen und der zugehörigen Ströme wesentlich bessere Meßinstrumente. Daß FARADAY mit viel einfacheren Geräten trotz vieler Rückschläge die elektromagnetische Induktion entdeckte, zeigt sein überragendes experimentelles Geschick.

FARADAY, der als Sohn eines Schmiedes vom Buchbinderlehrling bis zum Leiter des berühmten DAVY-Laboratoriums der Royal Institution in London aufstieg, hat mit seinen Entdeckungen und Ideen die weitere Entwicklung der Physik und der Technik wesentlich bestimmt.

Aufgaben

1 Erkläre die historischen Versuchsanordnungen FARADAYS in Bild 3!

2 Überlege dir für jede historische eine moderne Versuchsanordnung und beschreibe die Versuche!

Erzeugung von Wechselspannung

Bewegst du eine Spule über einem Pol eines Hufeisenmagneten langsam hin und her, so pendelt der Zeiger eines an die Spule angeschlossenen Spannungsmeßgerätes regelmäßig um die Nullage. Durch die Hin- und Herbewegungen der Spule im Magnetfeld wird eine **Wechselspannung** erzeugt. Diese ist jedoch sehr klein und technisch kaum nutzbar. In Elektrizitätswerken, die unsere Haushalte und Industriebetriebe mit elektrischer Energie versorgen, werden zur Erzeugung dieser Energie große Spulen mit Hilfe von Wasser- und Dampfturbinen in starken Magnetfeldern gedreht (Bild 1).

Wie in einem Generator Wechselspannung entsteht, kannst du am einfachsten verstehen, wenn du die Drehung einer einzelnen Leiterschleife im Magnetfeld betrachtest. Bild 2 zeigt eine Leiterschleife, deren Enden über zwei mitrotierende Schleifringe, die zur Abnahme der Spannung dienen, mit einem Spannungsmesser verbunden sind.

In Versuch 5 (S. 58) haben wir eine Spannung erzeugt, indem wir die Fläche einer von einem Magnetfeld durchsetzten rechteckigen Leiterschleife durch Hin- und Herbewegen eines Aluminiumstabes änderten. Dabei änderte sich die geometrische Fläche der Leiterschleife. Dagegen bleibt bei der Drehung einer Leiterschleife im Magnetfeld deren durch den Spulenrahmen vorgegebene geometrische Fläche unverändert. Dennoch wird in der Spule eine Spannung induziert! In Bild 3a kannst du erkennen, daß je nach der Größe des Drehwinkels die Spule von unterschiedlich vielen Feldlinien durchflossen wird. Bei der Drehung ändert sich nämlich die „wirksame" Spulenfläche.

In den Spulenstellungen I, III und V ist die induzierte Spannung Null, weil sich die Zahl der Feldlinien, die durch die Spulenfläche laufen, bei kleinen Änderungen des Drehwinkels nicht verändert. In den Stellun-

1 Montage eines Industriegenerators

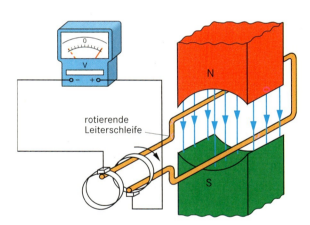

2 Modell eines Wechselspannungsgenerators

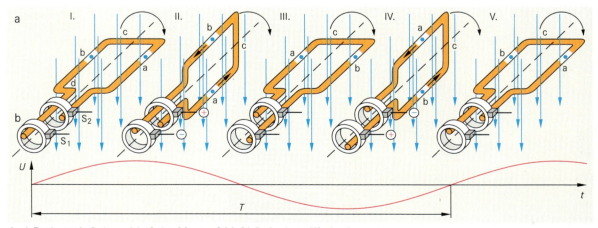

3 a) Rotierende Leiterschleife im Magnetfeld b) Induzierte Wechselspannung

gen II und IV erreicht die induzierte Spannung ihren größten Wert, da sich die wirksame Fläche der Spule am stärksten ändert, wenn sich die Spule in diese Stellung hinein bzw. aus ihr heraus bewegt. In Bild 3a siehst du weiter, daß in den Stellungen II und IV überhaupt keine Feldlinien mehr die Spulenfläche durchsetzen.

Es bleibt noch zu klären, warum sich das Vorzeichen der induzierten Spannung während der Drehung der Leiterschleife ändert. Denke dir dazu die Spulenfläche durch ein rechteckiges Stück Pappe ersetzt, dessen Vorder- und Rückseite wie bei einer Spielkarte unterschiedlich gekennzeichnet sind. In Stellung I zeigt z.B. die „Vorderseite" der Fläche nach oben und die magnetischen Feldlinien durchsetzen sie „von oben nach unten". In Stellung III zeigt die „Rückseite" der Pappe nach oben. Das bedeutet, daß die Feldlinien bezüglich der Spulenfläche ihre Richtung geändert haben. Diese Richtungsumkehr des Magnetfeldes bezüglich der Spulenfläche bewirkt die Vorzeichenumkehr der Induktionsspannung. In Stellung V hat sich die Leiterschleife einmal vollständig um ihre Achse gedreht. Der gesamte Vorgang wiederholt sich; d.h. der Spannungsverlauf ist periodisch (Bild 3b).

> Rotiert eine Leiterschleife gleichmäßig in einem homogenen Magnetfeld, so wird in ihr eine sinusförmige Spannung induziert.

Technische Wechselspannung

Eine sinusförmige Wechselspannung liegt auch an den Polen einer Haushaltssteckdose. Man bezeichnet sie als technische Wechselspannung.

Versuch 1: Mit Hilfe eines Oszilloskops und eines Widerstandes kann der Verlauf der technischen Wechselspannung sichtbar gemacht und ihre Periodendauer T und ihre Maximal- oder auch Scheitelspannung gemessen werden. Vom Bildschirm des Oszilloskops kannst du ablesen: Die Periode der technischen Wechselspannung beträgt $T = 0,02$ s. Innerhalb einer Periode durchläuft die Spannung alle Werte zwischen +325 V und −325 V. ∎

Der Kehrwert der Periodendauer T wird als **Frequenz f** der Wechselspannung bezeichnet:

$$f = \frac{1}{T} \quad \text{mit} \quad [f] = \frac{1}{s} = s^{-1} = \text{Hz (Hertz)}.$$

Die technische Wechselspannung hat also eine Frequenz von 50 Hz.

Schließt du an eine Wechselspannungsquelle ($U < 20$ V) eine Glühlampe an, so fließt ein sinusförmiger Wechselstrom; d. h. die Stromstärke variiert ebenfalls zwischen einem negativen und positiven „Scheitelwert". Eigentlich müßte eine mit Wechselstrom

betriebene Glühlampe ihre Helligkeit dauernd verändern. Die Frequenz 50 Hz ist aber so groß, daß der Glühfaden beim Nulldurchgang immer noch nachglüht.

Wechselstrommeßgeräte für Stromstärke und Spannung sind meist so gebaut, daß sie feste Werte für diese Größen anzeigen, obwohl sich diese ja dauernd ändern. Es soll nun untersucht werden, wie die von den Meßgeräten angezeigten Werte mit der Scheitelstromstärke bzw. der Maximalspannung zusammenhängen.

Versuch 2: Betreibe einen Tauchsieder nacheinander mit Gleichstrom der Stärke 1 A sowie mit Wechselstrom der Scheitelstromstärke 1 A! Dabei wird der Scheitelwert der Stromstärke mit Hilfe eines Oszilloskops über den Spannungsabfall $U = R \cdot I$ an einem bekannten Widerstand bestimmt. ∎

Beim Betrieb mit Wechselspannung erwärmt sich das Wasser langsamer als bei angelegter Gleichspannung (Bild 4). Um in gleichen Zeiträumen die gleiche Erwärmung des Wassers hervorzurufen, muß der Scheitelwert der Stromstärke auf ca. 1,4 A erhöht werden.

Beim Anschluß eines elektrischen Gerätes an eine Steckdose besitzt ein Wechselstrom mit 1,41 A Scheitelwert die gleiche Wirkung wie Gleichstrom der Stärke 1 A. Man sagt, die **effektive Stromstärke** des Wechselstroms mit der Scheitelstromstärke 1,41 A beträgt 1 A.

In Versuch 1 hast du bereits gesehen, daß die technische Wechselspannung mit dem Nennwert 230 V eine Scheitelspannung von 325 V besitzt. Auch hier mußt du den Maximalwert der Spannung durch 1,41 dividieren, um die **effektive Spannung** zu erhalten.

> Die Effektivwerte einer Wechselspannung und des zugehörigen Wechselstromes entsprechen den Werten eines Gleichstromes, der in einem elektrischen Widerstand die gleiche Wärmewirkung in der gleichen Zeit hervorruft.

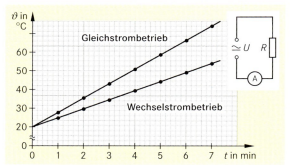

4 Schaltskizze und Versuchsergebnisse zum Versuch 2

Technische Erzeugung von Wechselspannung

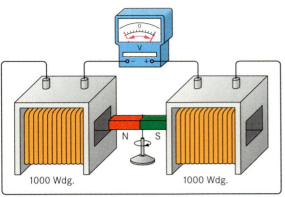

1 Modellversuch zum Innenpolgenerator

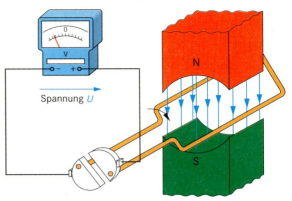

2 Modell eines Gleichspannungsgenerators

Innenpolgeneratoren

Bei dem in Bild 2 auf S. 64 dargestellten Modell eines Wechselspannungsgenerators wird die induzierte Spannung über Schleifkontakte abgenommen. Die Verwendung solcher Kontakte ist bei großen Leistungen ungünstig. Immerhin werden heute in den großen Generatoren der Elektrizitätswerke Wechselspannungen bis zu 20 000 V mit Stromstärken bis zu 100 000 A erzeugt. Bei diesen hohen Stromstärken verschleißen die Schleifkontakte schnell und es treten Funken auf, die zu großen Energieverlusten führen. Man ordnet deshalb in Großgeneratoren die Induktionsspulen fest an und läßt im Innern des Generators Magnete rotieren. Generatoren dieser Bauart heißen **Innenpolgeneratoren**. Bei ihnen wird die induzierte Spannung an den feststehenden Induktionsspulen abgegriffen. Du kannst das Verhalten eines Innenpolgenerators an einem Modell untersuchen.

Versuch 1: In Bild 1 sind zwei Spulen hintereinander geschaltet und an einen Spannungsmesser angeschlossen. Zwischen den Spulen befindet sich ein Stabmagnet, der sich um seine Mittelachse drehen kann. Rotiert der Magnet, so wird in den Spulen eine Wechselspannung induziert, deren Betrag und Frequenz mit zunehmender Drehzahl größer wird. ■

Du kannst dies leicht erklären: Jedesmal wenn ein Pol des Stabmagneten an den Spulen vorbeigeführt wird, ändert sich die Stärke des von den Spulen umschlossenen Magnetfeldes. Folglich wird eine Spannung induziert, deren Vorzeichen sich bei jeder Halbdrehung ändert.

Als Beispiel für eine Innenpolmaschine hast du bereits die Fahrradlichtmaschine (Dynamo) kennengelernt. Durch die Rotation eines mehrpoligen Dauermagneten innerhalb der Induktionsspule, die an der Gehäusewand fest angebracht ist, wird Wechselspannung erzeugt.

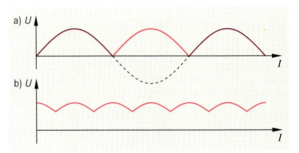

3 Pulsierende Gleichspannung; a) bei einer Leiterschleife; b) bei einem Dreifach-T-Anker

Gleichspannungsgeneratoren

Ein Generator, bei dem der Rotor die Induktionswicklung trägt und zwischen äußeren Magnetpolen gedreht wird, bezeichnet man als **Außenpolmaschine**. Die mit einem Generator erzeugte Wechselspannung kann leicht mit Hilfe eines **Kommutators,** der dir vom Elektromotor bereits bekannt ist, in eine Gleichspannung umgewandelt werden. Dazu werden die beiden Schleifringe im Wechselspannungsgenerator durch zwei Kommutatorhalbringe ersetzt. An den Anschlüssen des Kommutators kann statt der Wechselspannung eine pulsierende Gleichspannung abgenommen werden.

Verwendest du einen Generator mit nur einer Leiterschleife (Bild 4), so wird jeweils nach einer halben Umdrehung die Spannung umgepolt (Bild 2a). Gleichzeitig vertauschen aber auch die rotierenden Halbringe ihre äußeren Anschlüsse. Insgesamt bleibt damit die Polung erhalten. Es entsteht eine pulsierende Gleichspannung, die zwischen Null und einem Höchstwert hin und her pendelt. Verwendest du statt einer Windung einen Anker mit drei Spulen, einen **Dreifach**-T-**Anker**, so erhältst du eine nur noch schwach gewellte Gleichspannung. Nimmst du einen Anker mit noch mehr Spulen, so nehmen die Schwankungen der Spannung noch weiter ab.

Dynamomaschinen revolutionieren die Technik

Zum Betrieb der Feldmagnete von Gleich- und Wechselspannungsgeneratoren benötigt man einen von außen zugeführten Gleichstrom. Solche Maschinen heißen **fremderregte Generatoren**. Doch woher nimmt man den Strom für den Elekromagneten? Dieses Problem wurde durch die Erfindung des **dynamoelektrischen Prinzips** durch WERNER VON SIEMENS (1816–1892) im Jahr 1866 gelöst. Danach kann beim Gleichspannungsgenerator der benötigte Feldstrom für den Elektromagneten vom Generator selbst geliefert werden. Man bezeichnet solche Maschinen als **selbsterregte Generatoren**. Und so ist ihre Wirkungsweise:

Der Eisenkern im Magneten verliert seinen Magnetismus nicht vollständig. Beginnt sich die Induktionsspule in Bild 4 zu drehen, so entsteht zunächst eine geringe Induktionsspannung. Diese kann am Kommutator abgegriffen werden. Dort ist auch die Feldspule angeschlossen. Zunächst verstärkt ein nur schwacher Induktionsstrom das Feld der Magnetspule. Das stärkere Magnetfeld bewirkt wiederum einen größeren Induktionsstrom. Diese gegenseitige Verstärkung hält solange an, bis alle Elementarmagnete im Eisen ausgerichtet sind. Der Strombedarf für die Feldspule ist im Vergleich zur Stromstärke, die ins Elektrizitätsnetz eingespeist wird, sehr gering.

Der beschriebene Generator heißt **Dynamo**. Seine Erfindung hat die technische Nutzung der Induktion entscheidend vorangetrieben. Erst mit ihm konnte im großen Umfang Strom erzeugt werden, was die Entwicklung einer eigenständigen elektrotechnischen Industrie ermöglichte und eine neue industrielle Revolution nach der Erfindung der Dampfmaschine einleitete. Diese wurde nun schnell von elektrischen Maschinen verdrängt, die man in verschiedenen Größen bauen konnte, so daß sie nicht nur in Industriebetrieben, sondern auch in den Werkstätten der Handwerker immer mehr an Bedeutung gewannen.

Drehstromgenerator

Das Leitungsnetz zur Elektrizitätsversorgung ist ein Drehstromnetz. Was ist Drehstrom? Bild 5 zeigt den vereinfachten Aufbau eines **Drehstromgenerators.**

Versuch 2: Drei gleiche Spulen mit jeweils einem Eisenkern werden auf einem Kreis so angeordnet, daß der Winkel zwischen zwei benachbarten Spulenachsen 120° beträgt. Im Innern des Kreises rotiert ein Magnet mit der Umdrehungszeit T. Wir betrachten die in den Spulen des Generators induzierten Spannungen mit einem Oszilloskop mit zwei Kanälen. ■

In allen drei Spulen werden sinusförmige Wechselspannungen induziert, die um $T/3$ gegeneinander verschoben sind. Die Zeit von $T/3$ entspricht dem Winkel von 120° (Bild 6b).

Willst du in Versuch 1 an jeder Spule ein Lämpchen anschließen, so benötigst du für drei voneinander getrennte Stromkreise insgesamt sechs Zuleitungen. Davon können zwei eingespart werden, wenn du einen Leitungsdraht mit allen Spulen verbindest. Dieser Leitungsdraht wird als **Neutralleiter** N bezeichnet. Die übrigen Zuleitungen nennt man die **Außenleiter** L_1; L_2 und L_3. Diese Schaltung wird **Sternschaltung** genannt (Bild 6a). Viele Generatoren der Elektrizitätswerke sind so geschaltet.

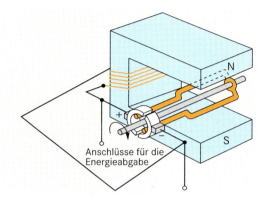

4 *Modell einer Dynamomaschine*

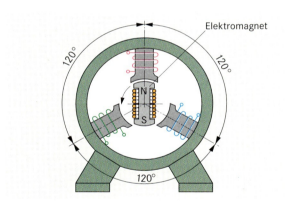

5 *Modell eines Drehstromgenerators*

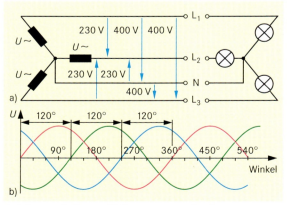

6a) *Sternschaltung, b) Spannungsverlauf*

Transformatoren als Spannungswandler

Für den Betrieb deines Cassettenrecorders benötigst du Batterien, die zusammen eine Spannung von cirka 6 V liefern. Du kannst den Recorder aber auch direkt an die Steckdose, also an Wechselspannung von 230 V anschließen. Dazu wird im „Netzteil" zunächst die Spannung mit Hilfe des Transformators auf 6 V herabgesetzt. Anschließend muß die Wechsel- noch in Gleichspannung umgewandelt werden.

Transformatoren besitzen große technische Bedeutung. Durch ihre Erfindung im Jahre 1895 wurde der Bau ausgedehnter Elektrizitätsnetze zur Energieversorgung weiter Gebiete überhaupt erst möglich. In den Generatoren moderner Kraftwerke werden Wechselspannungen von 6 kV bis 20 kV erzeugt. Bevor die im Generator erzeugte elektrische Energie im Haushalt mit relativ kleinen Spannungen von 230 V bzw. 400 V Arbeit verrichtet, wird sie über Freileitungen mit Spannungen bis zu 380 kV transportiert. Diese hohen Spannungen werden in Umspannstationen gewonnen und dann auch wieder herabgesetzt. Das Kernstück jeder Umspannstation ist der **Transformator**; kurz **Trafo** genannt.

Ein Transformator besteht aus zwei Spulen, die auf einem gemeinsamen, meist geschlossenen Eisenkern sitzen. Dabei gibt es weder zwischen den beiden Spulen, noch zwischen den Spulen und dem gemeinsamen Eisenkern eine elektrisch leitende Verbindung. Die an die Spannungsquelle angeschlossene Spule wird als **Primär-** oder **Feldspule** bezeichnet. Entsprechend heißt die zweite Spule **Sekundär-** oder **Induktionsspule**.

Versuch 1: An die Primärspule (N_1 = 500 Windungen) wird eine Gleichspannung von z. B. 8 V gelegt. Nur beim Ein- und Ausschalten der Gleichspannung schlägt ein an die Sekundärspule(N_2 = 500) angeschlossener Spannungsmesser kurz aus, da sich nur beim Schaltvorgang das Magnetfeld ändert und so in der Sekundärspule eine Spannung induziert wird. ■

Versuch 2: An die Primärspule des Trafos aus Versuch 1 wird eine Wechselspannung von 8 V gelegt. Jetzt entsteht in dieser Spule ein Magnetfeld, das ständig seine Stärke und Richtung ändert. Zwischen den Enden der Sekundärspule entsteht eine Induktionsspannung; sie beträgt ebenfalls 8 V. Wiederholst du den Versuch mit anderen Spannungswerten (z. B. U = 20 V), so stellst du fest, daß die angelegte und die induzierte Spannung stets etwa gleich groß sind. ■

Versuch 3: Mit einem Zweikanaloszilloskop wird gezeigt, daß die in der Sekundärspule induzierte Spannung die gleiche Frequenz wie die angelegte Wechselspannung besitzt. Folglich gilt: ■

1 *Transformator mit Überlandleitungen*

Wird bei einem Transformator an die Primärspule eine Wechselspannung gelegt, so entsteht in der Sekundärspule durch elektromagnetische Induktion eine Wechselspannung der gleichen Frequenz.

Versuch 4: Die Primär- und Sekundärspule unseres Experimentiertrafos erhalten unterschiedliche Windungszahlen. Bei geöffnetem Schalter S werden jeweils die Spannungen U_1 und U_2 gemessen. Versuchsaufbau und Meßergebnisse sind in Bild 2 festgehalten. ■

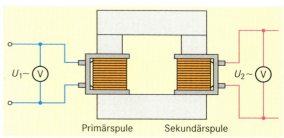

Primärspule		Sekundärspule		Primärspule		Sekundärspule	
N_1	U_1 in V	N_2	U_2 in V	N_1	U_1 in V	N_2	U_2 in V
1000	20	750	14,9	500	4	1000	7,9
1000	20	500	9,8	750	4	1000	5,1
1000	20	250	4,8	250	5	500	9,9
250	4	1000	15,9	250	5	750	15

2 *Aufbau und Meßprotokoll zu Versuch 4*

Ist die Windungszahl N_1 der Primärspule kleiner als die Windungszahl N_2 der Sekundärspule, so wird die Spannung „hochtransformiert". Ist N_1 größer N_2, so ist die Sekundärspannung kleiner als die Primärspannung. Bildest du für jede Messung den Quotienten aus den Windungszahlen und den zugehörigen Spannungen, so findest du:

Transformatoren wandeln Wechselspannungen. Dabei verhalten sich die Spannungen angenähert wie die Windungszahlen:

$$\frac{U_1}{U_2} \approx \frac{N_1}{N_2} = ü \, .$$

Belastete Transformatoren wandeln Wechselströme. Dabei verhalten sich die Stromstärken annähernd umgekehrt wie die Windungszahlen:

$$\frac{I_1}{I_2} \approx \frac{N_2}{N_1} = \frac{1}{ü} \, .$$

$ü$ wird als das **Übersetzungsverhältnis** des Transformators bezeichnet.

1: Berechnung der Sekundärspannung

Ein Klingeltransformator besitzt eine Primärspule von 1200 Windungen, die Sekundärspule hat 47 Windungen. Welche Spannung liegt an der Sekundärspule, wenn die Primärspule an die Netzwechselspannung angeschlossen wird?

Lösung:
Es gilt:

$$\frac{U_1}{U_2} = \frac{N_1}{N_2} \, .$$

Hieraus folgt:

$$U_2 = \frac{N_2 \cdot U_1}{N_1} = \frac{47 \cdot 230 \, \text{V}}{1200} = 9 \, \text{V.} \; \blacksquare$$

Transformatoren als Stromwandler

Der oben angegebene Sachverhalt gilt nur für einen Transformator, bei dem in Sekundärkreis kein oder nur ein geringer Strom fließt. Man spricht dann von einem **unbelasteten** Transformator.

Wird auf der Sekundärseite ein Widerstand eingebaut und der Schalter geschlossen, so fließt in diesem Kreis ein Strom. Der Transformator wird **belastet**.

Versuch 5: Wir untersuchen, wie sich bei konstanter Spannung die Stromstärken in Abhängigkeit von den Windungszahlen bei einem belasteten Transformator verhalten. ∎

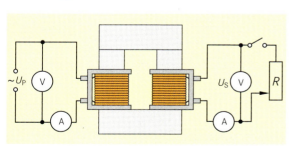

2: Berechnung der Sekundärstromstärke

Die Primärspule eines Transformators besitzt 1000 Windungen und wird an die Netzwechselspannung angeschlossen. Im Primärkreis fließt ein Strom der Stärke I = 2,5 A. Die Sekundärspule besitzt 10 Windungen und wird mit Hilfe eines Nagels zwischen den Anschlüssen kurzgeschlossen. Wie groß ist die Stromstärke durch den Nagel?

Lösung:
Bei verlustfreier Energieübertragung gilt:

$$\frac{I_1}{I_2} \approx \frac{N_2}{N_1} = \text{Hieraus folgt:}$$

$$I_2 = N_1 \cdot \frac{I_1}{N_2} = \frac{1000 \cdot 2,5 \, \text{A}}{10} = 250 \, \text{A.} \; \blacksquare$$

Der Nagel beginnt zu glühen! Ein solcher Transformator kann zum Schweißen (vgl. Versuch 2, S. 71) verwendet werden.

Energieerhaltung beim Transformator

Im Versuch 5 kannst du feststellen, daß erst nach dem Schließen des Schalters im Sekundärkreis auch im Primärkreis ein merklicher Strom fließt. Solange der Trafo unbelastet ist, entnimmt er dem Elektrizitätsnetz keine nennenswerte Energie.

Unter dem **Wirkungsgrad** eines Transformators versteht man das Verhältnis aus der Leistungsabgabe auf der Sekundär- und der Leistungsaufnahme auf der Primärseite. Gute Trafos arbeiten mit einem Wirkungsgrad von über 95%. Folglich kann fast die gesamte auf der Primärseite zugeführte Energie auf der Sekundärseite entnommen werden, es gilt daher:

$$U_1(t) \cdot I_1(t) \cdot t \approx U_2(t) \cdot I_2(t) \cdot t \, .$$

Hieraus folgt: $U_1(t) : U_2(t) \approx I_2(t) : I_1(t)$.

Die Verluste bei Transformatoren entstehen dadurch, daß sich beide Spulen erwärmen. Weitere Verluste entstehen durch das ständige Umordnen der Elementarmagnete im Weicheisenkern, das im Rhythmus des Wechselstroms erfolgt. Ferner kann das vom Primärstrom erzeugte Magnetfeld nicht voll für den Induktionsvorgang wirksam werden, da nicht alle Feldlinien im Eisenkern verlaufen.

Primärspule		Sekundärspule	
N_1	I_1 in mA	N_2	I_2 in mA
1000	100	1000	97
1000	56	500	100
1000	27	250	100
750	100	1000	72
500	100	1000	56

3 Aufbau und Meßprotokoll zu Versuch 5

Anwendungen des Transformators

Wirbelströme im Eisenkern

Die Eisenkerne von Transformatoren sind in der Regel geblättert, d. h. sie bestehen aus vielen dünnen Eisenblechen, die durch isolierende Lackschichten voneinander getrennt sind. Welche Vorteile besitzen diese Kerne gegenüber einem Kern aus massivem Eisen?

Versuch 1 (LV): Eine Glühlampe (75 W) wird über einen Transformator an die Netzspannung angeschlossen (Bild 1). Dabei wird der Trafo zunächst mit einem Volleisenkern und dann noch einmal mit einem Kern aus Eisenblechen aufgebaut. Vergleiche die Temperatur der beiden Trafokerne, wenn der Trafo jeweils eine Minute lang eingeschaltet wird und beobachte die Helligkeit der Lampe! ■

Der Volleisenkern erwärmt sich wesentlich stärker und die Lampe leuchtet hier deutlich schwächer. In beiden Transformatoren wird der Eisenkern des Transformators von dem sich ändernden Magnetfeld der Primärspule durchsetzt. Es entstehen ähnlich wie in den Windungen einer kurzgeschlossenen Spule Induktionsströme. Diese werden als **Wirbelströme** bezeichnet. Sie erzeugen ein eigenes Magnetfeld, das dem Feld der Primärspule entgegengerichtet ist und dieses schwächen. Folglich wird in der Induktionsspule nicht mehr die Spannung induziert, die man aufgrund der Primärspannung und der Windungszahlen erwarten würde. Während sich die Wirbelströme im Volleisenkern fast ungehindert ausbreiten, werden sie im geblätterten Eisenkern durch die Lackisolierung stark gedämpft.

Wirbelstrombremse

Bei der Wirbelstrombremse rotiert eine mit der Achse des Fahrzeugs verbundene Metallscheibe zwischen den Polen eines Elektromagneten. Bei eingeschaltetem Magnetfeld kann die Scheibe sehr schnell abgebremst werden. Da die Rotation der Scheibe von der Geschwindigkeit des Fahrzeugs abhängt und die Stärke des Magnetfeldes über die Stromstärke steuerbar ist, ermöglicht die Wirbelstrombremse ein der Geschwindigkeit angepaßtes Bremsen. Dabei arbeitet diese Bremse nahezu verschleißfrei.

Induktionsherd

Beim Induktionsherd befindet sich unter der kalten Kochfläche des Herdes eine Spule, die vom Wechselstrom durchflossen wird. Stellst du einen Metalltopf auf die Kochfläche, so entstehen durch Induktion im Metallboden des Topfes Wirbelströme. Durch diese Ströme wird der Topf mit den Speisen erwärmt. Nimmt man den Topf vom Herd, findet keine Induktion mehr statt. Die Feldspule gibt dann praktisch keine Energie mehr ab, auch wenn du das Ausschalten des Herdes vergessen solltest.

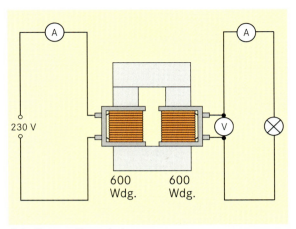

1 Aufbau zu Versuch 1

Aufgaben

1 Kann ein Transformator auch mit Gleichspannung betrieben werden? Begründe deine Antwort!

2 Ein Transformator hat das Übersetzungsverhältnis $ü = 30$.

a) Welche Sekundärspannung kann entnommen werden, wenn auf der Primärseite eine Wechselspannung von 15 V anliegt?

b) Welche Primärspannung muß angelegt werden, wenn die Sekundärspannung 8 V betragen soll?

3 a) Ein Hochspannungstransformator, der an die Netzspannung angeschlossen wird, soll sekundärseitig eine Spannung von 6,9 kV abgeben. Wieviel Windungen muß die Sekundärspule haben, wenn die Primärspule 1200 Windungen besitzt?

b) Welche Sekundärstromstärke kann höchstens entnommen werden, wenn die Primärspule mit einer 1A Sicherung abgesichert ist?

4 Bei einem Schweißtransformator mit einem Übersetzungsverhältnis $ü = 900$ wird in der Primärspule eine Stromstärke von 300 mA gemessen. Bestimme den Sekundärstrom!

5 In welchem Zusammenhang stehen bei einem Transformator die Primär- und Sekundärleistung? Erkläre mögliche Verluste!

6 Ein Transformator mit der Aufschrift 50 W/230 V besitzt auf der Primärseite 1200 Windungen.

a) Wie viele Windungen muß die Sekundärspule besitzen, wenn dort eine Spannung von 9 V entnommen werden soll?

b) Gib das Übersetzungsverhältnis dieses Trafos an!

c) Bestimme auf zwei Wegen die Stromstärke im Sekundärkreis!

7 Bei einem Transformator wird bei einer Primärspannung von 230 V eine Stromstärke von 1,3 A gemessen. Die Sekundärspannung und die zugehörige Stromstärke betragen 70 V bzw. 4 A. Bestimme den Wirkungsgrad und das Übersetzungsverhältnis dieses Transformators!

Hochspannungstransformatoren

Hochspannungstransformatoren findest du außer in Kraftwerken z. B. auch in der Zündanlage eines Autos mit Otto-Motor oder auch in Fernsehgeräten. So besitzt z. B. ein Hochspannungstransformator eines modernen Fernsehgerätes eine Feldspule mit 400 Windungen und sekundärseitig eine Spule mit 24 000 Windungen. Die Netzwechselspannung wird also mit diesem Trafo von 230 V auf 13 800 V hochtransformiert.

Die beiden nächsten Versuche zeigen dir, daß Experimente mit Transformatoren sehr gefährlich sein können. Aus kleinen Primärspannungen und Strömen können schnell auf der Sekundärseite lebensbedrohende Ströme und Spannungen entstehen.

Versuch 1 (LV): Ein Transformator besitzt auf der Primärseite eine Spule mit 250 Windungen; als Sekundärspule wird eine Hochspannungsspule mit 12 000 Windungen benutzt. Legt man an die Primärspule die Netzspannung U_1 = 230 V, so beträgt die Spannung auf der Sekundärseite $U_2 = 48 \cdot U_1$ = 11 040 V. Bei dieser hohen Spannung wird die Luft zwischen den auf der Sekundärseite angeschlossenen Elektroden leitend und du beobachtest einen aufsteigenden Lichtbogen (Bild 2). ■

Elektroschweißen

Versuch 2 (LV): Ein Transformator wird aus Spulen mit N_1 = 600 und N_2 = 50 Windungen aufgebaut. Zwischen die Enden der Sekundärspule wird wie in Bild 3 ein Nagel geklemmt. Wird die Primärspule an die Netzspannung angeschlossen, beginnt der Nagel zu glühen und schmilzt schließlich durch. Drückt man die durchtrennten Nagelenden wie in Bild 3 wieder aneinander, so läßt sich der Nagel wieder zusammenschweißen. ■

Hochstromtransformatoren bilden die Grundlage für das Elektroschweißen. Insbesondere Punktschweißgeräte (Bild 4) werden mit diesen Trafos betrieben.

Zum Schweißen verbindet man ein Ende der Sekundärspule mit dem zu schweißenden Metall. Das andere Spulenende wird mit einem dünnen Stahlstab, der Schweißelektrode, verbunden. Zu Beginn des Schweißvorgangs wird die Schweißstelle kurz mit der Elektrode berührt und damit der Sekundärkreis geschlossen. Da die Stromstärke hier über 100 A beträgt, glüht das Metall an der Berührstelle auf und verdampft. Hebt man jetzt die Schweißelektrode etwas ab, so entsteht ein Lichtbogen. Da das Metall der Schweißelektrode ebenfalls flüssig wird, tropft es auf die Schweißstelle. Entfernt man die Schweißelektrode, wird der Stromkreis unterbrochen. Die Schweißstelle kühlt ab und die zu schweißenden Metallteile sind fest miteinander verbunden.

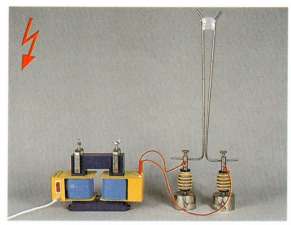

2 Hochspannungstransformator mit Lichtbogen

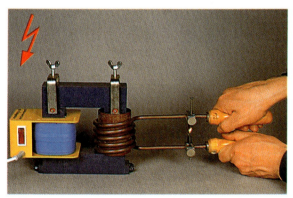

3 Hochstromtransformator zum Elektroschweißen

4 Punktschweißgerät

Induktionsschmelzöfen

Besteht die Sekundärspule nur aus einem Ring, so entsteht durch die dort induzierte Spannung ein sehr hoher „Kurzschlußstrom". Die damit verbundene Erwärmung kann zum Schmelzen von Metallen wie z. B. Kupfer, Aluminium oder Zinn führen. Induktionsschmelzöfen werden auch bei der Stahlerzeugung eingesetzt.

Übertragung elektrischer Energie

Mit Hochspannung über große Distanzen

Warum verwendet man bei Überlandleitungen so hohe Spannungen von 110 kV bis 380 kV, wenn die meisten Geräte im Haushalt, Büro oder Industrie nur Spannungen von 230 V bzw. 400 V benötigen?

Ist U die Übertragungsspannung und I die Stromstärke in der Fernleitung, so beträgt die übertragene Leistung $P = U \cdot I$. Da natürlich jede Fernleitung einen elektrischen Widerstand R besitzt, tritt in der Leitung durch Erwärmung ein nicht vermeidbarer Leitungsverlust $P_v = R \cdot I^2$ auf. Gelingt es neben dem Widerstand auch die Stromstärke in der Fernleitung möglichst klein zu machen, so bleibt der Leitungsverlust begrenzt. Eine kleine Stromstärke erfordert aber bei einer festgelegten Übertragungsleistung eine hohe Übertragungsspannung.

Mit den folgenden Versuchen wird das Prinzip zur Übertragung elektrischer Energie verdeutlicht. Dabei nehmen wir an, daß eine Lampe (6 V; 0,2 A) über eine Entfernung von 2 km mit einer Wechselspannungsquelle betrieben werden soll. Für die Hin- und Rückleitung wird ein Kupferdraht mit einer Querschnittsfläche $A = 1{,}5\ \text{mm}^2$ verwendet. Dann beträgt der gesamte Leitungswiderstand für Hin- und Rückleitung

$$R_1 = \varrho\,\frac{l}{A} = \frac{0{,}017\ \Omega\ \text{mm}^2 \cdot 2 \cdot 2000\ \text{m}}{1{,}5\ \text{mm}^2\ \text{m}} = 45\ \Omega.$$

Da der Widerstand R_2 der Lampe nach der Definition $R = \dfrac{U}{I} = 30\ \Omega$ ist, beträgt der Gesamtwiderstand der Schaltung: $\qquad R = R_1 + R_2 = 75\ \Omega.$

Versuch 1: An die in Bild 1a dargestellte Ersatzschaltung für eine Fernleitung wird eine Wechselspannung von 6 V angelegt. Die Lampe leuchtet nicht. Die Stromstärke ist zu gering, denn bei einer Spannung von 6 V fließt durch die Lampe der Strom

$$I = \frac{U}{R} = \frac{6\ \text{V}}{75\ \Omega} = 80\ \text{mA.}\ \blacksquare$$

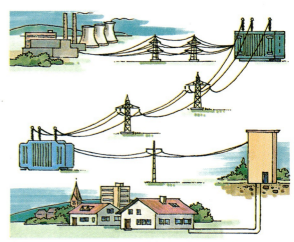

2 Spannungsebenen vom Elektrizitätswerk bis zur Haushaltssteckdose

Versuch 2: Mit Hilfe eines Trafos 1 (Bild 1b) wird die Spannung von 6 V am Netzgerät auf 150 V hochtransformiert. Die Enden der simulierten Fernleitung liegen an der Primärspule eines zweiten Trafos T_2, der die Spannung wieder auf 6 V herabtransformiert. Schließt man nun die Lampe an die Sekundärspule von T_2 an, so leuchtet sie hell auf. $\blacksquare$

Das zeigt: Nur durch hohe Übertragungsspannungen lassen sich die Energieverluste in einer Fernleitung auf ein wirtschaftlich vertretbares Maß reduzieren.

Die Kraftwerke der Elektrizitätsversorgungsunternehmen sind untereinander und mit dem europäischen Ausland verbunden. Diese Netze arbeiten mit Hochspannungen von 380 kV bzw. 230 kV. Über die mittlere Verteilungsebene (110 kV bzw. 20 kV) wird die elektrische Energie in große Industriebetriebe, Straßenzüge und Hochhäuser gebracht. Die weitere Verteilung wird dann über das sogenannte Niederspannungsnetz, bei Spannungen von 230 V bzw. 400 V vorgenommen (Bild 2).

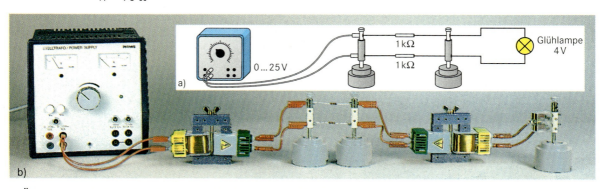

1 Übertragung elektrischer Energie a) ohne Trafo, b) mit Trafo

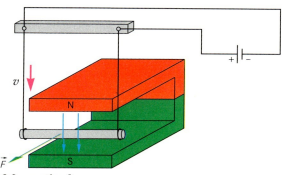

3 Lorenztkraft

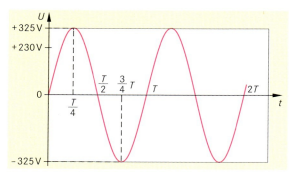

4 Wechselspannung

Lorentzkraft

Auf bewegte Ladungen wirkt im Magnetfeld die Lorentzkraft. Sie ist die Ursache für die Ablenkung stromführender Leiter im Magnetfeld. Die Lorentzkraft ist umso größer, je höher die Stromstärke und je größer die Stärke des Magnetfeldes ist.   ↑ S. 52

Elektromotor

Viele Elektromotoren arbeiten nach dem gleichen Prinzip: Durch die Lorentzkraft wird eine stromführende Spule mit Eisenkern (Anker) im Feld eines Dauer- oder Elektromagneten gedreht. Dabei bewirkt der Kommutator, daß eine ständige Drehbewegung stattfindet.   ↑ S. 56

Elektromagnetische Induktion

Eine Induktionsspannung kann auf zwei verschiedene Arten erzeugt werden:
1. Durch die Relativbewegung einer Leiterschleife quer zu den magnetischen Feldlinien. Ändert sich dabei die Fläche der vom Magnetfeld durchsetzten Spule oder Leiterschleife, so wird eine Spannung induziert. Dies nutzt man beim Generator.   ↑ S. 58

2. Durch eine zeitliche Änderung der Stärke des magnetischen Feldes in einer Leiterschleife (oder Induktionsspule). Darauf beruht die Wirkungsweise des Transformators.   ↑ S. 59

Die Induktionsspannung ist umso größer
- je höher die Windungszahl der Induktionsspule bei gleicher Spulenlänge ist,
- je stärker sich das Magnetfeld in der gleichen Zeit ändert,
- je kürzer die Zeit ist, in der die Änderung des Magnetfeldes erfolgt.   ↑ S. 60

Der Induktionsstrom ist immer so gerichtet, daß er der Ursache seiner Entstehung entgegenwirkt **(Lenzsche Regel)**.   ↑ S. 62

Generator

Im Generator wird mechanische in elektrische Energie umgewandelt. Durch die Relativbewegung der Spulen zum Magnetfeld wird eine elektrische Span-

nung induziert. Elektromotor und Generator sind in ihrer Wirkungsweise umkehrbar.   ↑ S. 58 u. S. 66

Beim **Dynamo** wird der benötigte Strom für den Elektromagneten vom Generator selbst geliefert.   ↑ S. 67

Wechselspannung

Rotiert eine Leiterschleife gleichmäßig in einem homogenen Magnetfeld, so wird in ihr eine sinusförmige Wechselspannung erzeugt.   ↑ S. 64

Transformator

Transformatoren bestehen aus zwei Spulen, die auf einem geschlossenen Eisenkern angeordnet sind. Wird an die Primärspule eine Wechselspannung gelegt, so entsteht in der Sekundärspule durch elektromagnetische Induktion ebenfalls eine Wechselspannung der gleichen Frequenz. Mit Transformatoren können Spannungen und Ströme transformiert werden.   ↑ S. 68

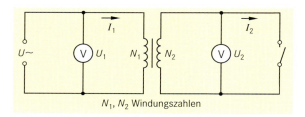

N_1, N_2 Windungszahlen

Bei einem **unbelasteten** Transformator verhalten sich die Spannungen an der Primär- und Sekundärspule wie die Windungszahlen dieser Spulen:

$$\frac{U_1}{U_2} \approx \frac{n_1}{n_2} = \ddot{u}.$$

$\ddot{u}$ heißt das Übertragungsverhältnis.
Beim **belasteten Transformator** gilt:

$$\frac{I_1}{I_2} \approx \frac{n_2}{n_1} = \frac{1}{\ddot{u}}.$$

Transformatoren spielen bei der Energieübertragung über Hochspannungsleitungen eine wichtige Rolle.   ↑ S. 72

Leitfähigkeit bei Halbleitern

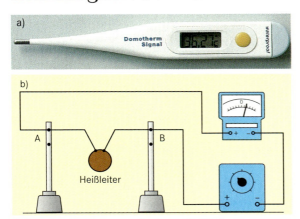

1 Temperaturmessung mit einem Heißleiter

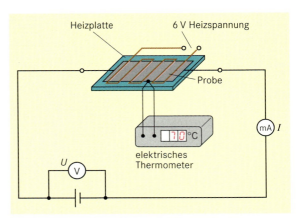

2 Schaltung zur Aufnahme einer I-ϑ-Kennlinie

Was sind Halbleiter?

Metalle wie Kupfer, Silber oder Aluminium leiten den elektrischen Strom sehr gut. Man nennt diese Stoffe daher Leiter. Andererseits gibt es Stoffe wie Glas, Kunststoff oder Keramik, die den Strom nicht leiten. Solche Stoffe heißen Isolatoren. Es gibt aber auch noch eine weitere Gruppe von Stoffen, die weder zu den Leitern noch zu den Isolatoren gehören; man nennt sie **Halbleiter**. Ihre wichtigsten Vertreter sind Silizium (Si) und Germanium (Ge).

Halbleiterbauelemente findet man in allen modernen elektronischen Schaltungen und Anlagen. Dort werden sie verwendet als schnelle Schalter in Computern, als Verstärkerelemente und als Sensoren. Bild 1 zeigt einen solchen Sensor zur Temperaturmessung.

Versuch 1: Schalte einen **Heißleiter** als Temperatursensor zwischen die Anschlußpunkte A und B in der Schaltung nach Bild 1! Fasse den Heißleiter an! Dabei steigt die Stromstärke an, obwohl die Spannung nicht verändert wurde. ■

Beim Erwärmen muß sich der Widerstand des Heißleiters verringert haben. Man nennt ein solches

Bauelement daher auch einen **NTC-Widerstand** (**N**egative **T**emperature-**C**oefficient).

Versuch 2: Mit einem quaderförmigen Stück Germanium, das sich auf einer beheizbaren Trägerplatte befindet, kannst du die temperaturabhängige Leitfähigkeit einer Germanium-Probe genauer untersuchen. Schalte dazu die Heizung ein und notiere die Stromstärke bei Temperaturerhöhungen von jeweils 10 °C! Mit den Meßwerten erhältst du eine I-ϑ-Kennlinie wie in Bild 3. Sie zeigt dir:

Bis zu einer Temperatur von etwa 60 °C ist Germanium ein schlechter Leiter. Für Temperaturen oberhalb 60 °C nimmt die Leitfähigkeit stark zu. ■

Der Ladungstransport beim Halbleiter

Während Germanium oberhalb 60 °C immer besser leitet, wenn die Temperatur ansteigt, ist es bei einem metallischen Leiter umgekehrt. Er leitet bei tiefen Temperaturen besser. Dies haben wir früher so erklärt: Schon bei tiefen Temperaturen sind Leitungselektronen im Metall vorhanden. Bei Erwärmung kommen keine neuen Leitungselektronen hinzu. Vielmehr wird deren Bewegung zum Pluspol durch die schwingenden Atomrümpfe stärker behindert, so daß der Widerstand zunimmt.

Wo kommen im Halbleiter die Ladungsträger her? Wir betrachten das Halbleitermaterial Silizium. Zunächst benötigen wir eine Vorstellung darüber, wie die Atome im Silizium angeordnet und verbunden sind. Ein Si-Atom hat insgesamt 14 Elektronen. Zur chemischen Bindung im Si tragen jedoch nur 4 Elektronen pro Atom bei. Man nennt sie deshalb **Bindungselektronen**. Die Si-Atome ordnen sich im Kristallgitter so an, daß sich um jedes Atom 4 andere Si-Atome gruppieren (Bild 4). Dabei bildet jeweils ein Bindungselektron mit einem anderen Bindungselek-

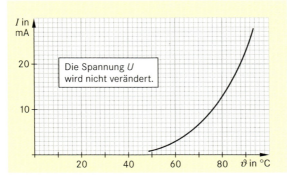

3 I-ϑ-Kennlinie von Germanium

tron des Nachbaratoms ein Elektronenpaar. Diese Elektronenpaare bewirken eine feste Bindung zwischen den Si-Atomen. In der vereinfachten Darstellung im Bild 4 sind nur die Bindungselektronen der Si-Atome dargestellt. Eigentlich müßten wir die regelmäßige Anordnung der Si-Atome räumlich zeichnen. Da es uns aber nur auf die Nachbarschaftsverhältnisse der Atome ankommt, genügt es, wenn wir eine vereinfachte ebene Darstellung wählen.

Wir können uns den Aufbau des Si-Kristalls auch in einem mechanischen Modellversuch veranschaulichen (Bild 5). Als Si-Atome werden runde Noppen auf den Boden eines Plastikkästchens geklebt. Die Bindungselektronen simulieren wir mit kleinen Stahlkugeln, die in flachen Bohrlöchern liegen. Zunächst ruhen alle Kugeln in ihren Bohrlöchern. Dies entspricht der Situation im Silizium bei tiefer Temperatur: Alle Elektronen sind an ihre Atome gebunden und können nicht zum Ladungstransport beitragen. Si ist dann ein Isolator.

Was passiert nun, wenn Si erwärmt wird? Das Gitter nimmt Energie auf, und die einzelnen Gitterbausteine beginnen um ihre Ruhelage zu schwingen. In unserem Modell können wir dies simulieren, indem wir das Kästchen mit den Modellelektronen hin und her rütteln. Dabei springen Kugeln aus ihren Bohrlöchern. Gleichzeitig kommt es vor, daß frei gewordene Modellelektronen wieder in die Löcher zurückfallen.

Auch im realen Si-Kristall können bei Energiezufuhr Elektronen aus ihren Bindungen springen. Sie stehen dann als Leitungselektronen für den Ladungstransport zur Verfügung. Das freigewordene Elektron hinterläßt eine Elektronenlücke, die man als **Loch** bezeichnet. Verläßt also ein Bindungselektron seinen Platz im Kristallgitter, so entstehen ein freies Elektron und ein Loch. Man nennt diesen Vorgang auch **Paarbildung**. Umgekehrt können frei gewordene Elektronen wieder in Löcher zurückfallen. Diesen Vorgang bezeichnet man als **Rekombination**. Mit diesen Vorstel-

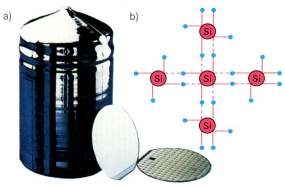

4 a) Siliziumstab und b) Elektronenpaarbindung

lungen läßt sich nun das elektrische Verhalten eines reinen Halbleiters bei Temperaturerhöhung erklären:

> Bei tiefen Temperaturen hat ein reiner Halbleiter keine Leitungselektronen. Er ist dann ein Isolator. Eine geringe Leitfähigkeit ist auf Verunreinigungen zurückzuführen. Ab einer bestimmten Temperatur werden immer mehr Elektronen freigesetzt. Die Leitfähigkeit des Halbleiters wird dann mit steigender Temperatur größer.

Aufgaben

1 Erstelle anhand der I-ϑ-Kennlinie in Bild 3 eine R-ϑ-Kennlinie von Germanium!
2 Stelle die Vorgänge im Modell den realen Vorgängen im Kristall gegenüber:

Modell	reales Silizium
Alle Bohrlöcher sind mit Kugeln belegt.	
Durch Vibrieren des Modells können Kugeln aus den Bohrlöchern ausrasten.	
Bei stärkerer Vibration springen mehr Kugeln aus den Bohrlöchern.	

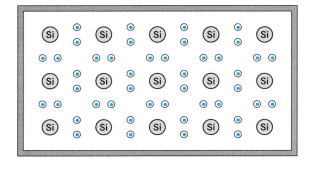

5 Modell des Si-Gitters bei tiefen Temperaturen

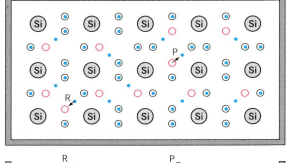

6 Paarbildung und Rekombination im Modell

Löcherleitung, Störstellenleitung, Fotoleitung

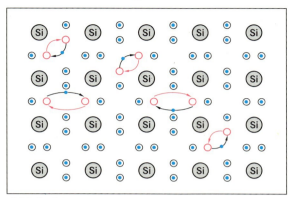

1 Löcherleitung

Auch Löcher transportieren Ladung

Der Ladungstransport in Metallen erfolgt durch freie Elektronen. In Halbleitern kommt aber noch ein anderer Transportmechanismus hinzu. Wir betrachten dazu eine Stelle im Si-Kristall, an der ein Bindungselektron seinen Platz im Gitter verläßt. Zunächst ist der Kristall in der Umgebung dieser Stelle elektrisch neutral. Verläßt das Elektron die Bindung, so entsteht eine Elektronenlücke (Loch) und die überschüssige positive Ladung des zugehörigen Atomkerns macht sich bemerkbar. Ein Loch verhält sich also wie eine positive Ladung vom Betrag der Elektronenladung.

Ein solches Loch kann nun aber, bevor es zu einer Rekombination mit einem freien Elektron kommt, durch ein Elektron eines benachbarten Si-Atoms besetzt werden. Das Loch verschiebt sich dadurch zum Nachbaratom. Auf diese Weise können Löcher im Kristall wandern (Bild 1). Legt man nun eine Spannung an den Halbleiterkristall, so erfolgt die Wanderung der Löcher gerichtet. Da die Elektronen

zum positiven Pol der Spannungsquelle gezogen werden, rücken die Löcher in die entgegengesetzte Richtung zum Minuspol. Du kannst die Bewegung der Löcher mit der Verschiebung eines freien Sitzplatzes in einem gut gefüllten Saal vergleichen: Ein freier Platz in der Mitte wandert zum Rand, wenn die Personen Platz für Platz nachrücken.

Zusätzlich zum Ladungstransport durch die freien Elektronen, die sich zum Pluspol der Spannungsquelle bewegen, erfolgt also in Halbleitern noch ein Ladungstransport durch sich verschiebende Elektronenlücken, was der Wanderung positiver Ladungen zum Minuspol entspricht. Man nennt diese Art des Ladungstransports **Löcherleitung.** (Unser einfaches mechanisches Modell kann die Löcherleitung nicht wiedergeben.)

> In Halbleitern erfolgt der Ladungstransport sowohl durch freie Elektronen als auch durch Löcher.

Störstellen erhöhen die Leitfähigkeit

Die Leitfähigkeit von Silizium ist bei Zimmertemperatur gering. Sie beruht auf Verunreinigungen. Ganz reines Silizium würde bei dieser Temperatur so gut wie nicht leiten, weil erst sehr wenige Bindungselektronen ihre Plätze im Gitter verlassen können. Man kann nun die Leitfähigkeit von Halbleitern dadurch erhöhen, daß man sie gezielt verunreinigt, indem man eine geringe Menge eines fremden Stoffes in das Kristallgitter einbaut. Man ersetzt dabei Si-Atome durch Fremdatome. Da hier der regelmäßige Gitteraufbau gestört ist, spricht man von **Störstellen.** Ein derart verunreinigter Si-Kristall besitzt schon bei tiefen Temperaturen eine recht gute Leitfähigkeit.

2 Modell zum Einbau von Arsenatomen in Silizium

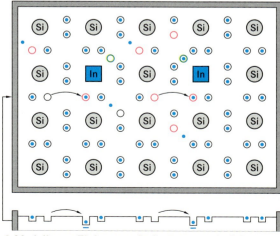

3 Modell zum Einbau von Indiumatomen in Silizium

Baut man Fremdatome mit 5 Bindungselektronen ein (z. B. Arsen), so wird die Anzahl der freien Elektronen im Halbleiter erhöht. Man kann sich dies so erklären: Die in das Siliziumgitter eingebauten As-Atome (Bild 2) besitzen 5 Bindungselektronen. Nimmt nun ein As-Atom den Gitterplatz eines Si-Atoms ein, so werden für die Bindung nur 4 der 5 Bindungselektronen benötigt. Das fünfte Elektron findet keinen Partner, mit dem es sich an der Bindung beteiligen könnte. Dieses fünfte Elektron ist deswegen nur schwach im Siliziumgitter gebunden. Es kann sich daher schon bei niedrigen Temperaturen vom As-Atom ablösen. Dadurch stehen bereits bei Zimmertemperatur Leitungselektronen für den Ladungstransport zur Verfügung. Bei der Ablösung des fünften Bindungselektrons wird das ursprünglich neutrale As-Atom zu einem ortsfesten positiven Ion.

Die geringere Bindung des fünften Bindungselektrons simulieren wir im Kastenmodell durch ein Bohrloch mit geringerer Tiefe (Bild 2).

> Werden in Silizium (Germanium) Fremdatome mit fünf Bindungselektronen eingebaut, so stehen bei Zimmertemperatur mehr Leitungselektronen zur Verfügung als bei den reinen Kristallgittern.

Wir betrachten nun den Einbau eines Fremdatoms mit drei Bindungselektronen, z. B. Indium (In). Die Bindungselektronen der In-Atome bilden jeweils mit einem Bindungselektron von drei benachbarten Si-Atomen ein Elektronenpaar. Das Bindungselektron des vierten Si-Atoms findet keinen Elektronenpartner. An der Störstelle fehlt also ein Elektron. Springt ein Elektron von einem benachbarten Si-Atom an diesen Platz, so wird es dort festgehalten. An den Störstellen bilden sich also ortsfeste negative Ionen, während im Kristall zusätzliche Löcher entstehen, die zum Ladungstransport beitragen. Im Kastenmodell simulieren wir dieses Festhalten durch tiefere Bohrlöcher (Bild 3).

> Werden in Silizium (Germanium) Fremdatome mit drei Bindungselektronen eingebaut, so wird die Anzahl der Löcher erhöht, und die Leitfähigkeit steigt an.

Den Einbau von Fremdatomen in einen reinen Halbleiter nennt man **dotieren**. Die dabei angewendeten Verfahren sind sehr kompliziert. Erst deren Beherrschung ermöglichte den Fortschritt in der Halbleiterelektronik. Ein Halbleiter, der mehr freie Elektronen als Löcher hat, heißt **n-Leiter**. Überwiegen die Löcher, so heißt er **p-Leiter**.

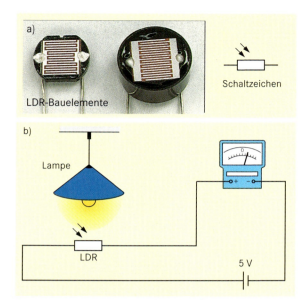

4 Lichtmessung mit einem LDR-Bauelement

Fotoleitung

Bei Lichtschranken (elektronische Zeitmessung, Rolltreppen) werden Stromkreise durch Licht ein- und ausgeschaltet. Die Sensoren, die auf Licht reagieren, sind Halbleiter, z. B. *Fotowiderstände*. Ihr Widerstand hängt davon ab, wie stark er mit Licht bestrahlt wird. Fotowiderstände werden daher auch mit der Bezeichnung LDR abgekürzt (**L**ight **D**ependend **R**esistor).

Versuch 1: Ein Fotowiderstand (LDR) liegt nach Bild 4 in einem Stromkreis. Die Spannung von 5 V bleibt konstant. Führe den LDR an eine Lampe und beobachte das Strommeßgerät! Je näher du an die Lampe herankommst, desto stärker wird der Strom. ■

Da die Spannung nicht verändert wurde, muß sich der Widerstand des LDR verringert haben, als mehr Licht auf ihn fiel. Mit Hilfe der Modellvorstellungen über die Bereitstellung von Ladungsträgern in Halbleitern kannst du den Versuch so deuten:

> Bindungselektronen in einem Halbleiter können durch Lichteinwirkung so viel Energie aufnehmen, daß sie zu freien Ladungsträgern werden.

Aufgaben

1 Stelle charakteristische Unterschiede zwischen metallischen Leitern und Halbleitern zusammen!
2 Begründe, daß ein dotierter Halbleiter nach außen elektrisch neutral ist!
3 Beschreibe die Löcherleitung!
4 Vergleiche die Löcherleitung mit der Ionenleitung in Elektrolyten!
5 Beschreibe die Fotoleitung!

Halbleiterdioden

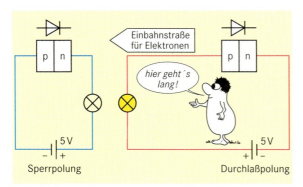

1 Aufbau und Schaltung einer Halbleiterdiode

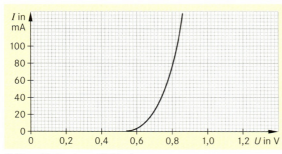

2 Kennlinie einer Si-Diode

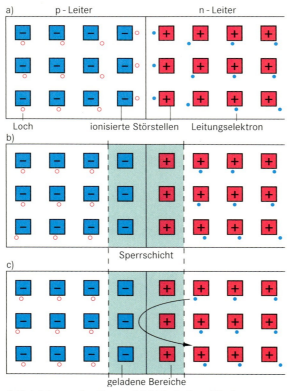

3 Entstehung der Sperrschicht bei einer Diode

Elektronen in der Einbahnstraße

Mit dem Dotieren von Halbleitern erhöht man zwar deren Leitfähigkeit, die eigentliche Bedeutung liegt aber in der Zusammenfügung von n- und p-leitendem Material. Man bezeichnet eine solche Kombination als **Halbleiterdiode**.

Versuch 1: Schalte eine Halbleiterdiode nach Bild 1 in einen Stromkreis! Wenn du den n-Leiter mit dem Minuspol und den p-Leiter mit dem Pluspol verbindest, leuchtet das Lämpchen auf. Es fließt also Strom. Bei umgekehrter Polung kannst du keinen Strom feststellen. Die Diode leitet nur in einer Richtung. ■

Versuch 2: Schalte eine Halbleiterdiode in Durchlaßrichtung und ersetze die Lampe in Bild 1 durch ein Strommeßgerät! Miß die Stromstärke in Abhängigkeit von der angelegten Spannung! Du erhältst die Kennlinie einer Diode (Bild 2). ■

Wie ist diese Kennlinie zu erklären?
Wir betrachten zunächst die Vorgänge, die sich in der Grenzzone des p- und n-Halbleiters abspielen, wenn noch keine äußere Spannung angelegt ist. Jeder der beiden Halbleiterblöcke ist elektrisch neutral. Elektronen im n-Leiter und Löcher im p-Leiter führen eine ungeordnete Temperaturbewegung aus. Unmittelbar nach der Berührung wandern aufgrund der thermischen Bewegung Elektronen in den p-Leiter und „fallen" dort in Löcher, d. h. sie rekombinieren.

Auf den ersten Blick könnte man meinen, daß es wegen dieser Rekombinationen nach kurzer Zeit in den Halbleiterblöcken keine freien Elektronen und Löcher mehr gibt. Dies wäre richtig, wenn nicht die ortsfesten positiven und negativen Ladungen der Störstellen vorhanden wären. Wegen der Rekombination von Elektronen und Löchern in der Grenzzone werden diese dort nicht mehr neutralisiert. Im n-Material bildet sich eine positive und im p-Material eine negativ geladene Zone aus (Bild 3b). Diese **Raumladungen** bewirken, daß Rekombinationen nur in einer dünnen Grenzschicht stattfinden können. Ein Elektron, das in den p-Leiter wandert, wird von dem dort entstandenen negativen Bereich abgestoßen (Bild 3c). Es kann somit nicht weiter in das p-Material eindringen. Ebenso verhindert der positiv geladene Bereich im n-Gebiet ein weiteres Eindringen von Löchern in den n-Leiter.

Durch die Rekombinationen in der Grenzzone fehlen dort freie Ladungsträger. Es ist so, als ob die Grenzschicht ein Isolator geworden ist. Man nennt die ladungsträgerarme Grenzschicht bei einer pn-Kombination daher auch **Sperrschicht**. Ihre Breite beträgt nur etwa 0,001 mm. Mit ihr können wir nun die Ventilwirkung einer Halbleiterdiode erklären.

Liegt am n-Leiter der Pluspol und am p-Leiter der Minuspol einer Spannungsquelle, so wird die Sperrschicht noch breiter, weil ein Teil der beweglichen Ladungsträger zu den Polen gezogen wird (Bild 4a). Bei dieser Polung sperrt die Diode. Liegt jedoch am p-Leiter der Pluspol und am n-Leiter der Minuspol, so werden die Elektronen in die Sperrschicht hineingetrieben. Dadurch wird diese wieder leitend, und durch die Diode kann wieder Strom fließen. Um die Sperrschicht abzubauen, muß eine bestimmte Mindestspannung in Durchlaßrichtung angelegt werden. Man bezeichnet sie als *Schleusenspannung*. In Si-Dioden beträgt sie etwa 0,6 V (Bild 2), bei Ge-Dioden etwa 0,2 V.

> **Eine Halbleiterdiode leitet den Strom nur in einer Richtung. In Durchlaßrichtung liegt der Pluspol am p-Leiter und der Minuspol am n-Leiter. Bei umgekehrter Polung sperrt die Diode.**

Die Kontaktfläche zwischen einem n- und einem p-Leiter nennt man **pn-Übergang**. Wir sehen jetzt, welche Bedeutung dem Einbau von Fremdatomen in das Halbleitermaterial zukommt. Ohne die ortsfesten Störstellen würde sich keine Sperrschicht ausbilden. Die Eigenschaft des pn-Übergangs, den Strom nur in einer Richtung zu leiten, ist für die gesamte Halbleiter-Elektronik von grundlegender Bedeutung.

Halbleiterdioden als Gleichrichter
Viele elektrische Geräte wie z. B. Radios oder Cassettenrecorder werden beim Betrieb am Stromnetz an eine Wechselspannung angeschlossen, obwohl sie eigentlich eine Gleichspannung benötigen. Die Netzwechselspannung wird dabei in einem eingebauten Netzteil auf eine niedrige Spannung transformiert und dann gleichgerichtet. Die Funktionsweise eines **Gleichrichters** kannst du im folgenden Versuch kennenlernen.

Versuch 3: Schalte eine Halbleiterdiode in Reihe mit einem Widerstand R und lege eine Wechselspannung von 5 V an! Miß die angelegte Eingangsspannung U und die Spannung am Widerstand gleichzeitig an einem Oszilloskop mit zwei Kanälen (Bild 5a)! Du erhältst ein Oszilloskopbild wie im Bild 5b. Es zeigt dir, daß der Widerstand R nur noch von einem pulsierenden Gleichstrom durchflossen wird. D. h. von einem Gleichstrom, der jeweils eine 1/100 s fließt und in der folgenden 1/100 s aussetzt. Die Erklärung liegt in der Eigenschaft des pn-Übergangs, der den Strom nur in einer Richtung durchlassen kann. ■

> **Mit Halbleiterdioden können Wechselspannungen gleichgerichtet werden.**

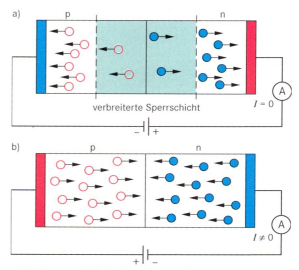

4 *Die Sperrschicht bei angelegten Spannungen*

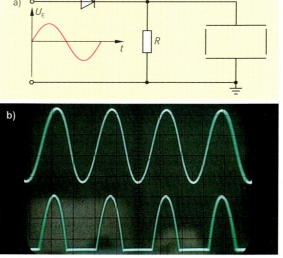

5 *Gleichrichtung einer Wechselspannung*

Aufgaben
1 Wie wird eine Halbleiterdiode in Durchlaß-, wie in Sperrichtung geschaltet?
2 In einer „Black-Box" mit zwei Anschlüssen befindet sich ein unbekannter Widerstand R und zwei gleiche Dioden (Bild 6). Kannst du auf experimentellem Wege die Größe des Widerstandes R bestimmen?

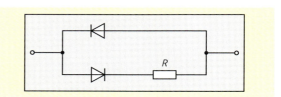

6 *Zur Aufgabe 2*

Solarzellen und Leuchtdioden

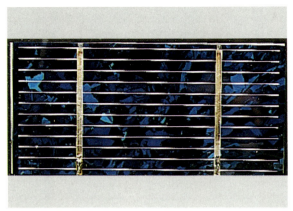

1 Solarzelle

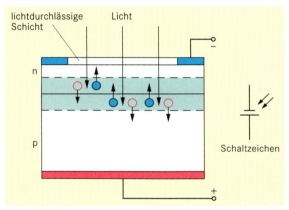

2 Ladungstrennung in Solarzellen

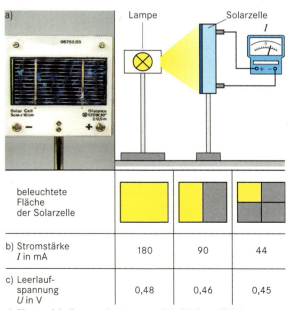

beleuchtete Fläche der Solarzelle			
b) Stromstärke I in mA	180	90	44
c) Leerlauf-spannung U in V	0,48	0,46	0,45

3 Kurzschlußstrom bei unterschiedlichen Flächen

Wie funktioniert eine Solarzelle?

Neben den normalen Halbleiterdioden, die hauptsächlich in Gleichrichtern verwendet werden, gibt es spezielle Dioden, bei denen einfallendes Licht auf den pn-Übergang einwirken kann. Solche Dioden nennt man **Fotodioden**. Ihre wohl wichtigste Anwendung ist die **Solarzelle**. Mit Solarzellen wird Licht in elektrische Energie umgewandelt. Solarzellen haben bereits vielfältige Anwendungen gefunden. Du findest Solarzellen z. B auf Hausdächern, bei Parkscheinautomaten oder bei Taschenrechnern.

Die Funktionsweise einer Solarzelle kann man mit Hilfe des Bildes 2 verstehen. Auf p-leitendes Silizium wird eine dünne Schicht von n-leitendem Si aufgedampft (Bild 2a). Im Grenzgebiet dieser beiden Materialien entsteht eine Sperrzone, in der sich positive und negative Raumladungen befinden (vgl. Bild 3, S. 78). Die aufgedampfte n-Schicht ist so dünn, daß auffallendes Licht bis in die Sperrzone eindringen kann. Hier werden mit Hilfe der Lichtenergie Elektronen aus ihren Bindungen gelöst. Die nun freien Elektronen und Löcher werden zu den Raumladungen der Sperrzone gezogen: Die Elektronen wandern in den n-Leiter, die Löcher in den p-Leiter. Infolgedessen wird die n-Schicht negativ, die p-Schicht positiv aufgeladen. Somit entsteht eine Spannung zwischen den Enden der Solarzelle. Wir fassen zusammen:

> In Solarzellen setzt Licht in der Grenzschicht eines pn-Übergangs Bindungselektronen frei. Die n-Zone wird negativ, die p-Zone positiv aufgeladen. Die Energie für die Ladungstrennung liefert das Licht.

Wie Spannung und Stromstärke bei einer Solarzelle von der Größe der beleuchteten Fläche abhängen, kannst du durch ein Experiment herausfinden.

Versuch 1: Schließe an eine Solarzelle ein Strommeßgerät an (Bild 3a) und miß den sogenannten Kurzschlußstrom bei unterschiedlich großen beleuchteten Flächen! Decke dazu die Solarzelle schrittweise mit schwarzer Pappe ab! ■

Das Ergebnis ist in Bild 3b dargestellt:
Bei größerer Solarzellenfläche ist auch die Stärke des Kurzschlußstroms größer. Wird der Solarzelle kein Strom entnommen, so liegt die sogenannte Leerlaufspannung an. Sie hängt nur geringfügig von der Größe der beleuchteten Fläche ab (vgl. Bild 3c). Du kannst die Leerlaufspannung bestimmen, indem du in der Versuchsanordnung nach Bild 3a das Stromstärkemeßgerät durch ein Spannungsmeßgerät austauschst.

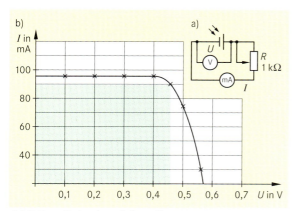

4 *I-U-Kennlinie einer Solarzelle*

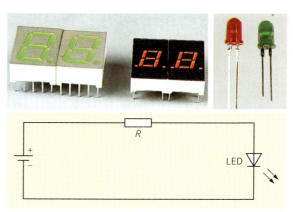

6 *Anzeigeeinheit und Stromkreis mit Leuchtdiode*

Ähnlich wie Batterien haben auch Solarzellen einen Innenwiderstand. Dadurch verändert sich die Klemmenspannung, wenn an die Solarzelle ein Gerät mit einem bestimmten Widerstand angeschlossen wird, so daß Strom fließen kann. Wie die Klemmenspannung von der Stromstärke abhängt, kannst du mit einem Versuch herausfinden.

Versuch 2: Baue eine Anordnung nach Bild 4a auf! Verändere den verstellbaren Widerstand *R* und miß die jeweiligen Werte für Spannung und Stromstärke bei unterschiedlichen Widerständen! Du erhältst eine *I-U*-Kennlinie nach Bild 4b. ∎

Was sagt diese Kennlinie aus? Zunächst zeigt sie dir: Bei größerer Stromstärke ist die Klemmenspannung geringer. Mit Hilfe der *I-U*-Kennlinie kannst du aber auch feststellen, bei welcher Stromstärke die größte Leistung aus der Solarzelle entnommen werden kann. Die elektrische Leistung ist das Produkt aus Spannung und Stromstärke: $P = U \cdot I$. Die elektrische Leistung läßt sich als Fläche im *I-U*-Diagramm darstellen. Um die größte Leistung zu ermitteln, muß man unter der *I-U*-Kennlinie das Rechteck mit dem größtmöglichen Flächeninhalt suchen. Dieses ist in un-serem Beispiel das in Bild 4b eingezeichnete Rechteck.

Für größere technische Anwendungen werden viele Solarzellen in Reihe geschaltet (Bild 5). Eine solche Anordnung wird **Solarzellenmodul** genannt. Je mehr Solarzellen in Reihe geschaltet werden, desto größer wird die Leerlaufspannung.

Wie funktioniert eine Leuchtdiode?
Leuchtdioden sind lichtaussendende Dioden. Sie werden auch als **LED** (**L**ight **E**mitting **D**iode) bezeichnet. Bei Leuchtdioden läuft der umgekehrte Vorgang wie bei Solarzellen ab:

- Eine Spannung in Durchlaßrichtung treibt Elektronen und Löcher in die Sperrzone. Dort rekombinieren sie.
- Bei der Rekombination von Löchern mit Elektronen gehen Elektronen von einem höheren in einen niedrigeren Energiezustand über.
- Die freiwerdende Energie wird als Licht abgestrahlt.

Aufgaben
1 Erkläre die Wirkungsweise einer Solarzelle! Wovon hängen Leerlaufspannung und Kurzschlußstrom ab?
2 Wie funktioniert eine Leuchtdiode? In welcher Weise lassen sich Leuchtdioden als Polprüfer einsetzen?
3 Bei feststehenden Solarzellen (z. B. auf Hausdächern) ändert sich während des Tages der Einfallswinkel des Sonnenlichtes. Davon hängt auch die Kurzschlußstromstärke einer Solarzelle ab:

Einfallswinkel α in Grad	0	20	40	60	80
Kurzschlußstromstärke *I* in mA	200	190	150	100	40

Tritt das Licht senkrecht auf die Solarzelle auf, so beträgt der Einfallswinkel 0°.

Übertrage die Meßtabelle in ein *I-α*-Diagramm und erkläre das Ergebnis mit Hilfe des Versuchs 1!
4 Welche Gemeinsamkeiten und welche Unterschiede bestehen zwischen Solarzellen und Leuchtdioden?

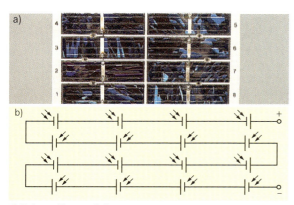

5 *Solarzellenmodul*

Transistoren

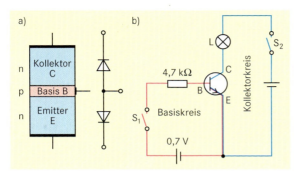

1 Aufbau und Beschaltung eines Transistors

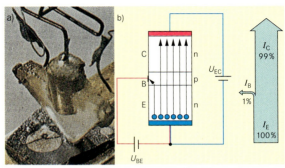

2 Erster Transistor (a), Transistoreffekt (b)

Was sind Transistoren?

Transistoren sind wichtige elektronische Bauelemente, die zu vielerlei Aufgaben eingesetzt werden. Im Prinzip handelt es sich um elektrisch steuerbare Halbleiterwiderstände.

Ein sogenannter bipolarer Transistor besteht aus drei Schichten von dotierten Halbleitern, die als *Emitter* (emittere, lat. = aussenden), *Basis* und *Kollektor* (colligere, lat. = sammeln) bezeichnet werden. Nach der Schichtenfolge (Bild 1a) sind bei einem bipolaren Transistor zwei „Dioden" zusammengeschaltet. Durch die Basis-Emitter-Strecke und die Basis-Kollektor-Strecke erhält man jeweils nur dann einen Strom, wenn die Basis an den Pluspol der Spannungsquelle angeschlossen wird.

Bild 1b zeigt die Grundschaltung eines *npn-Transistors* (Schichtenfolge npn). Es müssen zwei Stromkreise unterschieden werden. Ein Stromkreis führt über den pn-Übergang vom Emitter zur Basis. Der zweite über den Emitter-Kollektor-Anschluß. In ihm liegen zwei pn-Übergänge.

Versuch 1: Untersuche in der Schaltung nach Bild 1b, unter welchen Bedingungen in den beiden Stromkreisen ein Strom fließt! ■
Ergebnisse:
a) S1 geschlossen, S1 geöffnet Lampe L leuchtet nicht.
b) S1 geöffnet, S2 geschlossen: L leuchtet nicht.
c) S1 und S2 sind geschlossen: L leuchtet.

Die Versuchsergebnisse a) und b) überraschen uns nicht. Bei a) ist die Diodenstrecke BE in Durchlaßrichtung geschaltet und bei b) verhindert der in Sperrichtung geschaltete Übergang BC einen Stromfluß.

Dagegen ist die Beobachtung c) sehr überraschend. Denn die in Sperrichtung geschaltete Diodenstrecke leitet. Man bezeichnet diesen Sachverhalt als **Transistoreffekt**: Die Emitter-Kollektor-Strecke leitet nur, wenn die Basis an den positiven Pol einer Spannungsquelle angeschlossen wird.

Erklärung:
- Vom Emitter gelangen Elektronen in die sehr dünne Basis.
- Die Basis wird mit Elektronen überschwemmt.
- Elektronen dringen in die Sperrzone zwischen Basis und Kollektor ein. Dadurch wird diese leitend.
- Die Elektronen geraten in den „Sog" des positiven Kollektors und führen zum Kollektorstrom I_C.
- Ist die Basis-Kollektor-Strecke erst einmal leitend, so nehmen fast alle Elektronen den Weg zum Kollektor.

Durch den Abbau der Sperrzone zwischen Basis und Kollektor wird der Widerstand der Basis-Kollektor-Strecke verändert. Dies bezeichnete man zunächst als „transfer resistor" (engl. = Übergangswiderstand). Daraus entstand das Kunstwort **Transistor**.

> Ein Transistor besteht aus drei dotierten Halbleiterschichten, die wie zwei Dioden gegeneinander geschaltet sind. Die Diodenstrecke Basis-Emitter wird in Durchlaßrichtung geschaltet. Der in Sperrrichtung geschaltete pn-Übergang von der Basis zum Kollektor wird durch Überflutung von Elektronen aus dem Emitter leitend.

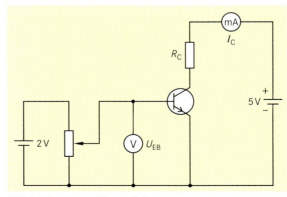

3 Schaltung zum Versuch 2

Der Transistor – ein Schalter

Ähnlich wie bei einem mechanischen Hebelschalter, bei dem eine nichtleitende Strecke überbrückt wird, kann mit dem Transistor ein Stromkreis geschlossen oder geöffnet werden. Solange nämlich die Sperrschicht im BC-Übergang vorhanden ist, wird der Kollektorstromkreis unterbrochen. Ist die Sperrschicht abgebaut, ist er geschlossen. Der Transistor wirkt als Schalter, der über die Basis-Emitter-Spannung U_{BE} bedient wird. Die genaueren Bedingungen für die Beschaltung der Basis erfährst du im folgenden Versuch.

Versuch 2: Baue eine Schaltung nach Bild 3 auf und miß die Kollektorstromstärke I_C in Abhängigkeit von der Basis-Emitter-Spannung U_{BE}! ■

Ein Meßbeispiel ist im Bild 4 dargestellt. Die I_C-U_{BE}-Kennlinie kann man in drei Bereiche einteilen:

Bereich 1: Ist U_{BE} kleiner als 0,6 V, so fließt kein Kollektorstrom I_C. Der Transistor leitet nicht, er ist gesperrt (**AUS**geschaltet).

Bereich 2: Beim Überschreiten der Schwellenspannung von U_{BE} = 0,6 V beginnt der Transistor zu leiten. Bis zu einer Spannung von 0,8 V steigt I_C an. Da die Spannung U_{EC} unverändert bleibt, können wir sagen, daß der Widerstand des Transistors geringer wird. Im Bereich 2 verhält sich der Transistor wie ein veränderlicher Widerstand.

Bereich 3: Wird U_{BE} über 0,8 V erhöht, so steigt I_C nicht mehr an. Der Widerstand des Transistors ist nun sehr klein geworden. Es ist so, als wäre der Transistor durch ein Kabel ersetzt worden. Man sagt, der Transistor ist durchgeschaltet (**EIN**geschaltet).

Es gibt viele Typen von Transistoren, die sich durch ihre Kennlinien unterscheiden. Die Schwellenspannung von 0,6 V haben alle Si-Transistoren.

> Der Widerstand eines Transistors kann durch die Basis-Emitter-Spannung U_{BE} zwischen sehr großen und sehr kleinen Werten gesteuert werden. Der Transistor verhält sich dabei wie ein Schalter. Der Sperrzustand entspricht einem geöffneten, der Durchlaßzustand einem geschlossenen Schalter.

Die Schaltereigenschaften von Transistoren werden vielfältig angewendet. Eine Rolltreppe schaltet sich z. B. ein, wenn du eine Lichtschranke passierst. Oder die Straßenbeleuchtung schaltet sich automatisch ein, wenn es dämmrig wird. Wie ein solcher Dämmerungsschalter funktioniert, zeigt dir der folgende Versuch.

Versuch 3: Baue eine Schaltung nach Bild 5 auf! Stelle den veränderlichen Widerstand so ein, daß die Lampe L beim Licht der Taschenlampe gerade nicht mehr leuchtet! Schalte nun die Taschenlampe aus! Die Lampe L leuchtet. ■

Erklärung: Fällt kein Licht auf den LDR, so liegt zwischen Basis und Emitter eine Teilspannung von etwa 0,8 V. Der Transistor befindet sich im Bereich 3 der Kennlinie und ist durchgeschaltet. Fällt Licht auf den LDR, so verringert sich sein Widerstand, und die Teilspannung zwischen Basis und Emitter sinkt auf 0,4 V. Der Transistor springt in den Bereich 1 und ist ausgeschaltet. Die Lampe L verlöscht.

Aufgaben

1 Beschreibe den Aufbau eines npn-Transistors und erläutere den Transistoreffekt!
2 Vergleiche einen Transistor mit einem Relais!
3 Wie ändert sich die Funktionsweise der Schaltung im Bild 5, wenn der LDR mit dem veränderlichen Widerstand vertauscht wird?

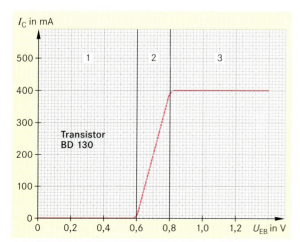

4 I_C-U_{BE}-Kennlinie eines Si-Transistors

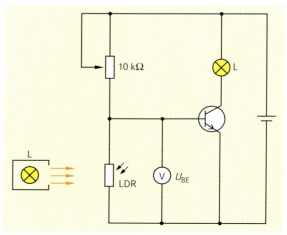

5 Eine Lampe wird durch Licht geschaltet

Transistoren verstärken

1 Verstärkung von Musik über ein Mikrofon

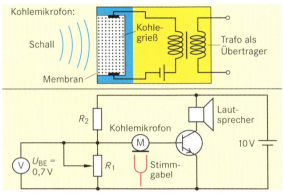

2 Schaltung eines Mikrofonverstärkers

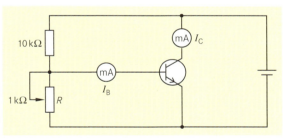

3 Schaltung zum Versuch 2

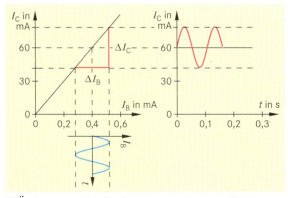

4 Änderungen des Basisstroms werden verstärkt

Wie werden kleine Ströme verstärkt?

Um die Stimme einer Sängerin oder den Klang der Instrumente laut hörbar zu machen, verwenden Musikgruppen leistungsfähige Verstärker und gewaltige Lautsprecher. Wie funktioniert so eine Verstärkeranlage? Die grundlegende Arbeitsweise von elektronischen Verstärkern lernst du durch die folgenden Versuche kennen.

Versuch 1: Schließe zunächst ein Kohlemikrofon direkt an einen Lautsprecher an und versuche, einen schwachen Stimmgabelton im Lautsprecher hörbar zu machen! Es gelingt nicht. ■

Baue nun einen Schaltkreis aus Batterie, Mikrofon, Lautsprecher und Transistor nach Bild 2 auf! Bringe eine angeschlagene Stimmgabel in die Nähe des Mikrofons! Du hörst den Ton der Stimmgabel nun laut und deutlich aus dem Lautsprecher.

Erklärung: Treffen Schallwellen auf das Mikrofon, so wird der Kohlegrieß im Rhythmus der ankommenden Schallwellen zusammengedrückt. Beim Zusammendrücken der Kohleteilchen verringert sich der Widerstand der Kohlefüllung. Die Stromstärke im Basis-Emitter-Kreis des Transistors ändert sich. Diese Änderungen des Basisstromes werden durch den Transistor auf den Kollektorstrom übertragen. Dabei rufen geringe Stromstärkeänderungen des Basisstroms starke Schwankungen des Kollektorstroms hervor.

Wie der Kollektorstrom I_C vom Basisstrom I_B abhängt, kannst du im folgenden Experiment untersuchen.

Versuch 2: Baue die Schaltung nach Bild 3 auf! Mit Hilfe des veränderlichen Widerstandes R kann I_B verändert werden. Du erhältst z. B. die folgenden Meßwerte: ■

I_B in mA	0	0,1	0,2	0,3	0,4	0,5	0,6
I_C in mA	0	15	30	45	60	75	90

Die I_C-I_B-Kennlinie ist eine Halbgerade durch den Ursprung (Bild 4). Steigt I_B von z. B. 0,2 mA auf 0,3 mA, so steigt I_C von 30 mA auf 45 mA. Die Zunahme von I_C beträgt 15 mA. Das bedeutet:
Eine kleine Änderung ΔI_B bewirkt eine 150mal so starke Änderung ΔI_C. Man sagt, der **Stromverstärkungsfaktor** β beträgt 150. Dieser Faktor liegt bei den meisten Transistortypen zwischen 100 und 200. Es gilt:

$$\text{Stromverstärkungsfaktor} \quad \beta = \frac{\Delta I_C}{\Delta I_B}.$$

Mit Transistoren können Ströme verstärkt werden.

Natürlich wird der 150mal stärkere Kollektorstrom nicht vom Transistor „erzeugt". Es wird nur der Widerstand der Emitter-Kollektorstrecke durch den Basisstrom vermindert, so daß I_C bei konstanter Spannung U_{EC} größer werden kann.

Wir können nun auch die Wirkung der Verstärkerschaltung beim Versuch 1 erklären:
Wenn keine Schallwellen auf das Mikrofon treffen, so ist in unserem Versuch $I_B = 0{,}4\,\text{mA}$ (Bild 4). Der Kollektorstrom stellt sich dabei auf den konstanten Wert 60 mA ein. Bei konstantem Kollektorstrom ist der Lautsprecher still. Gelangen nun Schallwellen an das Mikrofon, so ändert sich der Basisstrom im Rhythmus der ankommenden Schallwellen. Diese kleinen Stromstärkeänderungen werden durch den Transistor in große Schwankungen des Kollektorstroms I_C umgesetzt. Die Lautsprechermembran schwingt im Rhythmus der Schallwellen und macht den Ton hörbar.

Wie werden kleine Spannungen verstärkt?
Außer Strömen müssen häufig auch Spannungen verstärkt werden. Wie man dies mit einem Transistor erreichen kann, zeigt der folgende Versuch.

Versuch 3: Befestige einen Stabmagneten an einer Schraubenfeder und lasse ihn in einer Spule hin- und herschwingen (Bild 5a)! Dabei entsteht an den Spulenenden eine Induktionsspannung. Miß die Spannung mit einem Spannungsmeßgerät! Die Spannung schwankt im Rhythmus der Schwingung zwischen −0,1 V und +0,1 V. Schalte nun die Spule nach Bild 5b mit einem Transistor zusammen und lasse wieder den Stabmagneten in der Spule hin- und herschwingen! ■

Wenn der Magnet ruht, zeigt das Spannungsmeßgerät für U einen konstanten Wert von 4 V an. Schwingt der Magnet in der Spule, so pendelt der Zeiger des Spannungsmeßgerätes für U_{EC} zwischen 2 V und 6 V hin und her. Die Induktionsspannung U_i = 0,1 V an der Spule bewirkt eine Veränderung der Spannung U_{BE}. Es ist $U_i = \Delta U_{BE} = 0{,}1\,\text{V}$. Die Änderung der Spannung U_{EC} beträgt $\Delta U_{EC} = 2\,\text{V}$.

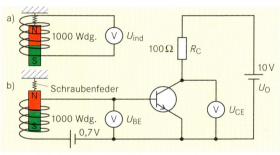

5 *Verstärkung einer Induktionsspannung*

Man definiert die **Spannungsverstärkung** V durch den Quotienten von ΔU_{EC} und ΔU_{BE}:

$$V = \frac{\Delta U_{EC}}{\Delta U_{BE}}.$$

Im Versuch 3 beträgt die Spannungsverstärkung 20.

Erklärung der Spannungsverstärkung:
Die Spannung U ist so eingestellt, daß sich die I_C-U_{BE}-Kennlinie des Transistors im Bereich 2 (Bild 4, S. 307) befindet. Ändert sich nun die Spannung U_{BE} durch die Überlagerung der Induktionsspannung, so ändert sich auch der Widerstand der Emitter-Kollektorstrecke. Der Transistor stellt mit R_C einen Spannungsteiler dar. Die Schwankungen von U_{CE} kommen dadurch zustande, daß sich die Betriebsspannung U_O = 10 V an diesem Spannungsteiler je nach Größe des Transistorwiderstandes entsprechend anders aufteilt.

Aufgaben
1 Erläutere das Prinzip der Strom- bzw. der Spannungsverstärkung mit einem Transistor!
2 Bestimme die Leistungsverstärkung des Transistors im Versuch 1! (Das ist das Verhältnis der Leistung im Basiskreis zur Leistung im Kollektorkreis).
3 Baue eine Darlington-Schaltung nach Bild 6 auf und überbrücke die Strecke AB (Sensortaste) mit dem Finger! Erkläre die Wirkungsweise der Schaltung!
4 Bild 7 zeigt eine Schaltung zur Nachrichtenübertragung mit Licht. Erkläre die Schaltung!

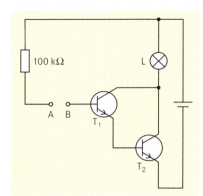

6 *Darlington-Verstärker*

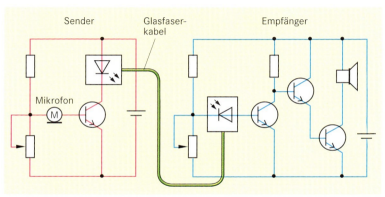

7 *Nachrichtenübertragung mit Licht*

Logische Schaltungen mit Transistoren

1 Mikrocomputer

Digitaltechnik – was ist das?

Die Entwicklung von Computern war deshalb möglich, weil alle logischen Entscheidungen auf drei Grundentscheidungen zurückgeführt werden können. Dies sind die **UND-, ODER-** und **NICHT**-Entscheidungen. In der modernen Elektronik wurden Schaltungen entwickelt, die diese Grundentscheidungen mit großen Schaltgeschwindigkeiten nachvollziehen können. In der Computertechnik wird mit sogenannten digitalen Signalen gearbeitet. Bei digitalen Schaltungen unterscheidet man nur zwischen den Zuständen „Spannung vorhanden" (H) und „keine Spannung" vorhanden (L). Die Abkürzungen leiten sich von „high" und „low" ab. In der Analogtechnik ändern sich Spannungen und Ströme stetig. Die gesamte Digitaltechnik kann auf einigen wenigen Grundschaltungen aufgebaut werden. Dazu gehören die NICHT-, ODER- und UND-Schaltungen.

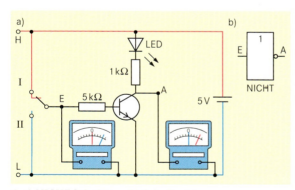

2 a) NICHT-Schaltung, b) Schaltzeichen

C = A ∧ B		
A	B	C
0	0	0
0	1	0
1	0	0
1	1	1

C = A ∨ B		
A	B	C
0	0	0
0	1	1
1	0	1
1	1	1

3 Wahrheitstafeln für UND- und ODER-Funktion

Der Transistor kann NEIN sagen

Zur elektronischen Darstellung einer Negation (Verneinung) kann man einen Transistor verwenden, der als Schalter betrieben wird (Bild 2). Den Anschluß E an der Basis bezeichnen wir als Eingang, den Kollektoranschluß als Ausgang A der Schaltung. Wenn der Transistor sperrt, liegt zwischen A und L fast die volle Batteriespannung von 5 V. Man sagt, A hat den Zustand H. Ist der Transistor durchgeschaltet (Leuchtdiode leuchtet), so liegt zwischen A und L nur eine kleine Spannung von etwa 0,1 V. A hat dann den Zustand L.

Versuch 1: Baue eine Schaltung nach Bild 2a auf!
Lege an E ein H-Signal, indem du den Schalter in Stellung *I* bringst! Am Ausgang A liegt dann keine Spannung, d. h. L-Signal.
Bringe nun den Schalter in Stellung II, so daß an E ein L-Signal liegt! Am Ausgang liegt dann fast die volle Batteriespannung, also ein H-Signal. ∎

Der Ausgang des Transistors verhält sich genau umgekehrt wie der Eingang. Man nennt die Schaltung nach Bild 2 daher eine **Inverterschaltung** (invertere, lat. = umkehren) oder **NICHT-Schaltung**. Ähnlich wie für elektronische Bauelemente hat man für die gesamte Schaltung ein Schaltzeichen eingeführt (Bild 2b). Bei der Inverterschaltung handelt es sich um eine Grundschaltung der Digitalelektronik.

UND- und ODER-Schaltung

In der mathematischen Logik werden nur Aussagen betrachtet, die wahr oder falsch sein können. Ist eine Behauptung „wahr", so schreibt man dafür 1; ist sie „falsch", so schreibt man dafür 0. Kompliziertere Aussagen lassen sich in Teilaussagen zerlegen. Wir betrachten dazu ein Beispiel. Die Aussage „Mit dem Fotoapparat kann man ein Bild machen, wenn ein Film eingelegt ist und wenn der Auslöser gedrückt wird", kann in folgende Teilaussagen zerlegt werden:

A Es befindet sich ein Film im Fotoapparat.
B Der Auslöser wird gedrückt.
C Ein Foto entsteht.

Sind die Aussagen A und B wahr, so ist C ebenso wahr. Die Aussage C ist von A und B abhängig. Die Zusammenhänge zwischen den drei Aussagen kann man in einer Tabelle übersichtlich darstellen (Bild 3a). Die Übersicht zeigt, daß C nur dann wahr ist, wenn A und B wahr sind. Man nennt eine solche Verknüpfung von Aussagen eine *UND-Verknüpfung*. In Kurzform schreibt man die zusammengesetzte Aussage so: C = A ∧ B. Das Zeichen „∧" bedeutet UND. Den gesamten Ausdruck nennt man *UND-Funktion*, weil C eine Funktion von A und B ist.

Die UND-Schaltung bei der Waschmaschine wird durch zwei hintereinander angeordnete Schalter realisiert. Für einen Computer wären mechanische Schalter viel zu umständlich und vor allem zu langsam. Bei modernen Logikschaltungen werden deshalb Transistoren verwendet. Wie die UND-Funktion mit Transistoren dargestellt werden kann, zeigt dir der folgende Versuch. Dem Wahrheitswert 1 („wahr") ordnen wir ein H-Signal, dem Wahrheitswert 0 („falsch") ein L-Signal zu.

Versuch 2: Baue eine Schaltung nach Bild 4 auf! Lege an die Eingänge E_1 und E_2 abwechselnd L- und H-Signale und überprüfe die Tabelle in Bild 5! ∎

Die Spannungssignale am Punkt Q entsprechen der verneinten UND-Funktion: $\overline{Q} = E_1 \wedge E_2$. Deshalb bildet dieser Teil der Schaltung die **NAND**-**Stufe** („not and"). Da eine doppelte Verneinung eine Bejahung ergibt, wird hinter die NAND-Stufe ein Inverter geschaltet. Man erhält so ein **UND**-**Glied**.

> Der Ausgang A bei einem UND-Glied liegt genau dann auf H-Signal, wenn beide Eingänge E_1 und E_2 H-Signal führen.

Bei der *ODER-Funktion* $C = A \vee B$ ist C bereits dann wahr, wenn eine der Aussagen A oder B wahr ist (Bild 3b). Die Schaltung nach Bild 6 zeigt eine elektronische Realisierung der ODER-Funktion.

Versuch 3: Baue die Schaltung nach Bild 6 auf und überprüfe die Tabelle in Bild 7! ∎

Am Punkt Q wird die ODER-Funktion verneint: $Q = \overline{E_1 \vee E_2}$. Den dazugehörigen Schaltungsteil nennt man die **NOR**-**Stufe** („not or"). Die gesamte Schaltung nach Bild 7 heißt **ODER**-**Glied.**

> Der Ausgang A bei einem ODER-Glied liegt dann auf H-Signal, wenn mindestens einer der Eingänge auf H-Signal liegt.

Bild 8 zeigt ein Bauelement, in dem viele solcher Schaltglieder integriert (zusammengefaßt) sind. Man spricht dann von einem **integrierten Schaltkreis** (**I**ntegrated **C**ircuit), Abkürzung **IC**.

Aufgaben
1 Entwirf eine Schaltung für ein ODER- und UND-Glied mit drei Eingängen! Stelle hierzu auch Tabellen über die Schaltzustände her!
2 Entwirf eine Schaltung, die im Auto durch eine Kontrollampe anzeigt, ob die Handbremse noch angezogen ist, nachdem die Zündung eingeschaltet wurde!

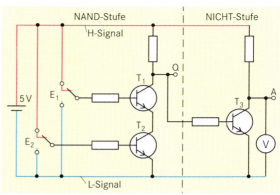

4 *UND-Glied*

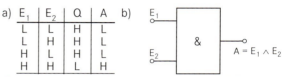

a)

E_1	E_2	Q	A
L	L	H	L
L	H	H	L
H	L	H	L
H	H	L	H

b) E_1 E_2 & $A = E_1 \wedge E_2$

5 *Schaltzustände und Schaltzeichen beim UND-Glied*

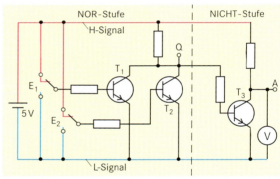

6 *ODER-Glied*

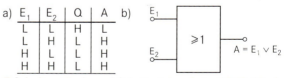

a)

E_1	E_2	Q	A
L	L	H	L
L	H	L	H
H	L	L	H
H	H	L	H

b) E_1 E_2 ≥1 $A = E_1 \vee E_2$

7 *Schaltzustände und Schaltzeichen beim ODER-Glied*

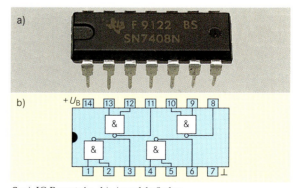

8 *a) IC-Baustein, b) Anschlußplan*

Die Flip-Flop-Schaltung

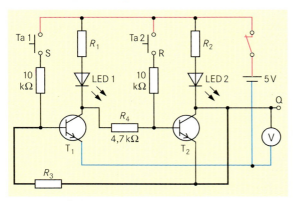

1 *Flip-Flop-Schaltung*

Flip-Flops können speichern

In einem elektronischen Rechner müssen die eingegebenen Informationen gespeichert und für den weiteren Rechengang bereitgehalten werden. Drücken wir beim Fahrstuhl das gewünschte Stockwerk, so „merkt" sich die elektronische Fahrstuhlsteuerung das Ziel. Ebenso wird beim Einstellen der Waschmaschine der Arbeitsauftrag für den Waschgang gespeichert. Wie eine elektronische Speicherschaltung grundsätzlich funktioniert, zeigt der folgende Versuch.

Versuch 1: Baue auf einem Steckbrett die Schaltung nach Bild 1 auf! R_3 verbindet die Basis von T_1 mit dem Kollektor von T_2. Nachdem du den Schalter S geschlossen hast, leuchtet eine der beiden Leuchtdioden auf, während die andere dunkel bleibt. Welche LED aufleuchtet, hängt vom Zufall ab. Wir nehmen an, daß die linke LED leuchtet. Diesen Schaltzustand kannst du nur ändern, wenn der Punkt R kurzzeitig mit dem Pluspol der Batterie verbunden wird. Dabei verlischt LED 1, und LED 2 beginnt zu leuchten. Dieser Zustand hält solange an, bis man an den Punkt S kurzzeitig den Pluspol legt. LED 2 verlischt dabei, und LED 1 leuchtet

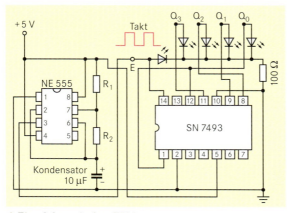

2 *Ein elektronischer Zähler*

wieder. Wird einmal eine Leuchtdiode zum Leuchten gebracht, so „merkt" sich die Schaltung diese Anweisung beliebig lange. ■

Erklärung: Wenn z. B. LED 1 leuchtet, so ist T_1 durchgeschaltet. U_{CE} beträgt dann nur 0,1 V, und deswegen sperrt T_2. Wenn du auf die Taste Ta 2 drückst, so liegt die Basis von T_2 am Pluspol der Batterie und T_2 schaltet durch; LED 2 leuchtet. Wenn T_2 durchgeschaltet ist, so ist sein Widerstand sehr klein. Deshalb ist auch der Spannungsabfall an T_2 sehr klein; er beträgt etwa 0,1 V. Über die Verbindung mittels R_3 wird erreicht, daß diese Spannung zwischen Basis und Emitter von T_1 liegt. T_1 ist deshalb nicht durchgeschaltet, LED 1 bleibt dunkel. Die Schaltung hat zwei stabile Zustände. Deswegen heißt sie bistabile Kippschaltung. Man nennt sie aber meist **Flip-Flop-Schaltung** (oder kurz „Flip-Flop").

> Eine Flip-Flop-Schaltung hat zwei stabile Schaltzustände. Eine Änderung des jeweiligen Zustandes kann durch einen positiven Spannungsimpuls an der Basis des gesperrten Transistors erfolgen.

Die Anschlüsse R und S sind die Eingänge des Flip-Flops. S heißt Setzeingang, R Rücksetzeingang. Q ist der Ausgang des Flip-Flop. Von hier können die Schaltzustände abgenommen und weiterverarbeitet werden.

Flip-Flops können zählen

Man kann Flip-Flops über die Ein- und Ausgänge so miteinander verbinden, daß sie im Dualsystem zählen können. Da solche Zähler nur über zwei verschiedene Schaltzustände verfügen, heißen sie auch **Binärzähler.** Solche Binärzähler werden als IC-Baustein (Integrated Circuit) hergestellt. Im Zählerbaustein nach Bild 2 sind 4 Flip-Flops zusammengefaßt. Ein solcher 4-Bit-Zähler kann bis 15 zählen. Er muß dabei von einem Taktgeber angesteuert werden. Einen solchen Taktgeber kannst du dir schnell mit Hilfe eines Timer-Bausteins herstellen.

Versuch 2: Baue die Schaltung nach Bild 2 auf! Wenn du für die Widerstände R_1 und R_2 jeweils 1 MΩ wählst, schaltet der Timer so langsam, daß du das Blinken der Leuchtdioden gut verfolgen kannst! Du erhältst an den Ausgängen Q_0, Q_1, Q_2 und Q_3 der im IC integrierten Flip-Flops die in Bild 3 festgehaltenen Schaltzustände. Die jeweiligen Schaltstände erkennst du am Leuchten der LEDs. Leuchtet eine LED, so liegt am Ausgang des Flip-Flops H-Signal. Wenn nach dem 15. Takt alle LEDs leuchten, so verlöschen beim 16. Takt alle LEDs wieder, und der Zählvorgang bis 15 beginnt von vorn. ■

Takt-Nr.	Dualzahl	Q_3	Q_2	Q_1	Q_0
0	0 0 0 0	○	○	○	○
1	0 0 0 1	○	○	○	●
2	0 0 1 0	○	○	●	○
3	0 0 1 1	○	○	●	●
4	0 1 0 0	○	●	○	○
5	0 1 0 1	○	●	○	●
6	0 1 1 0	○	●	●	○
7	0 1 1 1	○	●	●	●
8	1 0 0 0	●	○	○	○
9	1 0 0 1	●	○	○	●
10	1 0 1 0	●	○	●	○
11	1 0 1 1	●	○	●	●
12	1 1 0 0	●	●	○	○
13	1 1 0 1	●	●	○	●
14	1 1 1 0	●	●	●	○
15	1 1 1 1	●	●	●	●

3 *Schaltzustände am Binärzähler*

Flip-Flops steuern eine Ampel

In Bild 5 ist eine Schaltung dargestellt, mit der Lichtphasen einer Ampel automatisch gesteuert werden. Dazu verwenden wir den Binärzähler aus Bild 2. Zur Steuerung der Ampel benötigt man die zwei Ausgänge Q_0 und Q_1. Dies kannst du mit Hilfe des Bildes 4a verstehen:

a) Die rote Lampe soll immer dann aufleuchten, wenn der Ausgang Q_1 auf L-Signal liegt, d. h. keine Spannung führt. Zwischen Q_1 und der roten LED muß also ein Inverter geschaltet sein.

b) Die gelbe Lampe soll genau dann aufleuchten, wenn Q_0 auf H-Signal liegt. Die gelbe LED kannst du also direkt an Q_0 anschließen.

c) Die Ampel soll immer dann grün zeigen, wenn Q_0 auf L-Signal liegt und Q_1 H-Signal hat. Dies bedeutet, Q_0 muß zunächst invertiert werden, bevor sein Schaltzustand mit Q_1 über ein UND-Glied an die grüne LED geführt wird.

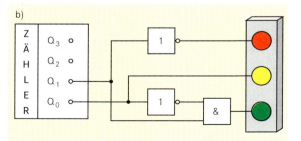

a) Takt-Nr.	Q_1	Q_0	rot	gelb	grün
1	L	L	+		
2	L	H	+	+	
3	H	L			+
4	H	H		+	

4 *Takte der Ampel und logische Verarbeitung*

Die vier benötigten Schaltzustände von Q_0 und Q_1 wiederholen sich jeweils nach dem 4. Takt, auch wenn der Zähler weiterzählt.

Die logische Verarbeitung der Ausgänge Q_0 und Q_1 ist im Bild 4b übersichtlich zusammengestellt. Zur Realisierung der Schaltung benötigst du einen Taktgeber, einen Binärzähler, zwei Inverter und ein UND-Glied (Bild 5).

Aufgaben

1 Erkläre die Funktionsweise eines Flip-Flop!
2 Baue die Ampelschaltung nach Bild 5 auf! Du benötigst dazu Steckplatten und Fassungen für die ICs.
3 Zeige anhand einer Wahrheitstafel: UND = Nicht-NAND!
4 Wie kann man aus einem NAND-Glied einen Inverter bauen?
5 Ergänze die Ampelschaltung durch den Einbau einer eigenen Ampel für Linksabbieger! (Du benötigst dazu 3 Ausgänge am Zähler.)

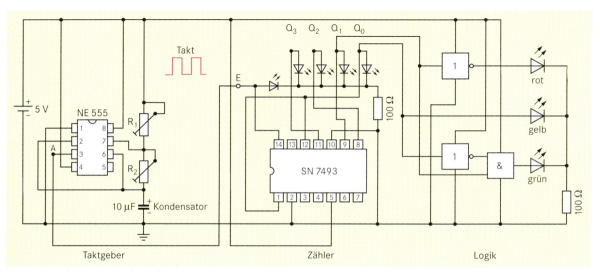

5 *Gesamtschaltung zur Ampelsteuerung*

Steuern und Regeln

1 Industrieroboter

Moderne Technik wird durch Automatisierung von Produktionsabläufen bestimmt. Die Automation hat das Zeitalter der Mechanisierung abgelöst. Dieses war dadurch gekennzeichnet, daß von Menschen bediente Maschinen bei der Herstellung von Produkten eingesetzt wurden. Bei der Automation werden die Maschinen von selbständig arbeitenden Zusatzeinrichtungen geführt. In vielen Industriezweigen werden immer mehr Roboter (Bild 1) in den Fertigungsprozeß eingebaut, die entweder programmgesteuert arbeiten oder sich selbst steuern. Die Grundlage für die Automatisierung sind Steuer- und Regeleinrichtungen. Was man in der Technik unter Steuern und Regeln versteht, wirst du im folgenden erfahren.

Steuerung und Regelung der Raumtemperatur
Die Temperatur in einer Wohnung kann über ein Außenthermometer gesteuert werden (Bild 2). Sinkt die Außentemperatur (Eingangsgröße) unter einen bestimmten Wert, so wird mit Hilfe eines Relais der Heizstromkreis geschlossen. Er wird wieder geöffnet, wenn die Außentemperatur ansteigt.

Es gibt viele weitere Beispiele von Steuervorgängen: der Drehknopf am Trafo einer Spielzeugeisenbahn, der Dimmer für die Raumbeleuchtung, die automatische Blendeneinstellung im Fotoapparat, ...

> Bei der Steuerung wird durch eine Eingangsgröße eine Ausgangsgröße in einem Gerät oder einer Anlage in bestimmter Weise beeinflußt.

Das gemeinsame Grundprinzip aller Steuervorgänge ist in Bild 2b dargestellt. Der Wirkungsablauf vollzieht sich über eine **Steuerkette.** Zu ihr gehören die **Steuereinrichtung** und die **Steuerstrecke.** Die Steuerstrecke kennzeichnet den Bereich, der beeinflußt werden soll, z. B. den Wohnraum, dessen Temperatur gesteuert wird. Die Steuervorrichtung ist Teil der Steuerstrecke, in der ein **Stellglied** eine Änderung der Ausgangsgröße bewirkt. Im Beispiel nach Bild 2a ist das Relais das Stellglied. Der Wirkungsablauf einer Steuerung ist offen, d. h. es besteht keine Rückwirkung der Ausgangsgröße auf das Stellglied. Dies ist ein entscheidender Nachteil einer Steuerung. Im Beispiel nach Bild 2a kann nämlich die Raumtemperatur durch das Öffnen des Fensters sinken, ohne daß durch die Steuereinrichtung der Heizkreis eingeschaltet wird. Dieser Nachteil kann mit Hilfe eines Regelkreises vermieden werden. In Bild 3 ist das Prinzip einer Regelschaltung dargestellt. Ein Meßfühler (Sensor) ermittelt die Raumtemperatur (Ist-Temperatur). Diese wird in einem **Vergleicher** mit einer vorgegebenen Solltemperatur verglichen. Besteht zwischen diesen beiden Werten eine Differenz, so wird ein Signal an das Stellglied gegeben. Liegt die Ist-Temperatur unter dem Sollwert, so wird der Heizkreis geschlossen. Liegt die Ist-Temperatur über dem Sollwert, so wird die Heizung abgeschaltet.

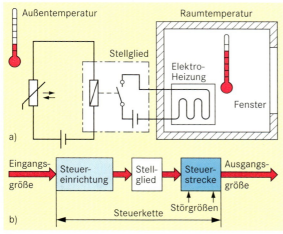

2 Steuerung der Raumtemperatur

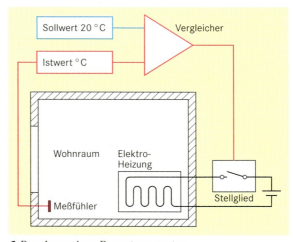

3 Regelung einer Raumtemperatur

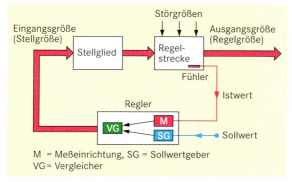

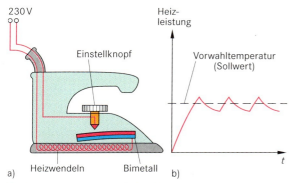

4 Blockschema des Regelkreises

5 Temperaturregelung beim Bügeleisen

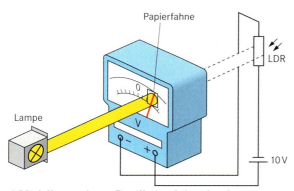

6 Modellversuch zur Pupillenreaktion des Auges

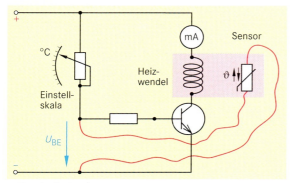

7 Zur Aufgabe 1

Der Einfluß einer **Störgröße** (z. B. geöffnetes Fenster) wird in einer Regelschaltung erfaßt. Die Folge „*Messen, Vergleichen, Korrigieren*" wiederholt sich dabei immer wieder. Man spricht von einem **Regelkreis.** Sein Prinzip ist in einem Blockschema (Bild 4) dargestellt. Ein Regelkreis besteht aus Stellglied, Regelstrecke und Regler.

Der Regler enthält die folgenden Funktionseinheiten: den *Sollwertgeber*, eine Meßeinrichtung für den Istwert und den *Vergleicher*. Am Sollwertgeber wird der Sollwert eingestellt. Die Meßeinrichtung erfaßt über einen Fühler den momentanen Wert (Istwert) der physikalischen Größe, die konstant gehalten werden soll. Die Differenz der beiden Werte, also die Abweichung, wird vom Vergleicher an das Stellglied weitergegeben. Über das Stellglied wird in der Regelstrecke die zu regelnde Strecke so verändert, bis die Differenz zwischen Ist- und Sollwert ungefähr Null ist. Durch die Rückkopplung der Ausgangsgröße auf das Stellglied entsteht ein geschlossener *Wirkungsablauf.*

> Unter Regeln versteht man einen Vorgang, bei dem eine physikalische Größe fortlaufend gemessen, mit einem eingestellten Wert verglichen und an diesen angeglichen wird. Durch die Rückführung der Ausgangsgröße auf den Eingang (Rückkopplung) entsteht ein geschlossener Wirkungsablauf, der sich selber steuert.

Bild 5 zeigt die Schaltung und den Temperaturverlauf eines temperaturgeregelten Bügeleisens. Als Fühler besitzt es einen Bimetallstreifen, der sich bei hoher Temperatur nach unten durchbiegt und den Stromkreis unterbricht. Mit Hilfe des Einstellknopfes läßt sich der Sollwert, bei dem das Bügeleisen abschaltet, einstellen.

Regelkreise findet man nicht nur in der Technik, sondern auch in vielen anderen Bereichen. In der Biologie können viele Vorgänge mit Hilfe eines Regelkreismodells gedeutet werden. So werden z. B. Herzrhythmus (Pulsfrequenz), die Körpertemperatur, der Blutdruck, die Sauerstoffversorgung oder die Pupillengröße durch komplizierte Vorgänge geregelt. Bild 6 zeigt eine Schaltung, mit der in vereinfachter Weise die Pupillenreaktion des Auges simuliert werden kann. Auch in der freien Marktwirtschaft führt die Wechselwirkung zwischen Preis und Nachfrage zu einem Regelkreis.

Aufgaben
1 Erkläre die Wirkungsweise der Schaltung nach Bild 6!

2 Bild 7 zeigt eine Schaltung zur Temperaturregelung. Erkläre sie mit den Begriffen des Regelkreises!

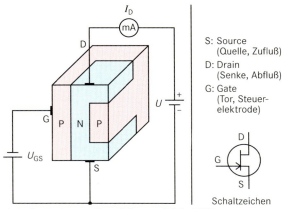

S: Source
(Quelle, Zufluß)

D: Drain
(Senke, Abfluß)

G: Gate
(Tor, Steuer-
elektrode)

Schaltzeichen

1 Aufbau eines n-Kanal-Sperrschicht-FET

Was sind FETs, was MOSFETs?

Während beim bipolaren Transistor (z. B. npn-Transistor) die Steuerung des Kollektor-Emitterwiderstandes durch den Basisstrom erfolgt, genügt bei sogenannten **Feldeffekttransistoren** (FETs) das Anlegen einer Spannung. Die Steuerung erfolgt also leistungslos. Bild 1 zeigt schematisch den Aufbau eines n-Kanal-Sperrschicht-FET. Er besteht aus einem p-Leiter, in den eine n-leitende Schicht eingelassen ist. Die Anschlüsse am n-Kanal heißen **Source** S (engl. = Quelle) und **Drain** D (engl. = Abfluß). Der Anschluß an die p-Schicht wird mit **Gate** G (engl. = Tor) bezeichnet. Die Steuerung des Drainstromes erfolgt über die Spannung zwischen Gate und Source (Bild 2). Dabei muß der Minuspol am Gate liegen. Bei zunehmender Spannung U_G wird der Strom I_D kleiner. Dies liegt daran, daß sich die Sperrschicht zwischen p- und n-Leiter vergrößert. Dadurch wird der leitende Kanal schmaler, so daß der Widerstand der SD-Strecke größer wird. Bei einer bestimmten Gate-Source-Spannung wird der n-Kanal „abgeschnürt". Der Spannungswert, für den dies eintritt, heißt **Pinch-Off-Spannung** U_p (pinch-off, engl. = abschnüren). Der FET ist dann gesperrt.

Bei der Herstellung von **MOSFETs** wird die sogenannte **Planartechnologie** angewandt. Dabei sind alle Anschlüsse von einer Seite aus zugänglich. Bild 3 zeigt das Schnittbild eines MOSFET in Planartechnologie. Zwischen dem Gate, das aus Metall besteht, liegt eine Schicht aus Si-Oxid. Der Name MOSFET leitet sich aus diesem Aufbau her: **M**etall, **O**xid, **S**ilizium.

Liegt zwischen Gate und Source eine Spannung U, so entsteht zwischen Drain und Source ein n-leitender Kanal, so daß die Sperrschicht am Draingebiet abgebaut wird. Ein Drainstrom kann dann fließen.

Erklärung: Liegt keine Spannung zwischen Gate und Source, so können sich die Löcher des p-Substrates bis an die Silizium-Oxid-Schicht verteilen. Dadurch entstehen zwischen den n-Leitern und dem p-Leiter Sperrzonen. Wird an das Gate der Pluspol der Spannung U_{GS} gelegt, so werden durch Influenz Elektronen aus dem p-Substrat unter die Gateelektrode gezogen. Die Sperrschichten zwischen n- und p-Leiter werden abgebaut. So entsteht ein dünner, n-leitender Kanal unter dem Gateanschluß. Ein Strom I_{DS} kann fließen. I_{DS} wird über die Spannung U_{GS} gesteuert.

Vergleicht man Feldeffekttransistoren mit npn-Transistoren, so entspricht der Sourceanschluß dem Emitter, das Gate der Basis und der Drainanschluß dem Kollektor. MOSFETs sind in integrierten Schaltungen enthalten. Durch die Planartechnik ist es möglich, daß hunderte von Transistoren auf einem kleinen Plättchen untergebracht werden können. Durch diese erst 1960 entwickelte Technik wurde der Weg für hochintegrierte Schaltungen möglich. Die Entwicklung in Richtung einer noch stärkeren Miniaturisierung geht weiter. Mit Bipolartransistoren allein, die 1948 von dem amerikanischen Physikern J. BARDEEN, W. H. BRATTAIN und W. SHOCKLEY erfunden wurden, wäre diese Entwicklung nicht möglich gewesen.

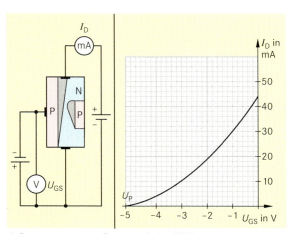

2 Steuerung eines Stromes beim FET

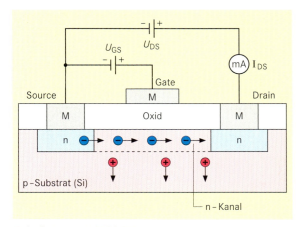

3 Aufbau eines MOSFET

Basiswissen Elektronik

Halbleiter haben eine elektrische Leitfähigkeit, die bei Zimmertemperatur zwischen der von Metallen und Isolatoren liegt.

Im Gegensatz zu den Metallen nimmt die Leitfähigkeit bei Halbleitern mit der Temperatur zu.
↑ S. 74

Durch Energiezufuhr (Wärme, Licht) werden beim Halbleiter Elektronen aus ihren Bindungen gelöst und stehen als zusätzliche freie Ladungsträger zur Verfügung. Der Ladungstransport erfolgt beim Halbleiter durch Elektronen und Löcher. Löcher sind positiv geladene Stellen, die sich innerhalb des Kristalls verschieben können (**Löcherleitung**).
↑ S. 76

Durch den Einbau von Fremdatomen (**Dotierung**) wird die Leitfähigkeit von Halbleitern erhöht: Wird ein Silizium-Kristall mit Indium dotiert, so erhöht sich die Anzahl der Löcher. Es entsteht ein **p-Leiter**. An den Störstellen befinden sich ortsfeste negative Ladungen. Beim Einbau von Arsen erhält Silizium mehr freie Elektronen. Es entsteht ein **n-Leiter**. An den Störstellen befinden sich ortsfeste positive Ladungen.
↑ S. 77

Halbleiterdioden

Halbleiterdioden bestehen aus einer n- und einer p-leitenden Schicht. Im Grenzgebiet bildet sich eine **Sperrschicht** aus. In ihr befinden sich kaum freie Ladungsträger. Die Sperrschicht kann durch äußere Spannungen leitend gemacht werden.

Legt man den Pluspol einer Spannungsquelle an den p-Leiter und den Minuspol an den n-Leiter, so leitet die Diode. Bei umgekehrter Polung sperrt sie. Daher kann die Diode als **Gleichrichter** verwendet werden.
↑ S. 78

Solarzellen bestehen aus einem n- und einem p-Leiter. In ihnen wird Licht in elektrische Energie umgewandelt. Dieser Vorgang ist umkehrbar. Er wird in **Leuchtdioden** ausgenutzt.
↑S. 80

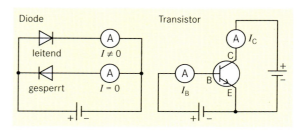

Transistoren

Ein bipolarer Transistor besteht aus einem Halbleiterkristall mit drei Schichten. Die Anschlüsse heißen Emitter, Kollektor und Basis. Der **Transistoreffekt** besteht darin, daß der in Sperrichtung geschaltete Übergang Basis-Kollektor von Elektronen aus dem Emitter überschwemmt wird. Dadurch wird die Sperrschicht zwischen Basis und Kollektor leitend.
↑ S. 82

Durch den Basisstrom kann der Übergangswiderstand zwischen Basis und Kollektor zwischen sehr großen und sehr kleinen Widerstandswerten gesteuert werden. Der Transistor verhält sich dabei wie ein **Schalter.**
↑ S. 83

Mit Transistoren können Spannungen und Ströme verstärkt werden.
↑ S. 84

Feldeffekttransitoren (**FETs**) bestehen aus einem Source- und einem Drain-Gebiet. Der Strom wird über das Gate gesteuert.
↑ S. 92

Mit Transistorschaltungen können die logischen Grundentscheidungen **NICHT, ODER** und **UND** realisiert werden. Mit Kippschaltungen (**Flip-Flops**) kann man speichern, zählen und steuern. Die entsprechenden Schaltungen werden heute meist in integrierter Bauweise hergestellt. Integrierte Halbleiterschaltungen enthalten eine Vielzahl von Dioden, Transistoren und Widerständen auf kleinstem Raum. Mit dieser **Miniaturisierung** elektronischer Schaltungen begann das Zeitalter der **Mikroelektronik.** Hochintegrierte **Halbleiterchips** bilden das Kernstück leistungsfähiger Computer.
↑ S. 86

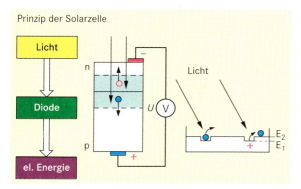

Prinzip der Solarzelle

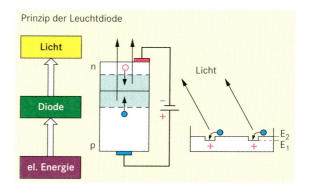

Prinzip der Leuchtdiode

Der Musiklehrer probt mit dem Schulchor. Um dem Chor den richtigen Anfangston vorzugeben, hält er sich eine Stimmgabel an das Ohr. Auf ihr ist eingraviert: 440 Hz. Weißt du, was diese Angabe bedeutet? Der Ton solcher Stimmgabeln (Kammerton a) wird in fast allen Ländern der Erde einheitlich zum Stimmen von Musikinstrumenten sowie vom Dirigenten zur "Tonangabe" beim Gesang verwendet.

1 Schulchor

Am Strand kannst du die Brandung des Wassers beobachten. Die Wellenbewegung des Wassers erstreckt sich in eine gewisse Tiefe, die von der Wellenhöhe abhängig ist. Wird die Wellenbewegung durch flaches Wasser am Grunde gehemmt, so überholen die Wellenberge die Wellentäler und überschlagen sich schließlich. So entsteht die Brandung des Wassers.

2 Meeresbrandung

Richtantennen nutzt man zur Nachrichtenübertragung mittels elektromagnetischer Wellen. Richtantennen sind auch Radioteleskope (z.B. Effelsberg/Eifel, 100 m Reflektordurchmesser), die der astrophysikalischen Forschung dienen. Mit Ihnen können elektromagnetische Wellen, die aus dem Weltraum zur Erde gelangen, empfangen werden. Sie arbeiten in einem Frequenzbereich von 6 MHz bis 300 GHz. Der gesamte Bereich elektromagnetischer Wellen wird im elektromagnetischen Spektrum dargestellt. Es sind die Frequenzen abgetragen, welche den einzelnen Wellen- bzw. Strahlungsarten zugeordnet sind. Im elektromagnetischen Spektrum nimmt das sichtbare Licht einen sehr schmalen Bereich ein.

3 Radioteleskop Effelsberg

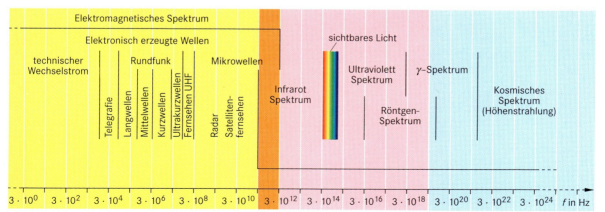

4 Elektromagnetisches Spektrum

Erzeugung von Schall

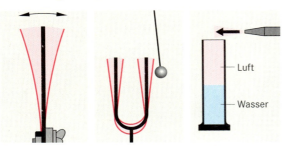

1 Ein schwingendes Lineal erzeugt einen Ton
2 Schwingende Stimmgabel mit Pendel
3 Eine Luftsäule wird zu Schwingungen angeregt

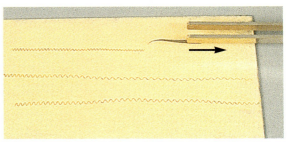

4 Die schreibende Stimmgabel

Schall entsteht durch Schwingungen

Versuch 1: Spanne ein kurzes elastisches Lineal an einem Ende fest ein und lenke es am anderen Ende aus! Es entsteht eine schwirrende Bewegung, die du auch hören kannst (Bild 1). ■

Das Lineal führt periodische Hin- und Herbewegungen aus. In der Physik nennt man solche Bewegungen **Schwingungen**. Eine Periode der Schwingung ist eine volle Hin- und Herbewegung der Spitze des Lineals. Diese Bewegung wiederholt sich regelmäßig. Die Schwingungen werden *erzeugt*, dann *übertragen* und mit dem Gehör *empfangen*. Sinneseindrücke, die du mit dem Gehör wahrnimmst, bezeichnet man als **Schall**.

Der **physikalische Teil** der Akustik umfaßt das Erzeugen von Schwingungen. Diese gehen von einer Schallquelle aus und werden vom Ohr empfangen, indem sie das Trommelfell des Ohres in Schwingungen versetzen. Die Schwingungen des Trommelfells bewirken einen Vorgang, der die Information über Nervenstränge (Neuronen) in das Gehirn überträgt und dort die Empfindung „Schall" auslöst. Dieses ist der **physiologische Teil** der Akustik. Wir wollen uns zunächst der Schallerzeugung zuwenden.

Versuch 2: Verkürze das eingespannte Lineal und rege es wiederum zu Schwingungen an! Das kürzere Lineal führt in einer Sekunde mehr Schwingungen aus als das längere. Für Schwingungsvorgänge charakteristische Größen sind **Periodendauer *T*** und **Frequenz *f*.** ■

Die Frequenz *f* gibt an, wieviel mal sich ein schwingender Körper in 1 Sekunde hin- und herbewegt. Sie ist der Quotient aus Anzahl der Schwingungen *n* und der dafür benötigten Zeit *t*. Die Periodendauer *T* ist die Zeit für eine Periode:

$$f = \frac{n}{t}. \qquad\qquad f = \frac{1}{T}.$$

Die Einheit der Frequenz ist 1/s. Sie wird zu Ehren des deutschen Physikers HEINRICH HERTZ (1857–1894) als **1 Hertz** (1 Hz) bezeichnet.

In den Versuchen 1 und 2 wird durch die Schwingung des eingespannten Lineals ein Ton erzeugt, den du hören kannst. Der Ton wird beim Verkürzen des Lineals höher. Dies soll in einem weiteren Versuch verdeutlicht werden:

Versuch 3: Spanne zwei Stahlstäbe von 20 cm bzw. 30 cm Länge jeweils an einem Ende fest ein, und schlage sie quer zu ihrer Längsrichtung kräftig an! Sie geraten in Schwingungen, du hörst zwei unterschiedlich hohe Töne. ■

Eine Vergrößerung der Frequenz bewirkt einen höheren Ton.

Die Schlagwerke von Standuhren bestehen aus Stäben unterschiedlicher Länge. **Stimmgabeln** sind U-förmig gebogene Stäbe aus Stahl oder Leichtmetall mit einem Stiel. Die damit entstehende Tonhöhe ist von der Länge der Zinken abhängig. Auch andere Körper können zu Schwingungen angeregt werden und damit Schall erzeugen.

Versuch 4: Versetze eine Stimmgabel in Schwingungen! Führe einen Tischtennisball, der an einem Bindfaden hängt, vorsichtig an das obere Ende der Stimmgabel heran! Er wird durch die Schwingungen der Zinken angestoßen und schlägt aus (Bild 2). Verwende noch weitere Stimmgabeln und stelle fest, welche Beziehung zwischen Zinkenlänge und Tonhöhe besteht! So hat beispielsweise eine Schulstimmgabel mit einer Frequenz von 440 Hz eine Zinkenlänge von 10 cm, eine andere mit einer Zinkenlänge von 20 cm eine Frequenz von 128 Hz. ■

Versuch 5: Wir klemmen einen Stahldraht (Saite) mit den Enden fest ein und spannen ihn. Durch Anschlagen, Zupfen oder Streichen wird die Saite in Schwingungen versetzt, du hörst einen Ton. ■

Versuch 6: Fülle ein zylindrisches Glasgefäß zum Teil mit Wasser und blase es oben an (Bild 3)! Du hörst einen Ton. Die Entstehung des Tons ist auf das Schwingen der Luftsäule zurückzuführen. Gießt du etwas mehr Wasser in das Glasgefäß, so hörst du einen höheren Ton. ■

> **Schall entsteht durch hinreichend schnelle Schwingungen eines Körpers.**

Schwingungsbilder – Schallarten

Versuch 7: Ziehe eine Schreibstimmgabel nach dem Anschlagen gleichmäßig über eine berußte Glasplatte, zeichne also die Schwingung auf (Bild 4)! ■

Versuch 8: Ein Mikrofon ist an einem Oszilloskop angeschlossen. Schlage vor dem Mikrofon eine Stimmgabel an.
Wie auf der Glasplatte im Versuch 7 erscheint auch auf dem Bildschirm eine regelmäßige Kurve, eine sogenannte Sinuskurve (Bild 5). Du kannst feststellen, daß die Auslenkung von Null bis zu einem Maximalwert zunimmt, danach wieder auf Null zurückgeht und sich anschließend in entgegengesetzter Richtung wiederholt. Beide Vorgänge treten in periodischer Folge auf (Bild 7). ■

Der Maximalwert der Auslenkung heißt **Amplitude**. Sie ist der Abstand zwischen Umkehrpunkt und Nullage.

Versuch 9: Zeichne mit der Anordnung von Versuch 8 nacheinander folgende Schwingungsbilder auf: Zupfe eine gespannte Saite und zerreiße ein Stück Papier vor dem Mikrofon! ■

Den drei Schwingungsbildern entsprechend unterscheidet man in der Akustik verschiedene Schallarten (Bild 6):

Ton	reine Sinusschwingung
Klang	Überlagerung mehrerer Sinusschwingungen
Geräusch	unregelmäßige Schwingungen
Knall	kurzes, heftiges Geräusch

> **Das menschliche Gehör empfindet hinreichend schnelle Sinusschwingungen eines Körpers als Ton. Die anderen Schallarten entstehen durch Überlagerung von Sinusschwingungen.**

Aufgaben

1 Die Unruhe in einem Wecker führt in einer Minute 120 Schwingungen aus. Mit welcher Frequenz schwingt die Unruhe?
2 In einer Quarzuhr schwingt der Quarzkristall mit $f_Q = 32\,768\,Hz$. Der Schrittmotor arbeitet mit $f_M = 1\,Hz$. Wie oft muß die Quarzfrequenz halbiert werden, damit die Frequenz des Schrittmotors erreicht wird?

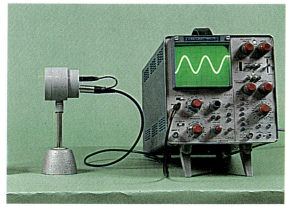

5 Schwingungsbild einer Stimmgabel

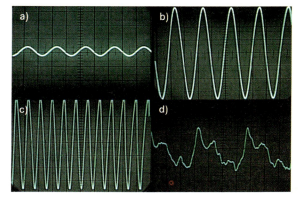

6 Töne (a, b, c) und Klang (d)

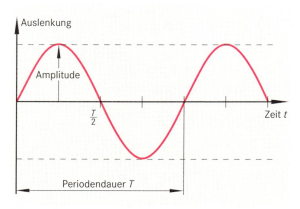

7 Vergrößerte Darstellung der Stimmgabelschwingung

Experimentiere selbst!

1 Setze den Stiel einer tönenden Stimmgabel vorsichtig auf eine Tischplatte! Was stellst du fest?
2 Miß die Zeit für 10 Schwingungen einer langsam schwingenden Blattfeder und berechne die Frequenz!
3 Befestige ein Gummiband an beiden Enden so, daß du die Spannung ändern kannst! Untersuche die Abhängigkeit der Tonhöhe dieser „Gummibandgitarre" von der Spannung!

Ausbreitung des Schalls

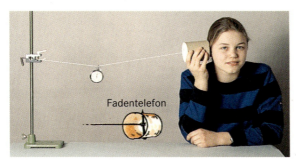

1 Fortleitung des Schalls in einem Fadentelefon

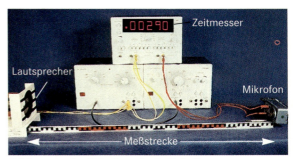

2 Messung der Schallgeschwindigkeit

Schall braucht einen Träger

Du weißt, daß Schall durch Schwingungen einer Stimmgabel, einer Saite, einer Membran entstehen kann und zum Trommelfell deines Ohres *übertragen* wird. Dazu ist Luft oder ein anderer Stoff notwendig.

Versuch 1: Wir bringen unter den Rezipienten einer Luftpumpe eine elektrische Klingel. Sie kann von außen betätigt werden. Zunächst kannst du die Klingel deutlich hören. Pumpt man nun die Luft heraus, dann wird der Schall leiser und ist schließlich überhaupt nicht mehr zu hören. ■

Schall breitet sich in Luft aus. Du hast sicher schon festgestellt, daß sich der Schall auch in flüssigen und festen Stoffen ausbreitet. Erinnere dich, wenn du zu Hause beim Baden den Kopf mit beiden Ohren unter Wasser hältst und den Wasserhahn tropfen läßt, so kannst du das Auftreffen eines jeden Wassertropfens im Wasser deutlich hören.

Versuch 2: Befestige einen Draht an einem Pappzylinder und hänge eine mechanische Stoppuhr an diesen Draht (Bild 1)! Die Geräusche der Uhr werden deutlich hörbar, wenn du den Zylinder dicht an das Ohr hältst. Hier wird der Schall durch den Draht übertragen. ■

> Schall benötigt zur Ausbreitung einen materiellen Träger (Stoff).

Wie schnell ist Schall?

Du hast bestimmt schon einmal beobachtet, daß ein Handwerker auf einer Baustelle in die Dachkonstruktion eines Hauses Nägel einschlägt. Dabei kannst du feststellen, daß zwischen dem sichtbaren Auftreffen des Hammers auf den Nagelkopf und dem Schall, den du hörst, eine gewisse Zeit vergeht. Der Schall benötigt also zur Ausbreitung Zeit. Du kannst die Schallgeschwindigkeit bestimmen, indem du die Zeit mißt, die ein Schallsignal für das Durchlaufen einer bestimmten Meßstrecke benötigt. Die Laufzeit des Schalls kannst du mit einer elektronischen Stoppuhr messen.

An dieser Uhr sind ein Lautsprecher als Sender und ein Mikrofon als Empfänger angeschlossen. Sie wird gestartet, wenn der Lautsprecher ein kurzes Schallsignal aussendet und gestoppt, wenn das Schallsignal das Mikrofon erreicht.

Versuch 3: Wähle eine Meßstrecke von 1 m (Bild 2)! Mehrmalige Messungen liefern als Mittelwert für die Laufzeit 2,9 ms. Daraus ergibt sich eine

Schallgeschwindigkeit von $v = \dfrac{1\,\text{m}}{2,9\,\text{ms}} \approx 345\,\dfrac{\text{m}}{\text{s}}$. ■

Versuch 4: Stelle jetzt eine Heizplatte so auf, daß ein Teil der Luft auf der Meßstrecke aufgeheizt wird! Du mißt dann eine etwas kürzere Zeit als vorher. Du erkennst, daß mit steigender Temperatur die Schallgeschwindigkeit in Luft größer wird. Außerdem hängt die Schallgeschwindigkeit auch von dem Gas ab, in dem sich der Schall ausbreitet. ■

Versuch 5: Zwischen Lautsprecher und Mikrofon wird ein Papprohr angebracht und mit Kohlendioxid gefüllt. Gemessene Schallgeschwindigkeit: $v \approx 270\,\text{m/s}$. ■

> Die Ausbreitungsgeschwindigkeit des Schalls nennt man Schallgeschwindigkeit. Sie hängt von der Art und der Temperatur des Materials ab, in dem sich der Schall ausbreitet. In Luft beträgt die Schallgeschwindigkeit bei 15 °C ca. 340 m/s.

In anderen Stoffen ist die Schallgeschwindigkeit wesentlich höher, z. B. in Wasser 1480 m/s, in Holz 4000 m/s, in Eisen 5800 m/s.

Schallwellen

Versuch 6: Verschließe eine mit Luft gefüllte Pappröhre an beiden Enden mit Gummimembranen und spanne dieses Rohr horizontal fest ein (Bild 3)! Hänge weiterhin zwei Pendel so auf, daß sie die Membranen genau berühren! Lenkst du nun das rechte Pendel aus und läßt es gegen die Membran schlagen, so wird das zweite Pendel an der anderen Seite weggeschleudert. ■

Erklärung: Durch den Anschlag des Pendelkörpers wird die linke Membran eingebeult und die dahinter befindliche Luft kurzzeitig verdichtet. Diese Verdichtung – ein kleines Gebiet des Überdrucks – schreitet dann bis zum anderen Ende fort und beult die rechte Membran nach der anderen Seite aus. Das rechte Pendel wird weggeschleudert! Nach Beendigung des Schlags schnellt die linke Membran infolge ihrer Elastizität zurück. Es entsteht eine Luftverdünnung – eine Stelle des Unterdrucks. Auf die Verdichtung folgt also sofort eine Verdünnung. Auch Schwingungen einer Stimmgabel rufen in der Luft regelmäßige Verdichtungen und Verdünnungen hervor, die durch die Luft fortschreiten und am anderen Ende vom Trommelfell empfangen werden.

Die Verdichtungen sind nicht direkt beobachtbar. Deutlich kannst du dagegen das Wandern einer solchen Verdichtung in einem Modellexperiment mit dem Magnetrollengerät oder mit einer weichen, langen Schraubenfeder sehen.

Versuch 7: Lenke das eine Ende einer Schraubenfeder kurz aus, indem du die Feder stauchst! Führst du dieses schnell genug aus, so pflanzt sich diese Störung – sie stellt eine Verdichtung dar – durch die gesamte Schraubenfeder fort (Bild 4). Bewege nun das Ende der Schraubenfeder periodisch in Längsrichtung hin und her! Stauchungen und Dehnungen folgen in regelmäßiger Folge aufeinander, die sich ebenfalls als Störungen entlang der Feder ausbreiten. ∎

Die einzelnen Teile der Feder bewegen sich parallel zur Ausbreitungsrichtung der Störung in der Feder. In diesem Fall spricht man von einer **Längswelle**. Der Begriff „Welle" ist von den Wasserwellen abgeleitet, die sich an der Wasseroberfläche nach allen Seiten ausbreiten, wenn ein Stein in das Wasser geworfen wird. Dabei schwingen allerdings die einzelnen Wasserteilchen quer zur Ausbreitungsrichtung. Dies

kannst du dir wiederum in einem Modellexperiment mit Hilfe eines Seils veranschaulichen.

Versuch 8: Lenke mit der Hand das eine Ende eines Seils schnell um eine kurze Strecke seitlich aus! ∎

Die ersten ausgelenkten Teile reißen weitere Teile mit. Diese wirken wieder auf die folgenden Bereiche. So wandert die Störung als „Welle" das Seil entlang (Bild 5). Die Bewegung der einzelnen Teilchen erfolgt quer zur Ausbreitungsrichtung der Welle. Solche Wellen nennt man **Querwellen**. Im Unterschied dazu schwingen aber die Teilchen bei den Schallwellen in Ausbreitungsrichtung, sie sind also Längswellen. Dies zeigt dir auch Versuch 6.

> Eine Welle entsteht, wenn an einer Stelle eines Wellenträgers Störungen des Gleichgewichts auftreten, die auf Nachbarbereiche übertragen werden. Hierbei wird Energie von einem Teilbereich an den benachbarten weitergegeben. Dieser Energietransport erfolgt ohne Materialtransport.

Aufgaben
1 Welche Strecke legt der Schall in Luft in 3 s zurück?
2 Man hört den Donner 4 s nach dem Blitz. Wie weit ist der Blitzschlag etwa entfernt?
3 Ein Zeitnehmer startet beim 100 m-Lauf am Ziel die Stoppuhr, sobald er den Knall der Startpistole hört. Welchen Meßfehler begeht er?

Experimentiere selbst!
1 Laß im Freien von einem Mitschüler in mindestens 100 m Entfernung eine Starterklappe betätigen! Starte deine Stoppuhr, wenn du das Zusammenklappen der Starterklappe siehst, stoppe sie, sobald du den Schall hörst! Bestimme die Schallgeschwindigkeit!
2 Baue dir ein Fadentelefon! Was mußt du beachten?

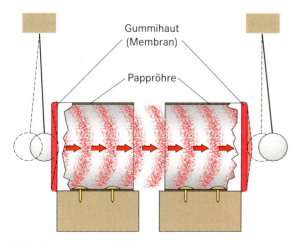

3 Ausbreitung einer Störung

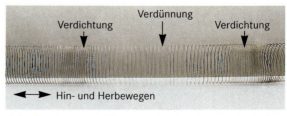

4 Ausbreitung von Störungen in einer Schraubenfeder

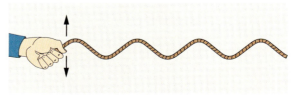

5 Ausbreitung einer Querstörung in einem Seil

Reflexion und Absorption des Schalls

1 Reflexion von Schallwellen

2 Wirkungsweise eines Stethoskops

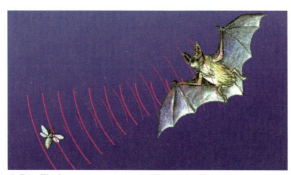

3 Die Fledermaus ortet mit Ultraschall

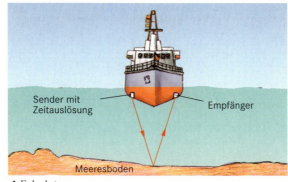

4 Echolotung

Schall wird reflektiert

„Wie man in den Wald hineinruft, so schallt es heraus", heißt es im Sprichwort. Der physikalische Hintergrund ist das **Echo**. Du kannst es dir damit erklären, daß der Schall an großflächigen Hindernissen (Mauer, Bergwand, Waldrand u. a.) reflektiert, d. h. zurückgeworfen wird. Ein Echo kannst du hören, wenn der reflektierte Schall das Ohr erreicht, nachdem der direkte Schall bereits verklungen ist. Wenn der reflektierte Schall nicht deutlich vom direkten Schall getrennt werden kann, so spricht man von **Nachhall**. In großen Räumen (Turnhalle, Klassensaal) kann sich dieser Nachhall sehr störend bemerkbar machen. Er sorgt für eine „schlechte Akustik".

> Echo und Nachhall entstehen durch Reflexion des Schalls.

Auch für den Schall gilt das dir aus der Optik bekannte Reflexionsgesetz.

Versuch 1: Lege auf eine Watteschicht am Boden eines hohen Standzylinders eine kleine Schallquelle, z. B. einen mechanischen Wecker (Bild 1)! Das Ticken der Uhr ist seitlich vom Standzylinder nur schwach zu hören. Hältst du aber schräg über den Zylinder ein Brett und änderst dessen Neigung, so findest du eine günstige Stellung, bei der du das Ticken der Uhr besonders laut wahrnimmst. Der Schall ändert am Brett seine Richtung, er wird reflektiert. ■

Beim Sprachrohr und beim Hörrohr des Arztes (Stethoskop) wird die Tatsache ausgenutzt, daß Schall wie Licht reflektiert werden kann. Mit dem Stethoskop kann der Arzt Herz-, Lungen- und Gefäßgeräusche feststellen und beurteilen. Das folgende Experiment zeigt dir, wie es funktioniert.

Versuch 2: Lege eine tickende Stoppuhr auf eine dämpfende Unterlage! Stülpe einen Trichter, an dem ein Schlauch angeschlossen ist, darüber! Das Ticken der Uhr ist nicht zu hören. Führst du aber das Schlauchende an das Ohr, so kannst du das Ticken deutlich wahrnehmen. Trichter und Schlauch konzentrieren die Schallwellen und leiten sie zum Ohr (Bild 2). ■

Wie orientiert sich eine Fledermaus?

Fledermäuse nutzen die Reflexion des Schalls aus, um sich zu orientieren. Sie erzeugen, unhörbar für uns Menschen, Schwingungen hoher Frequenz ($f >$ 20 kHz), die sich als „Ultraschall" ausbreiten. Treffen diese Schallsignale auf Hindernisse, so werden sie je nach Größe und Beschaffenheit der Hindernisse reflektiert. Aus der Laufzeit der Schallsignale erkennen die Fledermäuse die Entfernung, aus der Stärke der reflektierten Signale die Beschaffenheit der Hindernisse. Fledermäuse können sogar feststellen, ob und wie ein Hindernis sich bewegt. Aufgrund dieser Fähigkeiten finden Fledermäuse mit erstaunlicher Sicherheit in stockdunkler Nacht ihren Weg und fangen Beutetiere (Bild 3).

Wie werden Meerestiefen vermessen?

Zum Messen von Wassertiefen kann man Schall benutzen. An einer Seite des Schiffes wird unter Wasser ein Schallsender angebracht, der Schallimpulse in Richtung Meeresboden aussendet. Sie werden dort reflektiert und von einem Mikrofon, an der anderen Schiffsseite, empfangen. Aus der Laufzeit des Schalls und der Schallgeschwindigkeit im Wasser läßt sich die Tiefe bestimmen. Eine solche Anlage heißt **Echolot** (Bild 4). Heute wird dabei Ultraschall verwendet. Mit einem Echolot kann man auch Fischschwärme aufspüren; denn auch an den Fischkörpern wird der Schall reflektiert. Mit einem fahrenden Schiff und einem Echolot kann man das Profil des Meeresbodens aufnehmen. So können auch Schiffswracks geortet werden.

Schall wird absorbiert

Schall wird nicht nur reflektiert, sondern von dem Körper, auf den er trifft, weitergeleitet und teilweise auch absorbiert. Dies zeigt dir folgender Versuch:

Versuch 3: Wiederhole Versuch 1, ersetze aber das Brett durch eine Platte aus weichem Material (Stück Teppichboden, Schaumgummi)! Im Unterschied zum Versuch 1 kannst du das Ticken der Stoppuhr bei gleicher Neigung der Platte kaum wahrnehmen. ■

> Schall wird an der Grenzfläche zweier Stoffe teilweise reflektiert, teilweise durchgelassen. Jeder Stoff absorbiert den Schall mehr oder weniger stark. Je weicher ein Stoff ist, desto mehr Schall wird absorbiert. Deshalb reflektieren solche Stoffe den Schall schlechter.

Die Tatsache, daß weiche Stoffe Schall absorbieren, kannst du dir folgendermaßen verdeutlichen: Ein weicher Stoff hat viele Lufteinschlüsse. Dadurch werden die Schallwellen in seinem Innern durch vielfache Reflexion gedämpft; der Schall läuft sich „tot" (Bild 5)

Medizinische Nutzung des Ultraschalls

In der Medizin wird Ultraschall vielfach anstelle von Röntgenstrahlen eingesetzt. Man benutzt sowohl Schallreflexion als auch Schallabsorption. Innere Organe, Hohlräume im Körper (z. B. Stirnhöhlen), Nierensteine und auch die Entwicklung eines Embryos während der Schwangerschaft können sichtbar gemacht werden. Ein Ultraschall-Tonkopf mit einem Ultraschallsender wird über die Bauchdecke geführt.

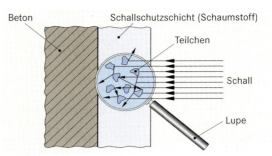

5 Schall läuft sich tot

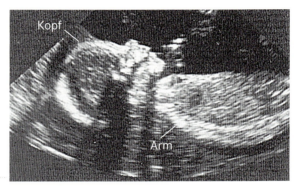

6 Ultraschallbild eines Embryos

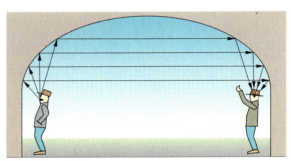

7 Flüstergewölbe

Aus den absorbierten und reflektierten Schallsignalen wird mit Hilfe eines Computers ein Bild zusammengesetzt (Bild 6).

Aufgaben

1 Warum hörst du den Ruf einer Fledermaus nicht?
2 Wie lange braucht der Schall im Wasser für eine 1 km lange Strecke?
3 Bei einer Echolotanlage benötigt der Ultraschall eine Laufzeit von 0,8 s. Wie groß ist die Meerestiefe?
4 Erkläre die Wirkungsweise eines „Flüstergewölbes" (Bild 7)!
5 Warum ist der Nachhall in einem besetzten Raum geringer als in einem leeren Raum?

Experimentiere selbst!

1 Baue dir ein Stethoskop und überprüfe seine Wirkungsweise!

Schall und Musik

Viele Instrumente – doch ein Prinzip

Die Musik gehört zum Menschen wie die Sprache. Sie ist eine Ausdrucksform des Menschen, die schon in seiner Frühzeit bedeutungsvoll war. Bereits in der Steinzeit gab es Flöten aus Röhrenknochen mit mehreren Grifflöchern. Im Laufe der Zeit entstand eine Vielzahl von Musikinstrumenten. Allen ist jedoch gemeinsam, daß schwingende Körper den Schall erzeugen.

Gong, Glocke, Triangel, Becken bringen z. B. den Schall hervor, indem die Körper als Ganzes schwingen. Bei Trommeln und Pauken schwingen Membranen, bei Zither, Cembalo, Klavier, Violine, Gitarre u. a. werden Saiten zum Schwingen gebracht. Schwingende Luftsäulen findet man z. B. bei den Flöten, Klarinetten, Posaunen und Trompeten. Bevor wir uns etwas ausführlicher mit den schwingenden Saiten beschäftigen, müssen wir eine für die Musikinstrumente wichtige Erscheinung klären.

Mitschwingen

Eine angeschlagene Stimmgabel ist kaum zu hören. Setzt du sie aber nach dem Anschlagen mit dem Stiel auf eine Tischplatte, so hörst du einen lauten Ton. Wie ist das zu verstehen? Die Schwingungen der Stimmgabel übertragen sich auf die Tischplatte, die dadurch selbst zu Schwingungen angeregt wird und diese besser als die Stimmgabel an die Luft überträgt. Den gleichen Zweck haben z. B. die hohlen Holzkörper bei den Streichinstrumenten oder der Körper des Klaviers (Bild 1). Auch sie werden zum Mitschwingen angeregt und strahlen den Schall gut ab. In besonderen Fällen tritt hierbei eine Erscheinung auf, die dir in folgenden Versuchen deutlich wird.

Versuch 1: Rege ein elastisches Stahlblatt (Sägeblatt) mit der Hand zu Schwingungen an (Bild 2)! ■

Mit zunehmender Erregerfrequenz nehmen die Ausschläge des Stahlblatts bis zu einem Maximalwert zu und anschließend wieder ab. Bei einer bestimmten Erregerfrequenz erreichst du einen maximalen Ausschlag. Diese Erscheinung nennt man **Resonanz**. Sie tritt auf, wenn Erregerfrequenz und Eigenfrequenz des Stahlblatts ungefähr übereinstimmen. Schwingt

1 Musikinstrument

das Stahlblatt nach nur einmaligem Anstoßen frei, dann handelt es sich um die **Eigenfrequenz**. Die Resonanz kannst du auch folgendermaßen demonstrieren:

Versuch 2: Stelle zwei auf Resonanzkästen montierte Stimmgabeln, die gleiche Töne erzeugen, also gleiche Eigenfrequenzen haben, einander gegenüber auf (Bild 3)! Schlage die eine Gabel an und bringe sie nach einiger Zeit zum Schweigen! Du hörst deutlich, wie jetzt die 2. Gabel tönt. Diesen Vorgang kannst du rückwärts wiederholen, indem du nach einiger Zeit die Schwingungen der 2. Gabel durch Berühren beendest. Nun schwingt wieder die 1. Gabel, allerdings viel schwächer. ■

Versuch 3: Verändere die Eigenfrequenz der einen Stimmgabel durch Anbringen eines kleinen Körpers an einer Zinke! Das Mitschwingen der 2. Gabel wird immer schwächer. Bei großer Verstimmung schwingt sie überhaupt nicht mehr mit! ■

> Resonanz liegt vor, wenn ein schwingungsfähiger Körper durch eine andere Schwingung angeregt wird, deren Frequenz etwa gleich der Eigenfrequenz des Körpers ist.

Schwingende Saiten

Versuch 4: Zupfe die Saite eines Monochords (Bild 4) an! Du hörst einen Ton, dessen Lautstärke allmählich abklingt. Grenze durch einen Steg ein bestimmtes Saitenstück ab! Ändere die Saitenlänge durch Verschieben des Steges! Du kannst erkennen: Je kürzer die Saitenlänge ist, desto höher ist der Ton. ■

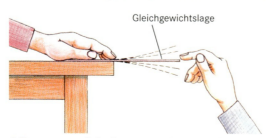

2 Erzwungene Schwingungen einer Blattfeder

Gleichgewichtslage

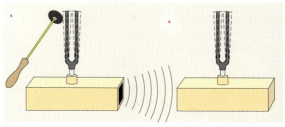

3 Resonanz bei Stimmgabeln mit gleicher Frequenz

Versuch 5: Die Enden des Drahtes sind um Stahlstifte gewickelt. Drehe einen Stift mit einem Spannschlüssel! Dadurch spannst du den Draht mehr oder weniger stark. Du stellst fest: Je größer die Saitenspannung ist, desto höher ist der Ton. ■

Versuch 6: Umwickle die Saite mit einem weichen Kupferdraht auf einer Länge von etwa 10 cm und erhöhe somit seine Masse! Zupfe die Saite an! Du erkennst: Je größer die Masse der Saite unter sonst gleichen Bedingungen ist, desto tiefer ist der Ton. ■

Alle drei Möglichkeiten, die Tonhöhe einer Saite zu beeinflussen, werden bei Streich- und Zupfinstrumenten genutzt.

Ein Klavier klingt anders als eine Geige

Versuch 7: Bringe eine Saite zum Schwingen! Du hörst dann den sogenannten **Grundton**. Berührst du die Saite ganz leicht in der Mitte und streichst die Saitenhälfte, dann hörst du einen höheren Ton, die Oktave zum Grundton. Wenn du genau hinhörst, stellst du fest, daß auch der Grundton leicht mitschwingt. Streichst du zunächst die ganze Saite und berührst dann mit einer Gänsefeder die Mitte, so hörst du neben dem Grundton auch noch die Oktave. ■

Versuch 8: Streichst du die Saite an, berührst aber die Saite in Punkten, deren Entfernung von dem einen Ende 1/3, 1/4 und 1/5 der gesamten Saite beträgt, so hörst du neben dem Grundton auch höhere Töne. ■

Die Experimente zeigen dir, daß neben dem Grundton noch andere Töne, die **Obertöne**, zu hören sind. Sie klingen auch mit, wenn die Saite nicht berührt wird und bestimmen den **Klang** der Saite. Eine Saite kann also gleichzeitig mit verschiedenen Frequenzen schwingen. Die Schwingungen überlagern sich und rufen in unserem Gehör gemeinsam eine Klangempfindung hervor. Ähnliche Beobachtungen kannst du auch bei anderen Schallerzeugern machen. Die Zahl und die Stärke der mitschwingenden Obertöne sind bei den verschiedenen Instrumenten unterschiedlich und erklären so den Unterschied in der **Klangfarbe** (Bild 5). Deshalb haben Musikinstrumente auch unterschiedlich geformte Resonanzkörper, die, je nach Instrument, bestimmte Obertöne bevorzugen. Obertöne bereichern die Musik ungemein. Ohne Obertöne wäre jeder Ton, gleichgültig mit welchem Musikinstrument er gespielt würde, völlig gleich. Dann hätte es auch keinen Sinn, Orchester zu bilden, in denen Instrumente mit ganz verschiedenen Klangfarben vereinigt sind. Ein Instrument, mit dem fast beliebige Klänge erzeugt werden können, ist der **Synthesizer**. Es handelt sich dabei um ein elektronisches Gerät, mit dem man die Klangfarbe von fast allen Musikinstrumenten nachahmen kann. Die dem Musikinstrument entsprechenden Obertöne werden in elektronischen Schaltungen erzeugt und dem

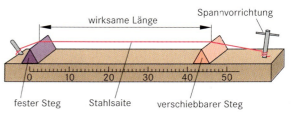

4 *Gerät zur Untersuchung von Saitenschwingungen (Monochord)*

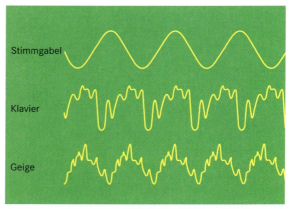

5 *Kammerton a mit Stimmgabel, Klavier und Geige erzeugt*

ebenfalls elektronisch erzeugten Grundton überlagert (Mischen von Tönen). Mit der Tastatur werden die Dauer und die Höhe der Töne beeinflußt. Weitere mechanische Bauteile sind nicht vorhanden. Wenn man den Synthesizer mit einem Computer kombiniert, können Musikstücke ohne einen menschlichen Interpreten gespielt werden. Synthesizer bilden die zentrale Einheit von elektronischen Studios. Sie werden u. a. in der Popmusik eingesetzt.

Aufgaben

1 Erkläre die Wirkungsweise des Resonanzkastens, auf den eine Stimmgabel aufgesteckt ist (Hinweis: Die Luftsäule im Hohlraum schwingt)!

2 Erkläre das Vibrieren von Fahrzeugteilen bei bestimmten Motordrehzahlen!

3 Nenne alle dir bekannten Blas- und Saiteninstrumente und gib die Art der Tonerzeugung an!

4 Nenne Musikinstrumente mit Resonanzkörpern!

5 Zu Übungszwecken verwendet man oftmals eine Geige, der der Boden fehlt. Warum bezeichnet man eine solche Geige als „stumme Geige"?

Experimentiere selbst!

1 Bringe die Luftsäule in einem Reagenzglas dadurch zum Tönen, indem du über den Rand des Glases bläst! Gieße etwas Wasser in das Rohr und wiederhole den Versuch! Stimme acht Gläser durch Einfüllen von Wasser auf die Töne der Tonleiter ab! Benutze die nebeneinandergestellten Gläser als Panflöte!

Das Ohr als Schallempfänger

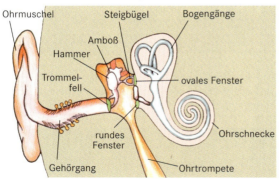

1 Das menschliche Ohr

Schwingungen alleine machen noch keine Töne

Man sagt, daß z. B. bei der Gitarre die Töne durch Zupfen der Saiten erzeugt werden. Dies stimmt aber nicht ganz, denn die Gitarre wird dadurch nur zu einer Schallquelle. Damit Töne entstehen, muß eine Übertragung zum Ohr und von dort – nach einer Wandlung in elektrische Impulse – ins Gehirn erfolgen. Erst dort entsteht die Tonempfindung. Der Hörvorgang beim Menschen entspricht dem bei allen Säugetieren. Er soll etwas genauer beschrieben werden. Bild 1 zeigt einen Schnitt durch das kompliziert aufgebaute menschliche Ohr. Wir verfolgen den Weg des Schalls. Die Ohrmuschel des äußeren Ohres wirkt als Schalltrichter. Die Schallwellen gelangen durch den äußeren Gehörgang zu einer dünnen Membran, dem Trommelfell, und versetzen dieses in Schwingungen. Die Schwingungen werden über ein Hebelsystem aus drei Gehörknöchelchen im Mittelohr – Hammer, Amboß, Steigbügel – auf das Gehörwasser übertragen, das die Schnecke ausfüllt. In ihr sind Tausende von Sinneshärchen verschiedener Länge und Dicke angeordnet. Diese sprechen auf die Schallwellen unterschiedlicher Frequenzen an, werden dabei verbogen und leiten die so hervorgerufenen elektrischen Reize mittels der Gehörnerven dem Gehirn zu. Die Übertragung des Schalls erfolgt bis zu den Sinneshärchen im Innenohr mechanisch, von dort bis ins Gehirn elektrisch.

Die Empfindlichkeit des Gehörs ist frequenzabhängig. Weniger als 16 Hz (untere Hörgrenze) und mehr als 20 000 Hz (obere Hörgrenze) empfindet das menschliche Ohr nicht mehr als Schall. Zwischen 2000 Hz und 4000 Hz, also im Bereich der Sprache, ist die Empfindlichkeit am größten. Die Grundschwingungen von Musikinstrumenten liegen im Bereich von etwa 27 Hz bis 4700 Hz. Manche Tiere haben eine sehr viel höhere obere Hörgrenze als der Mensch (Bild 2). Deshalb hören z. B. Hunde Signale aus Ultraschallpfeifen. Der Mensch kann auf intensiven Infraschall ($f < 16$ Hz) mit Schwindel, Übelkeit oder sogar Ohnmacht reagieren.

Versuch 1: Schließe einen Lautsprecher an einen Tongenerator an und bestimme durch Verändern der Frequenz deine untere und obere Hörgrenze! ∎

Macht Diskomusik krank?

Durch laute Diskomusik oder einen lauten Arbeitsplatz kann das Gehör dauerhaft geschädigt werden. So kann dadurch die obere Hörgrenze stark absinken, weil die feinen Sinneshärchen für hohe Frequenzen zerstört werden. Die Nervenzellen sterben ab. Dadurch bedingte Beeinträchtigungen des Gehörs sind deshalb nicht heilbar. In Diskotheken wird die Musik meistens sehr laut gespielt. Auch mit dem Walkman wird Musik oft so laut gehört, daß unbeteiligte Nachbarn gestört werden können. Wie laut muß dann erst die Musik für den Walkmanhörer sein? Bereits ein einmaliges sehr lautes Schallereignis kann nicht rückgängig zu machende Schäden am Gehör hervorrufen! Auch ein lauter Knall kann zu Schädigungen führen. Besonders das Trommelfell und das mechanische Schallübertragungssystem sind gefährdet.

> Längeres Anhören von überlauter Musik verursacht Hörschäden, die nicht rückgängig gemacht werden können.

Messungen bei jungen Leuten, die regelmäßig Diskotheken besuchen, haben nicht wieder behebbare Hörschädigungen nachgewiesen. Dies gilt insbesondere für die höheren Frequenzen.

Wie gibt man Lautstärken an?

Mit den Begriffen „laut" und „leise" wird die subjektiv empfundene Lautstärke eines Schalleindrucks beschrieben. Hupen zwei oder drei Autos gleichzeitig, so empfinden wir das nicht als doppelt oder dreimal so laut wie den Klang einer einzelnen Hupe. Die Schallempfindung nimmt nicht in gleichem Maße zu, obwohl mehr Schallenergie an unser Ohr gelangt.

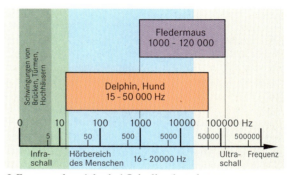

2 Frequenzbereiche bei Schallwahrnehmung

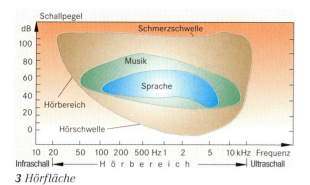

3 Hörfläche

Versuch 2: Stelle zwei gleichgebaute Lautsprecher in gleicher Entfernung vor dir auf! Schließe zunächst einen, dann beide Lautsprecher an einen Tongenerator an! Beschreibe deine Schallempfindung! ■

Du stellst fest, daß du den Schall keinesfalls als doppelt so laut empfindest, wenn beide Lautsprecher in Betrieb sind. Du müßtest 10 Lautsprecher verwenden, um eine doppelte Lautstärke zu erreichen. Deshalb ist es zweckmäßig, zwischen der **Schallenergie** und der **Lautstärke**, die unser Gehör wahrnimmt, zu unterscheiden. Die Stärke der Empfindung des menschlichen Gehörs hängt nicht nur von der Schallenergie ab, sondern auch von der Frequenz der Schallwelle.

Versuch 3: Erzeuge mit Tonfrequenzgenerator und Lautsprecher Töne von 100 Hz und 1000 Hz! Ihre Schwingungsbilder werden über ein Mikrofon auf einem Oszilloskop sichtbar gemacht. Achte darauf, daß beide Schwingungen gleiche Amplituden aufweisen! Du stellst fest, daß du trotz gleicher Amplitude den 1000 Hz-Ton lauter empfindest. ■

Die Empfindlichkeit des Gehörs ist also frequenzabhängig. Um die subjektiv empfundene Lautstärke vergleichen zu können, muß man sie meßbar machen. Dazu bezieht man sich auf einen Ton mit einer festgelegten Frequenz von 1000 Hz. Dieser Ton wird mit unterschiedlicher Schallenergie von einem Schallsender ausgesendet. Da die Hörempfindung von Person zu Person sehr stark schwankt, wird die Lautstärke empirisch (= aus der Erfahrung) mit Hilfe einer Gruppe von Testpersonen ermittelt. Als praktisches Maß für die von einer Schallwelle ausgelösten Reize hat man die **Dezibel-Skala** geschaffen. Durch folgendes Vorgehen wird die Dezibel-Skala festgelegt: Die Amplitude des 1000 Hz-Tons wird soweit verringert, bis die Testgruppe gerade nichts mehr hört. Dieser Lautstärke wird nun der Wert 0 Dezibel (dB) zugeordnet. Wird dagegen die Amplitude des 1000 Hz-Tons soweit vergrößert bis schließlich eine Schmerzempfindung auftritt, wird dieser Lautstärke der Wert 130 dB zugeordnet. Schallenergie und Lautstärke stehen nicht in einem linearen Verhältnis zueinander. Die vom Gehör empfundene Lautstärke wächst viel

langsamer als die Schallenergie, der das Gehör ausgesetzt ist. Ein Anstieg der dB-Zahl um 10 bedeutet 10fache Schallenergie, aber nur doppelte Lautstärke.

> **Die tatsächlich vorhandene Schallenergie nimmt viel stärker zu als die vom Gehör empfundene Lautstärke.**

In der Tabelle sind zur Veranschaulichung einigen Schallarten Lautstärken zugeordnet.

Lautstärke in dB	Art des Schalls
0	Hörschwelle
10	sehr leises Blätterrauschen, Atmen
20	Flüstersprache
30	schwacher Straßenlärm
40	normale Unterhaltungssprache
50	normale Lautsprechermusik
60	laute Lautsprechermusik
70	starker Verkehrslärm
80	Schreien, sehr starker Verkehrslärm
90	lautes Autohupen
100	starker Fabriklärm
110	Preßlufthammer auf Stahlplatten, Musik in Diskotheken
120	Flugzeug in 4 m Entfernung, Martinshorn
130	Schmerzgrenze

Die Grenzen des hörbaren Schalls zeigt die **Hörfläche** (Bild 3). Diese Grenzen wurden wiederum mit Untersuchungen an vielen Menschen ermittelt. Nach rechts sind die Frequenzen aufgetragen, nach oben die Lautstärke in dB. Die Hörfläche wird nach unten begrenzt durch die Hörschwelle und oben durch die Schmerzgrenze. Musik und Sprache belegen nur einen kleinen Teil der Hörfläche. Bei Schwerhörigkeit verringert sich diese. Die Hörschwelle wird für jeden Ton ermittelt, indem man die Schallamplitude bei einer bestimmten Frequenz so lange erhöht, bis die Versuchsperson den Ton gerade wahrnimmt. Dies wiederholt man für andere Frequenzen. Das Prinzip dieser Messung zeigt dir folgendes Experiment:

Versuch 4: Schließe an einen Tonfrequenzgenerator Kopfhörer an! Da die Hörschwelle für jedes Ohr gemessen werden soll, wird das Schallsignal nur auf eine Kopfhörerseite gegeben. Als Maß für die Schallamplitude nimmst du die Spannung am Ausgang des Tonfrequenzgenerators. Erhöhe für jede Frequenz die Spannung von Null ausgehend allmählich, bis du einen Ton wahrnimmst! Frequenz und Spannung trägst du in ein Diagramm ein. Du erhältst eine Kurve, die in ihrem Verlauf qualitativ der Hörschwelle in Bild 3 entspricht. ■

Aufgaben
1 Welche Bedeutung haben Hörschwelle und Schmerzgrenze für die Hörempfindung?
2 Wodurch werden Tonhöhe und Lautstärke bestimmt?

Lärm

Lästiger Schall

Versuch 1: Spiele von einem Tonband laute Geräusche (Rumpeln, Düsenlärm u. ä.) bei einer mittleren Lautstärke von ca. 90 dB ab! Anschließend lasse Diskomusik mit gleicher Lautstärke ablaufen! Während die ersten Geräusche von den meisten Hörern als sehr unangenehm eingestuft werden, wird die gleich laute Diskomusik nicht als Lärm betrachtet. ■

Ob du ein Geräusch als störend empfindest, hängt nicht nur von der Lautstärke ab, sondern auch von deiner Einstellung zu der Schallquelle, von der Einwirkungsdauer des Schalls, von der zeitlichen Abfolge der Geräusche usw. Die meisten Jugendlichen sind von moderner, sehr lauter Diskomusik begeistert. Unbeteiligten Zuhörern kann dadurch aber „jeder Nerv geraubt werden". Andererseits kann das Tropfen eines Wasserhahns auch dir sehr lästig werden. Liest du ein Buch, so kann dich bereits das Ticken einer Uhr sehr stören. Es kommt also jeweils auf die innere Einstellung zu einem Schallereignis an.

> **Aus subjektiver Sicht ist Lärm jede Art von Schall, der eine gewollte Schallaufnahme oder die Ruhe stört. Er wird meistens als belästigend empfunden.**

Gesundheitsschädlicher Schall

Lärm ist aber auch ein Hauptfaktor der zivilisationsbedingten Umweltbelastung. Er ist nicht weniger gefährlich als Luftverunreinigung oder Wasserverschmutzung. Lärm kann gesundheitsschädigend sein. Dabei macht es keinen Unterschied, ob es sich um laute Musik, um das Knattern eines Motorrades, um das kreischende Geräusch einer Kreissäge oder um Verkehrs-, Bau-, Fluglärm und Lärm in Wohngebieten handelt.

Störungen des Nervensystems sind bereits bei 65 dB bis 90 dB möglich. Lautstärken zwischen 85 dB und 120 dB können bei längerer Einwirkung Hörschädigungen hervorrufen, über 120 dB werden Nervenzellen geschädigt. Von Lärm belästigte Menschen schlafen schlecht, werden nervös und schwerhörig. Gehörschäden sind zudem nicht heilbar, da durch die Überbelastung Gehörzellen absterben! Wir müssen daher die oben angegebene Kennzeichnung von Lärm erweitern.

> **Aus objektiver Sicht ist Lärm jede Art von Schall, der Gesundheitsschäden hervorruft.**

Wie schützt man sich vor Lärm?

Wegen der Gefahren des Lärms gibt es Lärmschutzbestimmungen. Die Bundesregierung versucht durch Gesetze und Verordnungen Lärm zu verhüten bzw. zu vermindern. Es werden Maßnahmen zur Lärmminderung ergriffen sowie bestimmte Grenzwerte vorgegeben.

Als Grenze des Erträglichen durch Gewerbelärm gelten die folgenden Richtwerte:

Gebiete	Lautstärke in dB	
	tags	nachts
Gewerbliche und industrielle Anlagen	70	70
Mischgebiete (Wohnungen und Gewerbegebiete)	60	45
Reine Wohngebiete	50	35
Kurgebiete	45	35

Am Arbeitsplatz darf die Lautstärke, auch unter Berücksichtigung der von außen einwirkenden Geräusche, bestimmte vorgegebene Werte nicht übersteigen.

Gegen unvermeidbaren Lärm muß sich der Mensch schützen. Dazu hat man zwei Möglichkeiten:
1. Verringerung des Lärms am Entstehungsort durch konstruktive Maßnahmen;
2. Behinderung der Schallausbreitung durch schallreflektierende (Schalldämmung) und schallabsorbierende (Schalldämpfung) Hindernisse (Bild 1). Verwendet man bei einem Rasenmäher anstelle eines Benzinmotors einen Elektromotor, so bewirkt dieses schon eine Lärmminderung. Ein weiteres Beispiel zur Lärmminderung ist der Schalldämpfer im Auspufftopf eines Kraftfahrzeuges (Bild 2). Er besteht

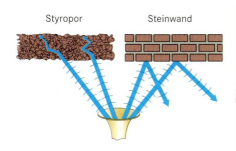

1 Möglichkeiten der Schalldämpfung

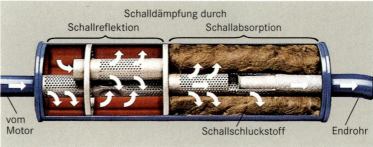

2 Schalldämpfer

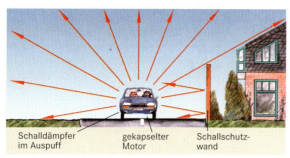

Schalldämpfer | gekapselter | Schallschutz-
im Auspuff | Motor | wand

3 Schalldämmung durch Reflexion

4 Lärmschutzwand

aus mehreren Kammern, in denen ein Teil des Schalls der Auspuffgase nacheinander in verschiedene Richtungen reflektiert, durch wärmebeständige Schallschluckstoffe wie Glas-, Stahl- oder Steinwolle absorbiert und somit gedämpft wird. Die Auspuffgeräusche werden dadurch möglichst gering gehalten. Damit im Straßenverkehr nicht mehr Lärm als unbedingt nötig verursacht wird, verwendet man leisere Motoren. Bestimmte Gummisorten des Reifens und glatte Fahrbahnen tragen ebenfalls zur Lärmverringerung bei.

Um Anwohner vor Verkehrslärm zu schützen, baut man an stark befahrenen Straßen, Autobahnen und Schienenwegen Schallschutzwände. Diese können mit Buschwerk bepflanzte Erdwälle, Holzpalisaden oder Lärmschutzwände sein, die den Schall in den Raum, aus dem er kommt, zurückwerfen (Bild 3 und 4). Daher ist der Lärm hinter den Schallschutzwänden vermindert. Bei der Absorption wird der Schall „verschluckt" (Bild 5). Die Schallenergie wird in innere Energie umgewandelt, die als Wärme abgeführt wird. Gute schallabsorbierende Materialien sind Textilien, Mineralwolle, Schaumstoffe, Styropor u. a. Die Wirkung der schalldämmenden Materialien beruht darauf, daß sich der Schall „totläuft". Die Schallwellen werden in den Poren der Stoffe durch vielfache Reflexion und Reibung gedämpft. Theatersäle, große Unterrichtsräume und Studios sind oft mit Materialien ausgekleidet, die eine gewollte Schalldämmung und Schallreflexion bewirken.

Schall breitet sich von der Schallquelle zum Empfänger mit Hilfe von Schallwellen nicht nur auf direktem Weg in Luft oder einem Körper aus. Schall gelangt auch durch Reflexion zum Empfänger. Lärmübertragung in einem Körper kann man weitgehend unterbinden, wenn z. B. Maschinen elastisch gelagert werden (Automotor, Schiffsmaschinen u. a.). In einfachen Fällen genügen Schaumstoffunterlagen. Bei Küchenmaschinen wird durch die Gummifüße die Rutschfestigkeit erhöht, aber auch verhindert, daß der Schall auf die Tischplatte übertragen wird.

Wo es nach dem gegenwärtigen Stand der Lärmschutztechnik noch nicht möglich ist, den Lärm zu

5 Schalldämpfung durch Absorption

reduzieren und die Schallausbreitung durch bauliche Maßnahmen nicht verhindert werden kann, muß für einen persönlichen Schallschutz gesorgt werden. Dies geschieht mit Gehörschutzkapseln oder mit Gehörschutzhelmen, die nach gesetzlichen Vorschriften unbedingt getragen werden müssen. Auch Hobby-Heimwerker sollten sich ebenfalls vor unvermeidlichem Lärm schützen. Der Kampf für einen besseren Lärmschutz kann nicht allein mit gesetzlichen Regelungen geführt werden. Jeder von uns muß mithelfen.

Aufgaben
1 Erläutere die wichtigsten Arten des Lärmschutzes! Was kannst du selbst zum Lärmschutz beitragen?
2 Wie mußt du dich z. B. beim Walkmanhören verhalten, um bleibenden Hörschäden vorzubeugen? Wie verändert sich das Innenohr bei Hörschädigungen?
3 Gib Beispiele an, die dein Gehör besonders gesundheitsschädigend belasten!
4 Warum muß man bei starkem Maschinenlärm einen Gehörschutz tragen?

Experimentiere selbst!
1 Laß Wasser in einen Eimer laufen! Du hörst deutlich den Wasserstrahl auf die Wasseroberfläche treffen. Lege einen Schwamm in den Eimer und lenke den Wasserstrahl darauf. Du stellst fest, daß das Geräusch gedämpft wird. Untersuche die Schallentwicklung nach Zufügen eines Spülmittels!
2 Benutze eine Schreibmaschine oder einen Matrixdrucker mit und ohne dämmende Unterlage! Was stellst du fest?

Mechanische Schwingungen – qualitativ

1 *Verschiedene mechanische Schwingungen*

Schwingungen überall

Mechanische Schwingungen treten bei vielen natürlichen oder technischen Vorgängen auf. In Uhren nutzt man die Schwingungen eines Pendels, einer Unruhe oder eines Schwingquarzes zur Zeitmessung. Grashalme oder Äste von Bäumen schwingen im Wind hin und her, Maschinen und Fahrzeuge, ja ganze Gebäude geraten durch Erschütterungen in Schwingungen. Schall wird durch Schwingungen von Körpern verursacht. Auch die Atome und Moleküle fester Körper führen ständig Schwingungen aus. Bild 1 zeigt einige Beispiele für mechanische Schwingungen.

All diesen Beispielen ist gemeinsam, daß sich eine Bewegung regelmäßig wiederholt, sich ein Körper um eine stabile Gleichgewichtslage herum bewegt und schließlich zur Ruhe kommt, wenn er nicht ständig wieder zum Schwingen angeregt wird. Man nennt solche periodischen Bewegungen **freie gedämpfte mechanische Schwingungen**. Frei deshalb, weil die Periode der Schwingung vom schwingenden System selbst bestimmt und ihm nicht von außen aufgezwungen wird. Gedämpft, weil durch unvermeidliche Reibungsvorgänge dem schwingenden System Energie entzogen wird und die Schwingung dadurch abklingt.

Schwingungen sind neben den Kreisbewegungen weitere Beispiele für ungleichförmige Bewegungen. Bei der physikalischen Beschreibung einer Schwingung kommt es vor allem auf ihre **Schwingungs-** oder **Periodendauer** T bzw. ihre **Frequenz** $f = 1/T$ an (vgl. S. 96). Den jeweiligen Abstand des Körpers von der Ruhelage nennt man **Auslenkung** oder **Elongation**. Die maximale Auslenkung heißt **Amplitude** der Schwingung.

> Mechanische Schwingungen sind periodische Bewegungen eines Körpers um eine stabile Gleichgewichtslage.

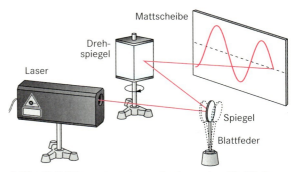

2 *Weg-Zeit-Diagramm einer schwingenden Blattfeder*

Harmonische Schwingungen

Versuch 1: Befestige an dem freien Ende einer eingespannten Blattfeder einen kleinen Spiegel und lasse die Feder schwingen! Richte ein schmales Lichtbündel auf den Spiegel und lenke das reflektierte Licht über einen Drehspiegel auf einen Schirm (Bild 2)! ∎

Der „Lichtzeiger" schreibt das Weg-Zeit-Diagramm der Bewegung der Blattfeder in Form einer *Sinuskurve* auf den Schirm. Auch bei schwingenden Stimmgabeln hast du solche Sinuskurven beobachten können (S. 96f). Sie sind das Merkmal einer besonderen Art von Schwingungen, denen man den Namen *harmonische Schwingungen* gegeben hat. Wie entsteht eine harmonische Schwingung? Dies soll am Beispiel eines **Federpendels** erklärt werden.

Versuch 2: Der Gleiter einer Luftkissenfahrbahn wird zwischen zwei gleichartigen Schraubenfedern eingespannt (Bild 3). Lenke diesen Pendelkörper aus seiner Ruhelage und beschreibe seine Bewegung! ∎

Beobachtung: Der Gleiter schwingt regelmäßig zwischen zwei Stellen größter Auslenkung links bzw. rechts hin und her. Wegen der geringen Reibung erfolgt die Schwingung nur schwach gedämpft. Der Gleiter kommt also erst nach zahlreichen Hin- und Herbewegungen zur Ruhe.

Warum schwingt der Pendelkörper überhaupt? Zur Vereinfachung vernachlässigen wir zunächst den Einfluß der Reibung und betrachten den Idealfall der *ungedämpften Schwingung.*

In der Ruhelage zieht die linke Feder den Körper mit einer Kraft $\vec{F}_1$ nach links, die rechte Feder mit der gleich großen, aber entgegengesetzt gerichteten Kraft $\vec{F}_2$ nach rechts (Bild 3a). Der Körper befindet sich im Gleichgewicht. Lenkst du wie in Bild 3b den Gleiter um die Strecke s nach rechts aus, so wird die linke Feder stärker gespannt als die rechte. Die linke Feder zieht jetzt mit einer größeren Kraft als die rechte, der Körper erfährt also eine zur Ruhelage gerichtete Kraft $\vec{F}_r$.

Die rücktreibende Kraft $\vec{F}_r$ wächst proportional zur Auslenkung s (Hookesches Gesetz). Sie ist am größten bei der maximalen Auslenkung s_m. Läßt du den Gleiter los, so beschleunigt ihn diese Kraft, und er bewegt sich nach links. Erreicht er die Ruhelage, so ist die rücktreibende Kraft Null und der Gleiter besitzt seine größte Geschwindigkeit. Aufgrund seiner Trägheit kommt er hier jedoch nicht zur Ruhe, sondern er „schießt über das Ziel hinaus". Die Bewegung nach links wird durch die jetzt nach rechts wirkende Federkraft gebremst. Der Gleiter kommt an der Stelle $-s_m$ zur Ruhe, wird anschließend nach rechts beschleunigt, schwingt wieder über die Ruhelage hinaus usw.

> Die Schwingungen eines Federpendels werden durch die zur Gleichgewichtslage wirkende rücktreibende Kraft und die Trägheit des Pendelkörpers verursacht.

Versuch 3: Befestige auf dem Gleiter eine Pappscheibe und zeichne mit der in Bild 4 gezeigten Lichtschranke und einem x-t-Schreiber das Weg-Zeit-Gesetz der Pendelschwingung auf! ■

Die Intensität des von der Fotozelle empfangenen Lichts ist proportional zur Auslenkung s des Pendels, ebenso der dadurch erzeugte Fotostrom. Der Schreiber zeichnet die Stromstärke und damit die Auslenkung s als Funktion der Zeit auf. Es ergibt sich eine Sinuskurve. Also liegt auch hier eine harmonische Schwingung vor.

Ursache dieser Schwingung ist hier die *proportional zur Auslenkung s wachsende rücktreibende Kraft $\vec{F}_r$* zusammen mit der Trägheit des Pendelkörpers. Wir haben am Beispiel des Federpendels eine allgemeingültige Entdeckung gemacht:

> Eine mechanische Schwingung heißt harmonisch, wenn die Rückstellkraft proportional zur Auslenkung ist. Das Weg-Zeit-Diagramm einer harmonischen Schwingung ist eine Sinuskurve.

Das schwingende Pendel als Energiespeicher
Versuch 2 auf S. 47 hat dir gezeigt, daß bei der ungedämpften Federschwingung der Energieerhaltungssatz gilt. Während der Schwingung wandelt sich periodisch Spannenergie in kinetische Energie um und umgekehrt. In jedem Augenblick ist die Summe aus Spann- und Bewegungsenergie konstant (abgeschlossenes System). Das schwingende Pendel stellt also einen Energiespeicher dar. Dem in der Praxis realisierbaren gedämpften Pendel wird durch Reibung Energie entzogen, es kommt schließlich zur Ruhe (nicht abgeschlossenes System).

Aufgaben
1 Nenne Beispiele für mechanische Schwingungen!
2 Was versteht man unter gedämpften Schwingungen? Gib die Ursache der Dämpfung an!
3 Nenne Beispiele für harmonische Schwingungen! Woran erkennt man sie?
4 Wie kommen Schwingungen zustande? Erläutere dies am Beispiel der schwingenden Blattfeder!

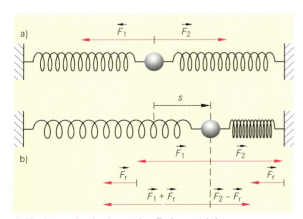

3 Horizontal schwingendes Federpendel

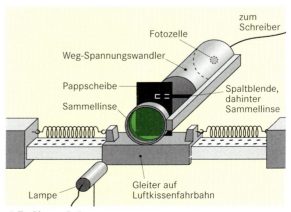

4 Zu Versuch 3

Mechanische Schwingungen – quantitativ

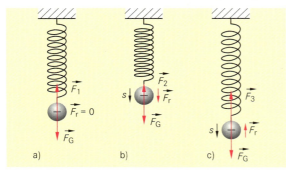

1 *Senkrecht schwingendes Federpendel a) Gleichge-wichtslage, b) Auslenkung nach oben, c) nach unten.*

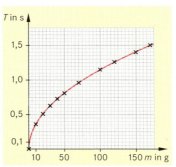

2 *Meßergebnisse zu Versuch 2 (Diagramm) und zu Versuch 3 (Tabelle)*

Masse:	$m = 50\,g$
D in N/m	T in s
7,9	0,5
4,67	0,65
2,67	0,86
0,68	1,7

Vertikal schwingendes Federpendel

Befestigt man wie in Bild 1 einen Körper an einer senkrecht aufgehängten Schraubenfeder, so entsteht ebenfalls ein Federpendel. In der Ruhelage (Bild 1a) ist die nach oben gerichtete Federkraft F_1 im Gleichgewicht mit der nach unten gerichteten Gewichtskraft F_G. Versieht man die Beträge der nach unten gerichteten Kräfte mit einem Minuszeichen, so gilt $F_1 + (-F_G) = F_1 - F_G = 0$.

Wird der Körper um die Strecke s nach oben ausgelenkt (Bild 1b), dann *verringert* sich die Federkraft auf $F_2 = F_1 - D \cdot s$. Es überwiegt die Gewichtskraft. Nach *unten* wirkt die rücktreibende Kraft $F_r = F_2 - F_G = F_1 - F_G - D \cdot s = 0 - D \cdot s = -D \cdot s$. Erfolgt die Auslenkung um s nach unten (Bild 1c), so wächst die Federkraft auf $F_3 = F_1 - D \cdot s$. (Da s nun negativ ist, wird der Term $-D \cdot s$ *positiv*!) Jetzt überwiegt die Federkraft und bewirkt die nach *oben* gerichtete rücktreibende Kraft $F_r = F_3 - F_G = F_1 - F_G - D \cdot s = 0 - D \cdot s = -D \cdot s$.

Unabhängig von der Richtung der Auslenkung gilt also: $F_r = -D \cdot s$. Das vertikal schwingende Federpendel erfährt also ebenfalls eine zur Auslenkung proportionale Rückstellkraft und schwingt deshalb *harmonisch*. Prüfe dies durch Aufzeichnung des Weg-Zeit-Diagramms wie in Versuch 3, S. 109!

Schwingungsdauer beim Federpendel

Versuch 1: Lenke ein vertikal aufgehängtes Federpendel aus und bestimme bei verschiedenen Amplituden die Schwingungsdauer T des Pendels! ■

Ergebnis: Innerhalb der Meßgenauigkeit erhältst du stets den gleichen Wert für T. Obwohl der Pendelkörper bei größerer Amplitude einen längeren Weg zurücklegt, ist die Schwingungsdauer erstaunlicherweise nicht größer als bei kleinen Wegen. Das Pendel muß also bei größerer Amplitude auch höhere Geschwindigkeiten erreichen. Da die Amplitude keine Auswirkung auf T hat, kannst du die Schwingungsdauer genauer ermitteln, indem du z. B. die Zeit

für 10 oder 20 Schwingungen mißt und den Mittelwert berechnest.

> **Die Schwingungsdauer eines Federpendels ist unabhängig von der Amplitude der Schwingung.**

Versuch 2: Hänge wie in Bild 1 an eine Schraubenfeder Pendelkörper mit verschiedenen Massen m und bestimme jeweils die Schwingungsdauer T! Stelle T in Abhängigkeit von m in einem Diagramm dar! ■

Bei größerer Masse des Pendelkörpers wächst die Schwingungsdauer. Allerdings sind beide Größen nicht zueinander proportional (Bild 2). Der Graph gleicht der Parabel einer Wurzelfunktion. Wir vermuten daher $T \sim \sqrt{m}$ bzw. $T^2 \sim m$. Bestimme die Quotienten T^2/m! Du erhältst im Rahmen der Meßgenauigkeit stets gleiche Werte.

Weiter ist zu vermuten, daß auch die Härte der Feder, charakterisiert durch die Federkonstante D, Einfluß auf die Schwingungsdauer hat.

Versuch 3: Miß die Schwingungsdauer von Federpendeln mit gleichem Pendelkörper aber verschiedenen Federn! Du findest z. B. Werte wie in Bild 2 (rechts). ■

Ergebnis: Bei einer weicheren Feder ist die Schwingungsdauer größer als bei einer härteren Feder. Theoretische Überlegungen zeigen:

> **Die Schwingungsdauer eines Federpendels mit der Masse m und der Federkonstante D beträgt:**
>
> $$T = 2\pi \sqrt{\frac{m}{D}}.$$

Prüfe die Gültigkeit dieser Beziehung anhand der Meßwerte in der Tabelle von Bild 2!

Untersuchungen am Fadenpendel

Mit Fadenpendeln haben wir schon früher experimentiert und festgestellt, daß die Schwingungsdauer nicht von der Pendelmasse abhängt und daß kein einfacher Zusammenhang zwischen der Pendellänge l und der Schwingungsdauer T besteht. Es soll nun versucht werden, die Gleichung für die Schwingungsdauer durch Vergleich des Fadenpendels mit dem Federpendel zu finden.

Lenkt man das Pendel um den Winkel α aus seiner Ruhelage im tiefsten Punkt seiner kreisförmigen Bahn aus (Bild 3), so wirkt als rücktreibende Kraft F_r die Komponente der Gewichtskraft, die tangential zur Bahn wirkt. (Die senkrecht dazu wirkende Komponente wird durch die Haltekraft des Fadens kompensiert.) Die beiden farbig unterlegten rechtwinkligen Dreiecke in Bild 3 sind ähnlich. Es gilt daher für die Beträge der Kräfte:

$$\frac{F_r}{F_G} = \frac{x}{l} \quad \text{und} \quad F_r = F_G \cdot \frac{x}{l} = m \cdot g \cdot \frac{x}{l}.$$

Der Pendelkörper bewegt sich auf einem Kreis. Bei kleinen Winkeln α unterscheidet sich die Auslenkung b kaum von der Strecke x. Für kleine Winkel gilt daher: $F_r = -m \cdot g \cdot b/l$. ($F_r$ ist b stets entgegengerichtet, daher das Minuszeichen.) F_r ist proportional zur Auslenkung b, wir erwarten deshalb auch hier eine harmonische Schwingung.

Wir vergleichen nun mit dem Federpendel. Dort gilt für die rücktreibende Kraft: $F_r = -D \cdot s$. Da diese Kraft den Pendelkörper beschleunigt, folgt wegen $F = m \cdot a$:

$$m \cdot a = -D \cdot s \quad \text{und} \quad a = -\frac{D}{m} \cdot s. \quad (1).$$

Entsprechend finden wir beim Fadenpendel:

$$m \cdot a = -m \cdot g \cdot \frac{b}{l} \quad \text{und} \quad a = -\frac{g}{l} \cdot b. \quad (2).$$

Für die Schwingungsdauer des Federpendels gilt:

$$T = 2\pi \sqrt{\frac{m}{D}}.$$

Wegen der Ähnlichkeit der Gleichungen (1) und (2) für die Beschleunigungen setzen wir für die Schwingungsdauer des Fadenpendels:

$$T = 2\pi \sqrt{\frac{l}{g}}. \quad (3).$$

Gleichung (3) enthält in Übereinstimmung mit unseren früheren Ergebnissen nicht die Masse des Pendelkörpers. T hängt somit nur von der Pendellänge l und der Fallbeschleunigung g ab.

Versuch 3: Verändere die Länge l eines Fadenpendels und bestimme jeweils bei nicht zu großen Auslenkungen die Schwingungsdauer! Vergleiche mit den nach Gleichung (3) berechneten Werten! ■

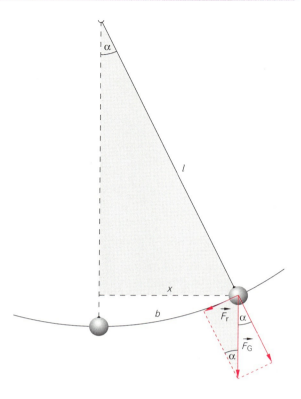

3 Kräfte am Fadenpendel

Du findest Gleichung (3) bestätigt. Sie wurde von dem holländischen Physiker CHRISTIAAN HUYGENS (1629–1695) gefunden, der im Jahre 1656 die erste Pendeluhr konstruierte.

> **Für die Schwingungsdauer eines Fadenpendels der Länge l gilt bei kleinen Ausschlägen:**
>
> $$T = 2\pi \sqrt{\frac{l}{g}}.$$

Aufgaben

1 Berechne Schwingungsdauer T und Frequenz f der Fadenpendel mit den Längen $l_1 = 20\,\text{cm}$, $l_2 = 40\,\text{cm}$, $l_3 = 80\,\text{cm}$ und $l_4 = 120\,\text{cm}$!
2 Welche Länge besitzt ein Fadenpendel mit der Schwingungsdauer $T = 1\,\text{s}$?
3 Wird eine Masse von 200 g an eine Schraubenfeder gehängt, so verlängert sich diese um 10 cm. Bestimme die Schwingungsdauer dieses Federpendels!

Experimentiere selbst!

1 Bestimme mit Fadenpendeln verschiedener Längen die Fallbeschleunigung an deinem Heimatort!
2 Zeige, daß für kleine Auslenkungen die Schwingungsdauer deiner Fadenpendel unabhängig von der Amplitude ist! Was stellst du fest, wenn das Pendel weiter ausgelenkt wird (z. B. $\alpha = 90°$)?

Erzwungene Schwingungen und Resonanz

Jede Pendelschwingung klingt mit der Zeit ab, wenn man sie nicht immer wieder durch geeignetes Anstoßen in Gang hält. Ursache für die Dämpfung sind die unvermeidlichen Reibungskräfte.

Versuch 1: Lasse wie im Bild 1 ein vertikal aufgehängtes Federpendel in einer Flüssigkeit schwingen! Lies die Ausschläge mit Hilfe eines Lineals ab und bestimme jeweils die Amplitude! ■

Du beobachtest eine stark gedämpfte Schwingung. In diesem Fall ist der Quotient zweier aufeinanderfolgender Amplituden konstant.

Bisher haben wir nur gedämpfte Schwingungen betrachtet, die durch einmalige Energiezufuhr wie z. B. durch Anstoß eines Fadenpendels oder durch Spannen einer Feder entstanden sind. Jede dieser Schwingungen besitzt eine für das Pendel charakteristische Schwingungsdauer T_0 bzw. **Eigenfrequenz** f_0. Das ist die Frequenz, mit der das Pendel nach einmaligem Anstoß sich selbst überlassen schwingt. Wie verhält sich aber ein Pendel, wenn wir die Dämpfung durch Energiezufuhr von außen auszugleichen versuchen?

Versuch 2: Versetze ein Federpendel in Schwingungen, indem du den Aufhängepunkt auf und ab bewegst (Bild 2a)! Wie wirkt sich die Frequenz deiner Handbewegung auf die Schwingungen des Pendels aus? Wiederhole den Versuch, indem du das Pendel mit Hilfe eines Motors zu Schwingungen anregst (Bild 2b)! ■

Bei niedrigen Anregungsfrequenzen kann das Pendel der Anregung vollständig folgen. Die Hand als Erreger und das Pendel schwingen als Ganzes, d. h. sie schwingen mit gleicher Amplitude und befinden sich im Gleichtakt. Gehst du zu hohen Anregungsfrequenzen über, kann das Pendel infolge seiner Trägheit der Anregung immer schlechter folgen. Die Amplitude der Schwingung geht gegen Null; Hand und Pendel schwingen schließlich im Gegentakt.

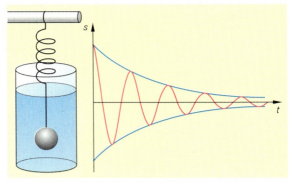

1 Gedämpfte Schwingung eines Federpendels

Stimmen Erreger- und Eigenfrequenz überein, so schaukelt sich das Pendel zu Amplituden auf, welche die Anregungsamplitude weit übersteigen. Du kannst dies so deuten, daß die Energiezufuhr für das Pendel durch die Hand immer genau im gleichen Takt und zum richtigen Zeitpunkt erfolgt. Dieses maximale Mitschwingen nennt man **Resonanz**.

> Erzwungene Schwingungen entstehen, wenn ein schwingungsfähiges System von außen periodisch zu Schwingungen angeregt wird.

Du kannst deine Beobachtungen in Versuch 1 quantitativ erfassen, wenn du die Amplitude der erzwungenen Schwingung in Abhängigkeit von der Erregerfrequenz mißt. Zur Aufnahme dieses Zusammenhanges eignet sich das Drehpendel (Bild 3), ein Schwingungssystem, das z. B. in mechanischen Armbanduhren für den Gleichlauf der Uhr sorgt. Beim Drehpendel entsteht eine harmonische Schwingung, weil das zur Nullage rücktreibende Drehmoment proportional zum Drehwinkel ist. Die Anregung des Pendels erfolgt mit konstanter Amplitude über einen regelbaren Motor. Mit Hilfe eines steuerbaren Elektromagneten kann die Dämpfung des Pendels variiert werden.

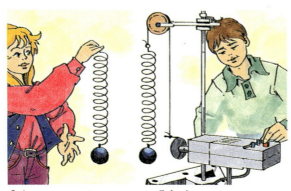

2 Anregung zu erzwungenen Schwingungen

3 Drehpendel

Versuch 2: Miß das Resonanzverhalten des Drehpendels für geringe und starke Dämpfung! Stelle in einem Diagramm die Abhängigkeit der Amplitude der Schwingung von der Anregungsfrequenz grafisch dar! ■

Die in Bild 4 dargestellten Kurven bezeichnet man als **Resonanzkurven**. Sie zeigen, daß im Resonanzfall das Drehpendel als Schwingungsverstärker aufgefaßt werden kann. Bereits kleine Amplituden des antreibenden Motors reichen aus, um große Amplituden des Drehpendels zu erzielen, wenn Erregerfrequenz und Eigenfrequenz nahezu übereinstimmen.

Bei geringer Dämpfung ist das Resonanzmaximum schmal und hoch. Theoretisch müßte bei fehlender Dämpfung die Amplitude unendlich groß werden. Es käme dann zur **„Resonanzkatastrophe"**. Aber auch bei geringer Dämpfung können Schäden auftreten. Bei größerer Dämpfung wird die Resonanzkurve breiter und flacher.

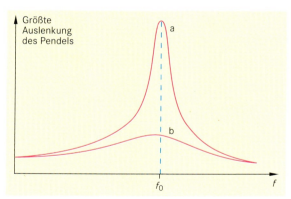

4 Resonanzkurve des Drehpendels bei a) schwacher b) starker Dämpfung

> Bei einer erzwungenen Schwingung tritt Resonanz ein, wenn Erreger- und Eigenfrequenz ungefähr übereinstimmen.

Experimentiere selbst!
1 Erhöhe bei einem Mofa langsam die Drehzahl des Motors! Bei gewissen Drehzahlen vibriert der Rückspiegel oder andere Teile des Rahmens.
2 Stelle einen nicht zu leichten Elektromotor zusammen mit verschiedenen leicht beweglichen Gegenständen wie z. B. Gläsern, Getränkedosen, Blechtöpfen und dgl. auf einen Tisch und steigere langsam die Drehzahl des Motors!
Du beobachtest, daß gerade immer nur die Gegenstände klappern, deren „Kippfrequenz" der momentanen Drehzahl des Motors entspricht.
3 Singe mit langsam ansteigender Tonhöhe in den Ausguß einer zum Teil mit Wasser gefüllten Gießkanne, die du in beiden Händen hältst! Was bemerkst du?

Resonanz – ein allgegenwärtiges Phänomen
Beim Hören wird das Trommelfell durch ankommende Schallwellen zu erzwungenen Schwingungen angeregt, wobei zunächst noch keine Resonanz auftritt. Diese Schwingungen werden in das Innenohr weitergeleitet. Dort befinden sich feine Härchen, von denen jeweils einige je nach Tonhöhe in Resonanz sind, kräftig mitschwingen und den Hörnerv erregen. Ohne Resonanz gäbe es keine Sprache und keine Musik. Auch wäre deren Übertragung durch technische Kommunikationsmedien (Telefon, Radio, Fernsehen) nicht möglich.

Dagegen ist in der Technik die Resonanz häufig ein Ärgernis, das die Techniker durch konstruktive Maßnahmen zu verhindern versuchen. So können z. B.

festaufgestellte Motoren in einer Fabrikhalle bei Resonanz zu Gebäudeschwingungen führen. Man versucht dies zu verhindern, indem man die Motoren auf schwingungsdämpfende Fundamente setzt. Gebäudeschwingungen wirken sich auch bei Erdbeben häufig katastrophal aus.

Bei Kraftfahrzeugen empfinden wir es als sehr störend, wenn bei gewissen Motor- oder Reifendrehzahlen Karosserieteile zu klappern beginnen.

Versuch 3: Das Modellauto in Bild 5 enthält einen Elektromotor mit Unwucht, der in Betrieb das Auto zu Schwingungen anregt. Erhöhe langsam die Spannung am Motor! Je nach Erregerfrequenz geraten das ganze Auto oder nur die Antenne bzw. die Kotflügel in Resonanz und klappern. ■

Bei Autos sind zwischen Radaufhängung und Karosserie starke Federn angebracht, die Erschütterungen abfangen sollen. Ließe man das Auto ungedämpft schwingen, wäre dies für die Fahrsicherheit sehr gefährlich, da ein schwingendes Rad etwas von der Fahrbahn abhebt. Das Auto „haftet" nicht mehr fest auf der Fahrbahn, es kann rutschen, oder noch schlimmer, schleudern. Um dies zu verhindern, sind bei jedem Rad Schwingungsdämpfer („Stoßdämpfer") angebracht.

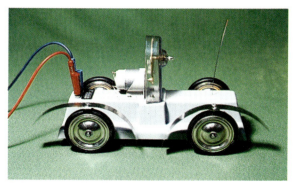

5 Resonanz beim „Wackelauto"

Vom schwingenden Teilchen zur Welle

1 *Ausbreitung einer Wasserwelle*

2 *Erzeugung von Wasserwellen in der Wellenwanne*

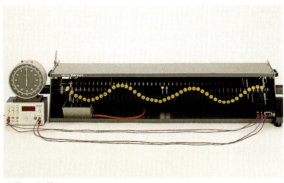

3 *Pendelkette*

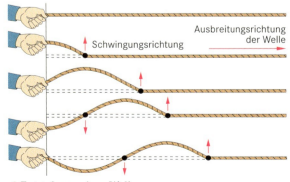

4 *Entstehung einer Welle*

Wirfst du einen Stein ins Wasser, so kannst du beobachten, wie eine Wasserwelle entsteht. Von der Eintauchstelle weg breiten sich kreisförmige Wellentäler und Wellenberge aus (Bild 1). Mit Hilfe einer Wellenwanne stellen wir den Versuch nach. Dabei dient ein Stift als Wellenerreger. Taucht dieser periodisch in das Wasser ein, so entsteht um die Eintauchstelle herum eine Welle mit vielen Wellenbergen und Wellentälern (Bild 2).

Die Wasserteilchen an der Eintauchstelle bewegen sich mit dem Erreger auf und ab, d.h. sie führen Schwingungen aus. Da zwischen den Wasserteilchen Kopplungskräfte wirken, werden die Schwingungen auf die jeweils benachbarten Teilchen übertragen und die **Welle** breitet sich aus. Wir veranschaulichen uns diesen Vorgang in einem Modellversuch. Als „Wasserteilchen" dienen dabei eine Reihe miteinander gekoppelter Pendel (Pendelkette; Bild 3).

Versuch 1: Lenke das erste Pendel zunächst einmal kurz und dann periodisch quer zur Pendelkette aus! Du beobachtest, daß sich infolge der Kopplung der benachbarten Pendel die Auslenkung bzw. Schwingung längs der Pendelkette ausbreitet (Bild 4). ■

Als **Wellen** werden sich über den Raum ausbreitende Schwingungen bezeichnet. Führt das erste Pendel Schwingungen aus, so werden diese durch Kopplungskräfte von Pendel zu Pendel übertragen. Dabei beginnen die Pendel nacheinander zu schwingen und erreichen deshalb auch nacheinander ihre Amplituden.

Mechanische Wellen können dann entstehen, wenn zwischen schwingungsfähigen Teilchen Kopplungskräfte wirken. Erfolgt wie in Versuch 1 die Schwingung aller Pendel quer zur Ausbreitungsrichtung der Welle, so bezeichnet man diese als **Transversalwelle** (Bild 5a). Schwingen alle Teilchen parallel zur Ausbreitungsrichtung, so handelt es sich um eine **Longitudinalwelle**.

Versuch 2: Erzeuge mit der Pendelkette eine Longitudinalwelle und beschreibe sie (Bild 5b)! ■

Den Unterschied zwischen Longitudinal- und Transversalwellen kannst du auch schön mit Hilfe einer langen elastischen Schraubenfeder zeigen (Bild 6).

> Bei einer mechanischen Welle führt jedes Teilchen eine Schwingung aus, die ihm vom Erreger vorgegeben wird. Je weiter das Teilchen von diesem entfernt ist, desto später beginnt es mit der Schwingung.

In Bild 4: Schwingungsrichtung — Ausbreitungsrichtung der Welle

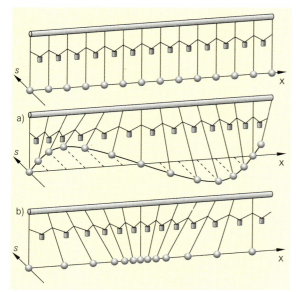

5 *Ausbreitung von a) Transversal- und b) Longitudinalwellen*

Energieübertragung durch Wellen

Hohe Wellen können schwere Seeschiffe leicht in die Höhe heben und dabei Hubarbeit verrichten. Schwerer Seegang richtet häufig an Uferbefestigungen großen Schaden an. Beides ist nur möglich, wenn in einer sich ausbreitenden Welle Energie transportiert wird. Ist dieser Energietransport mit der Wanderung von Teilchen innerhalb der Welle verbunden?

Versuch 3: Lege in eine Wellenwanne mehrere kleine Korkstückchen und erzeuge mit Hilfe eines Elektromotors mit Tupfer eine Wasserwelle! Du beobachtest, daß die Korkteilchen bei der Ausbreitung der Welle an ihrem Ort bleiben und dort auf und ab schwingen. ■

> Bei einer mechanischen Welle breitet sich eine Störung mit einer bestimmten Geschwindigkeit im Raum aus. Dabei wird Energie von Teilchen zu Teilchen weitergegeben, ohne daß ein Materietransport stattfindet.

Welche Größen charakterisieren eine Welle?

Die Begriffe Amplitude und Frequenz kennst du bereits von den Schwingungen. Auch bei einer Welle ist die Amplitude die größte Auslenkung und die Frequenz der Kehrwert der Periodendauer eines um seine Gleichgewichtslage schwingenden Materieteilchens. Weiter fällt bei der Betrachtung z. B. der Transversalwellen beim Seil oder Federwurm auf, daß Wellenberge und Wellentäler stets den gleichen Abstand voneinander haben (Bild 6). Den in Meter gemessenen Abstand zweier benachbarter Wellenberge oder Wellentäler bezeichnet man als **Wellenlänge** λ.

Unter der **Ausbreitungsgeschwindigkeit** c einer Welle versteht man die Geschwindigkeit, mit der sich ein Wellenberg oder Wellental in der Ausbreitungsrichtung der Welle bewegt. Da sich ein Wellenberg in der Zeit T gerade um die Strecke λ weiterbewegt (Bild 5), gilt die Beziehung:

$$c = \frac{\Delta s}{\Delta t} = \frac{\lambda}{T}. \quad \text{Mit } f = \frac{1}{T} \text{ folgt } c = \lambda \cdot f.$$

Während sich eine Schallwelle in Luft mit einer Geschwindigkeit von etwa 340 m/s ausbreitet, beträgt die Geschwindigkeit der Wasserwellen in der Wellenwanne ca. 0,2 m/s.

Aufgaben

1 Was sind Quer- bzw. Längswellen? Wie können sie mit einem Federwurm erzeugt werden?
2 Was versteht man unter der Wellenlänge?
3 Wie hängen Ausbreitungsgeschwindigkeit, Wellenlänge und Frequenz einer Welle zusammen?

Experimentiere selbst!

1 Baue analog wie in Bild 3 eine Kette von gekoppelten Pendeln auf und erzeuge Transversal- und Longitudinalwellen! Beschreibe die Schwingungs- und Energieübertragung!
2 Erzeuge mit dem Magnetrollengerät (Bild 7) eine Longitudinalwelle und beschreibe sie!
3 Ermittle die Ausbreitungsgeschwindigkeit einer Wasserwelle! Erzeuge dazu in einem Teich oder Wasserbecken eine Wasserwelle und miß die Zeit, die ein Wellenberg zum Durchlaufen einer festgelegten Strecke benötigt!

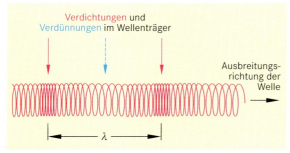

6 *Wellenlänge bei Längswellen*

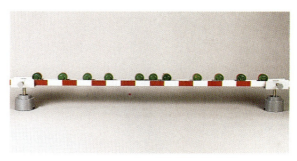

7 *Longitudinalwelle mit Magnetrollen*

Eigenschaften mechanischer Wellen

1 Reflexion von Wellen an einer Uferböschung

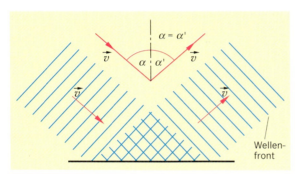

2 Reflexion von Wellen an einem Hindernis

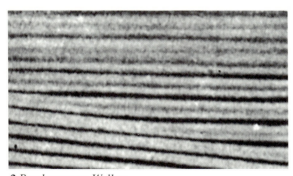

3 Brechung von Wellen

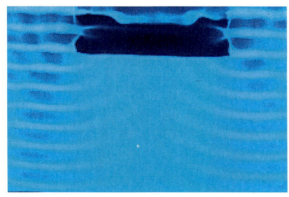

4 Beugung an einem Hindernis

Reflexion

Fährt ein Schiff durch einen schmalen Kanal, so kannst du beobachten, wie seine Bugwellen von den Uferböschungen zurückgeworfen werden (Bild 1). Die Reflexion von Wasserwellen an einem Hindernis kannst du gut in der Wellenwanne beobachten.

Versuch 1: Erzeuge in der Wellenwanne mit Hilfe eines geraden Blechstreifens Wasserwellen mit geraden Wellenfronten! Treffen diese auf ein Hindernis, so werden sie unter dem gleichen Winkel reflektiert, unter dem sie auftreffen (Bild 2). ■

> **Reflexionsgesetz:** Treffen mechanische Wellen auf ein Hindernis, so werden sie so reflektiert, daß stets der Reflexionswinkel gleich dem Einfallswinkel ist.

Brechung

Versuch 2: Legst du eine Glasplatte flach in eine Wellenwanne, so ändert die Wasserwelle ihre Ausbreitungsrichtung, wenn sie in das flachere Wasser gelangt (Bild 3). Da die Welle abknickt, bezeichnet man diesen Vorgang als **Brechung**. ■

Licht wird beim Übergang von einem optisch dünneren in einen optisch dichteren Stoff zum Einfallslot hin gebrochen. Entsprechendes beobachtet man an Wasserwellen beim Übergang vom tieferen ins seichtere Wasser. Das seichtere Wasser entspricht hier dem optisch dichteren Stoff.

> **Brechungsgesetz:** Beim Übergang einer Welle vom dünneren ins dichtere Medium und umgekehrt ändert sich die Ausbreitungsgeschwindigkeit der Welle. Dabei bleibt die Frequenz konstant und es gilt: $\dfrac{c_1}{c_2} = \dfrac{\lambda_1}{\lambda_2}$.

Beugung

Versuch 3: Erzeuge wie in Versuch 2 gerade Wellenfronten und stelle diesen als Hindernis eine Leiste in den Weg, die über die Wasseroberfläche hinausragt! Bild 4 zeigt erstaunlicherweise auch im Schattenraum des Hindernisses Wellenerscheinungen. Man sagt, die Welle wird am Hindernis gebeugt. ■

> Das Eindringen von Wellen in den Schattenraum hinter einem Hindernis bezeichnet man als Beugung.

Interferenz

Versuch 4: Stelle zwei gleiche Lautsprecher im Abstand von ca. 30 cm nebeneinander und schließe sie an einen Tonfrequenzgenerator an, der z. B. einen Ton der Frequenz f = 2500 Hz liefert! Gehst du nun im Raum vor den Lautsprechern langsam vorbei und hältst dir ein Ohr zu, so findest du Stellen, an denen fast nichts zu hören ist. Dagegen wird an diesen Stellen der Ton sofort besser hörbar, wenn du einen Lautsprecher ausschaltest. ■

Wie kann man dieses überraschende Ergebnis erklären? Wieso ist es möglich, daß an bestimmten Stellen zwei Lautsprecher eine geringere Lautstärke erzeugen als ein einziger? Die folgenden Überlegungen helfen dir, das zu verstehen.

Wir betrachten die Überlagerung zweier Seilwellen, die sich in der gleichen Richtung mit der gleichen Amplitude und Frequenz ausbreiten. Beide Wellen überlagern sich zu einer resultierenden Welle. Diese erhältst du, wenn du in jedem Punkt die Auslenkungen beider Wellen addierst. Fallen Wellenberge und Wellentäler genau aufeinander, so entsteht eine resultierende Welle mit verdoppelter Amplitude. Die Wellen verstärken sich (Bild 5a). Sind dagegen die Seilwellen gerade um 180° gegeneinander verschoben, so ergibt die Addition ihrer Auslenkungen völlige Auslöschung (Bild 5b).

Versuch 5: Lasse zwei Stifte periodisch im gleichen Takt in das Wasser der Wellenwanne tauchen! Es entstehen zwei kreisförmige Wellen gleicher Frequenz und Wellenlänge, die sich überlagern. Du beobachtest ein sogenanntes Interferenzmuster (Bild 6). ■

Überlagern sich zwei Wellen mit gleicher Frequenz und Wellenlänge, so tritt an bestimmten Stellen Verstärkung und an anderen Stellen Abschwächung oder gar Auslöschung der Wellen auf. Man bezeichnet diesen Vorgang als Interferenz.

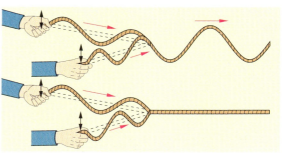

5 Überlagerung von Seilwellen

In einem Modellversuch mit zwei Folien kannst du die Interferenz zweier Kreiswellen zeigen. Dabei befindet sich auf jeder Folie ein System miteinander abwechselnder durchsichtiger bzw. undurchsichtiger konzentrischer Ringe. Jede Folie stellt die Momentaufnahme einer kreisförmigen Welle dar. Die durchsichtigen Kreisringe entsprechen den Wellenbergen und die undurchsichtigen Ringe stellen die Wellentäler dar. Legst du nun die Folien so übereinander, daß sich die Mittelpunkte der konzentrischen Ringsysteme nicht decken, so beobachtest du in der direkten Draufsicht oder bei der Projektion beider Folien auf die Wand ein von dunklen Streifen durchzogenes Interferenzmuster (Bild 7).

Dunkle Streifen entstehen an den Stellen, wo Wellenberge und Wellentäler, d.h. durchsichtige und undurchsichtige Ringe aufeinanderfallen. Zwischen diesen Streifen wechseln helle und dunkle Zonen miteinander ab. Dort fallen jeweils gleichartige Ringe aufeinander. Überlagern sich genau zwei Wellenberge oder zwei Wellentäler miteinander, so verstärken sich die Wellen.

Aufgaben

1 Formuliere das Reflexions- und das Brechungsgesetz für mechanische Wellen! Gelten diese Gesetze auch für Schall und Licht?
2 Wie werden Wasserwellen gebrochen, wenn sie vom seichteren ins tiefere Wasser übergehen? Zeichne!
3 Was versteht man unter Beugung und Interferenz?

6 Interferenz von Wellen in der Wellenwanne

7 Modellversuch zur Interferenz

Erzeugung elektromagnetischer Schwingungen

Versuch 1: Baue eine Schaltung gemäß Bild 1 auf! Wenn du den Schalter nach links legst, wird der Kondensator mit der Gleichspannungsquelle verbunden und aufgeladen. Verbinde anschließend den aufgeladenen Kondensator mit der Spule! ■

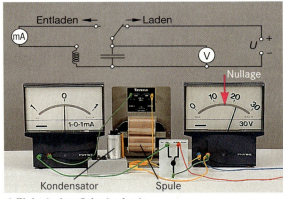

1 Elektrischer Schwingkreis

Du beobachtest etwas ganz Erstaunliches! Die Zeiger der Meßinstrumente gehen nicht sofort auf Null zurück, sondern pendeln hin und her. Sie zeigen eine sich periodisch ändernde Spannung und Stromstärke, also eine Schwingung an (Bild 3).

Zur Erklärung dieser *elektromagnetischen Schwingung* vergleichen wir diese mit einem horizontal schwingenden Federpendel (Bild 2).

Federpendel:

a) Der Pendelkörper ist nach rechts ausgelenkt. Läßt man ihn los, so wird er durch die Federkräfte zur Ruhelage hin beschleunigt. Dabei wächst seine Geschwindigkeit infolge der Trägheit zunächst langsam.

b) Beide Federn sind entspannt und der Pendelkörper hat seine größte Geschwindigkeit erreicht. Obwohl die rücktreibende Kraft jetzt Null ist, kommt der Pendelkörper nicht zur Ruhe und schwingt infolge seiner Trägheit über die Ruhelage hinaus.

c) Der über die Ruhelage hinausschwingende Pendelkörper spannt die Federn in entgegengesetzter Richtung. Jetzt wirkt wieder eine rücktreibende Kraft. Die Geschwindigkeit des Pendelkörpers nimmt ab.

d) Der Pendelkörper ist am weitesten nach links ausgelenkt. Der Bewegungsvorgang wiederholt sich anschließend in umgekehrter Richtung.

Elektromagnetischer Schwingkreis:

a) Der Kondensator ist geladen. Verbindet man ihn mit der Spule, fließt durch diese Strom und erzeugt ein Magnetfeld. Dabei entsteht eine Induktionsspannung, die den Strom zunächst langsam ansteigen läßt.

b) Strom und Magnetfeld sind am stärksten, wenn der Kondensator entladen ist. Eigentlich dürfte nun kein Strom mehr fließen. Aber auch beim Abbau des magnetischen Feldes wird in der Spule eine Spannung induziert. Sie bewirkt, daß der Strom in der gleichen Richtung weiterfließt.

c) Der Induktionsstrom lädt den Kondensator mit entgegengesetzter Polung wieder auf. Es bildet sich wieder ein elektrisches Feld. Mit wachsender Kondensatorspannung verringert sich die Stromstärke.

d) Der Kondensator ist vollständig umgeladen. Der Entladungsvorgang wiederholt sich anschließend in der umgekehrten Richtung.

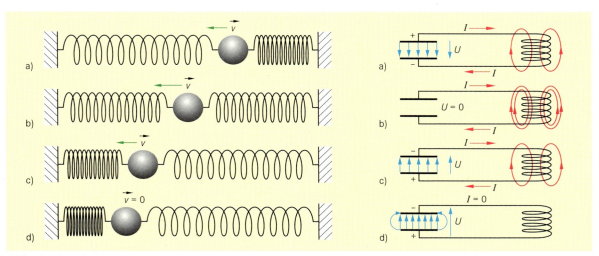

2 Vergleich zwischen elektromagnetischer und mechanischer Schwingung

Bei der Beobachtung des horizontal schwingenden Federpendels stellst du fest, daß für diese Schwingung zwei Energieformen notwendig sind: potentielle Energie (Spannenergie) und kinetische Energie. Auch bei der elektromagnetischen Schwingung gibt es zwei Energiespeicher, zwischen denen die Energie hin und her pendelt. Man stellt sich dabei vor, daß das elektrische Feld des Kondensators und das magnetische Feld der Spule diese Speicher darstellen.

Wenn der Kondensator geladen ist, speichert er in seinem elektrischen Feld elektrische Energie. Da noch kein Strom fließt, ist noch kein Magnetfeld in der Spule vorhanden und folglich dort auch noch keine Energie gespeichert. Sobald ein Strom fließt, wird die elektrische Energie im Kondensator geringer. Jetzt wird Energie im Magnetfeld der Spule gespeichert. Dort steckt schließlich die gesamte Energie, wenn der Kondensator vollständig entladen ist. Beim Abbau des magnetischen Feldes wird in der Spule Spannung induziert und durch den weiterfließenden Strom im Kondensator wieder ein elektrisches Feld aufgebaut. Während sich die Energie im Magnetfeld der Spule verringert, wächst die Energie im elektrischen Feld des Kondensators. Bei vollständiger Umladung des Kondensators enthält der Schwingkreis wieder nur noch elektrische Energie wie zu Beginn des Schwingungsvorganges. Der Energieaustausch zwischen Kondensator und Spule wiederholt sich.

Die elektromagnetische Schwingung in Versuch 1 ist gedämpft. Die Dämpfung liegt an den unvermeidlichen Verlusten infolge des elektrischen Widerstandes in den Zuleitungen und vor allem dem langen Draht der Spule.

Versuch 2: Ersetze zur Bestätigung von Bild 3 den Handschalter in Versuch 1 durch ein Relais der Schaltfrequenz 50 Hz, das jetzt zum periodischen Anstoßen des Schwingkreises dient! Außerdem schalte einen Widerstand mit der Spule in Reihe! Die an diesem Widerstand abzugreifende Spannung liefert dir dann eine Aussage über den zeitlichen Verlauf der Stromstärke. Den zeitlichen Verlauf der Spannung kannst du direkt am Kondensator messen (Bild 4). Beobachtest du den zeitlichen Verlauf der Kondensatorspannung und des Spulenstromes mit einem Zweistrahloszilloskop, so erhältst du ein Oszillogramm gemäß Bild 5. ∎

> Ein elektrischer Schwingkreis besteht aus einer Spule und einem Kondensator. Durch Induktionsvorgänge finden ständig Lade- und Entladevorgänge statt. Dabei ändern sich Spannung und Stromstärke periodisch.

Aufgaben

1 In Bild 2 ist schematisch ein Schwingkreis zu verschiedenen Zeitpunkten dargestellt. Beschreibe den zeitlichen Verlauf der Spannung am Kondensator und den zeitlichen Verlauf der Stromstärke in diesem Kreis! Gib qualitativ auch den zeitlichen Verlauf der auftretenden Energien an!

2 Wie kannst du nachweisen, daß die Dämpfung der elektromagnetischen Schwingung vom Widerstand beeinflußt wird?

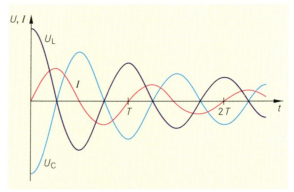

3 *Zeitlicher Verlauf von Spannung und Stromstärke*

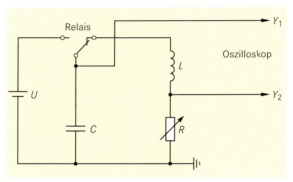

4 *Schaltbild zum Nachweis der gedämpften elektromagnetischen Schwingung*

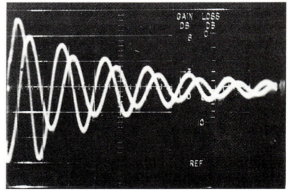

5 *Oszillogramm einer gedämpften elektromagnetischen Schwingung*

Eigenfrequenz eines Schwingkreises

Regst du einen Schwingkreis mehrmals hintereinander von außen zu Schwingungen an, so schwingt dieser immer mit der gleichen Periodendauer. Wovon hängen Periodendauer bzw. Frequenz des Schwingkreises ab?

Versuch 1: Tausche die Spule gegen eine andere mit geringerer Windungszahl aus! Die Periodendauer T der Schwingung wird kleiner und damit nach $f = 1/T$ die Eigenfrequenz des Kreises größer. Lasse nun die Spule unverändert und benutze einen Kondensator mit geringerer Speicherfähigkeit! Die Eigenfrequenz des Schwingkreises wird größer. ■

> Jeder elektromagnetische Schwingkreis besitzt eine bestimmte Eigenfrequenz, mit der er nach einmaliger Anregung schwingt. Die Eigenfrequenz hängt von den Eigenschaften der Spule und des Kondensators ab.

Charakteristische Größen für Spule und Kondensator

Eine Kenngröße für jede Spule ist ihre **Induktivität** L. Sie hängt vom Aufbau der Spule, d. h. von ihrer Windungszahl, der Spulenlänge, der Querschnittsfläche der Spule und vom Material des Spulenkerns ab. Man hat festgelegt:

> Eine Spule besitzt die Induktivität 1 Henry (1 H), wenn in ihr bei einer gleichmäßigen Änderung der Stromstärke um 1 A in einer Sekunde die Spannung 1 V induziert wird.

Kondensatoren sind Ladungsspeicher. Ihr Fassungsvermögen für Ladungen wird durch die **Kapazität** C angegeben. Sie ist abhängig vom Aufbau des Kondensators, d. h. von seiner Plattenfläche, seinem Plattenabstand und der Isolierschicht zwischen den Platten. Die Maßeinheit für die Kapazität ist nach dem englischen Physiker MICHAEL FARADAY (1791–1867) benannt und heißt 1 Farad (1 F).

> Ein Kondensator besitzt die Kapazität 1 Farad, wenn er bei einer angelegten Spannung von 1 V gerade die Ladung 1 C aufnehmen kann.

Weil die Einheit 1 Farad sehr groß ist, findet man meist Angaben in kleineren Einheiten:

$$1\,\mu F = 10^{-6}\ \text{F (Mikrofarad)}$$
$$1\,nF = 10^{-9}\ \text{F (Nanofarad)}$$
$$1\,pF = 10^{-12}\ \text{F (Pikofarad)}.$$

Thomsonsche Schwingungsgleichung

Es soll nun die Frage geklärt werden, wie die Schwingungsdauer des Schwingkreises mit der Induktivität der Spule und der Kapazität des Kondensators zusammenhängt.

Versuch 2: Rege den elektrischen Schwingkreis in Bild 1 mit Hilfe einer Rechteckspannung immer wieder neu an! ■

Auf dem Bildschirm des Oszilloskops kannst du eine gedämpfte Schwingung beobachten, deren Schwingungsdauer du mit Hilfe einer Skala bestimmen kannst. Veränderst du zunächst die Induktivität L der Spule (C bleibt konstant) und dann die Kapazität des Kondensators (jetzt bleibt L konstant) und du bestimmst jedesmal die Schwingungsdauer T, so erhältst du folgende Ergebnisse:

Je größer die Induktivität der Spule, desto größer wird auch die Schwingungsdauer, wenn die Kapazität des Kreises konstant bleibt.

Die Schwingungsdauer wird bei konstanter Induktivität umso größer, je größer die Kapazität des Kondensators ist.

Allerdings beobachtest du keine Proportionalität zwischen den Größen T und L bzw. zwischen T und C. Theoretische Überlegungen führen in Analogie zu den mechanischen Schwingungen zur Schwingungsgleichung.

> **Thomsonsche Schwingungsgleichung**
>
> Schwingungsdauer: $\quad T = 2\pi \cdot \sqrt{L \cdot C}$
>
> Eigenfrequenz: $\quad f = \dfrac{1}{T} = \dfrac{1}{2\pi \cdot \sqrt{L \cdot C}}$.

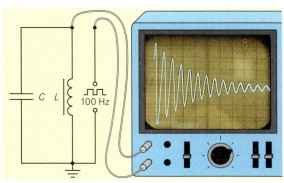

1 Versuch zur Bestimmung der Schwingungsdauer

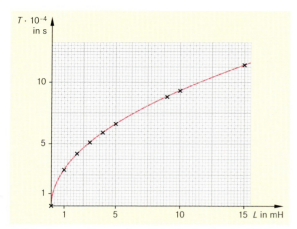

2 Schwingungsdauer eines Schwingkreises in Abhängigkeit von der Induktivität bei fester Kapazität

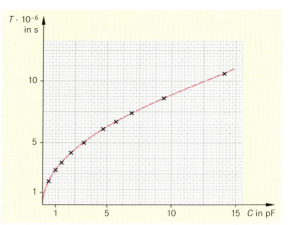

3 Schwingungsdauer eines Schwingkreises in Abhängigkeit von der Kapazität bei fester Induktivität

Mit dem folgenden Versuch kannst du die Formel $T = 2\pi \cdot \sqrt{L \cdot C}$ bestätigen.

Versuch 3: Verwende den Aufbau von Versuch 2 und bestimme die Schwingungsdauer T des Kreises für verschiedene Induktivitäten L und Kapazitäten C! Vergleiche die Meßergebnisse mit den nach der Formel berechneten Schwingungsdauern! ∎

L	C	$T_{gemessen}$	$T_{berechnet}$
0,3 H	40 µF	0,002 s	0,002 s
2,6 H	100 nF	0,001 s	0,0012 s
4,0 H	50 nF	0,003 s	0,0028 s

Im Rahmen der Meßgenauigkeit stimmen berechnete und gemessene Schwingungsdauern überein. Wenn du an deinem Radio einen bestimmten Sender einstellen willst, drehst du am Stellknopf für die Senderwahl. Dabei änderst du die Kapazität eines veränderlichen Kondensators und damit auch die Frequenz des Schwingkreises. Auf einer Skala wird die jeweils eingestellte Frequenz angezeigt (Bild 4). Da jeder Rundfunksender mit einer genau festgelegten Frequenz sendet, kannst du mit Hilfe des Empfangs-

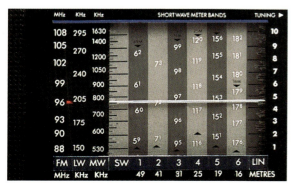

4 Senderskala beim Radio

schwingkreises den gewünschten Sender genau einstellen. Sender und Empfänger befinden sich dann in Resonanz.

Aufgaben

1 „Was bedeutet: Eine Spule hat die Induktivität 1 Henry?"

2 Von welchen Größen hängt die Schwingungsdauer eines elektromagnetischen Schwingkreises ab?

3 In einem Schwingkreis werden Schwingungen erzeugt. Dann werden Kapazität und Induktivität verändert.

a) Wie muß sich C ändern, wenn L gleich bleibt und die Frequenz verdoppelt (halbiert) werden soll? Wie ändert sich die Periodendauer?

b) Wie muß sich C ändern, wenn L halbiert und die Frequenz verdoppelt werden soll?

c) Wie muß sich L ändern, wenn bei konstantem C die Periodendauer verdreifacht werden soll?

4 Von einem Schwingkreis kennst du die Schwingungsdauer $T = 0,002$ s und die Kapazität des Kondensators $C = 0,3$ µF. Bestimme die Frequenz f des Schwingkreises und die Induktivität L der Spule!

5 In einem Schwingkreis ist $L = 0,04$ H und die Frequenz $f = 7$ kHz. Bestimme die Kapazität des Schwingkreiskondensators!

6 Bestimme die Induktivität einer Spule, die mit einem Kondensator der Kapazität $C = 50$ nF einen elektromagnetischen Schwingkreis der Frequenz $f = 1$ Hz bilden soll!

b) Erläutere, wie man experimentell die Gültigkeit der THOMSON-Gleichung für diese Schwingung zeigen kann!

7 In einem Radio bildet ein Kondensator mit einer veränderlichen Kapazität von $C = 40$ pF bis $C = 500$ pF mit einer Spule einen Schwingkreis für Frequenzen von 1,5 MHz bis 0,43 MHz (Mittelwellenbereich). Bestimme die Induktivität der Spule! Welche Kapazität muß für einen Mittelwellensender eingestellt werden, der mit der Frequenz 1 MHz sendet?

Ungedämpfte elektromagnetische Schwingungen

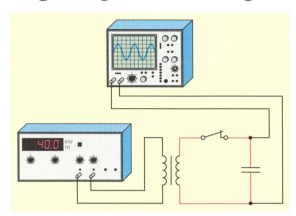

1 Erzeugung einer erzwungenen Schwingung

Erzwungene Schwingungen

Nach deinen bisherigen Erfahrungen schwingt ein elektrischer Schwingkreis immer gedämpft wegen der unvermeidlichen Energieverluste durch den elektrischen Widerstand der Spule und der Zuleitungen. Wie kann man ungedämpfte elektromagnetische Schwingungen erzeugen?

Eine Schaukel kannst du durch regelmäßiges Anstoßen, d.h. durch periodische Energiezufuhr von außen, so in Schwung halten, daß die Reibungsverluste gerade ausgeglichen werden. Auch im Schwingkreis kannst du ungedämpfte Schwingungen erzeugen, wenn du ihm durch periodische Anregung von außen Energie zuführst (**Außensteuerung**) und so die Dämpfungsverluste im Kreis ausgeglichen werden. Der Schwingkreis wird dann zu **erzwungenen Schwingungen** angeregt.

Versuch 1: Ein elektrischer Schwingkreis wird gemäß Bild 1 mit einem Frequenzgenerator zu Schwingungen angeregt. Im Schwingkreis fließt dann ein Wechselstrom, der die gleiche Frequenz wie der anregende Strom besitzt. Stelle nun am Generator eine Spannung fest ein und miß im Schwingkreis die Stromstärke in Abhängigkeit von der Frequenz! Wiederhole anschließend diese Messung mit verschiedenen elektrischen Widerständen, die du in Reihe zur Schwingkreisspule schaltest! ∎

Mit zunehmender Frequenz der Wechselspannung wächst auch zunächst die Stromstärke im Schwingkreis. Sie erreicht ein Maximum, wenn die Frequenz der anregenden Wechselspannung ungefähr mit der Eigenfrequenz f_0 des Kreises übereinstimmt (Resonanz). Wird die anregende Frequenz größer als die Resonanzfrequenz, so sinkt die Stromstärke wieder ab (Bild 2). Je größer der Widerstand im Schwingkreis ist, desto größer ist auch die Dämpfung und desto breiter wird die Resonanzkurve.

Ein von außen periodisch angeregter Schwingkreis führt erzwungene Schwingungen mit der Erregerfrequenz aus. Ist diese Frequenz ungefähr gleich der Eigenfrequenz des Schwingkreises, so tritt Resonanz auf.

Induktive Zugsicherung

Überfährt ein Zug ein Haltesignal, so wird er durch die Resonanz zweier elektrischer Schwingkreise automatisch gebremst (Bild 3). Der eine Schwingkreis ist am Antriebsfahrzeug montiert und wird z. B. mit Hilfe eines Dynamos zu Schwingungen mit konstanter Amplitude angeregt. Hierdurch bleibt ein vom Strom durchflossenes Relais eingeschaltet. Der zweite Schwingkreis ist am Bahngleis montiert und besitzt keine eigene Spannungsquelle. Er ist über einen Schalter mit dem Signal verbunden. Gibt das Signal die Strecke frei, so wird der Kondensator des Gleisschwingkreises über den geschlossenen Schalter überbrückt. Anderenfalls ist der Schalter offen und der Schwingkreis resonanzbereit. Fährt der Zug vorbei, so wird der Schwingkreis durch Induktion angeregt. Da die Energie für diese Schwingung dem anderen Kreis entzogen wird, sinkt dort die Stromstärke und das Relais löst die Bremsung des Zuges aus.

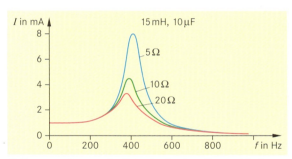

2 Resonanzkurven im Schwingkreis mit verschieden starker Dämpfung

3 Induktive Zugsicherung

Ungedämpfte Schwingungen durch Rückkopplung

Der folgende Versuch zeigt dir, wie durch Rückkopplung eine ungedämpfte elektromagnetische Schwingung entsteht. Dabei wird durch **Selbststeuerung** dafür gesorgt, daß der Schwingkreis im richtigen Augenblick an eine Gleichspannungsquelle angeschlossen wird. Diese ersetzt die durch Dämpfung verlorene Energie.

Versuch 2: Erzeuge gemäß Bild 4 mit Hilfe eines Transistors eine ungedämpfte elektromagnetische Schwingung! Der Lautsprecher macht diese Schwingung als Ton hörbar. Stelle zunächst die Kollektorspannung so ein, daß du über den Lautsprecher den Ton hörst und mit Hilfe eines Oszilloskops oder Zählers die Frequenz der Schwingung messen kannst! ∎

Schaltest du die Spannung ein, so entsteht durch die Aufladung des Kondensators in dem Schwingkreis aus L_1 und C_1 eine gedämpfte Schwingung. Der durch die Spule L_1 fließende Wechselstrom erzeugt dann genau wie beim Transformator einen Wechselstrom mit gleicher Frequenz in der Spule L_2. Dieser überlagert sich mit dem konstanten Basisstrom I_B, der dadurch im Takt der Schwingungen den Widerstand des Transistors verändert. Ist L_2 so gepolt, daß hierdurch der Kollektorstrom I_C genau dann verstärkt wird, wenn der Entladestrom vom Kondensator durch L_1 die gleiche Richtung wie der Kollektorstrom hat, so werden die Stromschwankungen im Schwingkreis verstärkt. Die durch die Spannungsquelle zugeführte Energie gleicht die Dämpfungsverluste im Schwingkreis aus.

Versuch 3: Vertausche die Anschlüsse an einer der beiden Spulen in Bild 4! Du kannst keine Schwingung mehr beobachten. ∎

Versuch 4: Stelle die ursprüngliche Schaltung wieder her! Verschiebe nun das Joch am Eisenkern und bestimme für einige Jocheinstellungen die Frequenz der ungedämpften Schwingung! Bringe das Joch genau in die Stellung, in der wegen der zu schwachen Rückkopplung die Schwingung gerade aussetzt! Durch Verändern der Basisspannung am Transistor kannst du wieder eine Schwingung erzeugen. ∎

> In einer Rückkopplungsschaltung steuert sich der Schwingkreis selbst. Dadurch wird ihm stets zum richtigen Zeitpunkt Energie zugeführt. Reicht diese Energie aus, um die Dämpfungsverluste auszugleichen, so entstehen ungedämpfte Schwingungen.

Die erste Rückkopplungsschaltung zur Erzeugung ungedämpfter elektromagnetischer Schwingungen

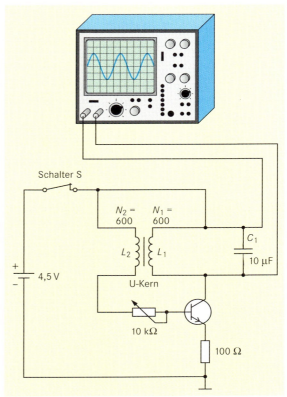

4 *Erzeugung ungedämpfter elektromagnetischer Schwingungen mit einer Meißner-Schaltung*

wurde von A. Meissner im Jahre 1913 gebaut. Er benutzte als Schalter eine Triode (Elektronenröhre mit Kathode, Anode und Gitter); der Transistor wurde erst 1948 entwickelt.

Da es bei der Meissner-Schaltung durch die Rückkopplung zur Stabilisierung einer Größe, nämlich der Amplitude, kommt, ist der Rückkopplungskreis zugleich ein Regelkreis.

Das Prinzip der Rückkopplung hat weit über die Physik hinaus Bedeutung erlangt und ist eine der Grundlagen der **Kybernetik**. Diese Wissenschaft beschäftigt sich mit dem Steuern und Regeln in verschiedenen Gebieten, wie z. B. der Technik, der Biologie und der Medizin (siehe Bd. I).

Bei der Meissner-Schaltung ist die Steuerung der Energiezufuhr ein Produkt der menschlichen Erfindung. In der Natur gibt es Schwingungssysteme, die von sich aus zu ungedämpften Schwingungen fähig sind. Du brauchst nur an das Wackeln von Blättern oder das Singen von Leitungsdrähten im Wind zu denken. Diese Schwingungssysteme sind von sich aus zu ungedämpften Schwingungen fähig, ohne daß von außen eine Regelung erfolgen muß. Sie verfügen über naturgegebene Rückkopplungsmechanismen.

Erzeugung elektromagnetischer Wellen

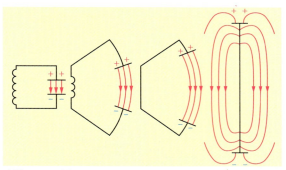

1 Vom geschlossenen zum offenen Schwingkreis

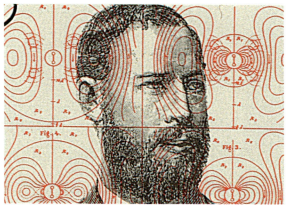

2 Ablösung elektromagnetischer Wellen vom Dipol

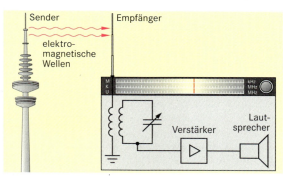

3 Sender und Dipol mit abstimmbarem Resonanzkreis

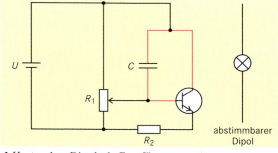

4 Hertzscher Dipol als Empfänger

Zur drahtlosen Nachrichtenübermittlung benutzt man elektromagnetische Wellen (z. B. Radiowellen). Sie werden mit Hilfe von Schwingkreisen erzeugt. Durch das Auseinanderziehen der Kondensatorplatten (Bild 1) reicht das elektrische Feld immer weiter in den Raum hinaus. Läßt man schließlich den Kondensator völlig weg und verkleinert dazu noch die Windungszahl der Spule bis schließlich ein gerader Draht übrig bleibt, so besitzt dieser Schwingkreis sowohl eine kleine Kapazität als auch eine kleine Induktivität und damit nach der Thomsonschen Schwingungsgleichung eine hohe Frequenz. Den so entstandenen **offenen Schwingkreis** bezeichnet man als **Hertzschen Dipol**. Ein solcher Dipol kann zu Schwingungen angeregt werden.

In einem Hertzschen Dipol, der als Sender dient, werden Schwingungen hoher Frequenz erzeugt. Dabei entstehen elektrische und magnetische Felder. Diese lösen sich vom Dipol ab (Bild 2) und es breitet sich ähnlich wie bei Wasserwellen die Energie in Form von **elektromagnetischen Wellen** aus. Treffen diese Wellen auf einen Empfängerdipol, so werden die darin befindlichen Elektronen zu Schwingungen angeregt. Sie schwingen dann mit der gleichen Frequenz wie der Sender (Bild 3).

Versuch 1: Baue eine Dreipunktschaltung als Sender auf. Stelle einen in der Länge veränderlichen Metallstab, in dessen Mitte sich ein Glühlämpchen befindet, diesem Sender gegenüber (Bild 4). Wenn du die Länge des Stabes veränderst, leuchtet das Lämpchen bei einer bestimmten Länge hell auf. Beim Verkürzen oder Verlängern des Hertzschen Dipols erlischt das Lämpchen sofort wieder. Du kannst also feststellen:

> Ein Hertzscher Dipol kann durch die Veränderung seiner Länge abgestimmt werden.

Maxwells theoretische Vorhersage und die dann folgende experimentelle Bestätigung durch Heinrich Hertz (1857–1896) ergaben, daß elektromagnetische Wellen sich mit Lichtgeschwindigkeit ausbreiten. Dies führte zu der grundlegenden Erkenntnis, daß Licht eine elektromagnetische „Erscheinung" ist. Die Gesamtheit aller elektromagnetischen Wellen bezeichnet man als **elektromagnetisches Spektrum**. Dieses reicht vom niederfrequenten Wechselstrom ($f < 1$ Hz) bis zur hochfrequenten Gammastrahlung ($f \approx 10^{23}$ Hz) und kosmischen Strahlung ($f > 10^{23}$ Hz). Sichtbares Licht „schwingt" mit einer Frequenz von ca. 10^{14} Hz. Eine Übersicht über die Rundfunk- und Fernsehwellen sowie das Satellitenfernsehen findest du auf S. 126.

5 Ausbreitung von Mikrowellen

Eigenschaften elektromagnetischer Wellen

Elektromagnetische Wellen mit einer Wellenlänge im cm- oder mm-Bereich heißen **Mikrowellen**. Für die folgenden Versuche wird ein Mikrowellensender und ein Empfänger mit Verstärker benutzt.

Versuch 1: Stelle einen Mikrowellensender und einen Empfänger im Abstand von etwa 1 m zunächst genau gegenüber auf (Bild 5) und verschiebe dann den Empfänger seitlich! ■

Der Empfang der elektromagnetischen Wellen ist maximal, wenn Sender und Empfänger sich genau gegenüberstehen. Dagegen ist der Empfang stark geschwächt, wenn beide gegeneinander seitlich verschoben sind.

Versuch 2: Bringe verschiedene Materialien (Leiter, Nichtleiter) zwischen Sender und Empfänger! ■

Mikrowellen können Leiter nicht durchdringen, bereits eine dünne Metallfolie schirmt sie ab. Dagegen sind Nichtleiter wie Glas, Plexiglas, Holz und Kunststoffe für Mikrowellen weitgehend durchlässig. Deshalb kannst du auch in geschlossenen Räumen mit einer Zimmerantenne Fernseh- oder Radiowellen empfangen. Dagegen wird in einem Pkw der Empfang eines Kofferradios durch die Blechkarosserie stark behindert.

Versuch 3: Lasse Mikrowellen von einem Sender schräg auf eine Metallwand fallen und richte den Empfänger so aus, daß der Empfang maximal ist! Dies ist der Fall, wenn der Reflexionswinkel gleich dem Einfallswinkel ist (Bild 6). ■

> Elektromagnetische Wellen breiten sich geradlinig in Luft oder im Vakuum mit der Lichtgeschwindigkeit c = 300 000 km/s aus. Sie durchdringen Isolatoren und werden an der Oberfläche von Leitern reflektiert. Dabei gilt das Reflexionsgesetz.

Mikrowellen umgehen Hindernisse

Versuch 4: Stelle einen Sender ca. 30 cm vor eine Metallplatte und den Empfänger in gleicher Entfernung dahinter (Stellung 1; Bild 7)! Verschiebe dann den Empfänger seitlich so, daß er sich nicht mehr hinter der Metallplatte befindet (Stellung 2)! ■

In beiden Fällen registriert der Empfänger Mikrowellen. Genau wie Wasserwellen können auch elektromagnetische Wellen an einem Hindernis **gebeugt** werden.

Aufgaben

1 Nenne und erläutere verschiedene Eigenschaften elektromagnetischer Wellen!
2 Beschreibe Beispiele für die Anwendung elektromagnetischer Wellen aus deiner Umgebung!
3 Ein Sender liefert elektromagnetische Wellen der Wellenlänge λ = 84 cm. Berechne die Frequenz des Senders!
4 Mit einem Radio wird ein Frequenzbereich von 130 kHz bis 125 MHz empfangen. Gib den Wellenlängenbereich des Gerätes an!
5 Licht ist eine elektromagnetische Welle. Wie könntest du in Analogie zu Wasserwellen diese Wellenvorstellung experimentell testen (vgl. S. 117)?

6 Reflexion von Mikrowellen

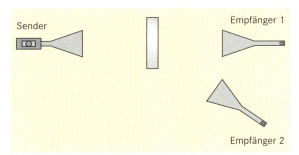

7 Beugung von Mikrowellen

Drahtlose Übertragung von Sprache und Musik

Die Übertragung von Sprache und Musik durch Radiowellen ist nur möglich, wenn die elektromagnetische Welle **moduliert** werden kann. Hierzu müssen die hochfrequenten Schwingungen des Senders so beeinflußt werden, daß sich z. B. ihre Amplitude im gleichen Rhythmus wie die akustischen Schwingungen der Sprache oder der Musik verändert. Es wird eine **Amplitudenmodulation** durchgeführt (Bild 1). Dabei wird der hochfrequenten Schwingung des Senders, der Trägerschwingung mit der Amplitude s_T, eine niederfrequente Schwingung mit der Amplitude s_M aufgeprägt. Es entsteht eine modulierte Trägerschwingung.

Wie läßt sich die Amplitudenmodulation technisch realisieren? Bild 2 zeigt dir die Amplitudenmodulation einer Trägerschwingung mit Hilfe eines Mikrofons. In dieser Schaltung wird die an der Basis des Transistors liegende Hochfrequenz moduliert durch Schallwellen, die Druckschwankungen im Mikrofon erzeugen. Diese werden in entsprechende Schwankungen des Mikrofonwiderstandes und somit in Stromschwankungen umgesetzt. Diese niederfrequenten Stromschwankungen überlagern sich mit den hochfrequenten Schwingungen des Basissteuerstromes des Transistors. Hierdurch schwankt auch die Amplitude der vom Schwingkreis abgestrahlten elektromagnetischen Wellen im gleichen Rhythmus wie die Schallwellen. Mit einem an den Kondensator angeschlossenen Oszilloskop kann die modulierte Schwingung gezeigt werden.

Im Empfänger muß die modulierte Schwingung wieder in eine akustische zurück verwandelt werden. Diesen Vorgang nennt man **Demodulation**.

Die Rückgewinnung der ursprünglichen Schallwelle erreicht man mit Hilfe einer Gleichrichterdiode, die gemäß Bild 3 in den Empfangsschwingkreis eingebaut ist. Durch die Gleichrichterwirkung der Diode werden die in Bild 1a unterhalb der Zeitachse liegenden Halbwellen unterdrückt. Hierdurch kann ein Kopfhörer oder Lautsprecher in mechanische Schwingungen versetzt werden, die dem Profil der Hüllkurve in Bild 1b und somit auch dem ursprünglichen Mikrofonstrom entsprechen.

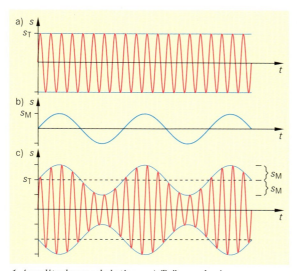

1 Amplitudenmodulation: a) Trägerschwingung, b) Schallschwingung, c) modulierte Schwingung

Wellen- und Frequenzbereiche für Rundfunk und Fernsehen

	Wellenlänge	Frequenz
Rundfunk		
Langwellen (LW)	ca. 2 km bis 860 km	150 kHz bis 350 kHz
Mittelwellen (MW)	580 m bis 184 m	515 kHz bis 1630 kHz
Kurzwellen (KW)	51 m bis 18,7 m	5,9 MHz bis 16 MHz
Ultrakurzwellen (UKW)	3,42 m bis 2,88 m	87,7 MHz bis 108 MHz
Fernsehen		
Band I	6,4 m bis 4,4 m	47 MHz bis 68 MHz
Band II	3,42 m bis 2,88 m	87,7 MHz bis 108 MHz
Band III	1,72 m bis 1,30 m	174 MHz bis 230 MHz
Band IV/V	0,64 m bis 0,35 m	470 MHz bis 860 MHz
Satellitenfernsehen	bis 0,01 m	bis 30 GHz

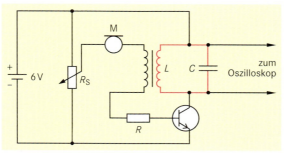

2 Schaltung zur Amplitudenmodulation

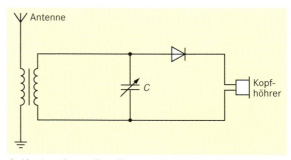

3 Abstimmbarer Empfänger mit Gleichrichterdiode

Akustik

Schall entsteht durch hinreichend schnelle Schwingungen eines Körpers und benötigt zur Ausbreitung einen materiellen Träger.   ↑ S. 98

Die **Schallgeschwindigkeit** hängt von der Art und der Temperatur des Materials ab, in dem sich der Schall ausbreitet. In Luft beträgt sie bei 15 °C 340 m/s.   ↑ S. 98

Echo und **Nachhall** entstehen durch Reflexion des Schalls.   ↑ S. 100

Hörfläche zeigt die Grenzen des hörbaren Schalls, wobei Musik und Sprache nur einen kleinen Teil der Hörfläche belegen.   ↑ S. 105

Harmonische Schwingungen

Bei einer harmonischen Schwingung ist die rücktreibende Kraft proportional zur Auslenkung (Lineares Kraftgesetz). Harmonische Schwingungen sind sinusförmig.   ↑ S. 109

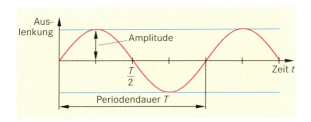

Periodendauer (Schwingungsdauer) beim Federpendel

$$T = 2\pi\sqrt{\frac{m}{D}}$$ ↑ S. 110

bzw. beim Fadenpendel:

$$T = 2\pi\sqrt{\frac{l}{g}}\,.$$ ↑ S. 111

Mechanische Wellen

Wellen können mit einer bestimmten Geschwindigkeit Energie transportieren, ohne daß dabei ein Materietransport stattfindet.   ↑ S. 115

Die **Ausbreitungsgeschwindigkeit** c einer Welle ist das **Produkt aus Wellenlänge und Frequenz**:

$$c = \lambda \cdot f\,.$$ ↑ S. 115

Erfolgt die Schwingung der Teilchen in Ausbreitungsrichtung, so entsteht eine **Longitudinalwelle**. Schwingen die Teilchen quer zur Ausbreitungsrichtung, entsteht eine **Transversalwelle**.   ↑ S. 114

Die Überlagerung zweier Wellen gleicher Amplitude und Frequenz bezeichnet man als **Interferenz**. In bestimmten Bereichen verstärken sich die Wellen, in anderen schwächen sie sich ab.   ↑ S. 117

Gedämpfte elektromagnetische Schwingungen

Bei einmaliger Energiezufuhr entsteht in einem Schwingkreis aus Spule und Kondensator eine **gedämpfte Schwingung**, bei der die Schwingungen von Spannung und Stromstärke um 90° gegeneinander verschoben sind.

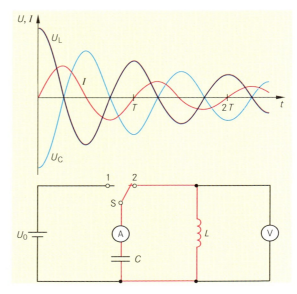

Mit Hilfe einer von außen angelegten Wechselspannung kann ein Schwingkreis zu **erzwungenen Schwingungen** angeregt werden. Stimmt die Frequenz der angelegten Wechselspannung mit der Eigenfrequenz des Kreises überein, so schwingt dieser in **Resonanz**.   ↑ S. 122f.

Mit einer **Rückkopplungsschaltung nach** MEISSNER kann aus einer gedämpften eine ungedämpfte elektromagnetische Schwingung werden. Für die **Periodendauer** gilt die THOMSONSCHE Schwingungsgleichung: $T = 2\pi\sqrt{L \cdot C}\,.$ ↑ S. 120

Elektromagnetische Wellen

Durch Verkleinern der Induktivität und der Kapazität eines Schwingkreises können elektromagnetische Schwingungen mit höherer Frequenz erzeugt werden. Selbst ein stabförmiger Leiter, **Hertzscher Dipol** genannt, kann mit großen Frequenzen schwingen und Energie in Form elektromagnetischer Wellen in den Raum aussenden. Die Eigenfrequenz des Dipols wird vor allem durch seine Länge bestimmt.   ↑ S. 124

Elektromagnetische Wellen breiten sich in Luft oder Vakuum mit der Lichtgeschwindigkeit $c = 300\,000$ km/s aus. Sie durchdringen Isolatoren und werden an der Oberfläche von Leitern reflektiert.   ↑ S. 125

Um Sprache oder Musik übertragen zu können, müssen elektromagnetische Wellen moduliert werden.   ↑ S. 126

Farben

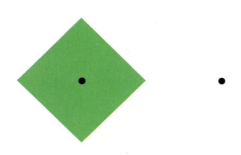

1 Zu den Versuchen 1 und 4

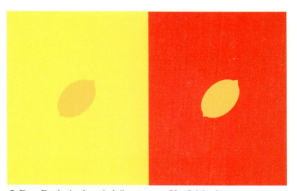

2 Der Farbeindruck hängt vom Umfeld ab

Aus dem „weißen" Licht einer Glühlampe oder der Sonne wird bei der Brechung „farbiges" Licht *(Dispersion)*. Das erklärt z. B. die prächtigen Farben des Regenbogens. Wir wollen uns jetzt gründlicher mit den Farben befassen. Dabei wirst du aber eine überraschende Erfahrung machen.

Es gibt eigentlich keine Farben!
Wie ist diese unglaubliche Behauptung zu verstehen? Die folgenden Versuche zeigen es dir.

Versuch 1: Schließe dein linkes Auge und fixiere mit dem rechten den schwarzen Punkt im grünen Quadrat von Bild 1 mit starrem Blick etwa 1 min lang! Die Farbe

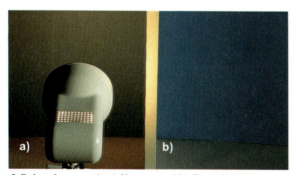

3 Beleuchtung mit a) Kunst- und b) Tageslicht

4 Aus Schwarz und Weiß wird bunt

scheint mit der Zeit zu verblassen. Beobachte dann mit dem linken Auge! Der Farbeindruck ist jetzt wesentlich intensiver. ∎

Versuch 2: Schneide zwei „Zitronen" aus gelbem Farbpapier und lege sie wie in Bild 2 auf hellgelbes bzw. rotes Papier (Bild 2)! Was stellst du fest? ∎

Versuch 3: Beleuchte wie in Bild 3 die eine Hälfte eines Farbkartons mit Tageslicht und die andere mit Glühlampenlicht! (Trenne die Bereiche z. B. durch ein in der Mitte aufgestelltes Brett.) Verwende verschiedene Farbkartons! Was fällt dir auf? ∎

Versuch 4: Wiederhole Versuch 1 mit beiden Augen! Blicke nach einer Minute auf den schwarzen Punkt im weißen Feld! Was siehst du? ∎

Versuch 5: Verfahre wie in Versuch 4, betrachte aber jetzt zuerst die linke Hälfte von Bild 5, dann die weiße Fläche! Betrachte nochmals 1 min lang die Figur in Bild 5! Schließe dann die Augen! ∎

Versuch 6: Beleuchte einen Gegenstand wie in Bild 6 mit einer weißen und einer blauen Lampe, so daß zwei scharfe Schattenbilder entstehen! Welche Farben haben die Schatten? Verwende statt der blauen eine grüne (gelbe, rote) Lampe! ∎

Versuch 7: Baue einen Kreisel aus einer Kartonscheibe und einem alten Bleistift! Klebe auf die Scheibe weißes Papier, auf das du mit schwarzer Tusche ein Muster wie in Bild 8 zeichnest (Aufgabe 3)! Drehe bei guter Beleuchtung den fertigen Kreisel im Uhrzeigersinn (Bild 4)! Was beobachtest du? ∎

Aus all diesen Beobachtungen kannst du folgende Schlüsse ziehen:
- Die Dinge „haben" keine bestimmte Farbe. Wie sie uns erscheinen, hängt von den Beobachtungsbedingungen (Versuch 1 und 2) oder von der jeweiligen Beleuchtung (Versuch 3) ab.

- Unter bestimmten Umständen sehen wir Farben dort, wo eigentlich keine sein dürften, bzw. wo wir andere Farben erwarten (Versuche 4 bis 7).
- Mit Ausnahme von Versuch 3 sind die physikalischen Bedingungen, unter denen du beobachtet hast, unverändert geblieben. Die Farbeindrücke müssen also in erster Linie durch unser Wahrnehmungsvermögen bestimmt werden.
- Aber auch physikalische Einflüsse bestimmen unsere Farbempfindung (z. B. die Art des zur Beleuchtung verwendeten Lichts in Versuch 3).

Farben existieren nur in unserer Vorstellung

Gehirn und Auge passen sich in ganz erstaunlicher Weise den Beleuchtungsverhältnissen an. Ist dir schon einmal aufgefallen, daß ein Blatt Papier morgens, mittags und abends, ja sogar bei künstlichem Licht immer „weiß" aussieht? Ein Film „sieht" dies nicht so. Je nach Tageszeit erscheinen weiße Flächen anders getönt, bei Glühlampenlicht z. B. gelb (Bild 7). Ähnlich wie eine moderne Videokamera sorgt unser Gehirn für den automatischen „Weißabgleich". Nur beim direkten Vergleich (Versuch 3) merken wir den Unterschied.

Es ist zwar das Licht, das uns übermittelt wie ein Körper aussieht, doch es genügt nicht, nur die Eigenschaften des Lichts zu untersuchen um die Farben zu erklären. Hast du schon einmal auf Farben in deinen Träumen geachtet?

Versuch 8: Reibe bei geschlossenen Lidern mit sanftem Druck deine Augen! Was „siehst" du? ■

Farben sind Sinneseindrücke. Sie können durch Licht, aber auch durch andere Reize (z. B. Reiben der Augen) hervorgerufen werden. Verschiedene Lichtarten rufen unterschiedliche Farbeindrücke hervor. Physikalisch unterscheiden sich die Lichtarten z. B. bei der Brechung.

Farben existieren nur in unserer Vorstellung. Die Dinge und das Licht sind farblos. Die Physik kennt nur Materie und Strahlung. Wenn wir dennoch von rotem oder grünen Licht reden, so geschieht dies, weil dies eine einfache Verständigung ermöglicht und du noch keine Meßgröße zur Unterscheidung verschiedener Lichtarten kennst.

Experimentiere selbst!

1 Führe Versuch 4 mit Quadraten in anderen Farben durch und notiere die Farben der Nachbilder!
2 Untersuche wie in Versuch 2 den Einfluß des Umfeldes auf die Farbe eines Gegenstandes! Welche Auswirkungen hat diese Erscheinung für das Malen mit Farben?
3 Baue einen Kreisel wie in Bild 4! Bild 8 zeigt dir, wie das Muster aussehen muß.

5 Auch hier kannst du ein farbiges Nachbild sehen

6 Farbige Schatten

7 Foto bei Glühlampenlicht

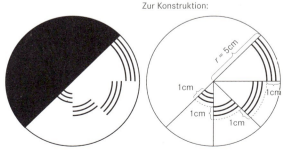

Zur Konstruktion:

r = 5cm

1cm		1cm

1cm

1cm

8 Zu Versuch 7

Spektrale Zerlegung des Lichts

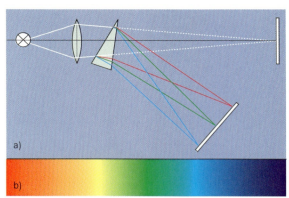

1a So entsteht ein Spektrum
1b Glühlampenspektrum

2 (links) Isaac Newton (1643–1727)
3 (rechts) Johann Wolfgang v. Goethe (1749–1832)

Wir erzeugen ein Spektrum

Bevor wir auf das Farbensehen im Auge eingehen, wollen wir die physikalischen Eigenschaften des Lichts näher kennenlernen. Besonders gut läßt sich die Farbzerlegung des Lichts an einem **optischen Prisma** beobachten.

Versuch 1: Bilde die langgestreckte, senkrecht stehende Wendel einer Glühlampe mit einer Sammellinse (Objektiv) auf einem Schirm ab! Bringe nun ein Glasprisma gemäß Bild 1a in das Lichtbündel! Das Prisma lenkt das Lichtbündel zweimal im gleichen Sinn ab. Um das Bild der Wendel aufzufangen, mußt du daher den Schirm jetzt seitlich aufstellen. ■

Statt des Bildes der Wendel erscheint auf dem Schirm ein farbiges Band ähnlich wie beim Regenbogen. Man nennt es **Spektrum** (Bild 1b).

Versuch 2: Bringe eine rote, dann eine grüne und schließlich eine blaue Glasscheibe zwischen Lampe und Objektiv! ■

Du siehst jetzt anstelle des Spektrums zuerst ein rotes, dann ein grünes bzw. ein blaues Bild der Lampenwendel. Es liegt jeweils an der Stelle, an der vorher die betreffende Farbe im Spektrum zu sehen war.

> Das Spektrum setzt sich aus farbigen Bildern der Lichtquelle zusammen.

Die einzelnen Farben gehen kontinuierlich (= fortlaufend) ineinander über. Das Spektrum der Glühlampe heißt deshalb ein **kontinuierliches Spektrum**. Obwohl ein Mensch im Spektrum weit über hundert verschiedene Farben unterscheiden kann, nennt man meistens nur die Hauptfarben: Rot, Orange, Gelb, Grün, Blau und Violett.

Wie kommt das Spektrum zustande?

Du kannst dir die Entstehung des Spektrums so erklären:

– Das einfallende Licht ist ein „Gemisch" aus verschiedenen Lichtarten.
– Die verschiedenen Lichtarten werden unterschiedlich stark gebrochen und dadurch „sortiert".
– Jede Lichtart erscheint uns in einer anderen Farbe.

Diese Erklärung der Dispersion geht auf den englischen Physiker ISAAC NEWTON (Bild 2) zurück. Sie ist zwar einleuchtend, muß deshalb aber noch nicht richtig sein. NEWTON nahm an, daß weißes Licht bereits alle Lichtarten enthält, die vom Prisma nur getrennt werden. Es wäre aber genauso gut denkbar, daß erst das Prisma farbiges Licht erzeugt. Diese Ansicht vertrat JOHANN WOLFGANG V. GOETHE (Bild 3) in seiner „Farbenlehre". Wir müssen beide Vermutungen durch weitere Experimente prüfen. Zunächst untersuchen wir, welchen Einfluß das Prisma auf das Spektrum hat.

Versuch 3: Wiederhole Versuch 1, verwende jedoch verschiedene, gleich große Prismen aus verschiedenen Stoffen, z. B. aus Kronglas, Flintglas oder ein mit Wasser gefülltes Hohlprisma! ■

Ergebnis: Die entstehenden Spektren sind zwar unterschiedlich breit, enthalten aber stets die gleichen Spektralfarben. Auch die Reihenfolge der Farben im Spektrum ist immer dieselbe. Verschiedene Stoffe verursachen also unterschiedlich starke Dispersion, haben aber keinen Einfluß auf die Farben.

Wie du schon in Versuch 2 festgestellt hast, ändert sich aber das Aussehen des Spektrums, wenn du farbige Gläser zwischen die Lichtquelle und das Prisma bringst. Damit veränderst du nämlich die „Mischung" des auf das Prisma treffenden Lichts. Die Ergebnisse der Versuche 2 und 3 sprechen also für NEWTONS Vermutung.

Newtons Experimente

NEWTON beschreibt in seinem 1704 erschienenen Buch „Opticks" weitere Versuche, die seine Erklärung der Dispersion bestätigen. Du sollst sie in ähnlicher Form nachvollziehen.

Wenn Licht durch ein Prisma zerlegt werden kann, so müßte die Überlagerung aller Lichtarten des Spektrums wieder weißes Licht liefern.

Versuch 4: Aufbau wie in Versuch 1. Stelle zwischen Prisma und Schirm eine Sammellinse, die das ganze Lichtbündel erfaßt. Verändere die Stellung der Linse solange, bis auf dem Schirm statt des Spektrums eine weiße Fläche erscheint. ■

Erklärung: Die Sammellinse vereinigt alle von der Vorderfläche des Prismas ausgehenden farbigen Lichtbündel auf dem Schirm (Bild 4). Dort entsteht das *Bild der Prismenvorderfläche,* an der das Licht noch gemischt, also weiß war.

Versuch 5: Halte ein Blatt Papier zwischen Linse und Schirm! An der Stelle S (Bild 4) entdeckst du ein verkleinertes, scharfes Spektrum. Erst dahinter beginnen sich die Lichtarten zu mischen. Decke das Spektrum teilweise ab! Da sich nun nicht mehr *alle* Lichtarten vereinigen, entsteht auf dem Schirm ein *farbiges* Bild der Prismenvorderfläche. ■

NEWTON wollte noch mehr wissen: Läßt sich „einfarbiges" Licht noch weiter zerlegen? Die Antwort liefert dir der folgende Versuch:

Versuch 6: Ersetze im Aufbau von Versuch 1 den Schirm durch eine Blende mit einem schmalen Spalt. Er läßt nur Licht aus einem schmalen Bereich des Spektrums durch. Bilde den Spalt auf einem Schirm ab und versuche, das Licht durch ein zweites Prisma P_2 weiter zu zerlegen (Bild 5)! ■

Ergebnis: Anders als weißes Licht läßt sich einfarbiges Licht aus dem Spektrum durch ein Prisma nicht weiter aufspalten.

> Das weiße Licht einer Glühlampe oder der Sonne enthält verschiedene Lichtarten, die unterschiedliche Farbeindrücke hervorrufen. Sie unterscheiden sich *physikalisch* bei der Brechung.

Die Ergebnisse aller unserer Versuche stimmen mit NEWTONS Erklärung der Dispersion überein. GOETHE lehnte jedoch NEWTONS experimentelle Methode ab. Er bestritt, daß das durch die Vereinigung der verschiedenen Lichtarten erzeugte weiße Licht dasselbe wie das „natürliche" weiße Licht sei. GOETHE weigerte sich, „die Natur auf die Folter zu spannen" und das Licht durch Linsen und Prismen zu „quälen". Er glaubte, durch solche künstlich zurechtgestellten Experimente keine wahren Aussagen über die Natur zu bekommen.

Diese Auffassung beruht auf einer grundsätzlich anderen, tief erlebnishaften Einstellung zur Natur. Wir müssen sie anerkennen. Sie ermöglicht jedoch z. B. nicht den Bau eines Mikroskops. Beide Naturauffassungen brauchen sich aber nicht auszuschließen. Sie ergänzen sich gegenseitig.

M Die Physik erlaubt nur eine eingeschränkte Sicht auf die Natur. Vieles kann sie nicht erklären, wie z. B. die Wirkung der Farben oder eines Kunstwerks auf unser Gemüt. Aus der Beschränkung auf Beobachtbares und Meßbares ergeben sich aber gerade die Erfolge der Physik. Du mußt dir allerdings bewußt sein, daß durch sie zwar ein großer Teil, aber nicht *alle* Erscheinungen dieser Welt erfaßt werden (vgl. S. 186f). ■

Aufgaben

1 Was versteht man unter einem Spektrum?
2 Welche Beobachtungen sprechen für NEWTONS Erklärung von der Entstehung der Spektralfarben?
3 Auch beim Durchgang durch eine Glasscheibe wird das Licht zweimal gebrochen. Warum wird es dort nicht wie beim Prisma in ein Spektrum aufgefächert?
4 Nenne die Reihenfolge der Farben im Glühlampenspektrum! Welches Licht wird am stärksten gebrochen?

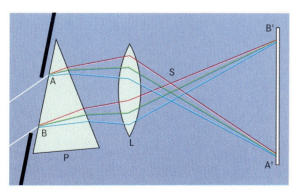

4 Die Sammellinse vereinigt die Lichtbündel wieder

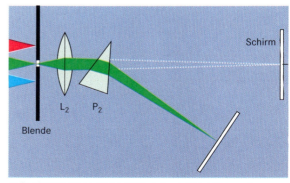

5 Spektralreines Licht läßt sich nicht weiter zerlegen

Spektren verschiedener Lichtquellen

Das kontinuierliche Spektrum

Der Glühfaden einer Lampe leuchtet weiß, weil von ihm alle Lichtarten ausgehen. Verringert man die Stromstärke, so glüht der Faden rot.

Versuch 1: Untersuche das Spektrum einer Halogenlampe, deren Helligkeit du veränderst. ■

Beobachtung: Im Spektrum der rotglühenden Lampe fehlen Violett und Blau; Grün ist nur schwach zu sehen. Je heißer der Glühfaden wird, um so stärker treten diese Teile des Spektrums hervor.

> Glühlampen liefern wie alle glühenden festen oder flüssigen Körper ein *kontinuierliches Spektrum*. Je heißer der Körper ist, um so „weißer" und heller ist das von ihm ausgesandte Licht und desto stärker sind Blau und Violett im Spektrum vertreten.

Was ist UV-Licht?

Versuch 2: Halte ins Spektrum der hell leuchtenden Halogenlampe weißes Schreibmaschinenpapier! ■

Im vorher violetten Bereich des Spektrums leuchtet das Papier jetzt hellblau. Das Leuchten setzt sich auch jenseits des violetten Endes des Spektrums fort (Bild 1). Offenbar gelangt „Licht" in diesen Bereich, und bringt das Papier zum Leuchten. Deine Augen können es nicht wahrnehmen. Es läßt sich aber mit einer Solarzelle nachweisen.

Versuch 3: Verbinde eine *Silizium-Solarzelle* mit einem Strommeßgerät und bewege sie langsam durch das Spektrum und über Violett hinaus! Das Meßinstrument zeigt auch jenseits vom violetten Ende des Spektrums noch Strahlung an. ■

> Die Halogenlampe sendet Licht aus, das vom Prisma stärker gebrochen wird als violettes Licht. Unser Auge nimmt es nicht wahr. Es heißt ultraviolettes Licht, kurz UV-Licht (ultra, lat. = jenseits).

UV-Licht bringt bestimmte Stoffe zum Leuchten. Man sagt: Sie *fluoreszieren*. Fluoreszierende Stoffe wandeln UV-Licht in sichtbares Licht um. Dies nutzt man z.B. bei Waschmitteln. Sie enthalten wie Schreibmaschinenpapier bläulich fluoreszierende Stoffe, die sich beim Waschen im Gewebe einlagern. Das im Tageslicht enthaltene UV-Licht bringt sie zum Leuchten. Dadurch erscheint die Wäsche „noch weißer als weiß". Auch manche Briefmarken fluoreszieren.

1 Spektrum der Halogenlampe a) auf normalem weißem Papier, b) auf fluoreszierendem Papier

UV-Licht bräunt unsere Haut und fördert die Bildung von Vitamin D. Zu starke Bestrahlung führt aber zu Sonnenbrand und Hautkrebs. Die Augen werden durch intensives UV-Licht geschädigt. Deshalb darfst du nicht ungeschützt in eine *künstliche Höhensonne* blicken. Ihr Licht enthält einen hohen UV-Anteil. Auch im Hochgebirge ist Vorsicht geboten. Luft absorbiert einen Teil des UV-Lichts der Sonne. In großer Höhe läßt diese Wirkung nach. Besonders im Winter ist dort eine Sonnenbrille unerläßlich (Schneeblindheit). Vor der intensiven UV-Strahlung der Sonne schützt uns die *Ozon-Schicht* in der hohen Atmosphäre. Durch Spurengase wie *Fluorchlorkohlenwasserstoffe* (FCKW), die lange Zeit in der Industrie und z.B. in Spraydosen und Kühlschränken verwendet wurden, ist diese Schutzschicht in Gefahr.

Die Glühlampe – Lichtquelle oder Heizung?

Versuch 4: Führe die Solarzelle in den dunklen Bereich neben dem roten Teil des Spektrums! ■

Überraschenderweise nimmt der Zeigerausschlag am Meßinstrument sogar noch zu, wenn die Solarzelle von Rot in den dunklen Bereich gelangt. Er erreicht dort seinen größten Wert und geht erst ganz zurück, wenn du die Solarzelle immer weiter von der roten Grenze des Spektrums entfernst.

> Die Glühlampe strahlt auch jenseits der roten Grenze des Spektrums Licht aus, das vom Auge nicht wahrgenommen wird. Es wird schwächer gebrochen als rotes Licht. Man nennt es infrarotes Licht, kurz IR-Licht (infra, lat. = unterhalb).

Starkes Infrarotlicht macht sich wie „normales" Licht für die Sinneszellen unserer Haut durch seine Wärmewirkung bemerkbar. Auch Körper, die nicht leuchten, senden IR-Strahlung aus, z.B. ein warmer Ofen oder dein eigener Körper. Infrarotlicht nutzt man bei *Heizstrahlern* und Speziallampen zur medizinischen Bestrahlung erkrankter Körperpartien. Es dringt tiefer in die Haut ein als sichtbares Licht. Auch Fernbedienungen von Fernsehgeräten und Stereoanlagen sowie Bewegungssensoren in Alarmanlagen arbeiten mit IR-Licht.

Versuch 4 zeigt, daß eine Glühlampe hauptsächlich IR-Licht ausstrahlt. Nur etwa 5% der Strahlung sind sichtbares Licht! Das ist unwirtschaftlich.

Spektren leuchtender Gase

Lampen, in denen der Strom Gase oder Dämpfe zum Leuchten bringt, haben einen höheren Lichtanteil. Als Straßenbeleuchtung findest du gelb leuchtende *Natriumdampflampen* sowie *Quecksilberdampflampen*, deren Licht grünlich-bläulich erscheint. Auch in farbigen Leuchtreklamen nutzt man das Licht leuchtender Gase.

Wir untersuchen die Spektren solcher Lampen. Dazu bündeln wir ihr Licht auf einen Spalt, er tritt in der Versuchsanordnung an die Stelle der Lichtquelle. Diese Idee geht auf den Physiker FRAUNHOFER (1787–1826) zurück. Da die Form der Lichtquelle keine Rolle mehr spielt, kann man auf diese Weise z.B. auch Spektren von leuchtenden Flammen entwerfen.

Versuch 5 (LV): Wir untersuchen die Spektren einiger leuchtender Gase und Dämpfe sowie eines Helium-Neon-Lasers, dessen Strahl wir mit einer Linse aufweiten, damit der Spalt ganz beleuchtet wird. ■

Ergebnis: Es entsteht eine völlig neue Art von Spektren. Du erkennst einzelne scharfe, farbige Bilder des Spalts, sogenannte *Spektrallinien*. Das Laser-Licht und der leuchtende Natriumdampf liefern jeweils nur eine einzige Linie, Quecksilberdampf und Heliumgas dagegen mehrere Linien (Bild 3).

> Leuchtende Gase und Dämpfe zeigen Linienspektren.

Jedes leuchtende Gas besitzt ein eigenes, unverwechselbares Linienspektrum. Mit Hilfe dieses „physikalischen Fingerabdrucks" kann man einzelne chemische Elemente in einer Materialprobe bestimmen. Diese Methode, die **Spektralanalyse**, wurde 1859 von BUNSEN (1811–1899) und KIRCHHOFF (1824–1887) entwickelt.

2 Leuchtstoffröhre, nur teilweise beschichtet

Leuchtstofflampen

Leuchtstofflampen tragen auf der Innenwand des Glasrohrs einen hellen, undurchsichtigen Belag. Eine nur zum Teil beschichtete Röhre leuchtet nur im belegten Teil weiß, sonst schwach bläulich (Bild 2). Untersuchen wir das Spektrum des blauen Lichts, so erhalten wir das *Quecksilberdampfspektrum*. Auf einem Zinkfluorid-Leuchtschirm zeigen sich in diesem Spektrum noch weitere, vorher unsichtbare Linien im UV-Bereich.

Die intensive UV-Strahlung des Quecksilberdampfs bringt den Belag zum *Fluoreszieren*. Im Leuchtstoff wird also das UV-Licht in sichtbares Licht umgewandelt. Leuchtstofflampen werden im Betrieb nicht sehr warm, man nennt sie daher manchmal „kalte" Lichtquellen. Doch auch hier werden noch über 2/3 der elektrischen Energie in Wärme umgewandelt. Im Vergleich zur Glühlampe ist der Lichtanteil aber etwa fünfmal so hoch.

Aufgaben

1 Was versteht man unter UV-Licht und IR-Licht? Nenne Eigenschaften!
2 Weshalb mußt du besonders im Hochgebirge auf ausreichenden Sonnenschutz achten?
3 Was weißt du über Leuchtstofflampen?
4 Wie wirken die „Weißmacher" in Waschmitteln?
5 Wie unterscheiden sich Spektren leuchtender Gase von denen glühender fester und flüssiger Körper?

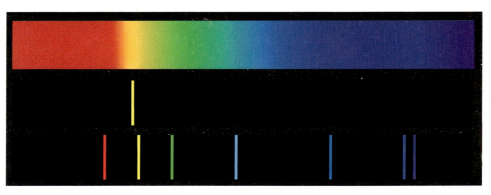

3a Kontinuierliches Spektrum

3b Linienspektrum von Natrium

3c Linienspektrum von Quecksilber

Farbensehen

1 Additive Mischung von Licht

2 Farbenkreis nach Newton

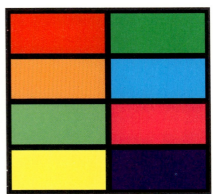

3 Paare von Komplementärfarben

Was sind Komplementärfarben?

Vereinigt man alle Lichtarten des kontinuierlichen Spektrums wieder mit einer Sammellinse, so erscheint die Mischung weiß (Versuch 4, S. 131). Was geschieht, wenn nicht alle Lichtarten miteinander gemischt werden?

Versuch 1: Blende mit einem schmalen Pappstreifen aus dem Spektrum einer Halogenlampe bestimmte Bereiche aus und vereinige den Rest mit einer Sammellinse auf einem Schirm! ■

Beobachtung: Blendest du den roten Bereich des Spektrums aus, so erscheint die vorher weiße Fläche auf dem Schirm grün. Blendest du Violett aus, ergibt die Mischung Gelb, entfernst du Grün aus dem Spektrum, erscheint die Mischung rot.

Blendet man Teile des Spektrums aus und vereinigt den Rest, so erhält man farbiges Licht. Weil es zusammen mit dem ausgeblendeten Licht den Farbeindruck Weiß ergibt, spricht man von **Komplementärfarben** (complementum, lat. = Ergänzung). So sind Gelb und Violett Komplementärfarben. Bild 3 zeigt weitere Beispiele.

Das Ergebnis von Versuch 1 ist sehr merkwürdig. Obwohl doch z. B. nur rotes Licht ausgeblendet wurde und alle anderen „Farben" in der Mischung vertreten sein müßten, entsteht der Sinneseindruck Grün. Du kannst nicht unterscheiden, ob dieser Farbeindruck durch einfarbig grünes Licht oder durch die Mischung aller spektralen Anteile außer Rot hervorgerufen wurde. Die folgenden Versuche bergen noch weitere Überraschungen.

Wir mischen farbiges Licht

Durch Mischen von farbigem Licht lassen sich neue Farbeindrücke erzeugen. Im Theater oder in der Disco erzielt man damit besondere Beleuchtungseffekte. Als Lichtquellen dienen dort Scheinwerfer, vor denen

sich farbige Glasscheiben, sogenannte *Farbfilter*, befinden. Sie lassen nur bestimmte Lichtarten durch. Wir stellen uns drei ähnliche Farbscheinwerfer her und experimentieren.

Versuch 2: Richte die Lichtkegel dreier Experimentierlampen, vor denen sich jeweils ein Farbfilter (Orangerot, Grün bzw. Violettblau) befindet, auf einen weißen Schirm, sodaß sich die Lichtflecke teilweise überdecken! ■

Beobachtung: Dort wo die farbigen Lichtflecke überlappen, erscheinen neue Farben (Bild 1). Die vom roten und grünen Licht beleuchtete Stelle erscheint gelb. Die Mischung von Violettblau und Grün liefert Blaugrün (Cyan), die von Rot und Violettblau Purpur (Magenta). Licht dieser Farbe ist im Spektrum überhaupt nicht enthalten. Hier entsteht also ein völlig neuer Farbeindruck. Der Bereich, in dem sich das Licht aller drei Farben mischt, erscheint weiß.

> Überlagert man verschiedenfarbige Lichtarten, so ruft die Mischung neue Farbeindrücke hervor. Weil sich dabei verschiedene Lichtarten vereinigen, spricht man von additiver Mischung.

Bereits NEWTON führte Mischversuche mit farbigem Licht durch. Aufgrund seiner Ergebnisse ordnete er elf Spektralfarben und die Farbe Purpur in einem Kreis an (Bild 2). Mit seiner Hilfe kannst du dir die Gesetze der additiven Mischung leicht merken:

- Mischt man Licht der im Farbenkreis gegenüberliegenden Farben (Komplementärfarben), so entsteht der Eindruck Weiß.
- Überlagert man das Licht zweier anderer Farben, so nimmt man eine im Farbenkreis dazwischenliegende Farbe wahr.

So erscheint z. B. die Mischung von rotem und gelbem Licht orange, die von gelbem und blauem Licht grün.

Bunte Welt mit nur drei Farben

Versuch 3: Richte nun die Lichtkegel der Projektoren so aus, daß sich alle drei Farbflecke vollständig überdecken! Verändere die Helligkeit der drei Lampen unabhängig voneinander! Du kannst so auf dem Schirm alle möglichen Farben erzeugen. ■

Mit nur drei Lichtarten (z.B. Orangerot, Grün und Violettblau) läßt sich jeder Farbeindruck hervorrufen. Dies nutzt man beim **Farbfernsehen** aus. Betrachtest du den Bildschirm eines Farbfernsehgeräts mit einer Lupe, so erkennst du ein Raster von länglichen Leuchtpunkten in den Farben Orangerot, Grün und Violettblau. Sie sind jeweils in Dreiergruppen angeordnet (Bild 3). Je nachdem welcher Farbeindruck erzeugt werden soll, leuchten ein, zwei oder alle Leuchtpunkte mit entsprechender Helligkeit. Bei normalem Betrachtungsabstand kannst du die einzelnen Leuchtflecke nicht unterscheiden, du nimmst nur eine Mischfarbe wahr.

Dieses Ergebnis macht alles noch spannender. Warum genügen bereits drei Lichtarten, um uns *alle* Farben „vorzumachen"? Auch heute sind immer noch nicht alle Geheimnisse der komplizierten Vorgänge völlig aufgeklärt, die sich beim Sehen im Auge und Gehirn abspielen. Diese Frage läßt sich jedoch mit Hilfe der **Dreifarbentheorie** des Sehens beantworten.

In der Netzhaut unseres Auges befinden sich drei verschiedene Arten von Sinneszellen für das Farbensehen, die sogenannten *Zapfen*. Jede Zapfenart reagiert nur auf Licht ganz bestimmter Bereiche des Spektrums (Bild 4). Eine Zapfenart ist für violettblaues Licht besonders empfindlich, eine andere für grünes Licht, die dritte für orangerotes. Weil sich aber die Empfindlichkeitsbereiche der Zapfenarten überlappen, erzeugt z.B. gelbes Licht Farbreize sowohl in den „roten" wie in den „grünen" Zapfen. Derselbe Farbreiz entsteht aber auch, wenn eine Mischung aus grünem und rotem Licht ins Auge gelangt. Daher ruft

in Versuch 2 die Mischung aus rotem und grünem Licht den Farbeindruck „Gelb" hervor.

Werden alle Zapfenarten zugleich angeregt, erhält das Gehirn drei Farbreize, die je nach Intensität zur Farbempfindung „Weiß" oder „Grau" (mit allen Abstufungen) führen. Überwiegt der Reiz eines oder zweier Zapfentypen, nimmt man eine bunte Farbe wahr. Damit wird auch verständlich, wie die Farbempfindung „Purpur" zustande kommt: Im Spektrum gibt es kein Licht, das nur die „roten" und die „blauen" Zapfen, nicht aber zugleich den dritten Zapfentyp reizt. Dies gelingt nur mit einer Kombination aus rotem und violettem Licht.

> Die Netzhaut unseres Auges enthält drei Arten von farbempfindlichen Zapfen. Sie sind in den Spektralbereichen Orangerot, Grün und Violettblau besonders empfindlich. Die von den Zapfen ausgehenden Farbreize rufen im Gehirn die verschiedenen Farbempfindungen hervor.

Aufgaben

1 Beschreibe ein Experiment, bei dem farbige Lichtarten additiv gemischt werden! Welche Beobachtungen macht man dabei? Nenne Beispiele!

2 Was versteht man unter Komplementärfarben?

3 Welche Farbe des Farbkreises kommt nicht im Spektrum vor?

4 Erkläre mit Hilfe des Diagramms in Bild 4, warum der Farbeindruck Grün entsteht, wenn aus dem Glühlampenspektrum der rote Anteil ausgeblendet wird! Welche Zapfentypen werden von einfarbig grünem Licht angeregt?

5 Wie kommt der Farbeindruck Purpur zustande?

6 Begründe mit der Dreifarbentheorie des Sehens, warum Licht dreier Spektralfarben ausreicht, um den Eindruck Weiß zu erhalten! Gelingt dies auch schon mit zwei geeignet gewählten Spektralfarben?

7 Wie erzeugt man beim Fernsehen farbige Bilder?

4 Empfindlichkeit der drei Zapfenarten

5 Leuchtpunkte auf dem Fernsehschirm

Körperfarben und Farbbilder

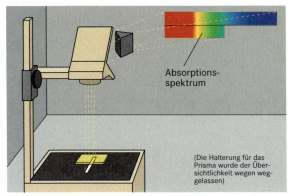

1 *Beobachtung des Absorptionsspektrums einer farbigen Glasscheibe (Versuch 1)*

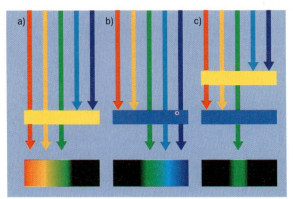

2 *Absorptionsspektren der Farbfilter: a) Gelbfilter b) Violettblaues Filter c) Kombination beider Filter*

Wie entstehen die Mischfarben beim Malen?

Farben sind Sinneseindrücke. Leider benutzen wir in der Umgangssprache aber dasselbe Wort, wenn wir, wie beim Malen, eigentlich Farbstoffe meinen. Wie kommt überhaupt die „Farbe" eines Körpers zustande und wie verhält es sich, wenn wir Farbstoffe beim Malen mischen?

Violettblaues und gelbes Licht überlagern sich zu Weiß (Komplementärfarben). Mischst du jedoch die entsprechenden Malfarben, so erhältst du Grün. Das gleiche beobachtest du, wenn weißes Licht durch zwei aufeinandergelegte Farbgläser in den Farben Violettblau und Gelb geht: Es wird nur grünes Licht durchgelassen.

Versuch 1: Bedecke die Projektionsfläche eines Tageslichtprojektors mit einer Pappscheibe, die mit einem schmalen Schlitz von etwa 6 cm Länge versehen ist. Bilde den Spalt auf der Wand scharf ab! Bringe wie in Bild 1 ein Prisma vor das Projektionsobjektiv! Mit Prisma erscheint an der Wand ein helles Spektrum. Lege nun das gelbe Farbfilter so auf den Spalt, daß er etwa zur Hälfte bedeckt wird. Beobachte ohne und mit Prisma! ■

Beobachtung: Ohne Prisma erscheint an der Wand das Bild des Spalts. Eine Hälfte ist gelb, die andere weiß. Mit Prisma erscheint im vorher gelben Bereich ein Spektrum, das nur noch Licht in den Farben Rot bis Grün enthält (Bild 2a).

Das Farbfilter läßt nur noch einen Teil des weißen Lichts hindurch. Der Rest wird von ihm verschluckt (absorbiert). Mit der Anordnung von Versuch 1 erhältst du ein *Absorptionsspektrum*.

Versuch 2: Untersuche das Absorptionspektrum des violettblauen Farbfilters! Lege dann das Gelbfilter über das violette Filter! ■

Beobachtung: Im Spektrum des violettblauen Filters fehlt der Bereich von Rot bis Gelb (Bild 2b). Werden beide Filter übereinander gelegt, so gehen nur die Lichtarten durch, die von keinem der beiden Filter absorbiert werden; hier grünes Licht (Bild 2c).

Durch jedes Filter wird dem weißen Licht ein bestimmter Anteil entzogen. Man spricht deshalb von **subtraktiver Mischung**.

Auf ähnliche Weise kommen die Farben der Körper zustande. Ein Gegenstand, der im Sonnenlicht weiß oder grau aussieht, reflektiert alle Lichtarten des Spektrums in gleicher Weise. Die Blüte einer Rose erscheint rot, weil z. B. von ihr nur rotes Licht reflektiert, der Rest des Spektrums aber absorbiert wird.

> Farbige Körper absorbieren bestimmte Teile des auftreffenden Lichts. Sie erscheinen daher in der Farbe, die sich aus der Mischung des von ihnen reflektierten oder durchgelassenen Lichts ergibt.

Beleuchtet man einen Körper mit weißem Licht, so sehen wir ihn in der Komplementärfarbe zum absorbierten Anteil des Spektrums. Wird er mit Licht bestrahlt, das er absorbiert, kann nichts reflektiert werden; eine rote Rose sieht daher in blauem Licht schwarz aus.

Auch der Farbeindruck Grün beim Mischen des blauen und gelben Farbstoffs deines Malkastens entsteht durch subtraktive Mischung. Das einfallende weiße Licht wird nacheinander von „gelben" und „blauen" Farbstoffteilchen reflektiert (oder umgekehrt). Dabei wird, ähnlich wie bei den Farbfiltern, jeweils ein Teil des Lichts absorbiert. Es wird nur noch grünes Licht reflektiert.

Farbige Bilder

In der **Farbfotografie** nutzt man die subtraktive Mischung. Ein entwickelter Farbfilm enthält drei farbige Schichten, die wie Filter wirken. Wie sie entstehen, hängt von dem verwendeten Verfahren ab. *Farbdias* erhält man durch sogenannte Umkehrverfahren, bei denen die Farbstoffe meistens erst während der Entwicklung in den Film gelangen.

Ein Farbfilm für Diapositive enthält drei lichtempfindliche Schichten, die jeweils auf bestimmte Lichtarten ansprechen. Die obere Schicht reagiert auf violettblaues Licht. Ein Gelbfilter verhindert, daß dieses Licht die beiden anderen Schichten erreicht. Die mittlere Schicht ist grünempfindlich, die untere spricht auf orangerotes Licht an. Je nach Zusammensetzung des einfallenden Lichts (Bild 3a) werden eine, zwei oder drei Schichten bei Belichtung geschwärzt (Bild 3b).

Bei der Entwicklung werden in die ungeschwärzten Stellen Farbstoffe eingelagert: In die obere Schicht Gelb, in die mittlere Magenta (Purpur), in die untere Cyan (Blaugrün). Der Silberniederschlag an den belichteten Stellen und die gelbe Filterschicht werden ausgebleicht (Bild 3c). Schickt man weißes Licht durch das so entstandene Farbfilter, erhält man durch subtraktive Mischung wieder die Originalfarben (Bild 3d).

Beim Negativ-Positiv-Verfahren werden die *belichteten* Stellen des Films gefärbt. Man erhält ein Negativ in den Komplementärfarben. Von ihm gewinnt man durch Vergrößern auf ebenfalls dreischichtiges Fotopapier positive Papierbilder.

Additve und subtraktive Mischung spielen auch beim **Farbendruck** eine Rolle. Alle Bilder dieses Buches wurden nur mit den Farben Magenta, Cyan und Gelb, sowie mit der „unbunten" Farbe Schwarz gedruckt (Bild 4). Eine Lupe zeigt dir, daß die meisten Bilder, ähnlich wie das Fernsehbild, aus winzigen Rasterpunkten zusammengesetzt sind. Unser Auge nimmt sie nicht getrennt wahr. Liegen die Rasterpunkte *nebeneinander*, so handelt es sich wie beim Fernsehbild um *additive Mischung*. Überdecken sich dagegen die Rasterpunkte, so liegt *subtraktive Mischung* vor.

Schwarze Druckfarbe verbessert die Wiedergabe von Konturen und von Farben, die nicht im Spektrum vorkommen, wie z. B. Braun. Dazu druckt man zwischen die roten Rasterpunkte zusätzlich schwarze. Aus dem gleichen Grund macht man bei neueren Fernsehgeräten den nicht leuchtenden Bildschirm möglichst dunkel. Läßt man die Zwischenräume weiß, so lassen sich aus Rot alle Abstufungen von Rosa herstellen. Man sagt, die Farbe Rot sei weiß bzw. schwarz „verhüllt" (Bild 5).

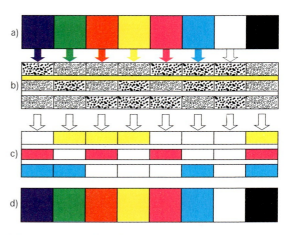

3 *So entsteht ein Farbdia*

4 *Mit den Druckfarben Magenta (Purpur), Gelb, Cyan (Blaugrün) und Schwarz sind alle Bilder gedruckt*

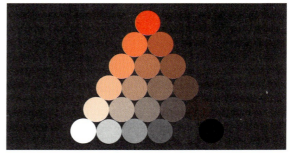

5 *Verhüllung von Rot durch Weiß und Schwarz. Betrachte das Bild mit einer Lupe!*

Aufgaben

1 Mische verschiedene Farbstoffe deines Malkastens und stelle die Mischfarbe fest!

2 Warum darf man eigentlich nicht sagen: „Die Rose hat die Farbe Rot"?

3 Wie erscheint ein Körper, der mit Licht in den Farben beleuchtet wird, das er absorbiert?

4 Erläutere den Unterschied zwischen additiver und subtraktiver Mischung! Nenne Anwendungsbeispiele!

5 Warum färbt man beim Dia die Schichten nicht in den Farben, für die sie empfindlich sind, also die obere Schicht Violettblau usw.? In welchen Farben erschiene dann der fotografierte Gegenstand bei der Projektion?

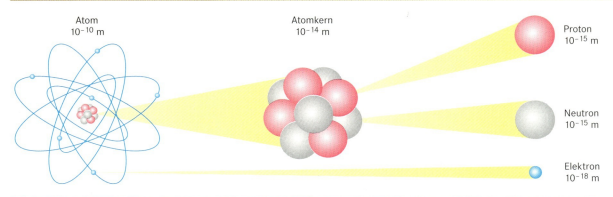

Atom
10^{-10} m

Atomkern
10^{-14} m

Proton
10^{-15} m

Neutron
10^{-15} m

Elektron
10^{-18} m

1 Auf der Suche nach dem Aufbau der Materie – Wissenschaftler im Kernforschungszentrum Jülich

Mit radioaktiver Strahlung leben

Radioaktive Strahlung kann Atome und Moleküle ionisieren. Dadurch können Schäden in den Zellen von Lebewesen eintreten. Ionisierende Strahlung birgt daher Gefahren in sich.

Seit es Leben auf der Erde gibt, war es ständig radioaktiver Strahlung ausgesetzt. Diese Strahlung wirkt auch auf uns ein. Sie kommt aus dem Weltall, aus der Erde, aus unseren Häusern, ja sogar aus uns selbst. An diese natürliche Strahlung haben sich die Lebewesen angepaßt. Zu der natürlichen Strahlenbelastung kommt aber heute eine vom Menschen selbst verursachte Belastung als Folge technischer und medizinischer Anwendung radioaktiver Stoffe und ionisierender Strahlung. Es gilt, Nutzen und mögliche Gefährdung abzuwägen.

Kernenergie, die Lösung des Energieproblems?

In Kernkraftwerken nutzt man die Energie, die bei der Spaltung von Atomen freigesetzt wird, um wie in herkömmlichen Wärmekraftwerken Dampf für den Betrieb von Turbinen zu erzeugen.

Schwere Unfälle in Kernkraftwerken, z.B. in Tschernobyl im Jahr 1986, und die schwierige Frage der Entsorgung des für viele tausend Jahre gefährlichen Abfalls aus Kernkraftwerken ist für viele Menschen Grund, diese Art der Energienutzung abzulehnen.

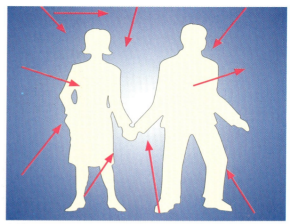

2 Wir sind ständig radioaktiver Strahlung ausgesetzt

3 Lagerung von Atommüll in stillgelegtem Bergwerk

4 Zerstörtes Kernkraftwerk in Tschernobyl

Was wissen wir über Atome?

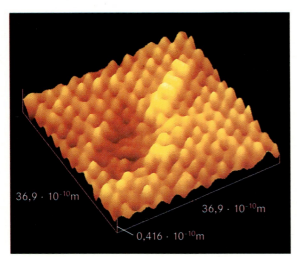

1 *Das Raster-Tunnelmikroskop macht Atome sichtbar*

Beschriftungen im Bild: $36{,}9 \cdot 10^{-10}\,\mathrm{m}$ · $36{,}9 \cdot 10^{-10}\,\mathrm{m}$ · $0{,}416 \cdot 10^{-10}\,\mathrm{m}$

Atome – die Bausteine aller Stoffe

Mit Hilfe des Teilchenbildes lassen sich viele physikalische Erscheinungen verstehen. Du kannst damit z. B. erklären, warum Kristalle eine regelmäßige Form besitzen oder Gase sich zusammendrücken lassen. Andere Beispiele sind Mischungsvorgänge, Aggregatzustandsänderungen, die Entstehung des Drucks in Flüssigkeiten und Gasen oder der Vorgang der Wärmeleitung. Auch in der Chemie hat sich die Teilchenvorstellung bewährt.

Bestimmte Stoffe lassen sich chemisch nicht weiter zerlegen. Man nennt sie *Elemente*. Heute sind über hundert von ihnen bekannt. Alle anderen Stoffe sind aus Elementen zusammengesetzt. Dabei vereinigen sich die Elemente stets in ganz bestimmten, festen Massenverhältnissen. Der englische Naturforscher JOHN DALTON (1766–1844), der heute als einer der Begründer der neuzeitlichen Atomvorstellung gilt, schloß daraus: Jedes Element besteht aus kleinsten, unveränderlichen Teilchen (Atomen). Atome verschiedener Elemente haben unterschiedliche Eigenschaften, die Atome eines bestimmten Elements sind aber untereinander gleich. Die Atome von Elementen können sich in einem bestimmten Zahlenverhältnis zu den Molekülen einer *Verbindung* zusammenlagern.

DALTON stellte sich die Atome als kleine Materiekügelchen vor. Dieses einfache **Kugelmodell** reicht in der Mechanik und der Wärmelehre zur Deutung vieler Eigenschaften der Körper aus. Die elektrischen Eigenschaften der Materie kann man damit jedoch nicht erklären. Offen bleibt auch die Frage, welche Kräfte die Atome in festen Körpern oder Flüssigkeiten aneinanderbinden. Dazu muß man zusätzlich annehmen, daß die Atome positive und negative Ladungen (Elektronen) enthalten.

Der englische Physiker J. J. THOMSON (1856–1940) schlug daher 1904 ein neues Atommodell vor: In einer gleichmäßig mit positiver Ladung versehenen Kugel sind die Elektronen wie die Rosinen in einem Kuchen eingebettet. Bei gleich großer positiver wie negativer Ladung ist das Atom nach außen hin elektrisch neutral. Verliert es Elektronen, so bleibt ein Überschuß an positiver Ladung. Es entsteht ein *positives Ion*. Neutrale Atome werden zu *negativen Ionen*, wenn sie zusätzliche Elektronen aufnehmen. Damit lassen sich Leitungsvorgänge in Flüssigkeiten und Gasen oder die chemische Bindung bestimmter Stoffe, wie z. B. Kochsalz, erklären.

Die Entdeckung des Atomkerns

Um Genaueres über die Verteilung von Ladungen und Massen in Atomen zu erfahren, beschoß der deutsche Physiker LENARD (1862–1947) dünne Metallfolien mit Elektronen. Mit einer Kathodenstrahlröhre führen wir einen ähnlichen Versuch durch.

Versuch 1 (LV): Die kreisrunde Öffnung im Anodenblech der Röhre ist mit einer dünnen Graphitfolie abgedeckt (Bild 2). Nach Anlegen der Heiz- und Beschleunigungsspannung siehst du auf dem Leuchtschirm einen hellen Fleck. ∎

Die Kohlenstoffatome in der Graphitfolie liegen dicht aneinander. Obwohl die Folie sehr dünn ist, besteht sie immer noch aus einigen hundert Atomschichten. Wären die Atome massive Kugeln, so müßten die Elektronen in der Folie steckenbleiben. Der Leuchtfleck auf dem Schirm zeigt aber, daß die meisten die Folie ungestört durchdringen.

Der englische Physiker ERNEST RUTHERFORD (1871–1937) führte später Streuversuche mit α-Teilchen durch. Sie sind positiv geladen und etwa 8000fach massereicher als Elektronen (vgl. S. 148f.). Auch sie durchdrangen Metallfolien nahezu ungestört. Einige α-Teilchen wurden jedoch abgelenkt; ganz wenige sogar entgegengesetzt zur Auftreffrichtung, so als ob sie von einem massiven Hindernis abgeprallt wären. Diese Teilchen hatten offenbar einen direkten Zusammenstoß mit einem Atombaustein erfahren, während die meisten gar nichts vom Vorhandensein der Atome „gemerkt" hatten. Die abgeprallten α-Teilchen konnten wegen ihrer viel größeren Masse nicht mit Elektronen zusammengestoßen sein.

Mit THOMSONS Vorstellung einer gleichmäßigen Massenverteilung innerhalb der Atome konnten diese überraschenden Entdeckungen nicht erklärt werden. RUTHERFORD entwickelte ein neues Atommodell. Im Jahr 1911 gelang es ihm, die Ergebnisse der Streuexperimente zu erklären, wenn er von folgenden Annahmen ausging:

Nahezu die gesamte Masse eines Atoms befindet sich im Atomkern. Er ist positiv geladen. Sein Durchmesser beträgt ungefähr 10^{-14} m.

Der Kern ist von einer Hülle aus Elektronen umgeben. Durch deren negative Ladung wird die positive Kernladung neutralisiert. Der Durchmesser der Atomhülle ist rund 10 000 mal größer als der des Kerns und beträgt etwa 10^{-10} m.

Damit wird verständlich, warum die α-Teilchen so viele Atome ungestört durchdringen können: Die Atome sind nämlich sozusagen weitgehend „leer". Dies kannst du dir veranschaulichen, wenn du die unvorstellbar winzigen Atomabmessungen in gewohnte Maßstäbe überträgst. Vergrößere dazu in Gedanken das Atom billionenfach (10^{12}fach)! Der Atomkern besitzt dann mit 1 cm Durchmesser etwa die Größe eines Kirschkerns; die Atomhülle hat einen Durchmesser von ungefähr 100 m. Stelle dir nun vor, der Kirschkern läge in der Mitte zweier nebeneinanderliegender Fußballfelder (Bild 3). Wenn es nun zu regnen anfängt, so treffen nur verschwindend wenige der Regentropfen, die auf die Fläche fallen, den Kirschkern. Dieses Bild vermittelt dir einen Eindruck davon, wie wenig wahrscheinlich es ist, daß ein α-Teilchen direkt auf einen Atomkern trifft.

Kann man Atome direkt beobachten?
Zahlreiche nachfolgende Experimente bestätigten RUTHERFORDS Angaben über die Größe der Atome. Atome sind also viel zu klein, um sie sehen zu können. Mit Lichtmikroskopen kann man noch Gegenstände bis zu einer Größe von etwa einem tausendstel Millimeter ($= 10^{-6}$ m) erkennen. Man müßte aber ungefähr zehnmillionenfach vergrößern, um Atome „betrachten" zu können.

Solche Vergrößerungen kann man heute z. B. mit einem sogenannten **Raster-Tunnelmikroskop** erzielen. Für seine Entwicklung erhielten der Deutsche GERD BINNIG und der Schweizer HELMUT ROHRER 1986 den Physik-Nobelpreis. Seine Funktionsweise hat mit der eines Lichtmikroskops nichts gemeinsam.

Man verwendet eine winzige Metallnadel, deren Spitze nur aus einem einzigen Atom besteht. Bringt man sie dicht an die Oberfläche einer elektrisch leitenden Probe heran und legt zwischen Nadel und Probe eine Spannung, so fließt ein schwacher, sogenannter „Tunnelstrom". Seine Stärke hängt sehr empfindlich vom Abstand zwischen der Spitze und der Probenoberfläche ab.

Man führt nun die Nadel zeilenförmig über die Oberfläche der Probe. Dabei bewegt man sie so auf und ab, daß die Stärke des Tunnelstroms und damit der Abstand zwischen Nadelspitze und Oberfläche konstant bleibt. Das Auf und Ab der Nadelspitze zeichnet so die Konturen der Oberfläche nach. Mit Hilfe eines Computers wird die Bewegung der Spitze auf einem Bildschirm in ein plastisches Bild der Oberfläche umgesetzt. Auf diese Weise kann man die Anordnung der Atome einer Metalloberfläche sichtbar machen (Bild 1).

Aufgaben
1 Welche Erscheinungen lassen sich mit DALTONS Kugelmodell nicht erklären? Welche zusätzlichen Annahmen über die Atome waren daher nötig?
2 Was zeigten die Streuexperimente an Atomen?
3 Beschreibe RUTHERFORDS Atommodell!
4 Wie groß sind Atome und Atomkerne etwa?
5 Wieviele Atome befinden sich ungefähr in einem Stecknadelkopf von 1 mm Durchmesser? Nimm an, man könnte sie gleichmäßig unter allen Menschen der Erde verteilen. Wieviele bekäme jeder?

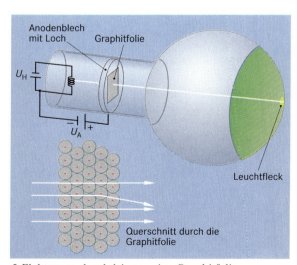

2 Elektronen durchdringen eine Graphitfolie

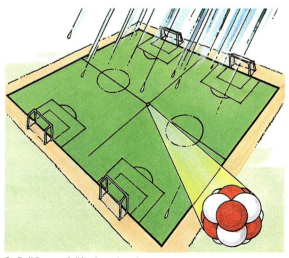

3 Größenverhältnisse im Atom

Röntgenstrahlen und radioaktive Strahlung

Die Entdeckung der Röntgenstrahlung

Das Jahr 1895 kann als der Beginn eines neuen Zeitalters der Physik betrachtet werden. In diesem Jahr entdeckte WILHELM CONRAD RÖNTGEN (1845–1923) die später nach ihm benannten Strahlen. Sie entstehen, wenn man in einer Vakuumröhre die aus einer Glühkathode austretenden Elektronen mit einer hohen Spannung (ca. 5–100 kV) beschleunigt und sie auf die Anode prallen läßt (Bild 1). Beim Aufprall geben die Elektronen ihre Bewegungsenergie an die Metallatome der Anode ab. Die Anode erwärmt sich. Zugleich entsteht eine unsichtbare Strahlung. RÖNTGEN konnte sie außerhalb der Röhre mit einem fluoreszierenden Schirm nachweisen. Er berichtet dazu weiter:

Q „Man findet bald, daß alle Körper für dasselbe (gemeint sind die Strahlen) durchlässig sind, aber in sehr verschiedenem Grade. Einige Beispiele führe ich an. Papier ist sehr durchlässig: Hinter einem eingebundenen Buch von ca. 1000 Seiten sah ich den Fluoreszenzschirm noch deutlich leuchten; … auch ein einfaches Blatt Stanniol ist kaum wahrzunehmen; erst nachdem mehrere Lagen übereinandergelegt sind, sieht man ihre Schatten deutlich auf dem Schirm. – Dicke Holzblöcke sind noch durchlässig; 2 bis 3 cm dicke Bretter aus Tannenholz absorbieren nur sehr wenig. – Eine 15 mm dicke Aluminiumschicht schwächte ihre Wirkung recht beträchtlich, war aber nicht imstande, die Fluoreszenz ganz zum Verschwinden zu bringen. Hält man die Hand zwischen den Entladungsapparat und den Schirm, so sieht man die dunkleren Schatten der Handknochen in dem nur wenig dunklen Schattenbild der Hand." ■

RÖNTGENS weitere Untersuchungen zeigten, daß die Strahlung fotografische Schichten schwärzt und Atome und Moleküle ionisiert. Durch Bleischichten läßt sie sich erheblich schwächen. Die Strahlen breiten sich geradlinig wie Lichtstrahlen aus. Dies benutzt man in der Medizin, um Röntgenbilder zu erzeugen. Sie stellen Schattenbilder der bestrahlten Körperpartien dar. Weil die verschiedenen Gewebearten die Strahlen unterschiedlich stark absorbieren, zeichnen sich Knochen und innere Organe im Röntgenbild ab (Bild 2).

In der Technik benutzt man Röntgenstrahlen z. B. zur zerstörungsfreien Materialprüfung. Mit einem Schulröntgengerät läßt sich das Verfahren demonstrieren.

Versuch 1 (LV): Unter Beachtung der nötigen Sicherheitsvorschriften (siehe „Strahlenschutz") bringen wir ein Strommeßinstrument in den Strahlenkegel des Röntgengeräts. Das Röntgenbild des „durchleuchteten" Geräts auf dem Leuchtschirm zeigt seinen inneren Aufbau (Bild 3). ■

In der BRAUNSCHEN Röhre eines Oszilloskops (S. 55) werden Elektronen mit einer Spannung von einigen hundert Volt beschleunigt und stoßen dann mit den Atomen des Leuchtschirms zusammen. Dabei verwandelt sich ein Teil ihrer Bewegungsenergie in Licht. Bei höheren Spannungen entsteht neben Licht auch Röntgenstrahlung, so z. B. in Bildröhren von Farbfernsehgeräten bei ca. 25 kV. Das bleihaltige Glas der Bildröhre schirmt diese unerwünschte Strahlung weitgehend ab.

Röntgenstrahlen sind eng mit Licht verwandt. Weil sie beim „Abbremsen" sehr schneller Elektronen erzeugt werden, sind sie jedoch viel energiereicher als Licht und können, anders als Licht, tief in Materie eindringen und Atome und Moleküle ionisieren. Sie sind daher für Lebewesen gefährlicher als Licht. Eine unnötige Bestrahlung unseres Körpers muß deshalb vermieden werden. Aus diesem Grund schützt man beim Röntgen die Körperpartien, die nicht durchleuchtet werden sollen, durch eine geeignete Abschirmung (z. B. „Bleischürze" beim Zahnarzt).

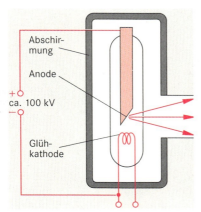

1 Röntgenröhre (schematisch)

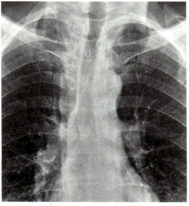

Röntgenbild eines Brustkorbes

Durchleuchtetes Meßinstrument

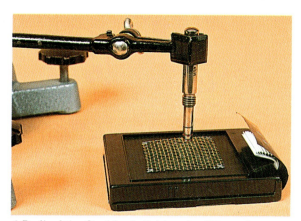

4 Radioaktive Strahlen belichten eine Filmpackung

5 Belichteter Film   *6 Dosimeterplakette*

Radioaktive Strahlung

Röntgenstrahlen bringen bestimmte Stoffe zum Fluoreszieren. Es gibt aber auch Mineralien, die im Dunkeln von selbst leuchten. Nach RÖNTGENS Entdeckung untersuchte man, ob solche Stoffe Röntgenstrahlen aussenden. Dabei entdeckte im Jahr 1896 der französische Physiker HENRY BECQUEREL (1852-1908), daß lichtdicht verpackte Fotoplatten, auf die er zufällig einen uranhaltigen Gesteinsbrocken gelegt hatte, belichtet wurden. Er erkannte, daß von diesem Mineral Strahlen ausgingen, die ähnliche Eigenschaften wie Röntgenstrahlen besaßen.

Das Ehepaar PIERRE und MARIE CURIE untersuchte daraufhin systematisch alle bekannten chemischen Elemente auf diese neuartige Eigenschaft, die sie als **Radioaktivität** (radius, lat. = Strahl) bezeichneten. Sie fanden Radioaktivität bei Thorium und bei zwei bis dahin unbekannten Elementen, die sie Radium und Polonium (nach der polnischen Heimat von M. CURIE) nannten. Seitdem hat man noch zahlreiche weitere radioaktive Stoffe entdeckt.

BECQUERELS Versuch läßt sich heute einfach nachvollziehen:

Versuch 2 (LV): Wir befestigen wie in Bild 4 einen Stab, der an einem Ende eine geringe Menge einer radioaktiven Substanz trägt, über der Filmkassette eines Polaroidfilmes. Auf die Filmpackung legen wir ein Drahtnetz (Maschenweite etwa 2 mm). Nach einer Stunde entwickeln wir die Filme in der zugehörigen Kamera, ohne daß sie dabei nochmals belichtet werden (Dunkelkammer). Alle Filme in der Kassette zeigen ein „Schattenbild" des Drahtgitters. Es ist um so schwächer, je tiefer der betreffende Film im Stapel lag. Weil der Polaroidfilm Positive liefert, erscheinen die bestrahlten Stellen hell. ■

Die radioaktiven Strahlen durchdringen also die Pappabdeckung der Filmkassette und alle Filme, die dabei belichtet werden.

Die lichtempfindliche Schicht eines Films wird um so stärker geschwärzt, je intensiver die Strahlung ist. Dies nutzt man bei **Dosimeterplaketten** aus, die von Personen getragen werden müssen, die beruflich radioaktiver oder Röntgenstrahlung ausgesetzt sind (Bild 6). Die Plakette enthält einen Filmstreifen, der regelmäßig ausgewechselt wird. Nach der Entwicklung läßt sich aus der Schwärzung des Films die Strahlenbelastung der Person feststellen.

Aufgaben

1 Was haben Licht und Röntgenstrahlen gemeinsam? Worin unterscheiden sie sich?
2 Nenne Anwendungen von Röntgenstrahlen!
3 Was muß beim Umgang mit Röntgenstrahlen beachtet werden?
4 Warum besteht die Scheibe einer Farbfernsehbildröhre aus bleihaltigem Glas?
5 Welche bis dahin unbekannten chemischen Elemente entdeckten MARIE und PIERRE CURIE?

7 Wilhelm Conrad Röntgen (links) wurde 1901 als erster Physiker mit dem Nobelpreis ausgezeichnet.

8 Marie Curie (1867–1934) (rechts) erhielt gemeinsam mit ihrem Ehemann Pierre Curie und Henry Becquerel 1903 den Nobelpreis für Physik. 1911 wurde ihr auch der Nobelpreis für Chemie verliehen.

Nachweis radioaktiver Strahlung

Radioaktive Strahlung macht Luft leitend
Da wir kein Sinnesorgan besitzen, mit dem wir radioaktive Strahlung feststellen können, sind wir auf indirekte Methoden angewiesen. Den Nachweis durch fotografische Filme hast du bereits kennengelernt. Röntgenstrahlen können Atome ionisieren. Gilt das auch für radioaktive Strahlung?

Versuch 1 (LV): Wir laden ein Elektroskop auf und bringen ein radioaktives Präparat in seine unmittelbare Nähe (Bild 1). Das Elektroskop entlädt sich schnell, unabhängig vom Vorzeichen der Ladung. ■

Erklärung: Die radioaktive Strahlung ionisiert die Luft in der Umgebung des Elektroskops. Sie wird elektrisch leitend, das Elektroskop entlädt sich.

Im GEIGER-MÜLLER-**Zählrohr** (Bild 2) nutzt man die ionisierende Wirkung zum Nachweis radioaktiver Strahlung. In der Achse eines Metallrohrs von wenigen Zentimetern Durchmesser ist ein Draht gegenüber dem Rohr elektrisch isoliert befestigt. Das Rohr ist mit einem Edelgas unter geringem Druck (ca. 40 hPa) gefüllt. Zwischen Draht und Gehäuse liegt eine Spannung von einigen hundert Volt. Der Draht bildet die positive Elektrode. Durch ein dünnes Fenster aus Glimmer ($d \approx 0,01$ mm) kann die Strahlung in das Zählrohr gelangen.

Tritt radioaktive Strahlung in das Zählrohr ein, so werden einige Gasatome ionisiert. Die Zahl der dabei freigesetzten Elektronen ist aber zu gering, um direkt als Strom nachgewiesen zu werden. Bei genügend hoher Spannung erzeugen jedoch die zum Draht hin beschleunigten Elektronen durch Stöße mit den Gasatomen zusätzliche Elektronen und Ionen. Auch diese werden beschleunigt und ionisieren wiederum andere Atome. Auf diese Weise wächst die Zahl der Ladungsträger lawinenartig an.

Im Zählrohr und dem in Serie geschalteten Widerstand R fließt dann ein Strom I. Er verursacht am Widerstand die Teilspannung $U_R = R \cdot I$. Dadurch sinkt die Zählrohrspannung auf den Wert $U_Z = U - U_R$. Diese Spannung ist so gering, daß im Zählrohr keine *Stoßionisation* mehr möglich ist; das Gas wird daher wieder zum Isolator. Am Widerstand R entsteht also ein kurzzeitiger Spannungsimpuls. Anschließend kann das Zählrohr erneut auf ionisierende Strahlung reagieren.

Die Spannungsimpulse werden verstärkt und einem Zählgerät oder einem Lautsprecher zugeführt. Jeder Spannungsimpuls verursacht ein Knacken im Lautsprecher. Die Zahl der Impulse pro Zeiteinheit nennt man die **Zählrate**.

Versuch 2: Stelle ein für Schülerübungen zugelassenes Radiumpräparat etwa 10 cm vor dem Fenster des Zählrohrs auf! Schließe das Zählrohr an einen Verstärker mit Lautsprecher und Digitalzähler an (Bild 3)! Verändere auch den Abstand! ■

Im Lautsprecher vernimmst du ein unregelmäßiges Knacken, während der Zähler die Anzahl der Impulse registriert. Näherst du das Präparat dem Zählrohr, so wächst die Zählrate an. Das Knacken geht in ein fast gleichmäßiges Prasseln über, so als ob du viele Erbsen auf eine Metallplatte schüttest. Aber auch wenn du das Präparat ganz entfernst, zeigt das Gerät noch etwa 20 Impulse pro Minute an. Dieser sogenannte **Nulleffekt** ist auf radioaktive Strahlung zurückzuführen, der wir ständig ausgesetzt sind (vgl. S. 156).

Anstelle eines Zählers besitzen manche Strahlungsmeßgeräte ein Zeigermeßinstrument (Bild 4). Sie zeigen einen *Spannungsmittelwert* an, der um so größer ist, je höher die Zählrate ist.

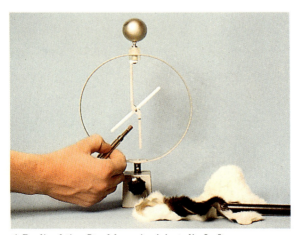

1 Radioaktive Strahlung ionisiert die Luft

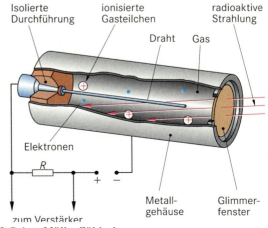

2 Geiger-Müller-Zählrohr

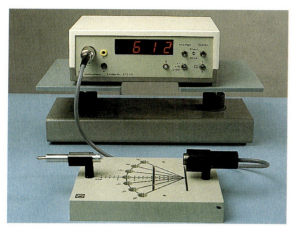

3 Zu Versuch 2

4 Zeigergerät zum Nachweis radioaktiver Strahlung

Der Zufall spielt mit

Im Zählrohr registrieren wir einzelne Impulse in unregelmäßiger Folge. Bedeutet das etwa, daß die radioaktive Strahlung nicht gleichmäßig, sondern sozusagen „häppchenweise" ankommt? Oder hängt dies mit der Art des Nachweises im Zählrohr zusammen? In dem Augenblick, in dem die Stoßionisation einsetzt, kann ja nicht mehr festgestellt werden, ob erneut Strahlung ins Zählrohr gelangt. Wie Versuch 2 zeigt, muß allerdings die Zeitspanne bis das Zählrohr wieder „empfangsbereit" ist, kurz sein im Vergleich zu der Zeit, die z. B. zwischen zwei Impulsen bei der Messung des Nulleffekts vergeht.

Daß wir in unserer Messung tatsächlich keine gleichmäßige, vom Präparat ausgehende Strahlung nachgewiesen, sondern einen *statistischen Vorgang* beobachtet haben, bei dem Strahlung in unregelmäßigen Abständen ins Zählrohr traf, wird durch das folgende Experiment erhärtet. Radioaktive Strahlung kann nämlich wie Röntgenstrahlung auch mit einem Leuchtschirm nachgewiesen werden. Wir benutzen dazu ein **Spinthariskop** (spinther, griech. = Funke). In ihm befindet sich ein Zinksulfid-Leuchtschirm, der durch eine Lupe betrachtet werden kann (Bild 5). Im Versuch wird keine äußere Strahlungsquelle untersucht. In die Leuchtschicht wurde hier bereits eine geringe Menge einer radioaktiven Substanz gemischt.

Versuch 3: Blicke bei völliger Dunkelheit, nachdem sich dein Auge mindestens drei Minuten lang angepaßt hat, in das Spinthariskop! ■

Du erkennst auf dem Leuchtschirm winzige Lichtblitze. Sie treten in unregelmäßiger Folge auf und sind ganz zufällig auf dem Schirm verteilt. Man nennt sie *Szintillationen* (scintilla, lat. = Funke). Sie erwecken den Eindruck, als ob einzelne Teilchen auf den Leuchtschirm träfen und die Lichtblitze verursachten.

Hier zeigt sich deutlich, daß der Zufall mit im Spiel ist. Du kannst deine Beobachtung mit dem Auftreffen vereinzelter Regentropfen auf den Platten eines Gehwegs vergleichen: Es läßt sich nicht vorhersagen, wo und wann der nächste Tropfen auftreffen wird. Du kannst aber z. B. zählen, wie viele Tropfen pro Minute auf eine Platte fallen. Wenn du die Zeitspanne nicht zu kurz wählst, wird eine Zählung bei einer benachbarten Platte etwa das gleiche Ergebnis liefern.

Die Weiterentwicklung des Spinthariskops ist der **Szintillationszähler**. In ihm werden die von der einfallenden radioaktiven Strahlung erzeugten Lichtblitze in elektrische Signale umgewandelt.

Aufgaben

1 Nenne alle Nachweismethoden für radioaktive Strahlung, die du bisher kennengelernt hast!
2 Läßt sich in Versuch 1 ausschließen, daß sich das Elektroskop deshalb entladen hat, weil geladene Teilchen vom radioaktiven Präparat ausgegangen sind? Welche Ladung müßten diese Teilchen haben? Wie könnte man zeigen, daß die ionisierte Luft die entscheidende Rolle spielt?
3 Beschreibe Aufbau und Wirkungsweise des GEIGER-MÜLLER-Zählrohrs!

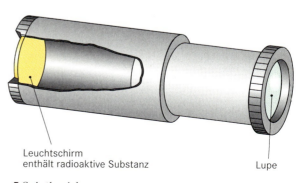

Leuchtschirm
enthält radioaktive Substanz

Lupe

5 Spinthariskop

Strahlungsarten

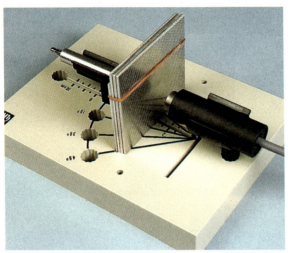

1 Abschirmung von β-Strahlen durch Aluminiumblech

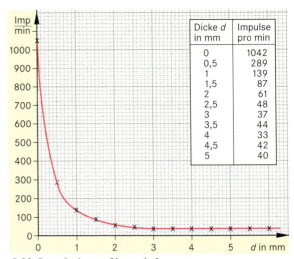

Dicke d in mm	Impulse pro min
0	1042
0,5	289
1	139
1,5	87
2	61
2,5	48
3	37
3,5	44
4	33
4,5	42
5	40

2 Meßergebnis von Versuch 3

Das Zählrohr kann unterscheiden

Wir wollen mehr über die Eigenschaften und den Ursprung radioaktiver Strahlung erfahren. Deshalb untersuchen wir die Strahlung einer Radiumprobe mit einem Zählrohr.

Versuch 1 (LV): Am Netzgerät wird die Zählrohrspannung so eingestellt, daß bei 10 cm Abstand zwischen Präparat und Zählrohr keine Impulse mehr registriert werden ($U \approx 295$ V, kritische Einstellung). Schiebt man nun das Zählrohr an die Probe heran, so setzt das Knacken im Lautsprecher bei einer ganz bestimmten Entfernung wieder ein. Hält man ein Blatt Papier vor das Zählrohr, geht die Zählrate drastisch zurück. ■

Die hier nachgewiesene Strahlung besitzt in Luft eine scharf *begrenzte Reichweite* von etwa 5 cm. Ein Blatt Papier reicht aus, um sie abzuschirmen. Man nennt sie **α-Strahlung**. Da wir vorher auch bei größerem Abstand Strahlung nachweisen konnten, kann die von Radium ausgehende Strahlung nicht einheitlich sein. Wir prüfen dies.

Versuch 2 (LV): Die Zählrohrspannung wird so erhöht, daß bei 10 cm Abstand wieder Strahlung registriert wird ($U > 300$ V). Hält man jetzt ein Blatt Papier vor das Zählrohrfenster, wird immer noch Strahlung angezeigt. Bringt man verschieden dicke Platten aus verschiedenen Stoffen zwischen Probe und Zählrohr, wird die Strahlung unterschiedlich stark geschwächt. ■

Versuch 3: Untersuche, wie die Intensität der durchgelassenen Strahlung von der Dicke der Abschirmung abhängt! Bringe dazu verschieden dicke Aluminiumbleche vor die Probe (Bild 1)! Trage die um den Nulleffekt verminderte Zählrate in eine Tabelle ein und stelle die Meßergebnisse in einem Diagramm grafisch dar! ■

Bild 2 zeigt das Ergebnis einer solchen Messung. Durch ein 4 mm dickes Aluminiumblech wird ein erheblicher Anteil der Strahlung abgeschirmt. Die restliche Strahlung durchdringt jedoch auch dickere Aluminiumschichten nahezu ungeschwächt.

Radium sendet neben der α-Strahlung noch zwei andere Strahlungsarten aus. Sie heißen β- und γ-Strahlung. Die **β-Strahlung** kann ein Blatt Papier durchdringen, wird aber durch dickere Schichten, z. B. durch einen Stapel Spielkarten, absorbiert. Eine Aluminiumschicht von 4 – 5 mm Dicke reicht zur völligen Abschirmung aus (Bild 2). In Luft hat β-Strahlung eine Reichweite von mehreren Metern.

Die dritte Strahlenart ist die **γ-Strahlung**. Sie kann auch durch dicke Metallplatten nicht vollständig abgeschirmt werden.

Versuch 4: Schirme wie in Versuch 3 die β-Strahlung durch 4 mm Aluminium ab und verstärke die Abschirmung schrittweise durch Bleischichten von jeweils 4 mm Dicke! Bestimme die Zählraten! ■

Tabelle 1 zeigt ein typisches Meßergebnis. Bei einer 12 mm dicken Bleischicht ist die Intensität der Strahlung etwa auf die Hälfte zurückgegangen *(Halbwertsdicke)*. Bei 24 mm würde sie noch ein Viertel, bei 48 mm noch ein Achtel der Anfangsintensität betragen. Die Intensität der γ-Strahlung nimmt *expo-*

Dicke der Blei-schicht in mm	0	4	8	12	14
Zählrate (pro 5 min)	446	313	276	226	167

Tabelle 1

nentiell mit der Dicke der Abschirmung ab. Anders als bei α- und β-Strahlung gibt es für sie keine feste Reichweite. Das Maß der Schwächung hängt auch vom Material der Abschirmung ab. Eine 5 cm dicke Bleiplatte schwächt γ-Strahlung auf etwa ein Zehntel des Anfangswertes. Bei Beton ist dazu bereits eine Schichtdicke von ungefähr 25 cm, bei Wasser von 50 cm nötig.

Ionisationsfähigkeit von α-, β- und γ-Strahlung

Warum kann α-Strahlung bereits bei einer niedrigeren Zählrohrspannung als β- und γ-Strahlung nachgewiesen werden? Dazu der folgende Versuch.

Versuch 5 (LV): Mit der Anordnung nach Bild 4 weisen wir die Zählrohrimpulse bei einer Spannung von etwa 300 V als „Zacken" auf dem Schirm eines Oszilloskops nach. Du kannst zwei Arten von Zacken erkennen, die sich durch ihre Höhe deutlich unterscheiden (Bild 5). Hält man eine Spielkarte zwischen Radiumpräparat und Zählrohr, so verschwinden die längeren Zacken. Sie entsprechen also den von der α-Strahlung verursachten Impulsen. Bringt man eine 5 mm dicke Aluminiumplatte vor das Zählrohr, verschwinden nahezu alle Zacken. Jetzt wird auch die β-Strahlung abgeschirmt; es werden nur noch γ-Strahlen registriert. ■

Die Höhe der Spannungsimpulse ist proportional zur Stromstärke im Zählrohr. Diese wird aber durch die Zahl der erzeugten Ionen bestimmt. Bei nicht zu hoher Spannung hängt diese Zahl von der Ionisationsfähigkeit der einfallenden Strahlung ab. Sie ist bei α-Strahlung größer als bei β-Strahlung. γ-Strahlen ionisieren Atome noch schwächer. Sie können im Zählrohr nur deshalb nachgewiesen werden, weil sie ab und zu aus der Zählrohrwand Elektronen herausschlagen, die dann durch Stöße mit den Gasatomen im Zählrohr weitere Ladungsträger freisetzen.

Bei Zählrohrspannungen über 400 V spielen diese Unterschiede allerdings keine Rolle mehr. Durch

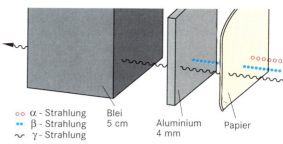

oo α - Strahlung   Blei
•• β - Strahlung   5 cm
~ γ - Strahlung

Aluminium   Papier
4 mm

3 Abschirmung radioaktiver Strahlung

Stoßionisation wird nämlich dann jeweils das gesamte Innere des Zählrohrs elektrisch leitend. Die Impulshöhe ist somit unabhängig von der Strahlungsart. Dies läßt sich entsprechend zu Versuch 5 zeigen. Normalerweise betreibt man Zählrohre mit solchen Spannungen, weil es meist nur um den Nachweis von Strahlung geht.

> Die Strahlung der in der Natur vorkommenden radioaktiven Stoffe kann drei Anteile enthalten: α-, β- und γ-Strahlung. Sie unterscheiden sich durch ihre Durchdringungsfähigkeit und ihre ionisierende Wirkung.

Aufgaben

1 Wie kann man durch Versuche feststellen, welche Strahlungsarten eine radioaktive Probe aussendet?
2 Welche Strahlungsarten sind in der Strahlung von Radium nachweisbar? Welche ihrer Eigenschaften hast du bisher kennengelernt?
3 Warum kann man aus dem Ergebnis von Versuch 3 schließen, daß noch eine dritte Strahlungsart vom Radiumpräparat ausgeht?
4 Erläutere den Begriff „Halbwertsdicke" im Zusammenhang mit der Abschirmung von γ-Strahlen!
5 Wie dick muß eine Betonwand sein, damit γ-Strahlung auf ein Hundertstel geschwächt wird?

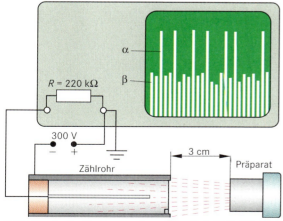

4 Nachweis der Spannungsimpulse mit dem Oszilloskop

α

β

R = 220 kΩ

300 V
− +

Zählrohr   3 cm   Präparat

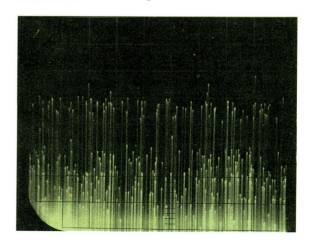

Die Natur von α-, β- und γ-Strahlung

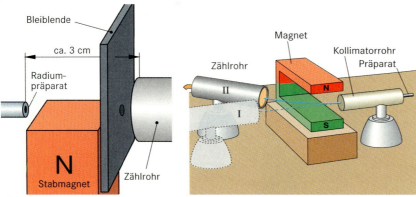

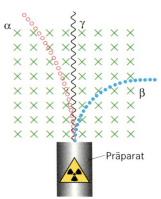

1 Anordnung von Versuch 1   *2 Ablenkung von β-Strahlen im Magnetfeld*   *3 Verhalten im Magnetfeld*

Was sind α-, β- und γ-Strahlen?
Einen ersten Hinweis liefert folgender Versuch:

Versuch 1 (LV): Wir bringen vor das Zählrohrfenster eine Bleiplatte mit einem Loch von 3 mm Durchmesser und stellen das Radiumpräparat 3 cm entfernt gegenüber auf. Führen wir wie in Bild 1 den Pol eines starken Stabmagneten heran, sinkt die Zählrate ab. ■

Mindestens eine der drei Strahlungsarten wird also durch das Magnetfeld beeinflußt. Für weitergehende Aussagen müssen wir die Strahlungsanteile voneinander trennen. Bringen wir ein 5 mm dickes Aluminiumblech vor das Präparat, kann nur noch γ-Strahlung zum Zählrohr gelangen. Mit und ohne Magnet ergeben sich nun im Rahmen der Meßgenauigkeit gleiche Zählraten. Weitere Untersuchungen ergaben:

> γ-Strahlen können weder durch magnetische noch durch elektrische Felder abgelenkt werden. Sie haben die gleiche Natur wie Röntgenstrahlen, können allerdings noch energiereicher als diese sein.

Wie verhalten sich β-Strahlen im Magnetfeld?
Als nächstes untersuchen wir die β-Strahlen.

Versuch 2 (LV): Wir entfernen das Radiumpräparat so weit vom Zählrohr, daß keine α-Strahlung mehr empfangen wird. Es bleiben noch der β- und γ-Anteil. Das Präparat befindet sich in einem sogenannten *Kollimatorrohr* (collimare, lat. = zielen), das nur ein schmales Strahlenbündel austreten läßt. Die Zählrate ist am größten, wenn wir das Kollimatorrohr genau auf das Zählrohrfenster richten (Bild 2, Stellung I). Sie geht merklich zurück, wenn wir wie in Bild 2 die Strahlung durch einen starken Hufeisenmagneten schicken. Durch Verschieben des Zählrohrs finden wir in Stellung II ein neues Maximum der Zählrate. ■

Ergebnis: Da γ-Strahlen vom Magnetfeld nicht beeinflußt werden, muß die β-Strahlung so abgelenkt worden sein, als ob negativ geladene Teilchen das Magnetfeld durchquerten. Prüfe dies mit der *Dreifingerregel*! Dreht man den Magneten um, erfolgt die Ablenkung in umgekehrter Richtung.

Dieser Befund wird durch weitere Experimente bestätigt. Man weiß heute, daß die β-Strahlung aus schnellen und damit sehr energiereichen Elektronen besteht. Auf seinem mehrere Meter langen Weg durch Luft kann ein solches Elektron viele tausend Gasatome ionisieren, bevor es seine Energie abgegeben hat. Elektronen in der Hülle eines Atoms verfügen nicht über so große Energien. β-Teilchen entstehen durch Vorgänge in den Atomkernen (vgl. S. 151).

> β-Teilchen sind sehr schnelle Elektronen.

α-Teilchen sind positiv geladen
Auch α-Strahlung wird im Magnetfeld abgelenkt. Grundsätzlich könnte man dies wie in Versuch 2 zeigen. Die Zählrohrspannung wäre so zu wählen, daß nur α-Strahlen registriert werden. In der Praxis ist es nicht so einfach: Wegen der geringen Reichweite der α-Strahlen in Luft muß im Vakuum experimentiert werden. Außerdem sind sehr viel stärkere Magnete nötig. Man findet, daß sich α-Strahlen im Magnetfeld wie bewegte *positive* Ladungen verhalten (Bild 3).

Weitere Experimente zeigen, daß α-Strahlung aus Teilchen mit der Ladung +2e besteht. Sie tragen also die doppelte Ladung wie ein Elektron mit entgegengesetztem Vorzeichen. Die Masse eines α-Teilchens ist fast 8000 mal größer als die des Elektrons. Das erklärt, warum α-Teilchen im Magnetfeld trotz doppelter Ladung schwächer als β-Teilchen abgelenkt werden, sie sind viel träger.

Die Masse von α-Teilchen gleicht der von Heliumatomen. Tatsächlich läßt sich in der Umgebung von α-Strahlern Helium nachweisen, das durch die Strahlung erzeugt wird. α-Strahler senden „nackte" Heliumkerne aus, die sich aus ihrer Umgebung Elektronen „einfangen" und mit diesen vollständige Heliumatome bilden. Die α-Teilchen können ebenfalls nur aus den Atomkernen der radioaktiven Substanzen stammen.

α-Teilchen sind schnelle Heliumkerne.

Wir machen die Teilchenbahnen sichtbar

Mit Hilfe einer sogenannten **Nebelkammer** können wir die Bahnen von α-Teilchen sichtbar machen. Wir nutzen dabei eine Erscheinung aus, die du als „Kondensstreifen" bei Flugzeugen kennst.

Wird mit Wasserdampf gesättigte Luft abgekühlt, tritt Kondensation ein. Der Wasserdampf kondensiert aber nur dann zu Wassertröpfchen, wenn zugleich Verunreinigungen in der Luft vorhanden sind, sogenannte *Kondensationskerne*. Das können z. B. Staubteilchen in der Luft sein. Bei Flugzeugen sind es die Verbrennungsrückstände der Triebwerke. Die Wirkung der Kondensationskerne zeigt dir der folgende Versuch.

Versuch 3 (LV): Ein großer Glaskolben wird mit etwas Wasser gefüllt und mit einem durchbohrten Gummistopfen verschlossen. Im Stopfen steckt eine Glasröhre, die mit einem Hahn verschlossen werden kann. Man bläst kräftig Luft in den Kolben, damit dort ein Überdruck entsteht und verschließt den Hahn. Dann wartet man eine Weile, bis sich die Luft abgekühlt hat. Öffnet man nun schnell den Hahn, so entsteht im Kolben ein schwacher Nebel, der bald wieder verschwindet. Nun wird der Versuch wiederholt, dabei aber ein wenig Tabakrauch mit in den Kolben geblasen. Nach Warten und Öffnen entsteht im Kolben ein dichter Nebel. ∎

Erklärung: Nach Öffnen des Hahns dehnt sich die Luft im Kolben rasch aus und kühlt sich dabei ab. Der Wasserdampf kondensiert. Der Nebel ist um so dichter, je mehr Kondensationskerne da sind.

Ein ähnlicher Vorgang spielt sich in der Nebelkammer ab, die von dem englischen Physiker WILSON (1869–1959) erfunden wurde. In einer teilweise durchsichtigen Kammer befindet sich eine gesättigte Mischung aus Wasser- und Alkoholdampf. Durch eine Luftpumpe (Gummiball) wird die Luft in der Kammer ausgedehnt (Bild 4). Als Kondensationskerne wirken hier die *Ionen*, die von der radioaktiven Strahlung in der Kammer erzeugt werden.

Versuch 4 (LV): Wir bringen ein Radiumpräparat in die Nebelkammer. Durch Reiben mit einem weichen Lappen laden wir den Plexiglasdeckel der Kammer auf. Dadurch werden bereits vorhandene Ionen „abgesaugt" und stören nicht unsere Beobachtung. Dann pressen wir den Gummiball zusammen, warten ein wenig und lassen ihn danach schnell los. Bei geeigneter seitlicher Beleuchtung durch ein Lichtbündel, das nur die Kammer durchsetzt, sehen wir feine Nebelspuren wie in Bild 5. ∎

Die Spuren stellen Kondensstreifen der α-Teilchen dar. Wir erkennen ihre beschränkte Reichweite. Da β- und γ-Strahlung die Luft viel schwächer ionisieren, sehen wir ihre Spuren hier nicht.

Aufgaben
1 Was sind α-, β- und γ-Strahlen? Nenne ihre wichtigsten Eigenschaften!
2 Wie verhalten sich α-, β- bzw. γ-Strahlen im Magnetfeld? Erkläre die Unterschiede!
3 Wie funktioniert eine Nebelkammer?

Experimentiere selbst!
Beobachte die Öffnung einer Sprudel-, Cola- oder Bierflasche, nachdem der Verschluß rasch geöffnet wurde! Erkläre deine Beobachtung!

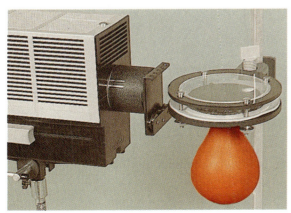

4 Nebelkammer nach Wilson

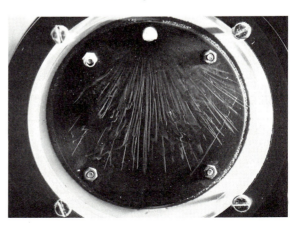

Bau der Atomkerne – Kernzerfall

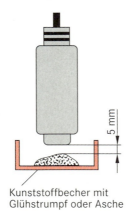

1 Aufbau zu Versuch 1

Kunststoffbecher mit
Glühstrumpf oder Asche

5 mm

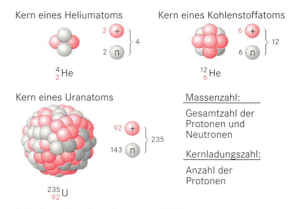

Kern eines Heliumatoms

2 +
2 n } 4

$^{4}_{2}$He

Kern eines Kohlenstoffatoms

6 +
6 n } 12

$^{12}_{6}$He

Kern eines Uranatoms

92 +
143 n } 235

$^{235}_{92}$U

Massenzahl:
Gesamtzahl der
Protonen und
Neutronen

Kernladungszahl:
Anzahl der
Protonen

2 Aufbau der Atomkerne im Modell

Woher stammt die radioaktive Strahlung?

Wegen der positiven Ladung und der großen Masse der α-Teilchen können diese nicht aus der Atomhülle kommen. Auch β- und γ-Strahlung sind zu energiereich, um dort ihren Ursprung zu haben. Energiebeträge, die bei chemischen Umsetzungen frei werden und für die Vorgänge in der Atomhülle verantwortlich sind, sind erheblich niedriger. Die Radioaktivität eines Stoffes kann weder durch chemische Vorgänge noch durch Druck oder Temperatur beeinflußt werden, auch elektrische oder magnetische Felder zeigen keine Wirkung.

Versuch 1 (LV): Glühstrümpfe, wie sie für Camping-Gaslampen verwendet werden, enthalten Thorium und sind schwach radioaktiv. Ein Stück Glühstrumpf wird wie in Bild 1 vor ein Zählrohr gebracht und die Zählrate bestimmt. Dann wird der Glühstrumpf in einem Porzellantiegel mit einem Gasbrenner verbrannt und anschließend die Radioaktivität der Asche untersucht. Man mißt ungefähr die gleiche Zählrate wie vorher. ∎

Wie sind Atomkerne aufgebaut?

Wenn du mehr über die Herkunft der radioaktiven Strahlung erfahren willst, mußt du über die Struktur der Atomkerne Bescheid wissen. Da α- und β-Teilchen aus dem Atomkern kommen, kann dieser kein einheitliches Gebilde sein, sondern muß aus noch kleineren Bausteinen zusammengesetzt sein.

Experimentelle Untersuchungen ergaben, daß ein α-Teilchen (Heliumkern) zwei positiv geladene Kernteilchen enthält. Man nennt sie **Protonen**. Ihre Masse ist 1836mal so groß wie die eines Elektrons, ihre Ladung beträgt $+e$. Die Masse eines Heliumkerns ist jedoch etwa viermal so groß wie die Protonenmasse. Man nahm daher zunächst an, daß er aus vier Protonen besteht, von denen zwei durch zwei Elektronen im Kern neutralisiert würden. Solche „Kernelektronen" könnten auch das Auftreten von β-Strahlen erklären.

Theoretische Überlegungen zeigten jedoch, daß sich Elektronen nicht im Atomkern einsperren lassen. Im Kern mußten also noch andere Teilchen vorhanden sein. Erst 1932 wurden sie von dem englischen Physiker CHADWICK entdeckt. Sie haben fast die gleiche Masse wie die Protonen, sind aber *elektrisch neutral*. Man nannte sie deshalb **Neutronen**.

RUTHERFORD konnte durch Streuversuche mit α-Teilchen an Atomen ermitteln, wie viele positive Elementarladungen die betreffenden Atomkerne enthielten. Damit kannte man die Zahl der Protonen im Kern, die sogenannte **Kernladungszahl Z**. Sie ist gleich der Anzahl der Elektronen in der Atomhülle. Erstaunt stellte man fest, daß Z mit der **Ordnungszahl** des betreffenden Elements im **Periodensystem der Elemente** übereinstimmt. Dieses System hatten die Chemiker aufgestellt, um die Elemente nach ihren chemischen Eigenschaften zu ordnen. Erst nach RUTHERFORDS Entdeckung erkannte man den physikalischen Hintergrund für die Gesetzmäßigkeiten, die sich im Periodensystem widerspiegeln.

Protonen stoßen sich wegen ihrer positiven Ladung gegenseitig ab. Da es stabile Atomkerne gibt, müssen zwischen Protonen und Neutronen noch andere Kräfte wirken, die für den Zusammenhalt der Kerne sorgen. Diese **Kernkräfte** sind stärker als die elektrischen Abstoßungskräfte, besitzen aber nur eine kurze Reichweite.

Protonen und Neutronen bezeichnet man als **Nukleonen** (nucleus, lat. = Kern). Die Anzahl aller Nukleonen eines Kerns heißt **Massenzahl A**. Zwischen Massenzahl A, Kernladungszahl Z und **Neutronenzahl N** ergibt sich also der Zusammenhang:

$$A = N + Z.$$

Zur Kennzeichnung einer Atomsorte schreibt man die Werte für A und Z an das Elementsymbol: ${}^A_Z$E. Beispiele: Wasserstoff ${}^1_1$H, Helium ${}^4_2$He, Uran ${}^{238}_{92}$U. Als Kurzschreibweise findet man auch z. B. He-4, U-238 usw. Auch die Atombausteine werden entsprechend gekennzeichnet, z. B.: Proton ${}^1_1$p, Neutron ${}^1_0$n, Elektron ${}^0_{-1}$e.

Alle Atome sind aus drei Arten von Teilchen aufgebaut: Der Kern aus Protonen und Neutronen, die Hülle aus Elektronen.

Bei den meisten Atomen macht die Masse der Protonen ungefähr die Hälfte der Atommasse aus. Diese Kerne bestehen also etwa je zur Hälfte aus Protonen und Neutronen. Es gibt jedoch auch Atome, die bei gleicher Protonenanzahl Z unterschiedlich viele Neutronen im Kern besitzen. Sie sind chemisch völlig identisch, unterscheiden sich aber durch ihre Massenzahl. Man nennt sie die **Isotope** eines Elements. Von den meisten Elementen kennt man mehrere Isotope (Bild 3). So gibt es z. B. drei verschieden Arten von Wasserstoff: den gewöhnlichen Wasserstoff ${}^1_1$H, den schweren Wasserstoff ${}^2_1$H, den man *Deuterium* nennt, und den überschweren Wasserstoff ${}^3_1$H, das *Tritium*. Von den 112 chemischen Elementen sind heute insgesamt etwa 2500 Isotope bekannt.

Atome können zerfallen

Sendet ein Atomkern α- oder β-Teilchen aus, so verliert er Masse und Ladung. Das bedeutet, daß sich das ursprüngliche Atom in ein Atom eines *anderen chemischen Elements* umwandelt. Ein solcher Atomzerfall müßte daher neben der Aussendung radioaktiver Strahlung auch noch zwei weitere, experimentell prüfbare Folgen haben:

– Die Zahl der anfänglich vorhandenen Atome nimmt ab. Dadurch müßte sich die Radioaktivität mit der Zeit verringern.

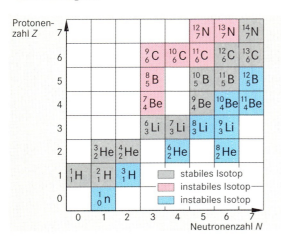

3 Ausschnitt aus einer Isotopentafel

– Es müssen Atome mit anderen Eigenschaften nachzuweisen sein.

Bevor wir dies prüfen, betrachten wir die Vorgänge beim Kernzerfall genauer.

Beim α-Zerfall verringert sich die Massenzahl A des Kerns um 4, die Kernladungszahl Z um 2.

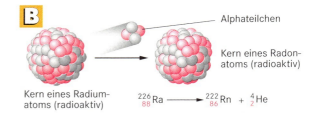

$${}^{226}_{88}\text{Ra} \longrightarrow {}^{222}_{86}\text{Rn} + {}^4_2\text{He}$$

4 α-Zerfall eines Radiumatoms

Beim β-Zerfall ändert sich die Zahl der Nukleonen nicht. Im Augenblick der Kernumwandlung verwandelt sich ein Neutron in ein Proton. Gleichzeitig kann außerhalb des Kerns ein schnelles Elektron nachgewiesen werden. Die Kernladungszahl Z erhöht sich um 1.

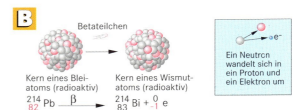

$${}^{214}_{82}\text{Pb} \xrightarrow{\ \beta\ } {}^{214}_{83}\text{Bi} + {}^0_{-1}\text{e}$$

Ein Neutron wandelt sich in ein Proton und ein Elektron um

5 β-Zerfall des Blei-Isotops 214

Die γ-Strahlung verändert weder die Massenzahl noch die Kernladungszahl. Sie tritt nie unabhängig, sondern stets als Begleiter der α- oder β-Strahlung auf. Atome geben durch sie einen Teil der beim Zerfall freigesetzten Energie in Form elektromagnetischer Strahlung ab.

Aufgaben

1 Welches sind die Bausteine der Atome? Was weißt du über ihre Masse und elektrische Ladung?

2 Erläutere die Begriffe Kernladungszahl, Massenzahl, Neutronenzahl, Ordnungszahl!

3 Was versteht man unter Isotopen eines Atoms?

4 Wieviele Protonen und Neutronen sind im Kern eines Eisenatoms mit $A = 56$ und $Z = 26$? Wieviele sind es in den Kernen der Isotope U-238 und U-235?

5 Was geschieht beim α-Zerfall (β-Zerfall)? Wie kommt es zur γ-Strahlung?

Halbwertszeit

Was versteht man unter der Halbwertszeit?
Die Umwandlung der Atome beim radioaktiven Zerfall konnte bestätigt werden. Wir wollen nun untersuchen, ob auch die zweite Vorhersage, nämlich die Abnahme der Radioaktivität, zutrifft.

Versuch 1 (LV): In einer Kunststoffflasche befindet sich eine Thoriumverbindung, über der sich ständig *Radon-220*, ein radioaktives Gas bildet. Drückt man die Flasche zusammen, gelangt das Gas durch einen Schlauch in eine **Ionisationskammer** (Bild 1). Sie ist ähnlich aufgebaut wie ein Zählrohr. Die vom Radon ausgehende α-Strahlung ionisiert die Luft in der Kammer. Legt man zwischen Gehäuse und innere Elektrode eine Spannung von 1–2 kV, so fließt ein schwacher Strom, der mit einem empfindlichen Meßverstärker nachgewiesen wird. Wir messen die Stromstärke in Abständen von 10 s etwa 4 Minuten lang und tragen die Meßwerte in ein Diagramm ein (Bild 2). ■

Ergebnis: Der Ionisationsstrom nimmt mit der Zeit ab. Nach etwa 56 s ist er auf den halben Anfangswert gesunken. Nach weiteren 56 s hat er sich abermals halbiert usw. Wir schließen daraus, daß sich die Radioaktivität von Radon als Folge des Kernzerfalls alle 56 s halbiert. Diese Zeitspanne nennt man die **Halbwertszeit** von Radon. Die Angabe der Halbwertszeit ist nur für eine große Zahl von Atomen sinnvoll. Der radioaktive Zerfall ist ein statistischer Vorgang. Niemand kann vorhersagen, wann ein *bestimmtes* Atom zerfällt. Das kann im nächsten Augenblick oder erst nach langer Zeit geschehen. Nach Ablauf der Halbwertszeit wird das Atom aber mit einer *Wahrscheinlichkeit* von 50 % zerfallen sein.

> Die Halbwertszeit einer radioaktiven Substanz gibt an, nach welcher Zeitspanne die Hälfte der anfänglich vorhandenen radioaktiven Atome zerfallen ist.

Die Halbwertszeiten radioaktiver Isotope sind sehr verschieden (Tabelle 1). Meist muß man sie anders als in Versuch 1 ermitteln. Oft sind die Zerfallsprodukte selbst radioaktiv. Radium ist ein solches Folgeprodukt. Es entsteht in einer **Zerfallsreihe**, die bei Uran $^{238}_{92}$U beginnt und mit Blei $^{206}_{82}$Pb endet.

Element	Symbol	HWZ
Thorium-232	$^{232}_{90}$Th	$1,405 \cdot 10^{10}$ a
Uran-238	$^{238}_{92}$U	$4,47 \cdot 10^9$ a
Kohlenstoff-14	$^{14}_{6}$C	$5,736 \cdot 10^3$ a
Radium-226	$^{226}_{88}$Ra	$1,6 \cdot 10^3$ a
Strontium-90	$^{90}_{38}$Sr	28,5 a
Polonium-210	$^{210}_{84}$Po	138,38 d
Jod-131	$^{131}_{53}$J	8 d
Blei-214	$^{214}_{82}$Pb	26,8 min
Radon-220	$^{220}_{86}$Rn	55,6 s
Polonium-214	$^{214}_{84}$Po	$1,64 \cdot 10^{-4}$ s

Tabelle 1 Halbwertszeiten einiger Isotope

Die Zahl der Kernzerfälle pro Zeiteinheit bezeichnet man als **Aktivität** der radioaktiven Substanz. Ihre Einheit ist 1/s = **1 Becquerel (1 Bq)**. (Alte Einheit 1 Curie (1 Ci) = $3,7 \cdot 10^{10}$ Bq). In einem Schulpräparat der Aktivität 37 kBq zerfallen pro Sekunde 37 000 Atome und dies über Jahre hinweg! Je größer die Aktivität einer Materialprobe ist, um so mehr Strahlung geht von ihr aus.

Aufgaben
1 Nach wie vielen Halbwertszeiten ist nur noch ein Tausendstel der ursprünglichen Menge einer radioaktiven Substanz vorhanden?
2 Wie lange dauert dies ungefähr bei Radon-220, Uran-238 und Polonium-214?
3 Wieviel % Radon-220 sind nach 2 min zerfallen?
4 Wie ändert sich die Aktivität eines radioaktiven Präparats nach 1, 2, 3… Halbwertszeiten?

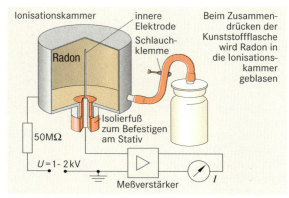

1 Bestimmung der Halbwertszeit von Radon

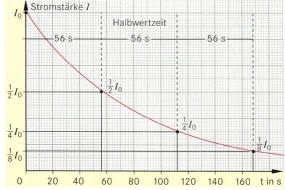

2 Ionisationsstrom in Abhängigkeit von der Zeit

3 Fossilienfund (Trilobit) aus dem Erdaltertum, ca. 500 Millionen Jahre alt

4 Rentierknochen und Feuersteingeräte aus Süddeutschland, etwa 13 000 Jahre alt (C-14-Methode)

Wie bestimmt man das Alter der Erde?

Man schätzt heute das Alter unserer Erde auf etwa viereinhalb Milliarden Jahre. Es dauerte dann vermutlich 2 bis 3 Milliarden Jahre, bis sich auf dem anfangs unwirtlichen und heißen Planeten Leben entwickeln konnte. Die ersten Lebewesen waren wohl Mikroorganismen im Ur-Ozean. Die frühesten Nachweise über Leben auf der Erde sind ca. 600 Millionen Jahre alt. Wir wissen von ihnen durch Fossilienfunde, d. h. durch versteinerte Reste von Lebewesen (Bild 3). Der aufrechtgehende Mensch tauchte aus dem Dunkel der Vergangenheit erst vor ungefähr 1,5 Millionen Jahren auf.

Woher weiß man, wann das geschah? Seit der Entdeckung der Radioaktivität haben Geologen, Biologen, Anthropologen (Wissenschaftler, die den Menschen und seine Entwicklung studieren) und Archäologen ein neues, zuverlässiges Werkzeug zur Altersbestimmung von Funden erhalten.

Bei der Suche nach den ältesten Überresten einer festen Erdkruste benutzt man bestimmte Mineralien, die die beiden natürlichen Uranisotope U-238 und U-235 enthalten. Beide zerfallen über zahlreiche Zwischenprodukte schließlich in die stabilen Blei-Isotope Pb-206 bzw. Pb-207. Das Alter einer Mineralienprobe ergibt sich aus dem Verhältnis der Anteile des Blei-Isotops zum zugehörigen Uranisotop. Auf diese Weise gewinnt man eine „geologische Uhr", die bis in die Erdanfänge zurückreicht. Die ältesten mit dieser sogenannten **Uran-Blei-Methode** bestimmten Gesteine fand man in Australien. Sie sind rund 4,2 Milliarden Jahre alt.

Was ist die C-14-Methode?

Die Altersbestimmung mit radioaktiven Isotopen liefert nur dann brauchbare Ergebnisse, wenn das Probenalter und die Halbwertszeit nicht zu weit auseinander liegen. Zur Ermittlung des Alters von organischen Fundstücken wie z. B. Holz aus frühgeschichtlichen Bauten des Menschen oder von Knochenresten (Bild 4) ist die Halbwertszeit von Uran viel zu groß (vgl. Tabelle 1). Hier hat sich die **Kohlenstoffmethode** (C-14-Methode) bewährt.

In der Lufthülle der Erde findet man geringe Mengen des radioaktiven Kohlenstoffisotops C-14. Es ist wie der „normale" Kohlenstoff als Kohlendioxid (CO_2) gebunden. Obwohl es mit einer Halbwertszeit von 5730 Jahren zerfällt, bleibt seine Konzentration in der Atmosphäre konstant. C-14 wird nämlich ständig bei Kernreaktionen, die durch die kosmische Strahlung (S. 156) ausgelöst werden, neu gebildet.

Beim Atmen nehmen die Pflanzen CO_2 und damit C-14 auf. Durch Nahrungsaufnahme gelangt es in Tiere und Menschen. C-14 läßt sich daher in allen Lebewesen in einem bestimmten, gleichbleibenden Verhältnis zum normalen Kohlenstoff nachweisen. Stirbt die Pflanze oder das Tier, so unterbleiben Atmung und Nahrungsaufnahme und damit die Nachlieferung von C-14. Im abgestorbenen Gewebe verringert sich dann mit der Zeit der Gehalt an C-14 durch den radioaktiven Zerfall.

Vergleicht man den C-14-Anteil von lebender und toter Substanz, so läßt sich daraus der Zeitpunkt bestimmen, an dem die Nahrungsaufnahme endete. Man muß bei dieser Methode allerdings davon ausgehen, daß sich der C-14-Gehalt der Atmosphäre seit Jahrtausenden nicht geändert hat. Die ältesten so erzielten brauchbaren Datierungen reichen ungefähr 60 000 Jahre zurück.

Aufgabe

Versuche es jetzt selbst! In einer Höhle steinzeitlicher Jäger fand man Bärenknochen, deren C-14-Gehalt noch 12,5% im Vergleich zu lebendem Gewebe betrug. Wann wurde der Bär erlegt?

Biologische Strahlenwirkung

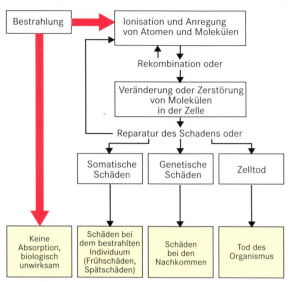

1 Vorgänge in einer Zelle nach Strahleneinwirkung

Wie gefährlich sind radioaktive Strahlen?

Radioaktive Strahlen und Röntgenstrahlen können in den Zellen lebender Organismen Schäden verursachen. Wenn ein Atom Strahlung absorbiert, werden Elektronen in der Atomhülle auf höhere Energie gebracht (Anregung des Atoms) oder aus der Hülle entfernt (Ionisation). Beide Effekte sind jedoch umkehrbar, die Ionisation z. B. durch Aufnahme eines freien Elektrons (Rekombination).

Die Elektronen der Hülle sorgen für die chemische Bindung zwischen den Atomen eines Moleküls. Werden Anregung oder Ionisation nicht rückgängig gemacht, so können Moleküle zerstört oder verändert werden. Aber selbst dann muß noch kein Schaden eintreten. Die Zellen verfügen nämlich über verschiedene Mechanismen, um veränderte oder zerstörte Moleküle auszuscheiden, unschädlich zu machen oder zu „reparieren". Nur wenn dies nicht gelingt, bleibt ein dauerhafter Schaden oder die Zelle stirbt (Bild 1). Dies wirkt sich für den Organismus unterschiedlich aus.

Somatische Schäden treffen das bestrahlte Lebewesen selbst. Sie treten Stunden oder Tage nach der Bestrahlung auf, wenn der Organismus von einer Mindestmenge an Strahlung getroffen wurde. Bei Menschen kommt es zu Veränderungen des Blutbildes, Übelkeit und Appetitlosigkeit bis hin zu Zellveränderungen, Haarausfall und Krebs. Sehr hohe Strahlenbelastung ist tödlich. Besonders gefährdet ist Körpergewebe, das häufige Zellteilungen erfährt, wie Knochenmark, Haarwurzeln oder Embryonen im Mutterleib. Schwangere sollten daher möglichst nicht geröntgt werden.

Schon verhältnismäßig geringe Strahlenbelastung kann zu *Spätfolgen* wie Leukämie oder Krebs führen. Noch Jahrzehnte nach den Atombombenabwürfen auf die japanischen Städte Hiroshima und Nagasaki im August 1945 starben Menschen an den Spätfolgen der Bestrahlung. Hier konnte man eindeutig den Zusammenhang zwischen Krankheit und Strahlenbelastung aufzeigen. Schwierig ist dagegen die Beurteilung der Gefahren durch sehr niedrige Strahlenbelastung. Bei Spätfolgen kennt man keine Mindestbelastung, ab der ein Schaden auftritt. Es ist daher z. B. denkbar, daß ein einzelnes α-Teilchen Krebs auslösen kann. Dies läßt sich aber weder experimentell noch statistisch nachweisen. Andere Ursachen (z. B. falsche Ernährung, Rauchen usw.) sind in viel höherem Maße krebsauslösend und überdecken deshalb solche Fälle. Man schätzt hier daher das Risiko ab, indem man von den nachgewiesenen Wirkungen bei hoher Strahlenbe-lastung „herunterrechnet". Dies birgt Unsicherheiten.

Genetische Schäden treten an den Erbanlagen auf. Sie treffen die Nachkommen der bestrahlten Individuen. Auch hier kann im Prinzip ein einziges ionisierendes Teilchen Veränderungen **(Mutationen)** einer Keimzelle hervorrufen, die bei den Nachkommen z. B. Mißbildungen verursachen. Daher können bereits durch die natürliche Strahlenbelastung (S. 156) genetische Schäden eintreten.

Viele dieser Schäden werden wegen des Reparaturmechanismus nicht wirksam oder weil die Zelle abstirbt, bevor sich aus ihr neues Leben entwickeln kann. Es ist auch zu bedenken, daß solche natürlich bedingte Mutationen stattfinden, seitdem es Leben auf der Erde gibt. Das Risiko genetischer Schäden durch Bestrahlung ist außerdem geringer als das Krebsrisiko. Dennoch müssen vor allem junge Menschen besonders vorsichtig sein. **Jede unnötige Bestrahlung vermeiden!**

Wie kann man sich schützen?

Beim Umgang mit ionisierender Strahlung sind Schutzmaßnahmen unerläßlich. Die meisten radioaktiven Substanzen senden neben α- und β- auch γ-Strahlung aus. Es muß daher auf einen Schutz vor allen Strahlungsarten geachtet werden.

α-Teilchen lassen sich einfach abschirmen. Sie können unsere Haut nicht durchdringen. Wegen ihrer großen Ionisationsfähigkeit rufen sie aber Schäden hervor, wenn α-strahlende Stoffe mit der Atemluft, bei der Nahrungsaufnahme oder bei Verletzungen in den Körper gelangen.

β-Teilchen lassen sich ebenfalls verhältnismäßig leicht abschirmen. Materialien, die Atome mit niedri-

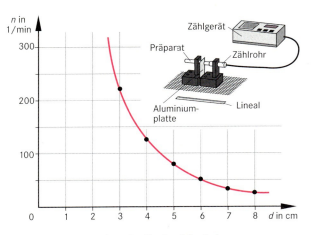

2 Großer Abstand senkt die Strahlenbelastung

gen Ordnungszahlen wie z. B. Aluminium enthalten, eignen sich besonders gut. Auch hier besteht die größere Gefahr bei *Inkorporation* (corpus, lat. Körper) von strahlenden Substanzen.

γ- und Röntgenstrahlen lassen sich auch durch dicke Abschirmungen nur schwächen. Am besten eignen sich Bleiplatten. Die Güte der Abschirmung hängt neben der Dicke auch von der Energie der Strahlung ab. Eine 1 cm dicke Bleischicht schwächt γ-Strahlung etwa um die Hälfte. Häufig benutzt man dicke Betonwände zur Abschirmung. Die einfachste Schutzmaßnahme ergibt sich aus folgendem Versuch.

Versuch 1: Wir untersuchen, wie sich die gemessene Strahlungsintensität einer γ-Strahlungsquelle mit dem Abstand von der Strahlungsquelle ändert. ∎

Bild 2 zeigt das Ergebnis einer Messung, bei dem die Zählrate über der Distanz zwischen Strahlungsquelle und Zählrohr aufgetragen ist. Du kannst leicht feststellen, daß bei doppeltem Abstand die Intensität auf ein Viertel, bei dreifachem Abstand auf ein Neuntel usw. absinkt. Die Strahlungsintensität nimmt also mit wachsendem Abstand von der Strahlungsquelle quadratisch ab.

 Grundregeln für den Umgang mit radioaktiven Stoffen oder Röntgenstrahlung:

- Möglichst großen Abstand von der Strahlenquelle einhalten!
- Geeignete Abschirmung aufbauen!
- Unvermeidliche Bestrahlung immer möglichst kurz halten!
- Nie in einem Raum essen, trinken oder rauchen, in dem mit radioaktiven Stoffen gearbeitet wird!
- Nach Experimenten mit radioaktiven Stoffen gründlich die Hände waschen! ∎

Meßgrößen für die Strahlenbelastung

Die biologische Strahlenwirkung wird durch zwei Faktoren bestimmt:
- Durch die vom Organismus absorbierte Energie
- und durch die Strahlungsart.
Je mehr Energie pro kg Körpermasse absorbiert wird, um so mehr Schäden können auftreten. Man erfaßt dies durch die **Energiedosis** D.

$$\text{Energiedosis} = \frac{\text{absorbierte Strahlungsenergie}}{\text{Masse}}$$
$$D = \frac{W}{m} .$$

Ihre Einheit ist 1 J/kg = 1 Gy **(Gray)**. Eine Dosis von 6 Gy auf den ganzen Körper eines Menschen wirkt meistens tödlich. Bei einer Körpermasse von 75 kg entsprechen 6 Gy einer Energie von 450 J. Damit kann man 75 kg Wasser oder Körpergewebe nur um etwa 1/1000 K erwärmen. Der Anstieg der Körpertemperatur bei einer leichten Erkältung ist mehr als tausendfach größer. Nicht die Energie, sondern die ionisierende Wirkung der Strahlung macht sie so gefährlich.

α-Strahlung ionisiert Materie stärker als β- und γ-Strahlung. Sie gibt ihre Energie auf kurzen Strecken an die durchstrahlte Substanz ab, ihre Reichweite in Materie ist daher gering. Das bedeutet aber auch, daß sie ihre Energie sehr „konzentriert" an eine lebende Zelle abgibt. Ihre zerstörerische Wirkung ist dort bis zu zwanzigmal größer als die von β- und γ-Strahlung. Dies wird durch die **Äquivalentdosis** D_q erfaßt. Man erhält sie, wenn man die Energiedosis mit dem **Qualitätsfaktor** q multipliziert. q wurde experimentell bestimmt und beträgt für β- und γ-Strahlung 1 und für α-Strahlung 10 bis 20. Die Einheit der Äquivalentdosis ist 1 Sv **(Sievert)**. Es gilt:

$$1 \text{ Sv} = 1 \frac{\text{J}}{\text{kg}} .$$

Äquivalentdosis = Energiedosis · Qualitätsfaktor:
$$D_q = D \cdot q .$$

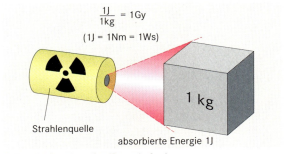

3 Zur Definition der Energiedosis

Quellen radioaktiver Strahlung

Natürliche Strahlenbelastung
Unsere Versuche mit dem Zählrohr zeigten, daß wir ständig radioaktiver Strahlung ausgesetzt sind (Nulleffekt). Diese natürliche Strahlenbelastung des Menschen hat vier Ursachen.

Die **kosmische Strahlung** (kosmos, griech. = Weltall) besteht aus Röntgenstrahlung und energiereichen Teilchen, die von der Sonne und aus den Tiefen des Weltalls kommen. In der Atmosphäre erzeugen sie unter anderem radioaktive Atome. An der Erdoberfläche registriert man die Strahlung dieser Folgeprodukte. Luft absorbiert einen Teil dieser Strahlung, ihre Intensität nimmt daher mit wachsender Höhe zu. Personen in Flugzeugen und im Hochgebirge sind deshalb einer erhöhten Strahlenbelastung ausgesetzt. Die kosmische Strahlung belastet uns in Deutschland durchschnittlich mit etwa 0,3 mSv pro Jahr (Bild 2).

Die **terrestrische Strahlung** (terra, lat. = Erde) wird durch natürliche radioaktive Bestandteile des Bodens und der Gesteine hervorgerufen. Die wichtigsten sind die Elemente Kalium, Uran und Thorium und deren Zerfallsprodukte. Spuren davon finden sich überall: im Boden, im Wasser, in den Baustoffen unserer Häuser, in den Pflanzen, die sie mit ihrer Nahrung aufnehmen. Sie belasten uns im Mittel ungefähr mit 0,5 mSv pro Jahr.

Auch die Luft enthält radioaktive Stoffe: als Gase oder als fein verteilte Schwebeteilchen.

Versuch 1 (LV): Wir spannen zwei 6 m lange Drähte in 0,5 m Abstand parallel zueinander an Isolatoren auf und legen eine Spannung von 5-10 kV an. Der positive Pol der Spannungsquelle wird geerdet. Nach 2 Stunden schalten wir die Spannung ab und wischen mit einem feuchten Filterpapier den negativ geladenen Draht in seiner ganzen Länge ab. Das Papier bringen wir dicht vor ein Zählrohr. Die Zählrate liegt deutlich über dem Nulleffekt. Also hat sich radioaktiver Staub aus der Luft auf dem geladenen Draht gesammelt. ■

Die Strahlenbelastung durch das **radioaktive Edelgas Radon** macht mit ca. 1,3 mSv pro Jahr in der Bundesrepublik Deutschland gut die Hälfte der natürlichen Strahlenbelastung aus. Radon entsteht als Zerfallsprodukt von Thorium oder Uran. Es kommt nahezu überall vor. Radon selbst belastet die Lunge vergleichsweise gering, da es als Edelgas nur kurz im Körper bleibt. Schädlicher sind seine Zerfallsprodukte, die mit dem Luftstaub eingeatmet und in der Lunge abgeschieden werden. Die Raumluft von Gebäuden enthält fünf bis achtmal soviel Radon wie die Außenluft. Gründliche Lüftung senkt die Strahlenbelastung.

Auch **durch Essen und Trinken gelangen radioaktive Stoffe in unseren Körper**. Einige lagern sich wegen ihrer chemischen Eigenschaften dauerhaft in bestimmten Körperpartien ab. So wird z. B. das radioaktive Strontium, das mit Kalzium eng verwandt ist, im Knochengerüst eingebaut. Solche inkorporierten radioaktiven Stoffe belasten uns durchschnittlich mit etwa 0,3 mSv pro Jahr.

Die natürliche Strahlenbelastung eines Menschen hängt stark von seinem Wohnort, von tages- oder jahreszeitlichen Schwankungen, von der Bauweise der Häuser und anderen Faktoren ab (Tabelle 1). Statistische Untersuchungen lieferten für die Bundesrepublik Deutschland eine mittlere Belastung durch natürliche Quellen von 2,4 mSv pro Jahr.

Zivilisatorische Strahlenbelastung
Die Errungenschaften unserer Zivilisation führen zu weiteren Strahlenbelastungen. Durchschnittlich wird bei uns jede Person jährlich zweimal geröntgt, dies ergibt eine mittlere Jahresdosis von 1,5 mSv. Viel höhere Belastungen einzelner Personen treten bei der Krebsbehandlung durch Bestrahlung auf. Zur Abtötung wuchernder Zellen sind 30 000 bis 50 000 mSv nötig. In der Statistik machen sich diese relativ wenigen Fälle aber kaum bemerkbar.

Im Vergleich zum medizinischen Bereich sind andere zivilisationsbedingte Belastungen wie z. B. durch radioaktive Stoffe aus kerntechnischen Anlagen, durch die von Fernsehröhren verursachte Röntgenstrahlung oder durch die verstärkte Höhenstrahlung bei Flugreisen gering (Bild 2).

Die Katastrophe durch den Brand im Kernkraftwerk Tschernobyl im April 1986, bei dem weite Teile Europas, bei uns vor allem Süddeutschland, von einer Wolke radioaktiven Staubs überzogen wurden, führte 1986 noch zu einer Zusatzbelastung von etwa 5% der natürlichen Strahlenbelastung. 1990 war dieser Wert auf 1% gesunken.

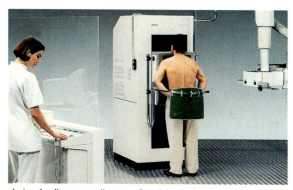

1 Auch röntgen trägt zur Strahlenbelastung bei

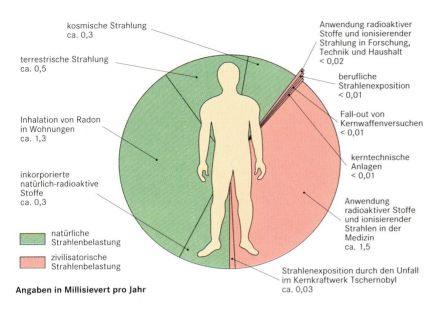

kosmische Strahlung
ca. 0,3

terrestrische Strahlung
ca. 0,5

Inhalation von Radon
in Wohnungen
ca. 1,3

inkorporierte
natürlich-radioaktive
Stoffe
ca. 0,3

Anwendung radioaktiver
Stoffe und ionisierender
Strahlung in Forschung,
Technik und Haushalt
< 0,02

berufliche
Strahlenexposition
< 0,01

Fall-out von
Kernwaffenversuchen
< 0,01

kerntechnische
Anlagen
< 0,01

Anwendung
radioaktiver Stoffe
und ionisierender
Strahlen in der
Medizin
ca. 1,5

Strahlenexposition durch den Unfall
im Kernkraftwerk Tschernobyl
ca. 0,03

■ natürliche
Strahlenbelastung

■ zivilisatorische
Strahlenbelastung

Angaben in Millisievert pro Jahr

2 Mittlere Strahlenbelastung je Einwohner in der Bundesrepublik Deutschland

Beispiele für die
Schwankungsbreite der natürlichen
Strahlenbelastung

Quelle	mSv pro Jahr
Kosmische Strahlung (Meereshöhe bis 1000 m)	0,3 bis 0,75
Terrestrische Strahlung (Schleswig-Holstein/ Bayerischer Wald)	0,14 bis 1,46
Maximalwerte in bestimmten Gebieten von Brasilien (Atlantikküste)	200
Iran	450
Wohnen in Holzhäusern oder Beton- und Steinbauten	0,6 bis 3

Tabelle 1

Die gesamte *zivilisatorisch verursachte Strahlenbelastung* beträgt zur Zeit etwa 1,5 mSv pro Jahr. Bei der Frage, welche zusätzliche Belastung möglich ist, ohne daß es zu Erkrankungen oder Erbschäden kommt, muß neben den Mittelwerten auch die *Schwankungsbreite* der natürlichen Strahlenbelastung in Betracht gezogen werden (Tabelle 1). Wenn sich die zivilisatorisch bedingte Strahlenbelastung im Rahmen dieser Schwankungen bewegt, darf man annehmen, daß Menschen dadurch nicht erheblich gefährdet werden.

Dennoch muß jede unnötige Bestrahlung vermieden werden. Sollen wir deshalb auf die medizinische Strahlenanwendung verzichten? Sicher nicht, es muß aber ein verantwortungsbewußter Einsatz dieser Mittel gewährleistet sein. Jeder Arzt sollte sich immer wieder Rechenschaft darüber ablegen, ob der Nutzen beim Einsatz von Röntgen- oder radioaktiver Strahlung größer ist als mögliche Schäden. Auch bei der Diskussion um Gefahren bei der Nutzung der Kernenergie muß eine Abwägung von anderen Risiken erfolgen wie z.B. eine möglicherweise drohende Klimakatastrophe bei verstärkter Nutzung fossiler Brennstoffe in Kraftwerken (vgl. S. 176f.).

Durch **gesetzliche Strahlenschutzverordnungen** soll erreicht werden, daß niemand unnötigen Strahlungsbelastungen ausgesetzt ist. So darf z.B. unmittelbar außerhalb eines Kernkraftwerks eine Dosis von 0,3 mSv pro Jahr nicht überschritten werden. Personen, die beruflich mit ionisierenden Strahlen belastet werden, wie z.B. Strahlenmediziner oder Flugzeugbesatzungen, müssen sich regelmäßigen Gesundheitskontrollen unterziehen.

Bei Einhalten der Bestimmungen kann durch die für den Schulunterricht zugelassenen Strahlenquellen niemand Schaden nehmen. Alle Schulpräparate sind berührungssicher in Schutzvorrichtungen eingebaut. Radioaktive Stoffe müssen gekennzeichnet werden. Wo sie gelagert sind, muß das **Strahlenwarnzeichen** (Bild 3) angebracht sein.

Aufgaben

1 Erläutere die Begriffe „somatische" und „genetische" Strahlenschäden!

2 In welchen Einheiten mißt man Strahlenbelastungen? Was beschreibt der Qualitätsfaktor?

3 Was versteht man unter dem Nulleffekt?

4 Welches sind die Quellen der natürlichen Strahlenbelastung des Menschen?

5 Wie läßt sich die Strahlenbelastung durch Radon und seine Folgeprodukte senken?

6 Was versteht man unter zivilisatorisch bedingter Strahlenbelastung? Nenne die Ursachen!

7 Welcher zulässigen Belastung darf ein Anwohner eines Kernkraftwerkes nach der Strahlenschutzverordnung ausgesetzt sein? Womit ist diese Belastung vergleichbar?

8 In einigen Gebieten Brasiliens beträgt die terrestrische Strahlendosis bis zu 200 mSv pro Jahr. Was kann die Ursache sein?

3 Strahlenwarnzeichen

Anwendung radioaktiver Isotope

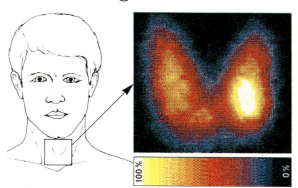

1 ^{99m}Tc-Szintigramm einer Schilddrüse

2 Calcium-Verteilung in einer Pflanze

Stoffe lassen sich radioaktiv „markieren"

Radioaktive Isotope lassen sich wegen der von ihnen ausgehenden Strahlung noch in geringsten Mengen aufspüren. Da sie sich chemisch nicht von den „normalen" Isotopen desselben Elements unterscheiden, benutzt man sie in Medizin und Biologie, um den Weg von Stoffen in lebenden Organismen zu verfolgen. **Technetium ^{99m}Tc** hilft z. B. bei der Erkennung von Schilddrüsen-Erkrankungen. (Das „m" hinter der Massenzahl kennzeichnet ein sogenanntes *metastabiles* Isotop. Es sendet nur γ-Strahlung aus.) Injiziert man einem Patienten ein bestimmtes Technetiumsalz, so sammelt sich ^{99m}Tc in der Schilddrüse an. Aus der aufgenommenen Menge kann der Arzt auf die Funktion des Organs schließen. Bild 1 zeigt ein Schilddrüsen-Szintigramm. Man erhält es mit einer speziellen Kamera. Die mit ihr gemessenen Strahlungsintensitäten werden auf dem Bildschirm eines Computers in verschiedene Farben umgesetzt.

Will man feststellen, wo die Nährstoffe bleiben, die eine Pflanze durch die Wurzel aufnimmt, „markiert" man diesen Stoff durch ein radioaktives Isotop. Legt man die Pflanze anschließend auf einen Film, erhält man ein Strahlungsbild *(Autoradiogramm)*. In Bild 2 werden Konzentrationsunterschiede durch verschiedene Farben sichtbar.

Anwendungen in der Landwirtschaft

Da hohe Strahlendosen lebende Zellen abtöten, kann man Lebensmittel durch Bestrahlung konservieren, wobei Bakterien oder Sporen vernichtet werden. Diese Methode ist jedoch umstritten. Radioaktive Strahlung wird auch bei der Züchtung neuer Pflanzensorten verwendet, um gezielt Mutationen hervorzurufen.

Einsatz in der Technik

Die von radioaktiven Isotopen ausgehenden β- und γ-Strahlen nutzt man technisch zur Materialprüfung und Qualitätskontrolle. Zwei Beispiele:

Schweißnahtprüfung: Auf eine Seite der Naht wird ein Film gelegt, während auf der anderen eine Strahlenquelle in konstantem Abstand längs der Naht geführt wird. Unterschiedliche Schwärzungen des Films zeigen Mängel auf (Bild 3).

Schichtdickenkontrolle: In Walzwerken regelt man die Dicke der erzeugten Bleche indem man z. B. das Blech mit β-Teilchen durchstrahlt und die Intensität der durchgehenden Strahlung bestimmt. Das Regelgerät vergleicht das erhaltene Spannungssignal (Istwert) mit einem vorgegebenen Sollwert und korrigiert automatisch (Bild 4).

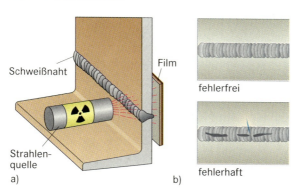

3 Prüfung einer Schweißnaht

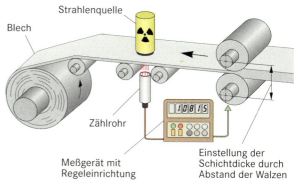

4 Regelung der Dicke von Blechen (schematisch)

Kernspaltung

 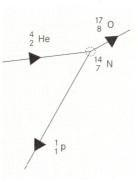

5 *Nebelkammeraufnahme von Blackett und Lees. Rechts sind die Bahnen der zur Kernreaktion gehörenden Teilchen herausgezeichnet.*

6 *Otto Hahn (r.) und Fritz Straßmann (l.) vor der Versuchsanordnung, mit der beide die Kernspaltung entdeckten*

Künstliche Kernumwandlungen

Natürliche radioaktive Kernumwandlungen laufen spontan ab. Man kann sie nicht von außen beeinflussen. Die erste künstliche Kernumwandlung gelang 1919 RUTHERFORD. Er bestrahlte Stickstoff mit α-Teilchen und erhielt dabei Sauerstoff und energiereiche Protonen (Bild 7). Wie bei chemischen Reaktionen kann man diese Kernumwandlung durch eine *Reaktionsgleichung* beschreiben:

$$\,^{4}_{2}He + \,^{14}_{7}N \rightarrow \,^{17}_{8}O + \,^{1}_{1}p.$$

Im Jahr 1925 gelang es P.N.S. BLACKETT (1897–1974), diesen Vorgang mit Hilfe einer WILSON-Nebelkammer (vgl. S. 149) sichtbar zu machen. Bild 5 zeigt Nebelspuren in einer Stickstoffatmosphäre, die eine künstliche Kernumwandlung beim Zusammenstoß eines α-Teilchens mit einem Stickstoffkern erkennen lassen.

Atomkerne lassen sich spalten

Mit der ersten künstlichen Kernumwandlung begann der gewaltige Aufschwung der **Kernphysik**. Nach der Entdeckung des Neutrons durch CHADWICK im Jahr 1932 gelang es, viele Kernprozesse mit diesen neuen Teilchen durchzuführen. Eine der größten und zugleich folgenreichsten Entdeckungen war die

Kernspaltung durch die Chemiker OTTO HAHN (1879–1968), FRITZ STRASSMANN (1902–1980) und die Physikerin LISE MEITNER (1878–1968) im Jahre 1938. Bei allen bis dahin gelungenen künstlichen Kernumwandlungen waren Kerne entstanden, deren Massenzahl nicht sehr von der des Ausgangskerns verschieden war. Ziel der Versuche von HAHN und STRASSMANN war es daher unter anderem, durch Beschuß von Uranatomen mit Neutronen neue, massereichere Elemente, sogenannte **Transurane** (trans, lat. = jenseits), zu gewinnen.

Neutronen sind besonders geeignet, Kernreaktionen auszulösen. Da sie elektrisch neutral sind, werden sie nämlich nicht wie z. B. α-Teilchen von den Protonen des Kerns abgestoßen. Sie können in den Kern eindringen und dessen Masse vergrößern. Nicht alle Atomkerne „verkraften" aber ohne weiteres ein zusätzliches Neutron. Bei bestimmten Kernen kommt es daher nach Aufnahme eines Neutrons zu einer Umwandlung eines Neutrons in ein Proton, wobei außerhalb des Atomkerns ein β-Teilchen nachgewiesen werden kann. Dadurch erhöht sich die Kernladungszahl um eins. Es entsteht also der Kern eines Atoms mit einer höheren Ordnungszahl.

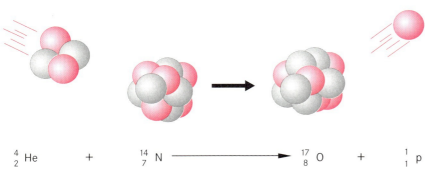

$$\,^{4}_{2}He \quad + \quad \,^{14}_{7}N \longrightarrow \,^{17}_{8}O \quad + \quad \,^{1}_{1}p$$

7 *Künstliche Kernumwandlung*

8 *Lise Meitner*

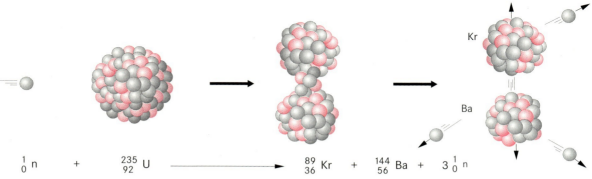

$$\underset{0}{\overset{1}{}} n \;+\; \underset{92}{\overset{235}{}} U \;\longrightarrow\; \underset{36}{\overset{89}{}} Kr \;+\; \underset{56}{\overset{144}{}} Ba \;+\; 3\,\underset{0}{\overset{1}{}} n$$

1 Kernspaltung von Uran-235

Genau dies war die Absicht der Experimente von HAHN und STRASSMANN. Zu ihrem großen Erstaunen stellten sie jedoch fest, daß statt der erwarteten Transurane zwei Elemente mit mittleren Ordnungszahlen entstanden waren, nämlich Barium ($Z = 56$) und Krypton ($Z = 36$). Die Uranatome mußten also in zwei Teile zerbrochen sein.

Natürliches Uran besteht aus den Isotopen U-235 und U-238. Die Untersuchungen von HAHN und STRASSMANN ergaben, daß in ihren Versuchen nur Uran-235 durch Neutronen gespalten wurde. Bei dieser Spaltung können auch andere Bruchstücke entstehen. Die Massenzahlen stehen dabei stets etwa im Verhältnis 2:3. Bild 1 zeigt ein weiteres Beispiel mit der zugehörigen Reaktionsgleichung.

Obwohl Urankerne auf verschiedene Weise zerplatzen können, ist allen diesen Kernreaktionen folgendes gemeinsam:

- Die Bruchstücke fliegen mit hoher Geschwindigkeit auseinander.
- Die bei der Spaltung entstehenden Isotope sind meist radioaktiv. Sie zerfallen – zum Teil mit langen Halbwertszeiten – und senden dabei neben radioaktiver Strahlung auch Neutronen aus.
- Bei jeder Kernspaltung werden bis zu 2 oder 3 energiereiche (d. h. schnelle) Neutronen freigesetzt.
- Bei all diesen Prozessen wird **Energie** frei. Sie ist insgesamt etwa zehnmilliardenmal größer als die Energie des zur Spaltung benötigten Neutrons.

Eine neue Energiequelle wird entdeckt

Sehr rasch erkannte man die ungeheuren Möglichkeiten der Kernspaltung. Wenn es gelänge, eine ausreichend große Zahl von Kernen zu spalten, so ließe sich eine völlig neue, gewaltige Energiequelle schaffen. Dies gelingt tatsächlich, wenn man dafür sorgt, daß die bei der Spaltung eines Urankerns frei werdenden Neutronen weitere Urankerne spalten. Bei einer solchen **Kettenreaktion** kann sich nämlich die Anzahl der Neutronen, die weitere Spaltungen auslösen, sehr rasch vergrößern.

B Nimmt man wie in Bild 2 an, daß jeder gespaltene Urankern gerade zwei Neutronen liefert, die wiederum Urankerne spalten, so verdoppelt sich die Zahl der „wirksamen" Neutronen von „Generation zu Generation". Da zwischen zwei aufeinanderfolgenden Kernspaltungen nur etwa eine Nanosekunde (= 10^{-9} s) vergeht, zerplatzen in Sekundenbruchteilen ungeheuer viele Urankerne (vgl. Aufg. 5). Dabei wird in kürzester Zeit eine riesige Energiemenge frei. Dieser Vorgang spielt sich in einer **Atombombe** ab. ■

In unserem Beispiel wurde angenommen, daß jeder Urankern zwei Neutronen für weitere Spaltungen liefert. Dies ist aber nicht nötig. Solange sich nämlich die Zahl der wirksamen Neutronen von einer Generation zur nächsten nur *erhöht*, läuft die Kettenreaktion grundsätzlich in gleicher Weise ab. (Aufg. 6). Erst wenn jeder gespaltene Urankern im Mittel nur noch ein Neutron für weitere Kernspaltungen zur Verfügung stellt, bleibt die Zahl der Kernspaltungen zeitlich konstant. Wenn es gelingt, die Kettenreaktion so zu steuern, dann wird über lange Zeit hinweg gleichmäßig Energie abgegeben. Solche kontrollierten Kernspaltungen spielen sich beim Betrieb eines **Reaktors** im **Kernkraftwerk** ab (S. 162).

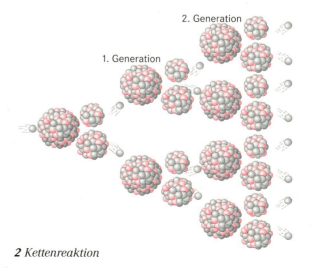

2 Kettenreaktion

Was versteht man unter der „kritischen Masse"?

Sinkt die Zahl der wirksamen Neutronen pro gespaltenem Urankern unter eins, so geht die Anzahl der Kernspaltungen sehr rasch zurück. Die Kettenreaktion bricht ab. Dies geschieht z. B., wenn zu viele Neutronen das spaltbare Material verlassen. Das ist immer dann der Fall, wenn die Uranmenge eine im Verhältnis zu ihrem Volumen große Oberfläche besitzt. Günstig ist eine Kugel, dort wächst das Volumen mit der dritten Potenz des Radius, die Oberfläche nur mit dessen Quadrat. Die Kettenreaktion kann nur dann aufrecht erhalten werden, wenn diese Kugel eine Mindestgröße besitzt. Man benötigt dafür eine bestimmte Menge an spaltbarem Material, die sogenannte **kritische Masse**. Sie beträgt für reines Uran-235 etwa 50 kg. Das entspricht einer Kugel aus Uranmetall von ungefähr 17 cm Durchmesser.

Uranatome können sich mit einer sehr geringen Wahrscheinlichkeit auch spontan (d. h. von selbst, ohne Neutronenbeschuß) spalten. Bei der *Uranbombe* werden mehrere kleine Blöcke mit einem hohen Gehalt (90%) an U-235 durch die Explosion gewöhnlichen Sprengstoffs aufeinander geschossen, so daß ein Körper mit überkritischer Masse entsteht. Dann genügt ein einziges Neutron aus einer spontanen Kernspaltung, um die Kettenreaktion in Gang zu setzen. Diese läuft so rasch ab, daß ein heißer Gasball mit Temperaturen bis zu einigen Millionen °C entsteht (Bild 3).

Die verheerenden momentanen Wirkungen von Atombomben beruhen auf der bei der Explosion freigesetzten *Strahlung* (Licht-, Wärme- und radioaktive Strahlung) sowie der sich anschließend ausbreitenden *Druckwelle*, die im Umkreis von einigen Kilometern alles dem Erdboden gleichmacht. Schlimme Nachwirkungen werden durch die radioaktiven Reaktionsprodukte *(Fallout)* verursacht, die große Gebiete um die Abwurfstelle herum verseuchen und außerdem durch ihre Ausbreitung in der Atmosphäre weltweit zu einer erhöhten radioaktiven Strahlenbelastung beitragen.

Masse wird in Energie verwandelt

Die bei der Kernspaltung freigesetzte Energie tritt vorwiegend als Bewegungsenergie der Spaltprodukte in Erscheinung. Stoffe, in denen Kernspaltungen ablaufen, erwärmen sich daher. Während bei *chemischen Vorgängen* wie z. B. der Verbrennung die gesamte Masse aller Reaktionsprodukte konstant bleibt, ist jedoch nach einer Kernspaltung die gesamte Masse aller Spaltprodukte *kleiner* als die Summe der Massen von Neutron und Ausgangskern. Es verschwindet Masse und wandelt sich in Energie um! Die Möglichkeit einer solchen **Umwandlung von Masse in Energie** hatte ALBERT EINSTEIN (1879–1955) bereits theoretisch vorhergesagt und mit seiner berühmten Gleichung $E = mc^2$ (c = Lichtge-

3 Atombombenexplosion

schwindigkeit) auch den „Umrechnungskurs" angegeben. Bei der Spaltung von 1 kg Uran-235 wird weniger als 1 g Masse in Energie umgewandelt (vgl. Aufg. 4). Die dabei freigesetzte Kernenergie beträgt ungefähr 23 Millionen kWh. Um die gleiche Energiemenge auf herkömmlichem Wege bereitzustellen, müssen fast 3 Millionen kg Steinkohle verbrannt werden. Dies macht deutlich, wie wirkungsvoll Uran als „Brennstoff" ist.

Aufgaben

1 Zur Erinnerung: Erläutere die Funktionsweise einer Nebelkammer!

2 Was war das ursprüngliche Ziel der Untersuchungen von OTTO HAHN und FRITZ STRAßMANN?

3 Beschreibe die Vorgänge bei der Spaltung eines U-235 Kerns!

4 Berechne mit der Gleichung EINSTEINS, welche Masse in Energie verwandelt werden muß, damit die Energie 23 Millionen kWh frei wird!
Wieviel Prozent Uran werden also bei der Spaltung von 1 kg reinem U-235 in Energie verwandelt?

5 Ein Gramm U-235 enthält etwa $2,5 \cdot 10^{21}$ Atome. In welcher Zeitspanne ist 1 kg U-235 gespalten, wenn man wie im Beispiel annimmt, daß jeder Kern 2 Neutronen zur weiteren Spaltung liefert?

6 Wie ändert sich das Ergebnis von Aufg. 5, wenn im Mittel nur 1,01 Neutronen pro Kern zur Spaltung beitragen?

7 Welche Bedingungen müssen erfüllt sein, damit bei der Kernspaltung eine Kettenreaktion in Gang kommt?

8 Worin bestehen die schrecklichen Wirkungen von Kernwaffenexplosionen?

Kernkraftwerke

Wege zur kontrollierten Kernspaltung

Zur friedlichen Nutzung der Kernenergie muß die Kernspaltung kontrolliert ablaufen. Eine Kettenreaktion kann nur aufrechterhalten werden, wenn die Zahl der Neutronen, die für weitere Spaltungsvorgänge bereit steht (Spaltneutronen) genügend groß ist. Im natürlichen Uran, das zu 0,7% aus U-235 und zu 99,3% aus U-238 besteht, läuft unter normalen Umständen keine Kettenreaktion ab. Das hat im wesentlichen zwei Gründe:

a) Die Kerne des Isotops U-238 *absorbieren* Neutronen, ohne sich zu spalten. (Sie verwandeln sich dabei allerdings schrittweise in das spaltbare Plutoniumisotop Pu-239). In reinem U-238 kann deshalb keine Kettenreaktion stattfinden. Auch im natürlichen Isotopengemisch wirkt U-238 als „Neutronenfalle", weil es die bei der Spaltung von U-235 entstehenden Neutronen zum größten Teil einfängt.

b) Wie man in Experimenten feststellte, wird die Spaltung eines U-235 Kernes um so wahrscheinlicher, je *geringer* die Geschwindigkeit der Spaltneutronen ist. Das erscheint zunächst verwunderlich. Neutronen benötigen aber nur wenig Energie, um zum Atomkern vorzudringen, da sie nicht von dessen Ladungen beeinflußt werden. Je langsamer sich ein Neutron bewegt, um so länger verweilt es in Kernnähe und um so häufiger kommt es bei Uran-235 zu Kernreaktionen.

Will man die Kernspaltung von Uran zur Energiegewinnung in einem **Kernreaktor** nutzen, müssen die bei der Spaltung von U-235 freigesetzten schnellen Neutronen abgebremst werden. Dies erreicht man durch Stöße der Neutronen mit geeigneten Atomkernen. Diesen Vorgang kannst du dir durch folgenden Versuch veranschaulichen.

Versuch 1: Schieße auf einer glatten Tischoberfläche ein Pfennigstück gegen ein ruhendes Pfennigstück! Triffst du genau, kommt die erste Münze zur Ruhe, während die zweite weggekickt wird. Läßt du das Pfennigstück auf ein ruhendes Fünfmarkstück treffen, prallt es nahezu gleich schnell zurück während das Fünfmarkstück liegen bleibt. ∎

Ähnlich verhalten sich Neutronen beim Stoß mit Atomkernen. Ist deren Masse etwa gleich groß wie die des Neutrons, dann gibt das Neutron seine Bewegungsenergie fast vollständig an den Stoßpartner ab. Trifft es auf Kerne mit sehr großer Masse, ändert sich der Betrag seiner Geschwindigkeit nur wenig. Neutronen werden daher besonders gut von Wasserstoffkernen (Protonen) abgebremst. In Kernreaktoren benutzt man deshalb als Bremssubstanz oder **Moderator** (moderatus, lat. = gemäßigt) häufig normales Wasser (H_2O).

Wasser absorbiert jedoch auch einen Teil der Neutronen, so daß nicht genügend viele übrigbleiben, um im natürlichen Uran die Kettenreaktion in Gang zu setzen. Dies ändert sich, wenn man sogenanntes „schweres Wasser" als Moderator verwendet. Bei ihm ist anstelle des Wasserstoffisotops ^1_1H das Isotop ^2_1H (Deuterium) im Wassermolekül eingebaut. Schweres Wasser ist aber sehr teuer. Damit normales Wasser als Moderator eingesetzt werden kann, muß der störende Einfluß von U-238 verringert werden. In **Leichtwasserreaktoren** benutzt man deshalb als Brennstoff *angereichertes Uran*. Sein Gehalt an U-235 wurde auf 2–3% erhöht.

Ohne Moderator läuft im Reaktor keine Kettenreaktion ab. Fließt bei einem Störfall das Wasser aus dem Reaktorbehälter, kommt die Kettereaktion sofort zum Stillstand. Eine Explosion wie bei der Atombombe ist also unmöglich.

1 Kernkraftwerk Biblis

2 *Reaktordruckgefäß für einen Druckwasserreaktor, 10,5 m hoch (ohne Deckel) und 425 Tonnen schwer*

3 *Brennelement für einen Druckwasserreaktor. Vorne ragen die Regelstäbe ein Stück weit heraus.*

Wie regelt man die Kettenreaktion?

Bei einer kontrollierten Kettenreaktion muß die Zahl der Spaltneutronen im Reaktor sehr genau geregelt werden. Man verwendet dazu **Regelstäbe** aus einem Material, das besonders gut Neutronen absorbiert. Es eignen sich z. B. Cadmium und Bor. Schiebt man die Regelstäbe zwischen die Brennstoffelemente, sinkt die Zahl der Spaltneutronen. Im Dauerbetrieb des Reaktors werden die Stäbe soweit herausgezogen, daß sich die gewünschte Neutronenrate einstellt. Durch Einschieben der Stäbe kann die Kettenreaktion jederzeit abgebrochen werden. Diese Art der Regelung ist nur möglich, weil ein Teil der Neutronen nicht sofort bei der Spaltung der Urankerne frei wird, sondern erst Sekunden später beim Zerfall der Spaltprodukte. Nur so gelingt es, die Regelstäbe rechtzeitig in die gewünschte Position zu bringen.

Wie ist ein Kernkraftwerk aufgebaut?

Der am weitesten verbreitete Reaktortyp ist der sogenannte **Druckwasserreaktor**. An seinem Beispiel sollen Aufbau und die Wirkungsweise eines Kernkraftwerks verdeutlicht werden. Bild 4 zeigt ein vereinfachtes Funktionsschema. Der Unterschied zwischen einem Kernkraftwerk und einem herkömmlichen Kraftwerk besteht hauptsächlich in der Art der Dampferzeugung zum Betrieb der Turbinen. Der Kernreaktor ersetzt den Heizkessel. Ein Kernkraftwerk ist ein Wärmekraftwerk. Für den sogenannten *konventionellen Teil* des Kernkraftwerks gilt also alles, was du über Energieumwandlungen, Wirkungsgrad und Umweltbelastung durch Abwärme bei Wärmekraftwerken gelernt hast. Wir betrachten daher nur den kerntechnischen Teil genauer.

Im *Reaktordruckgefäß* aus 20–25 cm dickem Stahl (Bild 2) befindet sich der Brennstoff Uran in einzelnen *Brennstäben* aus einer besonderen Metallegierung. Etwa je 260 Brennstäbe sind zu *Brennelementen* zusammengefaßt. In jedes Brennelement kann außerdem ein Satz von Regelstäben eingeführt werden (Bild 3). In einem Druckwasserreaktor, wie er z. B. im Kernkraftwerk Biblis zu finden ist, befinden sich etwa 200 solcher Brennelemente mit einer Gesamtmasse von ungefähr 100 Tonnen Uran, davon 2–3 Tonnen U-235.

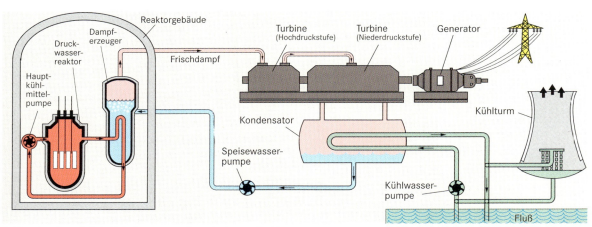

4 *Kernkraftwerk mit Druckwassereaktor (schematisch)*

Vom Reaktor zur Turbine

Das als Moderator benötigte Wasser dient zugleich als Kühlmittel. Es strömt zwischen den Brennelementen hindurch und besorgt den Energietransport. Die heißen Brennelemente heizen das Wasser auf. Da es im Reaktor und im ganzen *Primärkreislauf* unter hohem Druck steht (ca. 150 bar), kann es über 300°C erhitzt werden, ohne daß es siedet. Gewaltige Pumpen befördern es zu den *Wärmetauschern*. Dort gibt es seine Energie an das Wasser im *Sekundärkreislauf* ab, das dabei verdampft. Der Dampf strömt dann unter hohem Druck zur Turbine.

Grundsätzlich ist es auch möglich, das Wasser bereits im Reaktorgefäß zu verdampfen, wenn man dort den Druck niedriger hält. Dann wird die Turbine direkt im Primärkreis betrieben. Dies geschieht im **Siedewasserreaktor**. Das Zweikreissystem des Druckwasserreaktors verhindert jedoch, daß das schwach radioaktive Reaktorkühlwasser in die Turbinen und den konventionellen Teil des Kraftwerks gelangt. Dies erhöht die Sicherheit.

In Kraftwerken mit **Druckwasserreaktoren** erzielt man elektrische Leistungen von über 1000 MW. Die beiden Reaktorblöcke des Kraftwerks Biblis (Bild 1, S. 162), geben bei einem Wirkungsgrad von 33% zusammen eine Leistung von 2500 MW an das Stromnetz ab. Zum Vergleich: 2500 MW reichen, um die Städte Frankfurt und München einschließlich ihrer Industrieanlagen mit Strom zu versorgen.

In Kernreaktoren gewinnt man Energie aus der Spaltung von Atomkernen. Es läuft dort eine kontrollierte Kettenreaktion ab. Wichtigste Bestandteile eines Leichtwasserreaktors sind: Brennelemente, Regelstäbe und Wasser, das zugleich als Moderator und Kühlmittel dient .

Aufgaben

1 Vergleiche Atombombe und Kernreaktor! Wozu braucht man im Reaktor einen Moderator?
2 Welche Aufgaben hat das Wasser im Druck- und Siedewasserreaktor? Wie unterscheiden sich beide?
3 Wie regelt man im Kernreaktor die Kettenreaktion? Wie „schaltet" man einen Reaktor ab?
4 Wie groß ist die Wärmeleistung eines Blocks im Kernkraftwerk Biblis? (Nutze Angaben im Text!)
5 Bei der Spaltung eines U-235 Kerns wird eine Energie von ca. $3{,}2 \cdot 10^{-11}$ J frei. Wie viele Urankerne müssen im Reaktor pro Sekunde gespalten werden, damit die Wärmeleistung 3500 MW beträgt?
6 Ein Gramm U-235 enthält etwa $2{,}5 \cdot 10^{21}$ Atome. Wieviel Tonnen U-235 werden beim Betrieb des Reaktors aus Aufg. 5 pro Jahr gespalten, wenn die mittlere Auslastung des Kraftwerks 70% der Wärmeleistung beträgt?

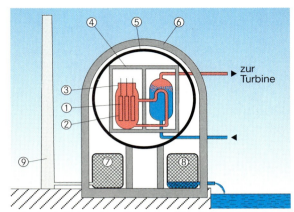

1 *Sicherheitsbarrieren in einem Kernkraftwerk*

Zur Sicherheit von Kernkraftwerken

Insbesondere seit der Reaktorkatastrophe in *Tschernobyl* am 26. April 1986, durch die weite Gebiete Europas z. T. erheblich radioaktiv belastet wurden, wird erneut die Frage nach der Sicherheit von Kernkraftwerken gestellt. Wo liegen die Risiken bei der Nutzung der Kernenergie?

Uran ist nur schwach radioaktiv. Erst als Folge der Kernspaltung entstehen radioaktive Spaltprodukte im Inneren der Brennstäbe und durch Neutronenbeschuß auch radioaktive Substanzen im Reaktorbehälter. Verschiedene *Sicherheitsbarrieren* sollen verhindern, daß diese Stoffe auch bei Störfällen nicht in die Umwelt gelangen (Bild 1).

Erste Barriere ist der *Kernbrennstoff* selbst (1). Er hält in seinem Kristallgefüge den größten Teil der Spaltstoffe fest. Weitere Hindernisse sind die gasdichten *Brennstabhüllrohre* (2), der *Reaktordruckbehälter* (3) sowie eine dickwandige *Abschirmung aus Stahlbeton* (4). Sie schirmt die γ-Strahlung und Neutronen ab und stellt zugleich einen Schutz gegen äußere mechanische Einwirkungen dar. Das Ganze befindet sich im *Sicherheitsbehälter aus Stahl* (5) und im *Reaktorschutzgebäude* (6), dessen Betonhülle z. B. den Aufprall eines abstürzenden Flugzeugs oder ein Erdbeben aushalten soll. Trotzdem gelangen immer noch geringe Mengen radioaktiver Stoffe, vor allem Gase in das Reaktorgebäude. Auch durch sorgfältiges Filtern (7) und (8) ist nicht zu verhindern, daß Spuren dieser Stoffe durch den Kamin (9) oder mit Abwässern nach draußen gelangen. In der Bundesrepublik darf die sich daraus ergebende Strahlenbelastung der direkten Umgebung 0,3 mSv pro Jahr nicht überschreiten (vgl. S. 157).

Doch nicht überall auf der Welt sind Kernreaktoren mit solch umfangreichen Sicherheitseinrichtungen ausgestattet. Solange sie nicht technisch nachgerüstet oder stillgelegt werden, bleiben sie ein kaum einschätzbares Risiko.

Welche Gefahren bergen Störungen?

Obwohl alle wichtigen Bauteile eines Reaktors wie z.B. Kühlmittelleitungen und -pumpen, Wärmetauscher usw. mehrfach vorhanden sind, um bei Ausfall eines Teils dessen Aufgabe zu übernehmen, kann es zu Störungen kommen. Im Notfall wird der Reaktor mit Hilfe der Regelstäbe abgeschaltet. Damit bricht zwar sofort die Kettenreaktion, nicht aber die Wärmeerzeugung im Reaktor ab. Die durch die hohe Radioaktivität der Spaltprodukte verursachte **Nachwärme** beträgt in den ersten Sekunden nach dem Abschalten noch etwa 5% der Reaktorleistung beim Betrieb!

Die größte Gefahr besteht daher im Versagen der Kühlung. Ein Reaktor verfügt über mehrere, voneinander unabhängige Notkühlsysteme. Dies soll das Risiko einer *Kernschmelze* bei gleichzeitigem Versagen aller Kühlsysteme extrem gering machen. Nach einer öffentlichen Risikostudie schätzt man, daß bei dem derzeitigen Sicherheitsstandard in Deutschland ein solcher Unfall einmal in 10 000 Reaktorbetriebsjahren eintreten kann. Und selbst dann rechnet man nur in wenigen Prozent der Fälle mit Folgen, die mit dem Unfall in Tschernobyl vergleichbar wären. Dennoch erhöht man die Sicherheit von Kernkraftwerken weiter.

Das Problem der Entsorgung

Beim Betrieb eines Kernreaktors wird Uran-235 verbraucht, deshalb müssen die ausgedienten Brennelemente nach einigen Jahren aus dem Reaktor entfernt werden. Bei einem Druckwasserreaktor (1300 MW) fallen jährlich rund 30 t verbrauchter Kernbrennstoff an. Er enthält noch ca. 28,7 t Uran, dessen Anteil an U-235 unter 1% gesunken ist, ungefähr 1 t hochradioaktive Spaltprodukte, etwa 280 kg spaltbares Plutonium-239 sowie geringe Mengen von Transuranen.
Die Schwierigkeiten der **Entsorgung** – das sind alle Maßnahmen zur weiteren Behandlung des „abgebrannten" Brennstoffs – werden durch die radioaktiven Stoffe und das Plutonium verursacht. Die Radioaktivität ist nach der Entnahme der Brennstäbe so hoch, daß man diese ein halbes bis ein Jahr lang in einem gekühlten Wasserbecken neben dem Reaktor lagert, bis sie so weit abgekühlt sind, daß sie zu einer **Wiederaufarbeitungsanlage**, transportiert werden können. In Westeuropa gibt es solche Anlagen in Frankreich und Großbritannien.

Dort werden die Brennstäbe aufgesägt und der Inhalt in heißer Säure aufgelöst. Dann trennt man die einzelnen Bestandteile chemisch. Das gewonnene Plutonium-239 kann direkt als neuer Spaltstoff eingesetzt werden (Bild 2). Auch das Uran ist wiederverwertbar. Schwierig ist die Behandlung des hochradioaktiven Anteils. Die Halbwertszeiten der Spaltprodukte sind z. T. sehr groß. Sie müssen deshalb mehrere tausend Jahre so aufbewahrt werden, daß sie unmöglich in die

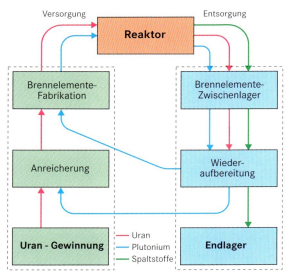

2 Brennstoffkreislauf

Luft oder die Nahrungskette des Menschen gelangen. Derzeit hält man es für das sicherste, diesen *Atommüll* tief in der Erde in ehemaligen Salzbergwerken einzulagern. Das ist jedoch politisch umstritten. Die Frage der **Endlagerung** des Atommülls muß unbedingt geklärt werden.

Ebenso umstritten ist die Wiederaufarbeitung. Ihre Gegner sehen vor allem zwei Gefahren:
– Aus Wiederaufarbeitungsanlagen können radioaktive Stoffe in die Umwelt gelangen.
– Das bei der Aufarbeitung anfallende hochangereicherte Plutonium könnte zum Bau von Atomwaffen verwendet werden, wenn es in die falschen Hände gerät. Dies ist, wie jüngere Erfahrungen zeigen, durchaus möglich.

Neben der Wiederaufarbeitung untersucht man auch die direkte Endlagerung abgebrannter Brennelemente. Hierbei fallen allerdings erheblich größere Abfallmengen an. Die aufgezeigten Probleme im Zusammenhang mit der Kernenergienutzung sind nur auf internationaler Ebene zu lösen.

Aufgaben

1 Welche Maßnahmen sollen verhindern, daß aus Kernkraftwerken radioaktive Stoffe nach außen dringen?
2 Warum muß ein Kernreaktor auch noch nach dem Abschalten gekühlt werden?
3 Worin bestehen die Hauptprobleme bei der Entsorgung von Kernkraftwerken?
4 Vergleiche die Angaben im Text über die Menge der entstandenen Spaltstoffe mit dem Ergebnis von Aufg. 6 auf S. 164!
5 Welche Vorteile hat die Wiederaufarbeitung der Brennelemente? Welche Probleme treten auf?

Aufbau der Atome

Alle Stoffe sind aus Atomen aufgebaut. Durch Streuversuche fand man:
Atome bestehen aus einer **Elektronenhülle** ($\varnothing \approx 10^{-10}$ m) und einem **Kern** ($\varnothing \approx 10^{-14}$ m), der nahezu die gesamte Masse des Atoms enthält. ↑ S. 141

Atomkerne enthalten die positiv geladenen **Protonen** und die elektrisch neutralen **Neutronen**. Ihre Massen sind ungefähr gleich groß und etwa 2000mal größer als die Elektronenmasse. Das Proton trägt eine gleich große Ladung wie das Elektron, allerdings mit positivem Zeichen. **Kernkräfte** geringer Reichweite halten die Kernbausteine zusammen. ↑ S. 150

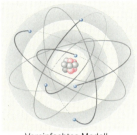

Das Atom besteht aus dem positiven Kern und der negativen Hülle.

Bestandteile des Atomkerns
- ○ Proton (+)
- ○ Neutron (n)
  Ausnahme: ^{1}H

Bestandteil der Atomhülle:
- ○ Elektron (-)

Vereinfachtes Modell eines Kohlenstoffatoms

Ein Atom ist nach außen elektrisch neutral, wenn die Zahl der Elektronen in der Hülle so groß wie die Zahl der Protonen im Kern ist (Kernladungszahl Z). Fehlen Elektronen oder kommen welche hinzu, so entstehen geladene Atome, die **Ionen**. ↑ S. 150

Die **Kernladungszahl** Z entspricht der Ordnungszahl des betreffenden chemischen Elements im Periodensystem. Als Summe aus Kernladungszahl Z und der **Anzahl der Neutronen** N ergibt sich die Zahl A aller Kernteilchen, der **Nukleonen**. A nennt man auch die **Massenzahl** des Atoms ($A = N + Z$).
Kerne, die sich bei gleicher Protonenzahl durch ungleiche Neutronenzahl unterscheiden, sind chemisch gleichwertig. Man nennt sie **Isotope**.

Die Kerne der Wasserstoffisotope

| Proton | Deuteron | Triton |
| $^1_1$H | $^2_1$H | $^3_1$H |

Man kennzeichnet Atomkerne durch die Schreibweise ^A_ZE, wobei E das chem. Symbol des Elements ist.
Beispiele: $^4_2$He, $^{235}_{92}$U, $^{12}_6$C. ↑ S. 151

Radioaktiver Zerfall

Bestimmte Atomkerne sind nicht stabil. Sie zerfallen unter Aussendung radioaktiver Strahlung.

Beim **α-Zerfall** sendet der Kern einen Heliumkern, d. h. ein α-Teilchen, aus (α-Strahlung). Dadurch verringert sich die Massenzahl des Kerns um 4, die Kernladungszahl um 2. ↑ S. 151

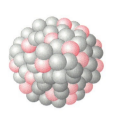

Alphateilchen

Alphastrahlen

Aussenden von Alphateilchen (Heliumkernen) (2 Protonen, 2 Neutronen)

Beim **β-Zerfall** wird ein Elektron mit großer Geschwindigkeit ausgesandt (β-Strahlung). Es entsteht durch Umwandlung eines Neutrons in ein Proton. Die Massenzahl bleibt daher gleich, während sich die Kernladungszahl um 1 erhöht. ↑ S. 151

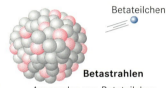

Betateilchen

Betastrahlen

Aussenden von Betateilchen (Elektronen)

Ein Neutron wandelt sich in ein Proton und ein Elektron um

In Begleitung der **α- und β-Strahlung** tritt häufig noch die **γ-Strahlung** auf. Sie ist wie die Röntgenstrahlung eine energiereiche, durchdringende elektromagnetische Strahlung. ↑ S. 151

Durch den radioaktiven Zerfall wandeln sich Atome eines Elements in ein anderes um.
Beispiel: $^{214}_{82}$Pb $\rightarrow$ $^{214}_{83}$Bi + $^0_{-1}$e + Energie. ↑ S. 151

Es gilt ein **exponentielles Zerfallsgesetz**. Nach jeweils einer bestimmten Zeitdauer, der **Halbwertszeit**, ist die Hälfte der anfänglich vorhandenen radioaktiven Atomsorte zerfallen. Halbwertszeiten von Atomen reichen von Sekundenbruchteilen bis zu einigen Milliarden Jahren. ↑ S. 152

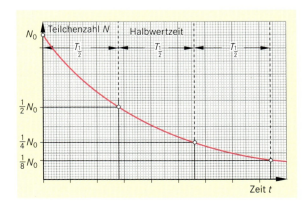

Radioaktive Strahlung

Nachweis: Radioaktive Strahlen kann man durch ihre Ionisationsfähigkeit nachweisen. Als Nachweisgeräte dienen z. B. **Ionisationskammer, Geiger-Müller-Zählrohr** und **Nebelkammer**. Radioaktive Strahlung schwärzt fotografische Filme und erzeugt auf Leuchtschirmen Szintillationen. ↑ S. 143 f.

Eigenschaften: Radioaktive Strahlen unterscheiden sich durch ihr **Durchdringungvermögen** (Reichweite) und ihre **Ionisationsfähigkeit**. α-Strahlen ionisieren viel stärker als β- und γ-Strahlen. ↑ S. 143 f.

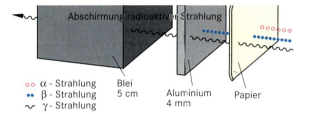

Abschirmung radioaktiver Strahlung

- ∘∘ α - Strahlung — Blei 5 cm
- •• β - Strahlung — Aluminium 4 mm
- ∼ γ - Strahlung — Papier

Gefahren radioaktiver Strahlung

Radioaktive Strahlung verändert Atome und Moleküle in lebenden Zellen (Anregung und Ionisation). Nicht alle Veränderungen müssen zu **Strahlenschäden** führen, da die Zellen über Reparaturmechanismen verfügen. Hohe Strahlenbelastung ruft direkte körperliche Schäden (akute **somatische Schäden**) hervor. Schon bei geringer Belastung können **Spätschäden** wie Krebserkrankungen und Schädigungen der Erbanlagen (**genetische Schäden**) eintreten. Die Höhe der Dosis bestimmt hier nicht die Schwere des Schadens, sondern die Wahrscheinlichkeit, daß er eintritt. ↑ S. 154 f.

Meßgrößen für radioaktive Strahlung ↑ S. 152, 155

$$\text{Aktivität} = \frac{\text{Anzahl der Kernumwandlungen}}{\text{Zeiteinheit}}$$

$$A = \frac{n}{t} \qquad [A] = \frac{1}{s} = 1 \text{ Bq (Becquerel)}.$$

$$\text{Energiedosis} = \frac{\text{absorbierte Strahlungsenergie}}{\text{Masse}}$$

$$D = \frac{W}{m} \qquad [D] = 1 \frac{J}{kg} = 1 \text{ Gy (Gray)}.$$

$$\text{Aktivität} = \text{Energiedosis} \cdot \text{Qualitätsfaktor}$$

$$D_q = D \cdot q \qquad [D_q] = 1 \frac{J}{kg} = 1 \text{ Sv (Sievert)}.$$

Die **natürliche Strahlenbelastung** wird durch vier Anteile verursacht:
- kosmische Strahlung
- terrestrische Strahlung
- Radon und seine Folgeprodukte
- Eigenstrahlung unseres Körpers

Die **zivilisatorische Strahlenbelastung** geht hauptsächlich auf medizinische Anwendungen (z. B. Röntgen) zurück. ↑ S. 156

Strahlenschutz

Es bestehen strenge Richtlinien für den Umgang mit radioaktiven Stoffen (**Strahlenschutzverordnung**). Die wichtigsten praktischen Schutzmaßnahmen sind:
- Abschirmung
- Bestrahlungsdauer möglichst kurz halten
- Radioaktive Stoffe dürfen nicht auf Haut und Kleidung (Kontamination) und in den Körper (Inkorporation) gelangen. ↑ S. 155

Kernspaltung

Bestimmte Atomkerne lassen sich durch Neutronenbeschuß spalten. Dabei wird Energie frei. ↑ S. 159

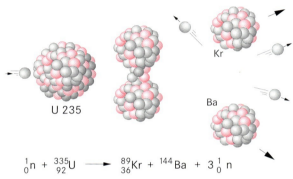

U 235
Kr
Ba

$$^{1}_{0}n + ^{335}_{92}U \longrightarrow ^{89}_{36}Kr + ^{144}_{56}Ba + 3\,^{1}_{0}n$$

Die bei der Kernspaltung freigesetzten Neutronen können weitere Kerne spalten. Dadurch kann eine **Kettenreaktion** in Gang gesetzt werden. Erfolgt diese unkontrolliert, so läuft der Zerfall großer Stoffmengen in kürzester Zeit ab. Dies geschieht in der Atombombe. Voraussetzungen: Hoch angereicherter Spaltstoff (U-235, Pu-239); Überschreiten der **kritischen Masse**. ↑ S. 159 f.

Kernkraftwerke

Die **kontrollierte Kettenreaktion** benutzt man in **Kernreaktoren** zur Energiegewinnung. Dort verwendet man **leicht angereichertes Uran** als „Brennstoff". Die Kettenreaktion kann nur durch einen **Moderator** (z. B. Wasser) aufrechterhalten werden. Mit **Regelstäben** hält man die Kettenreaktion unter Kontrolle. Kernkraftwerke sind Wärmekraftwerke, bei denen der Reaktor den Wasserdampf für die Turbinen erhitzt. ↑ S. 162 f.

Ausgeklügelte **Sicherheitsvorrichtungen** sollen dafür sorgen, daß keine radioaktiven Stoffe aus den Kernkraftwerken entweichen. Zugleich will man damit schwere Unfälle ausschließen. Probleme bereitet die Entsorgung des Atommülls. **Wiederaufarbeitung** und **Endlagerung** der hochradioaktiven ausgedienten Brennelemente sind politisch umstritten. ↑ S. 165

1 Erneuerbare Energiequelle: Wind

Energielieferant Sonne

Ohne die Strahlung der Sonne wäre das Leben auf der Erde unmöglich. Täglich wird der Erde eine Energiemenge von $4,3 \cdot 10^{15}$ kWh zugestrahlt. Fast genauso viel wird auf verschiedenen Wegen wieder an den Weltraum abgegeben (Bild 2). Nur 0,1 % der Sonnenenergie löst in Pflanzen chemische Umsetzungen aus, wird also gespeichert. Die Energiebilanz ist ausgeglichen. Wäre dies nicht so, dann könnte die mittlere Temperatur auf der Erde nicht konstant bleiben. Das Gleichgewicht ist aber sehr empfindlich. Geringe Änderungen der Konzentration sogenannter Treibhausgase wie Kohlendioxid (CO_2), Fluorkohlenwasserstoffe (FCKW) und Methan können den Temperaturmittelwert verändern und Klimaänderungen herbeiführen. Vermutlich hat der Mensch dieses Gleichgewicht bereits gestört.

Energie ermöglicht Wohlstand

Unser Lebensstandard wird von der uns zur Verfügung stehenden Energie bestimmt. Dies wird offenkundig, wenn man das Ungleichgewicht betrachtet, mit dem Wohlstand und Armut in der Welt verteilt sind. Die reichen Industrieländer machen nur 23 % der Weltbevölkerung aus. Sie erwirtschaften aber 85 % des Bruttosozialprodukts der Welt und verbrauchen rund drei Viertel der Energie (vgl. Bild 4, S. 351). Die Lage der 77 % der Armen und Ärmsten im großen Rest der Welt ist dagegen gekennzeichnet von Hunger, Mangel an Energie und noch immer ungebremstem Bevölkerungswachstum. Nur wenn es zukünftig gelingt, dieses Ungleichgewicht abzubauen, ist der Weltfrieden zu sichern. Der Energieverbrauch in den Entwicklungsländern wird daher vermutlich ansteigen, während die Industrieländer Energie einsparen und vernünftiger nutzen müssen.

Die Grenzen der Wachstums

Eine weltweite Steigerung des Energieverbrauchs erscheint unvermeidlich. Sie ist jedoch sehr problematisch. Die Vorräte an fossilen Brennstoffen wie Kohle, Erdöl und Erdgas sind begrenzt. Es wird immer schwieriger und teurer, sie zu fördern. Bei ihrer Verbrennung wird die in Jahrmillionen gespeicherte Sonnenenergie (Bild 3) in vergleichsweise kurzer Zeit freigesetzt. Dabei entstehen Luftschadstoffe (Schwefeldioxid, Stickoxide, Staub) und das klimagefährdende CO_2. Die Abwärme von Kraftwerken heizt die Flüsse auf.

Mit immer höherem technischen Aufwand versucht man die Umweltbelastungen in erträglichen Grenzen zu halten. So reduzieren z. B. in modernen Kraftwerken riesige Filteranlagen den Schadstoffausstoß (Bild 4). Energieeinsparen und verstärkte Nutzung erneuerbarer Energiequellen (Bild 1) sollen die CO_2-Produktion verringern.

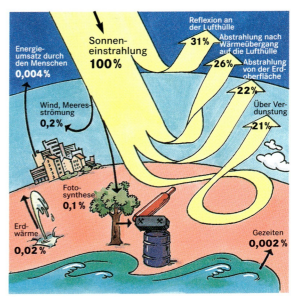

2 Energiebilanz der Erde

3 Farnwälder vergangener Jahrmillionen speicherten die Sonnenenergie und liefern heute fossile Brennstoffe

4 Rauchgasreinigungsanlage eines Kraftwerkes

Die Bedeutung der Energie für unsere Gesellschaft

Energie und Lebensstandard

Seit Beginn des 19. Jahrhunderts haben sich die Lebensbedingungen der Menschen in den industrialisierten Staaten entscheidend verbessert. Das Ausmaß dieser Verbesserungen läßt sich in groben Zügen am Bevölkerungswachstum und am Energieverbrauch erkennen.

Ein Blick auf die Bevölkerungsentwicklung in Deutschland (Bild 1) verdeutlicht, daß erst die beginnende **Industrialisierung** am Ende des 18. Jahrhunderts ein starkes Bevölkerungswachstum ermöglichte. Zuvor blieb die Bevölkerung über Jahrhunderte hinweg durch Kriege, Seuchen und Hungersnöte nahezu konstant. Das Diagramm zeigt ein zyklisches Ansteigen und katastrophenhaftes Zusammenbrechen um eine Grenze von ca. 25 Menschen pro km². Verbesserte Landbaumethoden, der Einsatz von Kunstdünger, die Mechanisierung der Landwirtschaft sowie die Entwicklung zu einer arbeitsteiligen Industriegesellschaft vermochten, diese Grenze hinauszuschieben.

Eine entscheidende Voraussetzung für die Industrialisierung war die **Bereitstellung von Energie.** So stieg der Energiebedarf von ca. 1000 kWh pro Kopf im Jahr 1800 auf etwa 5000 kWh im Jahr 1950 an (Weltdurchschnitt). In den westlichen Industrieländern betrug er 1950 26 000 kWh. Heute sind es etwa 50 000 kWh. Erst seit 1980 führten bei uns Sparmaßnahmen zu einem Absinken des Verbrauchs. Die Menschen in der industrialisierten Welt beanspruchen heute pro Kopf durchschnittlich die zehnfache Energiemenge, wie die Bewohner der Entwicklungsländer.

Was dieser Energieverbrauch bedeutet, zeigt dir ein Beispiel: In Deutschland steht für jeden Einwohner rund um die Uhr eine Leistung von 6 kW zur Verfügung. Die Dauerleistung eines gesunden Erwachsenen beträgt 0,1 kW. Damit entspricht die für jeden von uns bereitstehende *Energiedienstleistung* dem Dauereinsatz von 60 „Sklaven". Gemessen am Energiepreis ist die menschliche Arbeitskraft wenig wert. Die Wochenarbeit eines Menschen von 40 h · 0,1 kW = 4 kWh entspricht bei einem Ölpreis von 1 DM/Liter einem Geldwert von nur 40 Pfg. (Energieinhalt von Öl: 10 kWh/l).

Die Entwicklung hin zur Industriegesellschaft war die größte und schnellste soziale Umgestaltung, die die Menschen bis dahin erlebt haben. Sie erfolgte nicht ohne schwierige Phasen. So gab es zur Zeit der Frühindustrialisierung Hungersnöte, Wohnungsnot und teilweise eine Verschlechterung des Lebensstandards. Insgesamt können aber die folgenden Grundzüge der Industrialisierung festgestellt werden:

– Beseitigen der Hungersnöte, die frühere Gesellschaften kennzeichneten, in den europäischen und nordamerikanischen Gesellschaften.
– Verbesserte Wohnverhältnisse und steigender Lebensstandard für früher benachteiligte soziale Schichten.
– Mehr Freizeit, reichhaltigeres Schul- und Bildungsangebot, bessere medizinische Versorgung.

Sicherlich sind diese Entwicklungen ohne die sozialen und politischen Kämpfe verschiedener Strömungen und Gruppen in der Gesellschaft, im liberalen Bürgertum, in der Kirche und in der aufkommenden Arbeiterbewegung nicht zu verstehen. Es muß aber festgehalten werden, daß die Industrialisierung letztlich das Massenelend abgebaut und nicht hervorgerufen hat. Die Entwicklung der Technik hat hierfür erst die Voraussetzungen geschaffen.

Diese Entwicklung hatte im Zusammenwirken mit dem ungeheuren Zuwachs medizinischer Kenntnisse auch eine bedeutende Steigerung der mittleren Lebenserwartung zur Folge, nämlich von ca. 40 Jahre um 1800 auf über 70 Jahre heute (Bild 2).

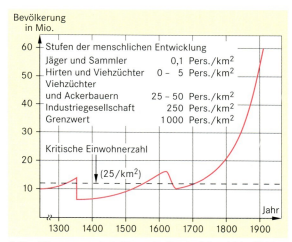

1 *Bevölkerungsentwicklung in Deutschland bis 1900*

2 *Entwicklung der Lebenserwartung*

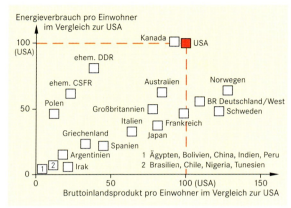

3 Energiebedarf und Bruttosozialprodukt (1989)

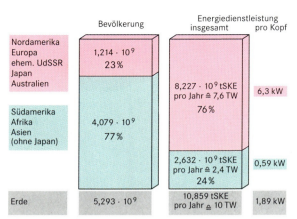

4 Verteilung der Pro-Kopf-Energiedienstleistung

Energiebedarf der Welt

In der Welt wird der Energiebedarf zum überwiegenden Teil aus fossilen und nuklearen Energiequellen gedeckt. Wir heizen unsere Häuser mit Öl, Erdgas oder Kohle. Zum Teil erzeugen wir mit Hilfe dieser Rohstoffe auch warmes Wasser. Einen Teil der Energie beziehen wir in Form von elektrischer Energie, die in Wärme oder mechanische Energie umgewandelt wird. Diese elektrische Energie wiederum wird zum größten Teil aus fossilen Energiequellen (Steinkohle, Braunkohle, Öl, Erdgas) gewonnen.

> Unter Primär-Energieträger versteht man die von der Natur in der ursprünglichen Form angebotenen Energieträger wie Steinkohle, Braunkohle, Rohöl etc. Als End-Energieträger bezeichnet man alle Energieträger, die dem Verbraucher zugeführt werden (Heizöl, Benzin an der Zapfsäule, elektrischer Strom u. a.).

Um Energien vergleichen zu können, verwendet man auch die **Steinkohleneinheit (SKE)**. Darunter versteht man die Energie, die bei der Verbrennung einer bestimmten Menge Steinkohle freigesetzt wird. Für die Umrechnung gilt:

$$1 \text{ kg} \quad \text{SKE} \triangleq 29230 \text{ kJ} = 8{,}12 \text{ kWh}$$
$$1 \text{ Tonne SKE} \triangleq 2{,}9 \cdot 10^7 \text{ kJ} = 8{,}12 \cdot 10^3 \text{ kWh.}$$

Der Vergleich der Industrieländer mit den Entwicklungsländern zeigt deutlich, daß hoher Lebensstandard für breite Bevölkerungsschichten mit einem entsprechend großen Verbrauch an hochwertiger Energie einhergeht. Im Durchschnitt verbrauchte 1991 z. B. jeder Deutsche 20 mal so viel Energie wie ein Einwohner Indiens; in den USA 35 mal so viel. Das gegenwärtige und zukünftige starke Bevölkerungswachstum findet in den Entwicklungsländern statt. Sie stehen erst am Beginn der Verbesserung ihrer Lebensbasis. Bild 4 zeigt, daß 1990 77 % der Weltbe-

völkerung nur 24 % des Energiebedarfs der Welt verbraucht haben. Die durchschnittliche Pro-Kopf-Energiedienstleistung betrug für diese Menschen etwa 0,6 kW, also weit wenig als der Weltdurchschnitt von 2 kW. Du erhältst diesen Wert, wenn du den Jahresenergiebedarf einer Region (z. B. 8,227 · 10⁹ t SKE) durch die Bevölkerungszahl (z. B. 1,214 · 10⁹) und durch die Zeit (365 · 24 · 3600 s) dividierst.

Trotz des Bevölkerungswachstums ist der Jahres-Energieverbrauch pro Kopf nach einem Anstieg auf 2069 kg SKE (1979) auf 2054 kg SKE (1991) abgesunken. Gründe: sparsamer Umgang mit Energie in den hochentwickelten Industrieländern, wirtschaftliche Schwierigkeiten der rohstoffärmeren Entwicklungsländer und der Staaten Ost- und Südeuropas.

Eine Welt, in der viele arm sind, ist keine friedliche Welt. Daher kann es nicht ausbleiben, daß auch in den Entwicklungsländern der Pro-Kopf-Verbrauch anwachsen wird. Bei einem mittleren Pro-Kopf-Verbrauch von 5,86 kW (Deutschland 1991) würde bei 5,5 · 10⁹ Menschen (geschätzter Wert für 1994) die riesige Summe von ca. 32 TW erreicht werden, mehr als das Dreifache des Wertes von 1991. Mit einer Verdoppelung der Erdbevölkerung wird in 100 Jahren gerechnet, begleitet von einer entsprechenden Steigerung des Energiebedarfs und den damit verbundenen negativen Auswirkungen. Die Probleme sind nur lösbar, wenn die Übervölkerung der Erde vermieden werden kann.

Aufgaben

1 Welche Bedeutung hat die Energie für unsere Gesellschaft?

2 Berechne auf Grund der Zahlenangaben im Text den durchschnittlichen Pro-Kopf-Verbrauch der Welt in kW!

3 Der Primär-Energiebedarf der Welt betrug 1991 10,966 Mrd. t SKE. Berechne den Pro-Kopf-Verbrauch (5,4 · 10⁹ Menschen)! Um wieviel Prozent würde sich der Welt-Energiebedarf bei 6,2 Mrd. Menschen (im Jahre 2000) bei gleichem Pro-Kopf-Verbrauch steigern?

Energieumwandlungen – Energieentwertung

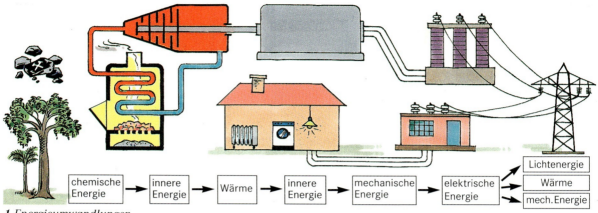

chemische Energie → innere Energie → Wärme → innere Energie → mechanische Energie → elektrische Energie → Lichtenergie / Wärme / mech. Energie

1 Energieumwandlungen

Energie im Wandel

Erinnere dich: Körper können aufgrund ihrer Lage oder Bewegung mechanische Arbeit verrichten. Diesen Sachverhalt beschreibt man mit dem Begriff Energie. Du hast verschiedene Energieformen kennengelernt: mechanische Energieformen wie die potentielle und die kinetische Energie eines Körpers, ferner die innere Energie, die Wärme- und die elektrische Energie, die chemische Energie und die Kernenergie.

Sämtliche Energieformen lassen sich ineinander umwandeln. An dem in Bild 1 dargestellten Beispiel kannst du dir die Kette von Energieumwandlungen noch einmal klarmachen: Die in fossilen Brennstoffen (Kohle, Öl, Erdgas) gespeicherte chemische Energie wird beim Verbrennen in innere Energie der heißen Verbrennungsgase umgewandelt. Im Kessel erfolgt die Energieübertragung an das Wasser in Form von Wärme und erhöht dessen innere Energie. Die innere Energie des Wasserdampfes wandelt sich in der Turbine in mechanische Energie um. Mit Hilfe eines Generators wird aus mechanischer Energie elektrische Energie gewonnen, die leicht zum Verbraucher transportiert werden kann. Dort wird sie in Lichtenergie (Glühlampe), Wärme (Heizlüfter, Elektroherd) oder in mechanische Energie (Elektromotor) umgewandelt.

Zur Energieumwandlung ist ein **Energiewandler**, eine Maschine, ein Lebewesen, nötig. Man nennt in der Physik ein System (Körper, Gerät, ...), das Energie von außen aufnimmt oder nach außen abgibt, **offen.** Das Gegenteil von offen nennt man **abgeschlossen.** Für alle abgeschlossenen Systeme gilt der dir bereits bekannte **Energieerhaltungssatz**: Die Gesamtenergie bleibt konstant.

Für **offene Systeme** gilt eine solcher Erhaltungssatz nicht. Alle biologischen Systeme (Tiere, Pflanzen, ...) sind offen.

> Ist das System nicht abgeschlossen, dann ist die Energieänderung gleich der Differenz der zu – bzw. abgeführten Energien. Energie kann niemals erzeugt oder zerstört, sondern nur in andere Energieformen umgewandelt werden.

Eine Glühlampe nimmt elektrische Energie auf und gibt außer der Lichtenergie auch Wärme ab. Die hineingesteckte Energie ist gleich der Summe aus Lichtenergie und Wärme. Eine solche **Energiebilanz** gilt für jeden Energiewandler. Dabei können mehrere Energieformen auftreten. Wird in einem Energiewandler keine Energie gespeichert, dann ist die Summe der zugeführten gleich der Summe der abgeführten Energie. Der Mensch darf hierbei kein Fett ansetzen (gespeicherte Energie in Form von chemischer Energie), ebenso darf in einem Haus oder Auto kein Akku geladen werden u. a. m. Im anderen Fall muß auch die gespeicherte Energie in die Bilanz einbezogen werden.

Deutlich wird die Unzerstörbarkeit der Energie in **Energieflußdiagrammen** (Bild 2), die du schon in den verschiedensten Sachgebieten benutzt hast, um das Umformen der Energie zu veranschaulichen.

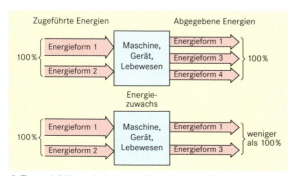

2 Energiebilanz bei einem Energiewandler

Energieentwertung

Viele Maschinen haben die Aufgabe, eine bestimmte Energieumwandlung herbeizuführen, d. h. eine bestimmte Energieform zu liefern. Du kennst bereits den **Wirkungsgrad**. Er gibt darüber Auskunft, welcher Anteil der zugeführten Energie in die gewünschte Energieform (**Nutzenergie**) umgewandelt werden kann. Bild 3 zeigt, wie sich die Energie bei einem Auto aufteilt. Nur 16 % (bzw. 24 %) der aufgewandten Energie wird in Nutzenergie, hier kinetische Energie, umgesetzt.

Die Beispiele für Wirkungsgrade (Bild 4) zeigen, daß sich die elektrische Energie und die mechanische Energie sehr gut wechselseitig ineinander umwandeln lassen. Die Wirkungsgrade sind hoch. Auch bei der Umwandlung mechanischer Energie in andere mechanische Energie können hohe Wirkungsgrade auftreten. Bei der Kaplanturbine z. B. bis zu 92 %. Vollständig lassen sich die elektrische Energie und die mechanische Energie in innere Energie umwandeln. Bei der Scheibenbremse z. B. wird die mechanische Energie zu 100 % in innere Energie der Scheibe umgewandelt und als Wärme an die Umgebung abgegeben. Umgekehrt kann innere Energie nur zu einem Teil in mechanische oder elektrische Energie umgewandelt werden. So ist die innere Energie der heißen Verbrennungsgase z. B. eines Ottomotors nur zu einem Teil in mechanische Energie verwandelbar. Mit innerer Energie kann man daher weniger anfangen als mit mechanischer oder elektrischer Energie. Sie ist weniger wert.

> Die Energieformen haben unterschiedlichen Wert. Die mechanische und die elektrische Energie haben von allen Energieformen den höchsten Wert. Bei der Umwandlung von elektrischer Energie, mechanischer Energie, chemischer Energie in innere Energie tritt eine Energieentwertung auf.

Energiewandler Mensch

Der Mensch ist ein hochentwickeltes, kompliziertes offenes System. Er wandelt die in Nahrungsmitteln und Sauerstoff steckende chemische Energie in andere Energieformen um. Der sogenannte **Grundumsatz** eines Erwachsenen, der bei völliger Inaktivität nötig ist, beträgt im Schnitt täglich 8400 kJ chemischer Energie. Dem entspricht eine mittlere Leistungsabgabe von etwa 100 W. Dieser Grundumsatz dient u. a. der Aufrechterhaltung der Herztätigkeit (200 kJ pro Tag) und der Atmung (250 kJ pro Tag). Spezifische Leistungsabgaben in W/kg, bezogen auf 1 Kilogramm Körpermasse, findest du in Tabelle 1.

Ruhiges Sitzen 1,5
Singen 2,2
Radfahren (20 km/h) 4,4
Laufen (6,4 km/h) 5,1
Schwimmen 8,3
Sehr schwere Sportübungen 10,3
Treppauf gehen 17,9
Tabelle 1: Spezifische Leistungsabgaben in W/kg

B Jens (m = 75 kg) fährt mit 20 km/h eine halbe Stunde Rad. Welche Energie wird dabei von ihm abgegeben? Wieviel Nahrung müßte er aufnehmen?

Lösung: 100 W · 1800 s + (4,4 W/kg) · 75 kg · 1800 s = 774 kJ. 100 g Pommes frites enthalten 945 kJ (Bild 5). Jens müßte (774 : 945) · 100 g ≈ 82 g Pommes frites zu sich nehmen, um den Energieverlust auszugleichen. Tatsächlich sind es wesentlich mehr, da nur 3 bis 15 % der chemischen Energie in mechanische Arbeit umgewandelt werden. ∎

Aufgaben

1 Bei den meisten der in Bild 4 genannten Beispiele wird nur ein Teil der hineingesteckten Energie in die gewünschte Energie umgewandelt. Wo bleibt jeweils der Rest?
2 Wieviel Energie gibt Jens (50 kg) in jeder Sekunde beim a) Radfahren, b) Treppensteigen ab?
3 Was versteht man unter Energieentwertung?

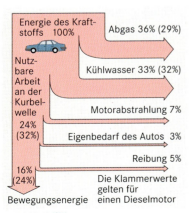

3 Auto als Energiewandler

Energiewandler	η in %	Gewünschte Energieumwandlung
Glühlampe	5	el. E. → Licht-E.
Solarzelle	10	Licht-E. → el. E.
Leuchtstofflampe	20	el. E. → Licht-E.
Dampfkraftwerk	40	chem.E. → el. E.
Dampfturbine	46	innere E. → mech.E.
Dampfkessel	88	chem.E. → innereE.
Trockenbatterie	90	chem.E. → el. E.
Kaplanturbine	92	mech.E. → mech.E.
Gr. Elektromotor	93	el. E. → mech.E.
Elektrogenerator	99	mech.E. → el. E.
Tauchsieder	100	el. E. → innereE.
Scheibenbremse	100	mech.E. → innereE.

4 Wirkungsgrade (η)

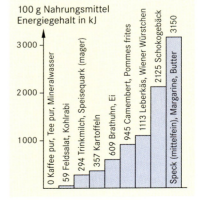

5 Energien von Nahrungsmitteln

Umweltbelastung durch Energienutzung

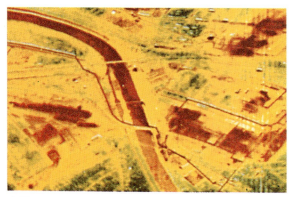

1 Thermogramm einer Industrieanlage

Was versteht man unter Abwärme?

Das für den Betrieb von Wärmekraftwerken notwendige Kühlwasser wird oft einem Fluß entnommen und diesem nach Gebrauch mit höherer Temperatur wieder zugeleitet. Auch große Industrieanlagen produzieren **thermale Abwässer** (Bild 1). Die Einleitung erwärmten Wassers, erkennbar im Bild an der dunkelroten Farbe, erfolgt unter der großen Brücke (etwa unterhalb der Bildmitte). Das Gebiet wurde mit empfindlichen Infrarotstrahlungsmessern zeilenweise abgetastet und die empfangenen Signale zu einem Bild zusammengesetzt. Die unterschiedliche Intensität der Wärmestrahlung wurde anschließend in Farben übertragen.

Bei allen Wärme- und Verbrennungskraftmaschinen wird nur ein Teil der inneren Energie in nutzbare mechanische Arbeit umgewandelt. Der Rest wird an die Umgebung abgegeben (Bild 3). Schließlich wird auch die Nutzarbeit als Wärme an die Umgebung abgeführt, z.B. beim Abbremsen eines Autos. Hinzu kommt die Wärmeabgabe von Wohnungen u.a.m. Letztlich werden nahezu alle Energieformen als Wärme an die Umgebung abgegeben.

Die Umgebung (Umgebungsluft, Erdboden, Wasser) erhält daher ständig durch den Verbrauch fossiler und nuklearer Energieträger zusätzlich Energie. Diese zusätzliche Energie kann die Temperatur erhöhen. Gemessen an der Energie, die täglich von der Sonne der Erde insgesamt zugestrahlt wird, ist die Abwärme verschwindend klein. In Ballungsgebieten kann man sie aber nicht mehr vernachlässigen. Dort beeinflußt sie das Klima deutlich. Wir haben also allen Grund, die zusätzliche Belastung so gering wie möglich zu halten. Darüber hinaus muß man bedenken, daß das biologische Gleichgewicht gestört werden kann. Bei der Planung von großtechnischen Anlagen müssen daher auch ökologische *Gesichtspunkte* (das Verhältnis der Lebewesen zur Umwelt betreffende) in die Überlegungen einbezogen werden. So gelten z.B. für

die Einleitung erwärmten Kühlwassers in Flüsse in Deutschland die folgenden Bestimmungen:
- Das entnommene Kühlwasser darf maximal um 10 °C erwärmt werden.
- Die Temperatur nach Durchmischung darf nicht mehr als 3 °C über der natürlichen Temperatur des Flußwassers liegen.
- Die Mischungstemperatur darf maximal 28 °C nicht übersteigen.

B Ein Wärmekraftwerk arbeitet mit einem Wirkungsgrad von 0,42 und erzeugt eine Nutzleistung von 1300 MW. a) Welche Wärme wird an die Umgebung abgegeben? b) Bei modernen Großkraftwerken wird etwa die Hälfte der zugeführten Energie im Kondensator als Wärme an die Umgebung abgeführt. Diese Abwärme soll ein Fluß aufnehmen, dessen Temperatur um 3 °C ansteigen darf. Wieviel Wasser muß der Fluß mindestens führen (in m³/s)?

Lösung:
a) Aufgenommene Leistung: $\dfrac{1300\ \text{MW}}{0{,}42}$ = 3100 MW.

An die Umgebung wird daher 1800 MW abgeführt.
b) Im Kondensator werden ca. 1600 MW umgesetzt. Wenn wir annehmen, daß das gesamte Flußwasser zur Kühlung verwendet wird, so darf sich die Temperatur nur um 3 °C (= 3 K) erhöhen. Es gilt:

$$\frac{Q}{t} = \frac{c_W \cdot m \cdot \Delta\vartheta}{t} = 1600 \cdot 10^6\ \frac{\text{J}}{\text{s}}.$$

Wir stellen nach m/t um.

$$\frac{m}{t} = \frac{1600 \cdot 10^6\ \text{J} \cdot \text{kg} \cdot \text{K}}{4{,}2 \cdot 10^3\ \text{s} \cdot \text{J} \cdot 3\ \text{K}} \approx 127 \cdot 10^3\ \frac{\text{kg}}{\text{s}}. \blacksquare$$

Dies entspricht ca 130 m³/s und ist auch gleichzeitig die Mindestwasserführung. Zum Vergleich: Der Rhein hat bei Biblis eine Wasserführung von 1400 m³/s. Das dortige Kernkraftwerk entnimmt je Block eine Kühlwassermenge von 60 m³/s.

Die Abwärme kann man dadurch verringern, daß man den Wirkungsgrad der Maschinen verbessert. Nun ist es ein grundlegendes Naturgesetz, daß der Wirkungsgrad nicht beliebig erhöht werden kann. Der theoretische Wirkungsgrad hängt jedoch, wie du weißt, von der Prozeßtemperatur ab. Höhere Prozeßtemperaturen haben einen höheren Wirkungsgrad zur Folge. So wurde z.B. der Wirkungsgrad von Dampfkraftwerken von 10 % im Jahre 1900 auf 25 % im Jahre 1950 gesteigert (Bild 2). Heute beträgt er über 40 %.

Mit einem kombinierten Gas- und Dampfturbinenprozeß (GuD) erreicht man heute Wirkungsgrade von über 50 %. Besser ausnutzen kann man den Brenn-

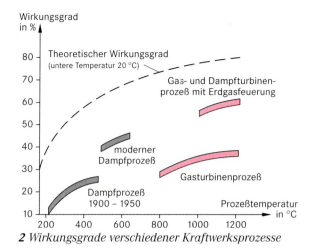

2 Wirkungsgrade verschiedener Kraftwerksprozesse

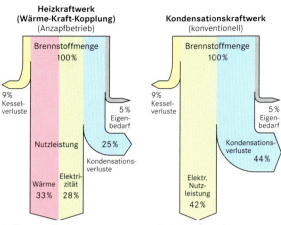

3 Energieflußdiagramm eines Heizkraftwerks

stoff bei einem **Heizkraftwerk**. Man zapft dabei an der Turbine Heißdampf ab, der zum Heizen von Wohnungen oder Industrieanlagen genutzt wird. Bild 3 zeigt dir das Energieflußdiagramm und im Vergleich hierzu den eines konventionellen Kondensationskraftwerks. Bei Heizkraftwerken kann der Gesamtwirkungsgrad bis 90 % gesteigert werden.

Schadstoffemissionen
Sie belasten zur Zeit weit mehr unsere Umwelt als die Abwärme. Beim Verbrennen von Kohle, Öl oder Gas in Kraftwerken, Motoren oder Heizungen entstehen u.a. Oxide des Schwefels (SO_2) und des Stickstoffs (NO, NO_x), die in die Umwelt gelangen. Mit NO_x bezeichnet man ein Gemisch aus NO und NO_2. In Bild 4 sind die Stickoxid- und die Schwefeldioxidemissionen nach verschiedenen Verursachergruppen aufgetragen. Die Oxide werden für das vor allem ab 1984 sichtbar gewordene Waldsterben verantwortlich gemacht.

Große Anstrengungen werden derzeit erfolgreich unternommen, um die Schadstoffemissionen bei Kraftfahrzeugen (Einbau von Katalysatoren) und mit fossilen Brennstoffen befeuerten Kraftwerken (Verbesserung der Filtersyteme) zu vermindern. Die Rauchgase durchlaufen zunächst einen Elektrofilter. Hier werden die Stäube auf elektrostatischem Wege entfernt. Danach wird bei dem sogenannten Kalkverfahren mit Kalkhydrat das SO_2 zu Gips chemisch gebunden und ausgeschieden. Die Entstickung erfordert einen größeren Aufwand. Besondere Brennerkonstruktionen verringern bereits die NO_x-Produktion. Der verbleibende Rest muß in den Rauchgasen reduziert werden. Durch Zusatz von Ammoniak (NH_3) entsteht aus den Stickoxiden das Gas Stickstoff und Wasser. Mit Katalysatoren wird die Reaktionstemperatur von 1000 °C auf 350 °C herabgesetzt. Heute werden Entstickungsgrade von 90 % erzielt.

Trotz dieses hohen technischen Aufwandes können die Emissionen nicht auf Null reduziert werden. Typi-

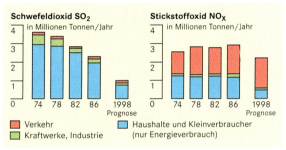

4 Entwicklung der Schadstoffemissionen

sche Werte eines 420 MW-Kohlekraftwerkes: Entstaubung: Rückhaltegrad 99,7 %; Entschwefelung: Abscheidegrad 85 %. Emissionen: Stäube 50 mg/m³; SO_2 250 mg/m³; NO_x 200 mg/m³.

Der Ausstoß von Schwefeldioxid und von Stickoxiden aus Kohlekraftwerken konnte im Laufe der Zeit drastisch verringert werden (Bild 4).

> In Zukunft müssen bei der Konstruktion technischer Geräte oder Vorrichtungen nicht nur technische Gesichtspunkte (z. B. Verbesserung des Wirkungsgrades) oder ökonomische (Kostenproblem), sondern auch ökologische berücksichtigt werden.

Aufgaben
1 Was versteht man unter Abwärme?
2 Welche Voraussetzungen bestehen für den Einsatz von Heizkraftwerken?
3 Zur Erzeugung von 1 kWh elektrischer Energie werden heute 330 g Steinkohle benötigt. Welchen durchschnittlichen Wirkungsgrad haben die Kohlekraftwerke?
4 Warum sinkt die elektrische Energieabgabe beim Heizkraftwerk gegenüber einem Kraftwerk ab?

Treibhauseffekt und Klima

Treibhauseffekt

Durch Absorption von Sonnenstrahlung wird die Erde erwärmt (vgl. Bild 1, Seite 168). Ein Teil der von der Erde ausgehenden Wärmestrahlung wird insbesondere von den Wolken direkt wieder zur Erde reflektiert. Ein anderer Teil wird von dem in der Atmosphäre vorhandenen Wasserdampf, dem CO_2 und anderen Spurengasen absorbiert. Die Atmosphäre wird dadurch erwärmt und strahlt die Energie sowohl wieder an die Erde zurück als auch in den Weltraum (Bild 1). Die Atmosphäre wirkt dadurch wie das schützende Glasdach eines Gewächshauses. Daher bezeichnet man diesen Effekt auch als **Treibhauseffekt**. Die Absorption von Infrarotstrahlung durch das Gas CO_2 zeigt der folgende Versuch (Bild 2).

Versuch 1: Richte das Licht einer Experimentierleuchte auf eine Siliziumscheibe (Dicke 1 mm)! Silizium ist für IR-Strahlung durchlässig. Stelle hinter der Scheibe ein Rohr aus Plexiglas auf! Weise die Infrarotstrahlung mit einer Thermosäule nach! Fülle anschließend in das Rohr CO_2! Die Anzeige geht praktisch auf Null zurück. ■

Versuch 2: (Versuch zum Treibhauseffekt) Bedecke den Boden einer flachen Glasschale mit Erde, bestrahle diese mit einer starken Lampe und miß die Temperatur der Erde! Lege über die Glasschale eine Glasscheibe und wiederhole den Versuch! ■

Du mißt jetzt eine deutlich höhere Temperatur. Erklärung: Die Erde absorbiert das Licht teilweise, erwärmt sich und strahlt Energie ab. Diese Wärmestrahlung wird von der Glasscheibe absorbiert und erhöht deren Temperatur. Die Glasscheibe strahlt selbst wieder nach allen Richtungen, auch zurück zum Boden. Infolge dieser Rückstrahlung steigt die Temperatur in der gleichen Zeit auf einen höheren Wert. Ohne den natürlichen Treibhauseffekt würde auf der Erde eine mittlere Temperatur von –18 °C herrschen statt einer Temperatur von derzeit 15 °C.

Gestörtes Gleichgewicht

Das Kohlenstoffdioxid in der Luft ist für die Grünpflanzen lebenswichtig. Diese bauen mit Hilfe von Wasser und Sonnenenergie Nährstoffe wie Zucker auf. Die Vegetation nimmt bei der Fotosynthese CO_2 auf, gibt dann bei der Zersetzung das CO_2 an den Boden ab, das von dort wieder in die Atmosphäre gelangt. Vulkane setzen so viel CO_2 frei, wie die Tiefsee sedimentiert. Auch die Ozeane tauschen mit der Atmosphäre CO_2 aus. Ohne menschlichen Eingriff ist dieser Kreislauf geschlossen. Der Gehalt bleibt nahezu konstant. So variierte der Gehalt an Kohlenstoffdioxid der Atmosphäre in den letzten 250 000 Jahren nur zwischen 200 ppm und 300 ppm. Wir produzie-

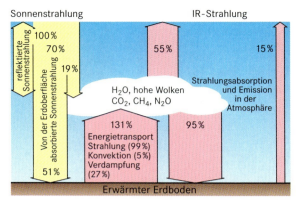

1 Treibhauseffekt: Absorption und Rückstrahlung

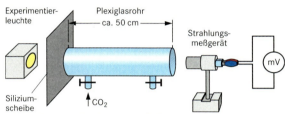

2 Kohlendioxid absorbiert IR-Strahlung

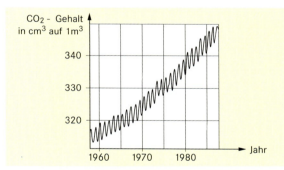

3 Anstieg des CO_2-Gehaltes in der Atmosphäre in Hawaii

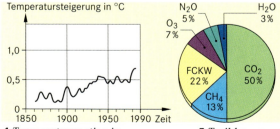

4 Temperaturanstieg in in den letzten 100 Jahren   **5** Treibhausgase

ren aber soviel zusätzliches Kohlenstoffdioxid in kurzer Zeit, daß es von der Umwelt nicht mehr verkraftet wird, und es reichert sich in der Atmosphäre an (Bild 3). Einen nicht unerheblichen Beitrag zu diesem deutlichen Anstieg liefern auch die Landnutzung und die Waldzerstörung. Von 280 ppm stieg so der CO_2-Gehalt der Atmosphäre auf 360 ppm, ein Wert, der höher liegt als in den letzten 1 Million Jahren.

Höherer CO_2-Gehalt verstärkt die Absorption: Die Temperatur steigt an. Zusammen mit weiteren Treibhausgasen wie Methan und FCKW sorgt CO_2 für eine deutliche Temperatursteigerung (Bild 4). Die Anteile dieser Gase am Treibhauseffekt sind in Bild 5 wiedergegeben. Nun ist die globale Mitteltemperatur nicht konstant, sie schwankt. Das war auch in den vergangenen Jahrtausenden so. Der in Bild 4 erkennbare Anstieg könnte auch eine natürliche Fluktuation sein.

Was zeigen Modellrechnungen?
Bei den Rechnungen muß man alle Einflußgrößen berücksichtigen: Atmosphäre, Ozeane, Landmassen, Eisflächen, Biosphäre. Das ist sehr schwierig und verlangt vereinfachende Annahmen. Da ein sofortiger weltweiter Stopp der Emission von Treibhausgasen unmöglich ist, werden verschiedene, technisch und gesellschaftspolitisch reale „Szenarien" entwickelt. Bild 6 zeigt das Ergebnis einer solchen Rechnung, die das Intergovernmental Panel on Climate Change (IPCC) anläßlich der 2. Weltklimakonferenz in Genf 1990 entwickelte. Bei Szenario A wird angenommen, daß die Zuwachsraten der Treibhausgase wie bisher bleiben; bei Szenario B werden alle Maßnahmen zur Reduzierung der Emission der Treibhausgase zugrundegelegt. Inzwischen scheint ziemlich sicher zu sein, daß der bisherige Temperaturanstieg eine Folge des zusätzlichen Treibhauseffektes ist.

Bereits eine relativ geringe Temperaturerhöhung von insgesamt 2 °C hätte aber gewaltige Auswirkungen: Ansteigen des Meeresspiegels, Erhöhung der Zahl der Niederschläge weltweit, Überschwemmen vieler Landstriche. Es wird höchste Zeit, daß etwas gegen den weiteren Anstieg der Treibhausgase getan wird.

Das CO_2-Problem
SO_2 und NO_x können durch geeignete technische Maßnahmen weitgehend zurückgehalten werden. Auch auf den Einsatz von FCKW kann man fast durchweg verzichten. Anders sieht es bei dem in riesigen Mengen anfallenden Verbrennungsprodukt CO_2 aus. Es läßt sich nicht durch Filter zurückhalten.

Nach wie vor stammt weltweit der größte Teil der Primärenergie aus fossilen Brennstoffen. Entsprechend hoch sind die CO_2-Emissionen. Bild 7 zeigt die Verursacher. Vor allem die Industriestaaten müssen ihre CO_2-Emissionen senken. Dies ist möglich durch konsequentes Energiesparen, bessere Nutzung vorhandener Energiequellen und verstärkten Einsatz von Kernenergie und regenerativen Energiequellen.

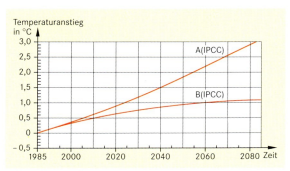

6 Berechneter Temperaturanstieg

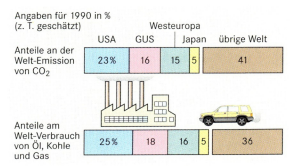

7 Die größten CO_2-Emittenden der Welt

Alle dies Maßnahmen bleiben jedoch wirkungslos, wenn es den Entwicklungsländern nicht gelingt, die Bevölkerungsexplosion zu stoppen. Nimmt man an, daß dort bis zur Mitte des 21. Jahrhunderts der Pro-Kopf-Energieverbrauch auf 17500 kWh ansteigt (heutiger Weltdurchschnitt), so wird sich bei gleichbleibendem Bevölkerungswachstum der Weltenergiebedarf verdoppeln. Erfolgt diese Zunahme auf der Basis von fossilen Brennstoffen, erscheint eine Klimakatastrophe unvermeidbar. Ein weiteres Problem der Entwickungsländer ist die Abholzung und Nichtwiederaufforstung der tropischen Regenwälder.

Aufgaben
1 Was versteht man unter dem Treibhauseffekt? Wodurch kommt der zusätzliche Treibhauseffekt zustande?
2 Eine Zunahme der Temperatur bewirkt auch ein Ansteigen des Meeresspiegels. Gib an, worauf dieser Anstieg zurückzuführen ist!
3 Warum erhöht das Abholzen von Waldbeständen den CO_2-Gehalt der Atmosphäre?
4 Die Klimaforscher sind sich darin einig, daß sich die Klimagürtel zu den Polen verschieben werden. Welche Folgen hätte dies vermutlich für das Mittelmeergebiet?
5 Schätze ab, um wieviel der Meeresspiegel ansteigt, wenn sich die mittlere Temperatur einer Ozeanschicht von 70 m Dicke um 3 K erhöht! (1000 cm³ Wasser dehnen sich bei 1 K Temperatursteigerung um 0,26 cm³ aus. Erdradius: 6370 km; vereinfachende Annahme: die Erde sei nur mit Ozeanen bedeckt.)

Erde, Wasser und Luft als Energiequellen

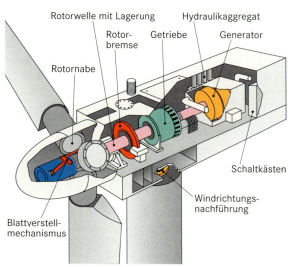

1 Aufbau eines Windkonverters

Kostenlose Energiequellen liefern nicht umsonst

Der Gedanke, regenerative (= sich ständig erneuernde) Energiequellen wie Wasserkraft, Sonne, Wind, Erdwärme und Biomasse verstärkt zu nutzen, klingt zunächst bestechend. Stellen sie doch unerschöpfliche, im Hinblick auf Schadstoffemissionen sehr umweltfreundliche und auf den ersten Blick auch noch „kostenlose" Energiequellen dar.

Sie liefern aber keineswegs umsonst. Unter den klimatischen Bedingungen in Mitteleuropa ist das „Einsammeln" dieser Energie und die Umwandlung in eine nutzbare Form immer noch erheblich teurer als die Verwendung herkömmlicher Energieträger wie fossiler Brennstoffe oder der Kernenergie. Die Verfahren zur Verwertung erneuerbarer Energiequellen sind heute technisch fast alle bis zur Einsatzreife gelöst. Das Problem liegt jedoch in den niedrigen Leistungsdichten (Tabelle 1) und der zeitlich schwankenden Verfügbarkeit.

Dies zeigt ein Beispiel: Um die gleiche Leistung wie mit einem 1300-MW-Kernkraftwerk bereitzustellen, müßte man mehr als 100 km² Fläche mit Solarzellen zubauen (vgl. Aufg. 5, S. 181). Dazu kommt noch, daß der Energiebedarf der Verbraucher häufig gerade dann groß ist, wenn wenig Energie bereit steht wie im Winter oder nachts.

Die aus Sonnenlicht oder Wind gewonnene Energie kann aus Kostengründen bisher nicht in großem Umfang gespeichert werden. Es muß daher ein zweites Versorgungssystem bereitstehen, das immer dann einspringt, wenn Wind und Sonne nicht zur Verfügung stehen. Solaranlagen und Windräder können also herkömmliche Kraftwerke nicht ersetzen. Sie helfen jedoch, Brennstoffe einzusparen und die

Umweltbelastung zu verringern. Die Kosten für den Bau bzw. die Unterhaltung der zusätzlich nötigen Kraftwerke verteuern aber die Nutzung regenerativer Energiequellen erheblich.

Wasserkraft

Unter den erneuerbaren Energiequellen leistet die Wasserkraft heute zwar den größten, absolut gesehen aber nur einen kleinen Beitrag zur Energieversorgung der Welt. In Deutschland liefert sie kaum mehr als 1 % der Primärenergie. Man hat bei uns rund 80 % der technisch nutzbaren Wasserkräfte erschlossen. Auf die Nutzung einiger recht bedeutender Möglichkeiten verzichtet man aus Gründen der Naturerhaltung. So könnte z. B. der Bau von *Gezeitenkraftwerken* an der Nordseeküste den ohnehin durch Wasserverschmutzung gefährdeten Lebensraum Wattenmeer zerstören.

Wind

In *Windkonvertern* (convertere, lat. = verwandeln) wandelt man die kinetische Energie der Luft in elektrische Energie um (Bild 1). Pro m² überstrichener Rotorfläche erzielt man elektrische Leistungen bis zu 400 W. Windkonverter mit 100 m Rotordurchmesser und 3 MW Leistung kamen bisher wegen technischer Materialprobleme noch nicht über das Versuchsstadium hinaus. Anlagen kleiner und mittlerer Leistung haben jedoch ihre Bewährungsprobe bestanden. Man faßt sie meist in „Windenergieparks" zusammen (Bild 1, S. 168).

Weit verbreitet sind Windräder mit Leistungen um 250 kW. Damit sie sich gegenseitig nicht den Wind wegnehmen, müssen sie in 250 m Abstand aufgestellt werden. Für eine Leistung von z. B. 1000 MW sind 4000 solcher Anlagen nötig, die aufgereiht eine Kette von 1000 km Länge ergäben! Bei einer nachgewiesenen Ausnutzungsdauer von ca. 1700 Stunden pro Jahr würden sie jährlich 1700 GWh Strom liefern. Dies entspricht 0,4 % des derzeitigen deutschen Strombedarfs und reicht z. B. für die Versorgung einer Stadt mit 300 000 Einwohnern. Man schätzt, daß Windenergie bei uns bis zu 1,5 % des Strombedarfs decken könnte.

Sonnenstrahlung (Solarkonstante)	< 1400 W/m²
Jahresdurchschnittswert in Deutschland	ca. 100 W/m²
mit Konvertern nutzbare Windenergie	< 400 W/m²
Wasserströmung (6 m/s)	108 000 W/m²
Gezeitenströmung (Mittelwert)	2 W/m²
Pflanzenwachstum	0,3 W/m²
Geothermische Energie	0,06 W/m²
Ölheizung, Wärmestromdichte an der Kesselwand	30 000 W/m²
Kohle- oder Kernkraftwerk, Wärmestromdichte im Dampferzeuger	600 000 W/m²

Tabelle 1 Leistungsdichte verschiedener Energien

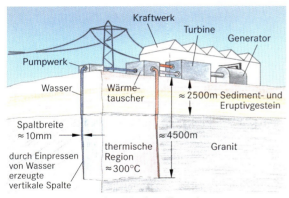

2 Nutzung der geothermischen Energie

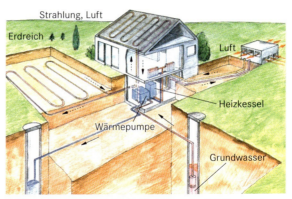

3 Eine Wärmepumpe holt Energie aus der Umgebung

Energie aus dem Erdinneren

Das Gestein der Erdkruste erwärmt sich vor allem durch den Zerfall radioaktiver Stoffe. Wo Grundwasser in die heißen Zonen eindringt, bildet sich heißes Wasser oder Wasserdampf. Heiße Quellen können leicht genutzt werden. Die Erschließung tieferliegender Energiequellen bereitet technische Schwierigkeiten. Temperaturen von ca. 300 °C erreicht man normalerweise erst ab Tiefen von 5 km und mehr. Eine einzelne Bohrung solcher Tiefe kostet mehrere Millionen DM. Wie ein *geothermisches Kraftwerk* aussehen könnte, zeigt Bild 2.

Mit zusammen über 5800 MW elektrischer Leistung sind derzeit in 17 Ländern rund 200 geothermische Kraftwerke zur Stromproduktion eingesetzt, die meisten in den USA. Die größten Anlagen Europas in Larderello (300 MW), Travale und Monte Amiata (zus. 245 MW) tragen mit rund 1,3 % zur Stromversorgung Italiens bei.

Energie aus Biomasse und Abfallstoffen

Schnellwachsende Pflanzen, die auf landwirtschaftlich nicht mehr genutzten Flächen angebaut werden, können nach der Ernte in Kraftwerken zur Strom- und Wärmeerzeugung verwendet werden. Durch geeignete Anbaumethoden läßt sich erreichen, daß ihre Verbrennung den CO_2-Gehalt der Luft nicht erhöht, weil die Pflanzen beim Wachsen die entsprechende Menge an CO_2 aus der Luft aufnehmen. Auch die Herstellung von Treibstoffen aus Pflanzen wird bereits erprobt (z. B. Rapsöl), allerdings sind die Kosten immer noch viel höher als die für Treibstoffe aus Erdöl.

Pro Haushalt fällt bei uns durchschnittlich 1 t Abfall pro Jahr an. Wird er verbrannt, so verringert sich das Volumen, das auf Deponien abgelagert werden muß auf ein Zehntel. Aus 1 t Müll können etwa 400 kWh an elektrischer Energie gewonnen werden, das sind ca. 13 % des heutigen Stromverbrauchs je Haushalt. Insgesamt könnten 3,2 % des deutschen Strombedarfs durch Müllverbrennung gedeckt werden, der-

zeit sind es weniger als 1 %. Bei Wärme-Kraft-Kopplung (S. 183) ist die Energieausbeute noch viel höher. Probleme bereiten gefährliche Schadstoffe (z. B. Dioxine), die mit großem Aufwand aus den Rauchgasen entfernt werden müssen.

Energie aus der Umgebung

Flüsse und Seen, der Erdboden, das Grundwasser und die Umgebungsluft stellen Energiespeicher dar, die täglich mit Sonnenenergie „aufgeladen" werden. Leider ist diese Energie wegen der niedrigen Temperatur wenig wert. Damit sie verfügbar wird, muß sie aufgewertet werden. Dies kann mit *Wärmepumpen* geschehen, die z. B. mit Strom, Gas oder Dieselöl betrieben werden.

Erinnere dich: Unter Energieaufwand wird Wärme von einem kälteren Körper (z. B. der Außenluft) zu einem wärmeren (z. B. dem Zimmer eines Hauses) „gepumpt". Die dem Zimmer zugeführte Wärme kann dabei bis zu dreimal so groß sein wie die aufgewendete Energie; zwei Drittel stammen dann aus der Umgebung. Bild 3 zeigt verschiedene Möglichkeiten, wie man mit Wärmepumpen die Energie der Umgebung nutzen kann.

Wärmepumpen arbeiten nur dann wirksam, wenn der Temperaturunterschied zwischen Energielieferant und -empfänger klein ist. Dient die Außenluft oder der Erdboden als Energiespeicher, so muß für kalte Wintertage eine Zusatzheizung vorgesehen werden; man benötigt also ein *bivalentes Heizungssystem* (bivalent, lat. = zweiwertig).

Aufgaben

1 Was versteht man unter regenerativen Energiequellen? Nenne die wichtigsten! Was erschwert ihre Nutzung?

2 Welchen Rotordurchmesser muß ein Windkonverter mit 250 kW Leistung ungefähr haben?

3 Erläutere die Funktionsweise des in Bild 2 dargestellten geothermischen Kraftwerks!

Sonnenenergie

1 Sonnenofen in den französischen Pyrenäen

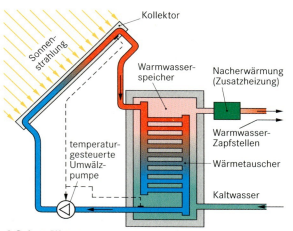

2 Solare Warmwasserversorgung (schematisch)

Was ist die Solarkonstante?

Die Sonne erhält ihre Energie durch Kernverschmelzungsprozesse bei denen sich Masse in Energie verwandelt (vgl. S. 184). Sie verliert in jeder Sekunde 4 Millionen Tonnen Masse. Dieser Massenabnahme entspricht eine Strahlungsenergie von $4 \cdot 10^{26}$ J. Auf der Erde, in 150 Millionen km Entfernung von der Sonne, treffen davon pro Sekunde rund 1400 J senkrecht auf einen Quadratmeter Fläche. Diese Strahlungsitensität nennt man die *Solarkonstante*.

> Solarkonstante: $1,4 \text{ kJ/m}^2 \text{ s} = 1,4 \text{ kW/m}^2$.

Wieviel das ist, macht dir folgendes Beispiel klar: Die nach Süden geneigte Dachfläche eines Einfamilienhauses ist $11 \text{ m} \cdot 6 \text{ m} = 66 \text{ m}^2$ groß. Könnte man die eingestrahlte Leistung vollständig nutzen, dann würden von dieser Fläche $1,4 \text{ kW/m}^2 \cdot 66 \text{ m}^2 \approx 92 \text{ kW}$ eingefangen, mehr als genug, um den Leistungsbedarf des Einfamilienhauses von rund 22 kW abzudecken.

Leider ist diese Rechnung zu optimistisch. Bild 3 zeigt, woran es liegt. Verluste durch Streuung und Absorption in der Atmosphäre sorgen dafür, daß an der Erdoberfläche wesentlich weniger zur Verfügung steht. Bei idealen Bedingungen (wolkenloser, dunstfreier Himmel, Dachfläche senkrecht zur Strahlrichtung) kommen in Mitteleuropa in 50° nördlicher Breite im Sommer etwa 1 kW/m^2, im Winter sogar nur $0,7 \text{ kW/m}^2$ an. Da auch bei der Umwandlung der Strahlungsenergie z. B. in innere Energie von Wasser in *Sonnenkollektoren* Verluste auftreten, bringt die Dachfläche im Beispiel höchstens $0,6 \text{ kW/m}^2 \cdot 66 \text{ m}^2 \approx 40 \text{ kW}$. Bei der Umwandlung in elektrische Energie in *Solarzellen* ist die Ausbeute sogar noch rund fünfmal kleiner.

Warmwasserversorgung mit Flachkollektoren

Im Sommer kann man die Sonnenenergie sehr gut zur Warmwasserversorgung durch sogenannte *Flachkollektoren* (Kollektor, lat. = Sammler) nutzen. Ihre Wirkungsweise zeigt folgender Versuch.

Versuch 1: Ein schwarzer Gummischlauch wird mit Wasser gefüllt und etwa 1 Stunde der Sonnenstrahlung ausgesetzt. Das Wasser ist deutlich wärmer geworden. ■

Eine solare Warmwasserbereitungsanlage ist einfach gebaut. Sie besteht aus dem *Kollektor,* dem *Warmwasserspeicher* und dem *Leitungs- und Regelsystem* (Bild 2). Der Kollektor wird auf einem nach Süden gerichteten Dach unter einem Neigungswinkel zwischen 35° und 60° montiert. In dem im Warmwasserspeicher eingebauten *Wärmetauscher* gibt die Kollektorflüssigkeit (Wasser mit Frostschutzmittel) die aufgenommene Energie als Wärme an das Brauchwasser ab. Für Tage mit wenig Sonne muß eine, meist elektrisch betriebene Zusatzheizung vorgesehen werden. Im Winter liefert die Heizung das benötigte Warmwasser.

Konzentrierte Sonnenenergie

Mit Flachkollektoren erreicht man Temperaturen von etwa 60°C; sie reichen für die Warmwasserversorgung aus. Höhere Temperatur, um Wasser zu verdampfen und damit die Turbinen eines Kraftwerks zu betreiben, erzielt man durch Bündelung der Sonnenstrahlung. Solche *konzentrierenden Kollektoren* müssen ständig dem veränderlichen Sonnenstand nachgeführt werden, damit die Strahlung wie z. B. in einem Hohlspiegel dauernd im Brennpunkt gesammelt wird. Das ist technisch sehr aufwendig. Solche Anlagen arbeiten, solange sie unmittelbar von der Sonne beschienen werden. Ihr Einsatz lohnt daher nur in den sonnenreichen Ländern der Erde.

Nach diesem Prinzip wird seit 1969 der Sonnenofen von Odeillo in den französischen Pyrenäen betrieben (Bild 1). Die Anlage besteht aus 63 ebenen Spiegeln, die computergesteuert dem Sonnenlauf folgen und das Licht in einen riesigen Hohlspiegel lenken. In seinem Brennpunkt werden bis zu 3800 °C erreicht. Die Anlage in Odeillo dient allerdings nicht zur kommerziellen Energieerzeugung, sondern wissenschaftlichen Zwecken. Das erste Sonnenkraftwerk in Europa, das Strom ins öffentliche Netz lieferte, war EURELIOS in Sizilien. Es arbeitet seit 1980 mit einer Leistung von 1 MW.

Strom direkt aus Sonnenlicht
Man spricht von *Photovoltaik,* wenn die Strahlungsenergie der Sonne in *Solarzellen* direkt in elektrische Energie umgewandelt wird. Du kennst Solarzellen als Energiequellen von Taschenrechnern und Uhren. Experimente mit Solarzellen und näheres über ihren Aufbau und ihre Funktionsweise findest du im Kapitel Elektronik (S. 80 f.).

In der Praxis beträgt der Wirkungsgrad von Solarzellen etwa 10 bis 15 %. Durch bessere Technologien läßt er sich noch steigern. In Laborexperimenten wurden schon 25 % erreicht, physikalisch möglich erscheinen 43 %. Eine Solarzelle aus einkristallinem Silizium von 10 cm Durchmesser gibt unter guten Voraussetzungen rund 1 W elektrische Leistung ab (2 A, 0,5 V). Theoretisch kann man beliebige Ströme und Spannungen erzielen. Man braucht die Zellen nur wie Batterien in Reihe (höhere Spannung) oder parallel (höhere Stromstärke) zu schalten. Über Wechselrichter kann Solarstrom auch ins Stromnetz eingespeist werden.

Photovoltaisch gewonnener Strom ist aber noch zu teuer. Er kommt deshalb bisher nur für Sonderanwendungen in Frage. Dennoch erprobt man bereits Solarkraftwerke. In Deutschland wurde das erste 1983 auf der Insel Pellworm eingerichtet. Mit einer Spitzenleistung von 300 kW (seit 1992: 600 kW) versorgt es dort das Kurzentrum (Bild 4).

In Erprobung befindet sich auch eine Anlage im bayerischen Neunburg vorm Wald mit einer Leistung bis 280 kW. Der erzeugte Strom wird benutzt, um Wasser durch Elektrolyse in Wasserstoff und Sauerstoff zu zerlegen. Anders als die elektrische Energie lassen sich diese Stoffe leicht speichern und zum benötigten Zeitpunkt zur Energieerzeugung abrufen. Wasserstoff kann leicht transportiert werden, auch in Pipelines. Er könnte daher in Zukunft zum wichtigsten Energieträger werden: Als Treibstoff für Motorfahrzeuge, als Energielieferant für Heizungen oder zur Stromerzeugung in sogenannten *Brennstoffzellen,* bei der die Elektrolyse sozusagen rückwärts abläuft. Der Einsatz dieser *Wasserstoff-Technologie* verspricht Erfolg z. B. in Verbindung mit Solarkraftwerken in den sonnenbegünstigten Zonen der Erde.

Aufgaben
1 Was ist die Solarkonstante? Wie hoch ist bei uns die maximale Strahlungsleistung der Sonne?
2 Erläutere das Energieflußdiagramm in Bild 3!
3 Beschreibe den Unterschied zwischen Solarkollektor und Solarzelle! Wozu werden sie eingesetzt?
4 Für die erste Ausbaustufe (300 kW) des Kraftwerks Pellworm waren 351 360 Solarzellen von 10 cm · 10 cm erforderlich, von denen je 20 in einem „Modul" zusammengefaßt sind. Bestimme die Leistung pro m^2 Solarzellenfläche!
5 Mit Modulrahmen benötigte man in Pellworm pro kW installierter Leistung eine Fläche von 15 m^2. Welche Fläche müßte man für ein Kraftwerk mit 1300 MW Leistung vorsehen? Die Leistung eines Kohle- oder Kernkraftwerks ist zu rund 80 % eines Jahres verfügbar. Bei Solarkraftwerken sind es im Mittel etwa 10 % (warum?). Wie groß ist der Platzbedarf, wenn das Solarkraftwerk die gleiche Energiemenge liefern soll?
6 Wie hoch ist der Wirkungsgrad der im Text beschriebenen einkristallinen Silizium-Solarzelle? Eine Zelle aus dem preiswerteren polykristallinen Silizium hat einen Wirkungsgrad von 10 %. Um wieviel Prozent kann man ihre Fläche bei gleichbleibender Leistung verkleinern, wenn es gelingt, den Wirkungsgrad um 3 % zu erhöhen?

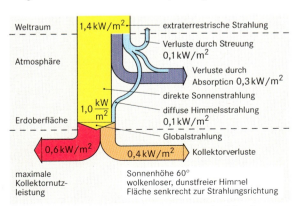

3 *Leistungsbilanz der Sonnenstrahlung in Mitteleuropa*

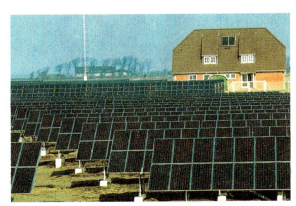

4 *Solarkraftwerk auf der Insel Pellworm*

Rationelle Energienutzung und Energiesparen verringern den CO_2-Ausstoß

Eine gewaltige Aufgabe

Die Weltklima-Konferenz in Toronto hat 1988 gefordert, bis zum Jahr 2005 den weltweiten CO_2-Ausstoß um 20 % des Wertes von 1987 zu senken. Bis 2050 wird eine Verringerung um 50 % angestrebt. Diesen Bestrebungen steht aber ein wachsender Energiebedarf der Entwicklungsländer gegenüber. Ohne mehr Energie haben die Menschen dort keine Chancen auf eine bessere Zukunft.

Was können wir tun?

Die Bundesrepublik Deutschland bezog 1993 fast drei Viertel der Primärenergie aus fossilen Quellen. Untersucht man die Verteilung der Endenergie auf die Verbrauchergruppen (Bild 1a) und den Einsatz der Energie (Bild 1b), so erkennt man, daß rund 70 % der Endenergie dazu benutzt wird, um unsere Häuser zu heizen, warmes Wasser bereitzustellen und unsere Mobilität (Auto, Bahn, Flugzeug) zu gewährleisten.

Um den Verbrauch fossiler Energieträger und damit den CO_2-Ausstoß zu verringern, gibt es grundsätzlich zwei Wege: Energie einsparen und andere Energiequellen nutzen. Energiesparen kann auf unterschiedliche Weise erfolgen, z. B. durch
- Rationellere Nutzung der Energie,
- Veränderung von Verbrauchsgewohnheiten,
- Einschränkungen und Verzicht.

Die letzte der genannten Möglichkeiten bedeutet in den meisten Fällen Verlust von Komfort und Lebensqualität. Ohne Zwang (z. B. durch drastisch erhöhte Energiepreise) wird kaum jemand bereit sein, diesen Weg einzuschlagen. Welche Einsparmöglichkeiten sich dagegen durch bessere Nutzung vorhandener Energiequellen eröffnen, sollen dir einige Beispiele zeigen.

Verbesserung des Wirkungsgrades

Bild 3 auf S.175 zeigt die Energiebilanz eines Steinkohlekraftwerks bei dem in einer Dampfturbine die innere Energie des Dampfes in mechanische Energie umgewandelt wird. Sein Wirkungsgrad beträgt ca. 42 %. Er ist durch die Temperaturen zu Beginn und am Ende des Umwandlungsprozesses bestimmt. Da als Endtemperatur im günstigsten Fall die Umgebungstemperatur in Frage kommt, läßt sich der Wirkungsgrad nur steigern, wenn die Anfangstemperatur erhöht wird. Die Dampftemperatur darf aber bei den heute verwendeten Stahlsorten 540 °C (bei Drücken bis 250 bar) im Dauerbetrieb nicht überschreiten.

Ein Ausweg ist die Kombination einer Gas- mit einer Dampfturbine (Bild 2). Gasturbinen benötigen sehr reinen Brennstoff (Erdgas oder leichtes Heizöl). Er wird in der Brennkammer verbrannt, wobei die vom

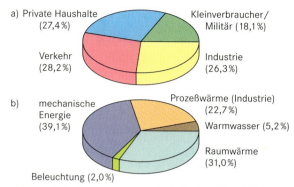

1 *Energie in der Bundesrepublik Deutschland 1993*
a) Endenergie nach Verbrauchergruppen
b) Endenergie-Einsatz

Verdichter angesaugte Luft bei einem Druck von 10 bis 15 bar auf 1000 bis 1100 °C erhitzt wird. Das Gemisch aus Verbrennungsgasen und erhitzter Luft entspannt sich beim Durchströmen der Turbine auf Außendruck, verläßt aber die Turbine noch mit einer Temperatur von ca. 500 °C. Es liegt nahe, die heißen Abgase zur Dampferzeugung zu nutzen.

Kombinierte Gas-Dampfturbinen-Kraftwerke erzielen Wirkungsgrade über 50 % (Bild 2, S. 355). Sie tragen zweifach zur Senkung der CO_2-Emissionen bei: Durch höheren Wirkungsgrad ist bei gleicher Endenergie weniger Primärenergie nötig. Zusätzlich senkt der Erdgaseinsatz den CO_2-Ausstoß, denn dieser ist bei der Verbrennung von Erdgas deutlich niedriger als bei Braun- oder Steinkohle (Bild 3).

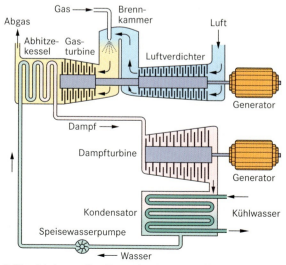

2 *Kombiniertes Gas-Dampfturbinen-Kraftwerk (Schema)*

Die größten Verluste im Kraftwerk entstehen durch die Abwärme. In Ballungszentren lohnt es sich, einen Teil der Energie des Dampfes zum Heizen von Gebäuden (Fernheizung) oder als Prozeßwärme in der Industrie abzuzweigen (sogenannte **Wärme-Kraft-Kopplung**). Das reduziert zwar die Stromausbeute, dafür werden aber insgesamt bis zu 85 % der eingesetzten Energie genutzt (Bild 3, S. 175).

Wenn es gelingt, den Wirkungsgrad von Automotoren (Bild 4, S. 173) zu verbessern oder auf andere Antriebstechniken umzustellen (Elektroauto, Wasserstoffeinsatz), ist auch hier mit sinkenden CO_2-Emissionen zu rechnen.

Auch du kannst zum Energiesparen beitragen

Die genannten Maßnahmen zur Verringerung des CO_2-Ausstoßes sind vielversprechend. Damit einhergehen muß aber auch eine Verringerung des Energieverbrauchs. Und dazu kann jeder von uns beitragen. In Bild 5 wird gezeigt, wohin die Energie im privaten Bereich fließt.

Auch hier wird deutlich: Der Löwenanteil wird für Heizung und Auto benötigt. Es ist daher nötig, die Wärmedämmung unserer Häuser spürbar zu verbessern und wirksamere Heizsysteme zu installieren. Auf entsprechende Möglichkeiten wird auf S. 179 eingegangen. Durch gesetzliche Regelungen werden die Hauseigentümer gezwun-gen, die Heizsysteme dem modernen technischen Stand anzupassen. So müssen heute z. B. alle Heizkörper mit Thermostatventilen (Bild 4) ausgerüstet sein.

Man muß aber nicht alles der Technik überlassen. Mit etwas Nachdenken und der Änderung lieber Gewohnheiten läßt sich auch einiges erreichen. Häufig sind die Räume in der Wohnung überheizt. Statt 24 °C genügen 20 °C. Wer friert, der kann auch mal einen Pullover anziehen. Jedes Grad Celsius weniger in der Wohnung spart rund 6 % Heizenergie. 20 °C statt 24 °C bedeutet eine Energieersparnis von fast einem Viertel!

Auch auf andere Weise kannst du im häuslichen Bereich Energie sparen und somit einen Beitrag zum Klimaschutz leisten:

- Nicht alle Räume der Wohnung müssen gleich beheizt werden. Beim Lüften Heizung abdrehen!
- Duschen statt Wannenbad spart Energie und kostbares Trinkwasser.
- Haushaltsgeräte mit Verstand nutzen: Wasch- und Spülmaschine stets vollständig füllen!
- Glühlampen durch Energiesparlampen ersetzen!
- Überlegter Einsatz des Autos. Verstärkte Nutzung öffentlicher Verkehrsmittel. Auch hier ist Umdenken angebracht (Bild 6).

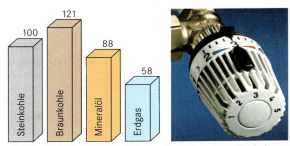

3 CO_2-Emission verschiedener Energieträger (links)
4 Thermostatventile helfen Heizenergie sparen

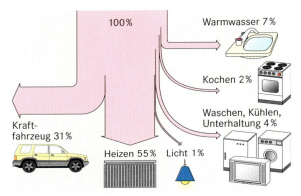

5 So nutzen wir die Energie im privaten Bereich

6 „Und im Mai, wenn unsere Katrin 18 wird und ihre versprochene Ente bekommt, können wir sogar vierfach Energie sparen – da kommt schon was zusammen"

Aufgaben

1 Welche Gründe gebieten, mit Energie sparsam umzugehen?

2 Nenne Maßnahmen, die zur Senkung der CO_2-Emissionen beitragen können! Welche Rolle spielt dabei die Kernenergienutzung?

3 Welche Möglichkeiten zum Energiesparen im privaten Bereich werden im Text aufgezeigt? Nenne weitere Beispiele!

4 Besorge dir bei den örtlichen Energieversorgungsunternehmen Informationsmaterial zu den Themen „Rationelle Energienutzung" und „Energiesparen"!

Was sind die Energiequellen der Zukunft?

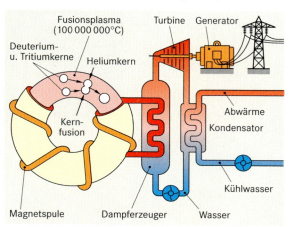

1 Schema eines Fusionsreaktors

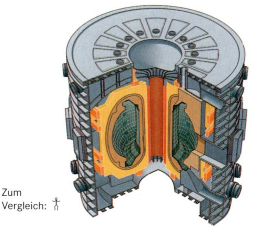

Zum Vergleich:

2 Geplanter internationaler Fusionsreaktor

Kernfusion

Wie bei der *Spaltung schwerer Atomkerne* wird auch bei der *Verschmelzung leichter Kerne* Energie frei. Ein Beispiel einer solchen **Fusionsreaktion** ist die Verschmelzung von Deuterium und Tritium zu Helium: $^{2}_{1}H + ^{3}_{1}H \rightarrow\ ^{4}_{2}He + ^{1}_{0}p +$ Energie. Wie bei der Kernspaltung erfolgt auch bei der Fusion eine Umwandlung von Masse in Energie. Kernfusion liefert auch die gigantischen Energiebeträge, die in der Sonne und den Fixsternen frei werden. Dort entsteht in einer komplizierten Kette von Zwischenprodukten aus je vier Protonen ein Heliumkern.

Wenn es gelingt, die Kernfusion in kontrollierter Weise nutzbar zu machen, dann ist der Traum der Menschheit von einer nie versiegenden Energiequelle erfüllt. Wasserstoff als Ausgangssubstanz ist in den Weltmeeren in ausreichender Menge vorhanden. Das entbindet jedoch nicht vom Energiesparen, denn die freigesetzte Energie gelangt letztlich als Wärme in die Umgebung (Gefahr für das Klima).

Bild 1 zeigt das Schema eines Fusionsreaktors. Zur Fusion sind extrem hohe Temperaturen (mehr als 100 Millionen Kelvin) nötig. Nur dann sind die Kerne schnell genug, um sich trotz der elektrischen Abstoßungskräfte so nah zu kommen, daß die Kernkräfte wirksam werden. Atome sind bei diesen Temperaturen nahezu vollständig ionisiert und bilden zusammen mit den freien Elektronen ein *Plasma*. Weil kein Material den hohen Temperaturen standhält, schließt man das Plasma in sehr starken Magnetfeldern ein, ohne daß es die Wände des Reaktors berührt. Die bei der Fusion frei werdende Energie wird wie in anderen Kraftwerken zur Dampferzeugung genutzt. Auch hier gibt es Strahlenschutzprobleme: Tritium ist radioaktiv und die Reaktorwände werden es durch die bei der Fusion entstehende intensive Neutronenstrahlung.

Seit Jahrzehnten arbeiten Forscher weltweit an der Entwicklung solcher Reaktoren, z.B. am Institut für Plasmaphysik in Garching bei München. Inzwischen liegen beachtliche Ergebnisse vor. Ingenieure und Wissenschaftler aus aller Welt haben sich deshalb 1987 darauf geeinigt, gemeinsam einen Fusionsreaktor zu bauen, der zum ersten Mal mehr Energie liefern soll, als er zum Betrieb braucht (Bild 2). Wann und ob Fusionsreaktoren Energie ins Stromnetz liefern werden, ist allerdings noch nicht absehbar.

Regenerative Energien – Hoffnung oder Utopie?

Mit erneuerbaren Energiequellen verbinden viele Menschen die Hoffnung auf eine umweltverträgliche Energieversorgung. Vielfach wird aber deren Beitrag zur Energiebedarfsdeckung nicht richtig eingeschätzt. Trotz aller Anstrengungen werden regenerative Energiequellen auf absehbare Zeit bei uns nur einen bescheidenen Anteil zur Energieversorgung beitragen können. Dies liegt an den immer noch zu hohen Kosten. Günstiger ist die Situation in den Entwicklungsländern, wo vielfach das Energieangebot (z.B. Sonne) höher ist.

Ein Patentrezept zur Lösung der Energiefrage gibt es nicht. Alle Lösungsansätze müssen auf ihre Brauchbarkeit geprüft werden. Ideologisches Denken ist ungeeignet, um diesem Menschheitsproblem wirkungsvoll zu begegnen.

> **Nur durch konsequentes Energiesparen, durch optimale Nutzung bereits vorhandener Energiequellen und verstärkten Einsatz aller verfügbaren regenerativen Energiequellen haben wir eine Chance, die Energieversorgung sicherzustellen und unseren Planeten bewohnbar zu erhalten.**

Energie und Energieformen

Der Begriff **Energie** (Symbol E oder W) spielt in allen Bereichen der Physik eine wichtige Rolle. Entsprechend der Art der **Energiespeicherung** oder der **Energieübertragung** unterscheidet man verschiedene **Energieformen.**

Speicherformen	Übertragungsformen
Potentielle Energie	Mechanische Arbeit
Kinetische Energie	Elektrische Arbeit
Spannenergie	Wärme
Innere Energie	Lichtenergie
Elektrische Energie	
Chemische Energie	
Kernenergie (Nukleare Energie)	

Sämtliche Energieformen lassen sich mit Hilfe geeigneter **Energiewandler** ineinander überführen. Maschinen und Lebewesen sind solche Energiewandler. Wird in einem Energiewandler keine Energie gespeichert, dann ist die Summe der zugeführten gleich der Summe der abgeführten Energien. ↑S. 172

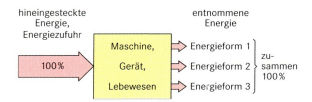

Ein System, das weder Energie nach außen abgibt, noch von außen erhält, heißt **abgeschlossen.** Für abgeschlossene Systeme gilt der **Energieerhaltungssatz:** Im abgeschlossenen System ist die Summe der Energien konstant. In der Praxis lassen sich abgeschlossene Systeme nur näherungsweise realisieren. ↑S. 172

Für offene Systeme gilt der Energieerhaltungssatz nicht. Alle biologischen Systeme (Tiere, Pflanzen) sind offen. Für nicht abgeschlossene Systeme ist die Energieänderung gleich der Differenz der zu- bzw. abgeführten Energie. ↑S. 172

Energieeinheiten

$1\,Nm = 1\,Ws = 1\,J$
Steinkohleneinheit (SKE):
$1\,kg\,SKE = 29\,230\,J = 8{,}12\,kWh.$

	J	kWh	kg SKE	Kalorie (cal) (veraltet)
1 J	1	$0{,}28 \cdot 10^{-6}$	$3{,}42 \cdot 10^{-8}$	0,24
1 kWh	$3{,}6 \cdot 10^{6}$	1	0,12	860 000
1 kg SKE	$2{,}9 \cdot 10^{7}$	8,12	1	$6{,}98 \cdot 10^{6}$
1 cal	4,2	$1{,}16 \cdot 10^{-6}$	$1{,}43 \cdot 10^{-7}$	1

Energieentwertung – Wirkungsgrad

Mechanische, elektrische und chemische Energie sind hochwertige Energieformen. Mit der inneren Energie dagegen kann man nicht immer etwas anfangen. Es hängt davon ab, bei welcher Temperatur sie zur Verfügung steht. Bei der Umwandlung von mechanischer, elektrischer, chemischer Energie in innere Energie tritt eine **Energieentwertung** ein. Der **Wirkungsgrad** gibt an, welcher Anteil der zugeführten Energie in die gewünschte **Nutzenergie** umgewandelt werden kann. ↑S. 173

$$\text{Wirkungsgrad} = \frac{\text{Nutzenergie}}{\text{zugeführte Energie}}.$$

Energieversorgung

Um Energie nutzen zu können, muß die Energie der **Primärenergieträger** (Kohle, Erdöl, Naturgas, Kernbrennstoffe, Wasser, Wind, Sonne usw.) in technischen Energiewandlern in die benötigten Endenergien umgewandelt werden. ↑S. 171

Kraftwerke wandeln andere Energieformen in elektrische Energie um. Dies geschieht in Generatoren, die z. B. von Gas-, Dampf- und Wasserturbinen oder Windrädern angetrieben werden. Wird in Wärmekraftwerken nur Strom erzeugt, so bleibt viel Energie ungenutzt (Abwärme). ↑S. 174
Theoretischer Wirkungsgrad: $\eta_{th} = 1 - T_1/T_2$.

Probleme der Energienutzung

Bereitstellung und Verbrauch hochwertiger Energie belasten die Umwelt: **Luftschadstoffe, Abwärme.** Probleme bereiten auch die **Entsorgung radioaktiver Abfälle** aus Kernkraftwerken und der gewaltige **Ausstoß an CO_2** bei der Verbrennung fossiler Brennstoffe. ↑S. 174f.

Bedeutung der Energie

Ein hohes Angebot an Dienstleistungen und Gütern in einer Volkswirtschaft ist mit einem entsprechenden Einsatz hochwertiger Energie verbunden. Dies spiegelt sich darin, daß derzeit der Pro-Kopf-Energieverbrauch in den westlichen Industrieländern ca. zehnmal so groß ist wie in den Entwicklungsländern. Langfristig muß dieses Ungleichgewicht abgebaut werden. ↑S. 170

Wegen des Wachstums der Weltbevölkerung wird der Energieverbrauch weiter steigen (Verdopplung bis zur Mitte des 21. Jhs.). Um die Umweltbelastungen erträglich zu halten und der Gefahr einer Klimaveränderung (**Treibhauseffekt**) entgegenzuwirken, muß man: ↑S. 176ff.
- bisherige Verhaltensweisen überdenken,
- Energie einsparen,
- vorhandene Energiequellen rationeller nutzen,
- regenerative Energiequellen erschließen, neue Energiequellen (z. B. Kernfusion) finden.

Du kennst nun seit einiger Zeit das Fach Physik. Wir hoffen, es macht dir Freude! Am Ende des Buches, das dich bei dem manchmal auch etwas anstrengenden Weg begleitet hat, wollen wir noch einmal zurückblättern.

Im Band 1.1) wurde die Physik als eine Wissenschaft gekennzeichnet, die sich in einer ganz bestimmten Weise mit der Natur beschäftigt. Diese besondere Art der Auseinandersetzung mit den Naturerscheinungen nannten wir die **Methode der Physik.** Ziel dieser Betrachtungsweise ist, die hinter den Naturerscheinungen verborgenen Gesetze bzw. umfassenden theoretischen Zusammenhänge zu entdecken.

Ein wesentlicher Bestandteil der physikalischen Methode ist die Bildung von **Modellvorstellungen.** In der Theorie der Wärme wurde das *Teilchen-Modell* benutzt, in dem die wirklichen für uns nicht direkt sichtbaren Gasmoleküle durch kleine Kügelchen repräsentiert sind. Als weitere Beispiele lernten wir das *Elementarmagneten-Modell* zur Deutung der Magnetisierung bzw. das *Wasserstrom-Modell* zur Veranschaulichung und Erklärung elektrischer Leitungsvorgänge kennen. Diese physikalischen Modelle dürfen nicht als verkleinerte naturgetreue Nachbildungen der Naturerscheinungen angesehen werden, so wie etwa ein Spielzeugauto das Modell eines wirklichen Autos ist. Physikalische Modelle sind Gebilde, die in stark vereinfachter Weise nur die Merkmale einer Naturerscheinung nachkonstruieren, die man in physikalischer Sichtweise, d. h. für ihre mathematische Erfassung, als wesentlich ansieht.

Die Methode der Physik ist sehr erfolgreich. Daher haben Chemie, Biologie, Medizin und viele andere Wissenschaften sich diese Methode zu eigen gemacht.

Obwohl historisch betrachtet die **Technik** älter als die Physik ist, hat die Physik nach GALILEI auch die weitere Entwicklung der Technik ganz entscheidend bestimmt. Die Technik trägt in vielfältiger Weise dazu bei, dem Menschen schwere körperliche Arbeit abzunehmen und seine Lebensbedingungen in mannigfacher Hinsicht zu verbessern. Wer möchte heute auf moderne Verkehrsmittel, Kommunikationssysteme, Computer oder physikalische Geräte in der Medizin verzichten?

Naturwissenschaftliches Denken hat uns frei gemacht von Ängsten vor bösen Geistern und Dämonen, die nach der Vorstellung der frühen Menschen das Naturgeschehen beherrschen. Wir haben gelernt, durch den Gebrauch unseres Verstandes Blitz und Donner und andere bedrohliche Erscheinungen naturgesetzlich zu erklären und können uns durch technische Vorkehrungen schützen. Der mit Verstand begabte Mensch hat sich die Natur dienstbar und untertan gemacht. Er hat aber auch die gefährliche Freiheit gewonnen, naturwissenschaftliche Erkenntnisse gegen die Natur, gegen das Leben bis zu seiner Selbstvernichtung anzuwenden.

Ist diese uns heute immer deutlicher bewußt werdende Ambivalenz (Doppelwertigkeit) der Entwicklung in dem methodischen Ansatz bereits vorprogrammiert?

Bei der physikalischen Methode der „Auseinandersetzung" mit der Natur rückt der Experimentator als Subjekt aus der Natur „heraus", um an seinem Beobachtungsobjekt unter vorgegebenen Bedingungen „apparative Erfahrungen" zu machen.

GOETHE ist in seiner „Farbenlehre" gegen NEWTONS „Opticks", die er als Ausdruck rein apparativer Erfahrung ansieht, geharnischt zu Felde gezogen. Er wirft NEWTON vor, dem Licht mit seinen Experimenten Gewalt anzutun, wenn er es auf optischen „Folterbänken" im dunklen Raum durch Spalte, Linsen und Prismen „quäle", statt es in „seiner ewigen Ruhe und Herrlichkeit stehen zu lassen". GOETHE „zerlegt" das Licht nicht in seine farbigen Bestandteile. Er geht davon aus, daß das „weiße" Sonnenlicht eine ganzheitliche Erscheinung ist und die Farben eine „Verunreinigung" durch das Prisma seien. Zu dieser Behauptung dachte er sich eine Reihe von Experimenten aus, die seine Vorstellung stützen. Ist GOETHES „Farbenlehre" also eine „alternative Physik"? Sollen wir dann vielleicht auf GOETHE hören und im Hinblick auf eine neue Art mit der Natur umzugehen, nicht mehr Physik nach der Methode GALILEIS, NEWTONS und ihrer Schüler betreiben?

GOETHES Kritik an der Methode der Physik ist ja in unserer Zeit besonders durch die New-Age-Bewegung wieder „modern" geworden. Im Zentrum der Kritik steht das methodische Prinzip des Zerlegens oder „Zerschneidens der Natur", um diese so aus dem „Ganzen" herausisolierten und idealisierten „Teile" der Naturerscheinung zu mathematisieren. Diese Vorgehensweise nennt man **Reduktionismus'** (lat. reducere = zurückführen). Bei der Beschäftigung mit Physik hast du gesehen, daß dieser Reduktionismus sehr erfolgreich ist. Mit dieser Vorgehensweise wurden z. B. die Grundgesetze der Optik (Reflexionsgesetz und Brechungsgesetz) gefunden. Du kannst aus dem Verständnis der isolierten Teile (Spiegel, Prismen und Linsen) verstehen, wie zusammengesetzte Systeme (Mikroskope, Fernrohre und andere optische Instrumente) funktionieren.

Wer von Anfang an immer nur das „Ganze" im Auge behalten will, wird nicht zu physikalischen Erkenntnissen gelangen. Dies lehrt uns die Geschichte des naturwissenschaftlichen Denkens, auf die wir in unserem Buch vielfach eingegangen sind. Um einen Zugang zum „Ganzen" zu bekommen, muß man die komplizierten, in der Physik sagt man die „komplexen Systeme" zunächst in einfache Systeme zerlegen, die sich leicht aus dem „Ganzen" herausisolieren lassen.

Allerdings lassen neuere Entwicklungen innerhalb der Physik das reduktionistische Konzept bei der Anwendung auf komplexe Systeme in einem neuen Licht erscheinen. Schlagwortartig wird dies oft so formuliert: *„Das Ganze ist mehr als die Summe der Teile".* Dieses *„mehr"* bedeutet, daß das zusammengesetzte System Verhaltensweisen zeigt, die seine Teile nicht aufweisen.

Diese Tatsache ist von biologischen Systemen her bekannt und wurde immer als wesentliches Unterscheidungsmerkmal zu physikalischen Systemen angesehen. Die neue Erkenntnis, daß solche **kooperativen Phänomene** auch in der Physik auftreten, verdanken wir dem neuen Zweig der Physik, der **Synergetik,** der Lehre vom „Zusammenwirken". Man hat erkannt, daß ein System nur dann als Summe seiner Teile begriffen werden kann, wenn die physikalischen Zusammenhänge „linear" sind. Als Beispiel dafür haben wir das Federpendel kennengelernt, bei dem dieser lineare Zusammenhang dadurch gegeben ist, daß die rücktreibende Federkraft der Auslenkung der Masse direkt proportional ist. Bei „nichtlinearen" Zusammenhängen treten nicht vorhersagbare Erscheinungen auf. Ein Beispiel dafür ist das Magnetpendel mit chaotischem Verhalten. Der klassischen Physik liegt das Prinzip zugrunde, daß aus ähnlichen Ursachen ähnliche Wirkungen folgen *(Prinzip der starken Kausalität).* Bei nichtlinearen Systemen gilt nur noch das *Prinzip der schwachen Kausalität,* daß ähnliche Ursachen (z.B. sehr nahe beieinanderliegende Startpunkte des Magnetpendels) zu völlig verschiedenen Wirkungen führen. Obwohl die Bewegung des Magnetpendels vom Zufall bestimmt wird, ist das System als „Ganzes" strengen, deterministischen (lat. determinare = vorausbestimmen) Gesetzen unterworfen. Die Tatsache, daß die einzelnen Bahnen des Pendelkörpers eindeutig sind, aber ihre Vorhersagbarkeit verloren geht, bezeichnet man als **deterministisches Chaos.**

Die Erkenntnisse der heutigen Physik lehren uns, daß es nicht genügt, die nach der reduktionistischen Methode aus dem Gesamtzusammenhang herausisolierten *Naturgesetze* zu kennen und sie als technisches **„Verfügungswissen"** zu handhaben. Als immer dringlicher erweist sich, auch die übergreifenden **Systemgesetze** zu erforschen. Mit **Naturgesetzen** erklären wir die Erscheinungen. System-

gesetze vermitteln Verständnis für **übergreifende Gesetzstrukturen.** In diesem Sinne kann man Systemgesetze als Entfaltungsgesetze des ganzheitlichen Naturgeschehens auffassen. Sie sind gleichsam das *„geistige Band",* das GOETHES „Faust" sucht, um die *„Teile in seiner Hand"* (Naturgesetze) zu verstehen. Nur wenn wir die Systemgesetze, die biologische Kreisläufe und ökologische Zusammenhänge steuern, beachten, werden wir verantwortungsvoll mit unserer Umwelt umgehen und uns die Ehrfurcht vor der Schöpfung bewahren. Eine derartige neue ganzheitliche Naturauffassung kann auch dazu beitragen, die oft beklagte *„Kluft zwischen den zwei Kulturen"* (C. P. SNOW) zu überwinden. Geisteswissenschaftler, für die ganzheitliche Betrachtungsweisen und Sinnfragen menschlichen Erlebens und Handelns charakteristisch sind, werden Gemeinsamkeiten mit den Naturwissenschaftlern entdecken. Zwar ist solches **„Orientierungswissen"** aus der Physik nicht direkt herleitbar. Wir sind jedoch der Überzeugung, daß die heutigen Naturwissenschaften einen wichtigen Beitrag zu einem Bild der Wirklichkeit, einem **Weltbild,** vermitteln, in dem sich der Mensch mit der Natur in Einklang und Harmonie befindet. Die heutige Physik sieht die Welt als Ganzes (Universum), nicht mehr als große Maschine, sondern wieder eher als einen in ständiger schöpferischer Entwicklung (Evolution) befindlichen Organismus an.

In dieser neuen Sichtweise wird es eine wichtige Aufgabe zukünftiger Physik sein, Orientierungswissen und Verfügungswissen als sich gegenseitig ergänzende Aspekte einer ganzheitlichen Sicht der Wirklichkeit zu verstehen. Wir können uns der reduktionistischen Methode nicht verschließen, aber es bedarf einer ganzheitlichen Orientierung des physikalischen Denkens und seiner Rückbindung ins Menschliche.

Als Voraussetzung für eine „Auseinandersetzung" mit der Natur hat DESCARTES (1596–1650) die „Trennung" von Beobachter (Subjekt) und Gegenstand (Objekt) gefordert. Durch die Entwicklung der modernen Physik, besonders durch die Quantenphysik, der Lehre vom Aufbau der Atome bzw. der Materie im ganzen Kosmos, hat diese scharfe Abgrenzung eine wesentliche Korrektur erfahren. Daher meinte N. BOHR, daß wir sowohl *„Zuschauer als auch Teilnehmer im großen Schauspiel des Daseins sind".*

Auf diese faszinierenden Erkenntnisse der modernen Physik, Astrophysik und Kosmologie, die uns Auskunft über Entstehung und Entwicklung der Welt und unsere Stellung im Universum geben, können wir hier nicht eingehen. Dieses aufregende geistige Abenteuer erwartet dich in der Oberstufe.

A

α-Strahlung 146, 148
α-Zerfall 166
Abbildungsgesetz 5, 6
Abbildungsmaßstab 5
absolute Temperaturskala 10
Abwärme 169, 174
Aggregatzustandsänderung 10
Aktivität 152
Ampelsteuerung 89
Ampere (Einheit) 12
Amperesekunde 12
Amplitude 97, 108
Anhalteweg 32
Anker 56, 57
Äquivalentdosis 155
Arbeit 7, 44, 49
Arsen 77
Atom 140, 166
Atombombe 160
Atomkern 140
Auge 6
Ausbreitungsgeschwindigkeit von Wellen 115, 127
Ausdehnung der Körper 10
Außenleiter 67
Außenpolgenerator 66
Automatisierung 90

B

β-Strahlung 146, 148
β-Zerfall 166
Bahngeschwindigkeit 40
Bahnkurve 17
Basis 82
Basisstrom 84
Becquerel (Einheit) 152
Beschleunigung 22, 48
Beschleunigungsarbeit 44, 49
Beugung 116, 125
Bewegung , ungleichförmige 18
Bewegung, gleichförmige 7, 18, 48
Bewegung, gleichmäßig beschleunigte 23, 48
Bewegung, Kreis- 40, 49
Bewegung, Überlagerung 34
Bevölkerungsentwicklung 170, 171
Bezugssystem 16
Binärzähler 88
Bindungselektronen 74
biologische Strahlenwirkung 154, 155
Biomasse 179
Braunsche Röhre 11, 52, 53, 55
Brechung 116, 125
Brechung des Lichts 6
Bremsweg 33
Brennpunkt 5, 6
Brennstoffe, fossile 168, 169
Brennstoffzelle 181

Brennstrahl 6
Brennweite 5

C

C-14 - Methode 153
Celsiusskala 10
CO_2-Problem 177
Computer 61, 93
Coulomb (Einheit) 12

D

Darlington-Verstärker 85
Datenspeicherung, magnetische 61
Deterministisches Chaos 187
Demodulation 126
Deuterium 151
Dezibel-Skala 105
Dichte 7
Digitaltechnik 86
Diskette 61
Dispersion des Lichts 6, 130
Doppel-T-Anker 57
Dosimeterplaketten 143
dotieren 77
Drain 92
Drehmoment 8
Drehmomentwandler 8
Drehstrom 67
Drehstromgenerator 67
Dreifach-T-Anker 56, 57, 66
Dreifarbentheorie des Sehens 135
Dreifingerregel der linken Hand 53
Druck 9
Druckwasserreaktor 163
Dualsystem 61
Durchschnittsgeschwindigkeit 20
dynamischer Lautsprecher 54
Dynamo 67

E

Echo 100
Echolot 100
Effektivwerte von Spannung und Stromstärke 65
Eigenfrequenz 102, 112, 120
Eigenschaften der Körper 7
elektrische Arbeit 12
elektrische Ladung 11
Elektromagnetische Induktion 58ff.
Elektromagnetischer Schwingkreis 118f.
Elektromagnetisches Spektrum 95, 123
Elektromotor 56f.
Elektronik 74
Elektroschweißen 71
Elementarladung 11
Emitter 82
Empfindlichkeit des Gehörs 104
End-Energieträger 171

Endenergie 185
Endlagerung 165
Energie 7, 170, 185
Energie, kinetische 46, 49
Energie, mechanische 46, 49
Energie, potentielle 46, 49
Energie, regenerative 184
Energiebilanz 172
Energiedienstleistung 170
Energiedosis 155
Energieeinheiten 185
Energieentwertung 173, 185
Energieerhaltungssatz 8, 62, 69, 172, 185
Energieflußdiagramm 172
Energieformen 172, 185
Energienutzung 185
Energiesparen 182, 183
Energiespeicherung 185
Energietransport 99
Energieübertragung 185
Energieumwandlung 8, 172, 173, 185
Energieversorgung 185
Entsorgung 165
erneuerbare Energiequelle 169
Erwärmungsgesetz 10

F

Fadenpendel 111f.
Fahrraddynamo 61
Fahrtenschreiber 20
Fallbeschleunigung 31
Fallbewegung 30, 48
Farbe 128
Farbendruck 137
Farbensehen 135
Farbfilter 136
Farbfotografie 137
Farbreiz 135
Farbstoff 136
Federpendel 108f., 118f.
Federspannarbeit 45
Feld, elektrisches 11
Feldeffekttransistor 92, 93
Feldspule 59, 68
Fernleitung 72
Fernrohr, astronomisches 6
Fernsehbildröhre 55
Feste Rolle 8
Festplatte 61
FET 92
Flachkollektor 180
Flaschenzug 8
Flip-Flop-Schaltung 88
Fluorchlorkohlenwasserstoff (FCKW) 132, 168, 176, 177
fluoreszieren 133
fossile Brennstoffe 168, 169, 171, 172
Fotodioden 80

Fotoleitung 76, 77
freier Fall 30
Frequenz 65, 96, 108
Fusionsreaktion 184

G
γ-Strahlung 146, 148
Gas-Dampfturbinen-Kraftwerk 182
Gate 92
Geiger-Müller-Zählrohr 144, 167
Generator 58, 59, 64, 66, 67
genetische Schäden 154, 167
Geräusch 97
Germanium 74
Geschwindigkeit 7, 19, 20, 48
Geschwindigkeit-Zeit-Diagramm 22
Geschwindigkeit-Zeit-Gesetz 23
Gewichtskraft 31, 48
Gezeitenkraftwerk 178
gleichförmige Bewegung 7, 18, 48
Gleichgewichtsbedingungen für die
schiefe Ebene 8
gleichmäßig beschleunigte Bewegung
23, 48
Gleichrichter 79, 93
Gleichspannungsgenerator 66
Gleitreibung 7
Goldene Regel der Mechanik 8
Gravitation 7
Gray (Einheit) 155
Grundgleichung der Mechanik 27, 48
Grundton 103
Grundumsatz eines Erwachsenen 173

H
Haftreibung 7
Halbleiter 74
Halbleiterbauelement 74
Halbleiterchip 93
Halbleiterdiode 78, 93
Halbwertsdicke 146
Halbwertszeit 152, 166
Hauptschlußmotor 57
Hebelarm 8
Hebelgesetz 8
Heißleiter 74
Heizkraftwerk 175
Hertz (Einheit) 96
Hertzscher Dipol 124
Höhensonne 132
Hohlspiegel 5
Hookesches Gesetz 7
Hörfläche 105
Hörgrenze 104
Hubarbeit 44, 49

I
Indium 77
Induktion, elektromagnetische 58f., 68
Induktionsherd 70
Induktionsschmelzofen 71
Induktionsspannung 58f., 68f.
Induktionsspule 59
Induktivität 120
Industrialisierung 170
Influenz 11
infrarotes Licht 132
Infraschall 104
Inkorporation 155
Innenpolgenerator 66
innere Energie 10
Integrierter Schaltkreis 87
Interferenz 117, 127
Inverterschaltung 86
Ion 140, 166
Ionisationsfähigkeit 147
Ionisationskammer 152, 167
Isotop 151
Istwert 91

K
Kapazität 120
Katalysator 175
Kausalität, schwache 187
Kausalität, starke 187
Kernfusion 184
Kernkräfte 150, 166
Kernkraftwerk 160, 162, 167, 169, 174
Kernladungszahl 150, 166
Kernspaltung 159, 167
Kettenantrieb 8
Kettenreaktion 160
Kirchhoffsche Gesetze 12
Klang 97
Klangfarbe 103
Klimaänderung 168, 177
Knall 97
Kohlemikrofon 84
Kollektor 82
Kommutator 57
Komplementärfarbe 134, 136
Kondensationskern 149
Konkavlinse 6
Kontaktelektrizität 11
kontinuierliches Spektrum 130, 132
kontrollierte Kernspaltung 162
Konvektion 10
Konvexlinse 6
Kooperative Phänomene 187
Körperfarbe 136
kosmische Strahlung 156
Kraft 7, 26
Kraftwandler 8
Kraftwerk 185
Kraftwerk, geothermisches 179

Kreisbewegung 40, 49
kritische Masse 161

L
Ladung 12
Ladung, elektrische 11
Ladungstransport 11
Ladungstransport bei Halbleitern 74
Längswelle 99
Lärm 106
Lärmschutzbestimmungen 106
Lautsprecher, dynamischer 54
Lautstärke 105
Lebenserwartung, mittlere 170
Lebensstandard 170
LED 81
Leichtwasserreaktor 162
Leistung 7
Leistung, elektrische 12
Leistung, mechanische 45, 49
Leistungsdichte 178
Leistungsverstärkung 85
Leiterschleife 58, 59, 64f.
Lenzsche Regel 62
Leuchtdiode 81, 93
Leuchtstofflampe 133
Lichtausbreitung 5
Lichtgeschwindigkeit 5, 115
Linienspektrum 133
Linse, optische 6
Linsengleichung 6
Linsensystem 6
Löcher 76
Löcherleitung 76, 93
Lochkamera 5
logische Schaltungen 87
Longitudinalwelle 120, 127
Lorentzkraft 52f.
lose Rolle 8
Luftwiderstand 37

M
Magnetfeld 11, 52
magnetisieren 11
Magnetismus 11
Masse 7
Massenpunkt 17
Massenzahl 150, 166
mechanische Arbeit 7, 44, 49
mechanische Energie 46, 49
Meißnerschaltung 123
Meßgenauigkeit 7
Meßgrößen für radioaktive Strahlung 167
Methode der Physik 186
Mikrocomputer 86
Mikroelektronik 93
Mikrofon 84
Mikrofon, dynamisches 61
Mikroskop 6

Mikrowellen 125
Mittelpunktsstrahl 6
mittlere Lebenserwartung 170
Modellvorstellungen 186
Moderator 162
Modulation 126
Molekül 140
Momentangeschwindigkeit 20
Mondfinsternis 5
Mondphase 5
MOSFET 92
Müllverbrennung 179
Mutationen 154

N
n-Leiter 77, 93
Nachhall 100
Nachrichtenübertragung 85
NAND-Stufe 87
Natriumdampflampe 133
natürliche Strahlenbelastung 156, 167
Nebelkammer 143, 149
Nebenschlußmotor 57
Neutralleiter 67
Neutron 150, 166
Neutronenzahl 150
Newton (Einheit) 26
Newtonsche Axiome 28
NICHT-Schaltung 86
NOR-Stufe 87
npn-Transistor 82
NTC-Widerstand 74
Nukleon 150, 166
Nulleffekt 144
Nutzenergie 8, 173, 185

O
Obertöne 103
Objektiv 6
ODER-Funktion 87
ODER-Glied 87
ODER-Schaltung 86
Ohm (Einheit) 12
Ohmsches Gesetz 12
Ohr 104
Ordnungszahl 150
Orientierungswissen 187
Ozon-Schicht 132

P
p-Leiter 77, 93
Paarbildung 75
Parallelschaltung 12
Parallelstrahl 6
Periodendauer 65, 96
Periodensystem der Elemente 150
perpetuum mobile 62
Photovoltaik 181
physikalische Größe 7

Planartechnologie 92
Plasma 184
pn-Übergang 79
Polarlicht 54
potentielle Energie 46, 49
Primär-Energieträger 171, 185
Primärkreislauf 164
Primärspannung 68
Primärspule (Feldspule) 68
Prisma, optisches 130
Probleme der Energienutzung 169, 174, 175f.
Proton 150, 166

Q
Qualitätsfaktor 155
Quecksilberdampflampe 133
Querwelle 99

R
radioaktive Strahlung 143, 144, 167
radioaktiver Zerfall 166
Radioaktivität 143
Radon 156
Raster-Tunnelmikroskop 141
Rauchgasreinigungsanlage 169
Raumladung 78
Reaktionszeit 32
Reaktor 160
Reduktionismus 186
Reflexion 116, 125
Reflexionsgesetz 5
Regelkreis 91
Regelstab 163
Regelung 90
regenerative Energie 184
Reibungskraft 7
Reihenschaltung 12
Rekombination 75
Resonanz 102, 124, 127
Resonanzkurve 124
Roboter 90
Rolle 8
Rollreibung 7
Röntgenbild 141
Röntgenstrahlung 142
Rotor 57
Rückkopplung 91

S
Saite 96
Sammellinse 6
Satelliten 42
Satz von der Erhaltung der mechanischen Energie 47, 49
Schadstoffemission 175
Schall 96
Schallarten 97
Schalldämmung 106

Schallenergie 105
Schallgeschwindigkeit 98, 115
Schallwellen 98
Schalter 93
Schaltkreis, integrierter 87
Schaltungen, logische 86
Schatten 5
Scheitelwerte von Spannung und Stromstärke 65
Schutzhelm 32
Schwerpunkt 7, 8
schwingende Saiten 102
Schwingungen 96
Schwingungen, elektromagnetische 122, 123, 127
Schwingungen, erzwungene 112, 122
Schwingungen, harmonische 109, 127
Schwingungen, ungedämpfte 123
Sehvorgang 5
Sekundärkreislauf 164
Sekundärspannung 68, 693
Sekundärspule (Induktionsspule) 68
Sekundärstromstärke 69
Sicherheit von Kernkraftwerken 164
Sicherheitsabstand 32
Sicherheitsgurt 32
Siedewasserreaktor 164
Silizium 74, 181
Solarkonstante 180
Solarkraftwerk 181
Solarzelle 80, 132, 180, 181
Solarzellenmodul 81
Sollwert 91
somatische Schäden 154, 167
Sonnenenergie 168, 180
Source 92
Spannung, elektrische 12
Spannungsverstärkung 85
Spannungswandler 68f.
Spektralanalyse 133
Spektrallinie 133
Spektrum 130
Sperrschicht 78, 93
spezifische Wärmekapazität 10
Spiegel, ebener 5
Spinthariskop 145
Stator 57
Steinkohleneinheit (SKE) 171
Stellglied 90
Stethoskop 100
Steuern und Regeln 90, 91
Stimmgabel 96
Störgröße 91
Störstellenleitung 76
Stoßionisation 144
Strahlenbelastung 143, 154
Strahlenschäden 167
Strahlenschutz 154, 157, 166, 167
Strahlenwarnzeichen 157

Strom, elektrischer 11
Stromkreis, elektrischer 11
Stromrichtung, technische 11
Stromstärke, elektrische 12
Stromverstärkung 84
Stromverstärkungsfaktor 84
Stromwandler 69
Stromwirkung 11
subtraktive Mischung 136
Synergetik 187
Synthesizer 103
System, abgeschlossenes 172, 185
System, offenes 172, 185
Szintillationen 145
Szintillationszähler 145

T
Technik 186
technische Energiewandler 10
Temperatur 10
terrestrische Strahlung 156
theoretischer Wirkungsgrad 10
Thomsonsche Schwingungsgleichung 120f., 127
Ton 97
Totalreflexion 6
Totpunkt 56
Trägheitssatz 28, 48
Transformator 71
Transistor 82, 93
Transistoreffekt 82
Transuran 159
Transversalwelle 120, 127
Treibhauseffekt 176, 177, 185
Treibhausgase 168, 176
Tritium 151

Trommelfell 96, 104
U
Überlandleitung 72
Übersetzungsverhältnis 69
Ultraschall 100, 101
ultraviolettes Licht (UV-Licht) 132
Umwelt 169
UND-Glied 87
UND-Schaltung 86
Uran-Blei-Methode 153

V
Verbrennungskraftmaschinen 174
Verfügungswissen 187
Volt (Einheit) 12

W
Waldsterben 175
Wärme 10
Wärme-Kraft-Kopplung 183
Wärmekapazität 10
Wärmekraftmaschinen 174
Wärmekraftwerk 174
Wärmeleitung 10
Wärmepumpe 179
Wärmestrahlung 10
Wärmetauscher 164, 180
Wärmetransport 10
Wärmeübergang 10
Warmwasserspeicher 180
Wasserkraft 178
Wasserstoff-Technologie 181
Wechselspannung 64f. 79
Wechselspannungsgenerator 64
Wechselwirkungsprinzip 28, 48
Weg-Zeit-Diagramm 20, 25

Weg-Zeit-Gesetz 20, 24
Welle 99
Weltbild 187
Welt-Energiebedarf 171
Widerstand, elektrischer 12
Widerstand, spezifischer 12
Wiederaufarbeitungsanlage 165
Windkonverter 178
Winkelgeschwindigkeit 41
Wirbelstrom 70
Wirkungsablauf 91
Wirkungsgrad 8, 69, 173, 185
Wölbspiegel 5
Wurf 36, 37, 49
Wurfparabel 37

Z
Zählrate 144
Zentralkraft 40
Zerfallsgesetz 166
Zerfallsreihe 152
Zerlegen von Kräften 8
Zerstreuungslinse 6
zivilisatorische Strahlenbelastung 156, 167
Zusammensetzen von Kräften 8
Zweiter Hauptsatz 10

Personenverzeichnis

Bardeen, John (1908-1948) 92
Becquerel, Henry (1852-1908) 143
Binnig, Gerd (*1947) 141
Blackett , Patrick Maynard Stuart (1897-1974) 159
Bohr, Niels (1885-1962) 187
Brattain, Walter H. (1902-1987) 92
Bunsen, Robert (1811-1899) 133
Chadwick, James (1891-1974) 150
Curie, Marie (1867-1934) 143
Curie, Pierre (1859-1906) 143
Dalton, John (1766-1844) 140
Descartes, René (1596-1650) 187
Einstein, Albert (1879-1955) 161
Faraday, Michael (1791-1867) 63
Fraunhofer, Joseph von (1787-1798) 133
Galilei, Galileo (1564-1642) 186
Goethe, Johann Wolfgang von (1749-1832) 186

Hahn, Otto (1879-19689) 159
Hertz, Heinrich (1857-1894) 96
Kirchhoff, Gustav Robert (1824-1887) 133
Lenard, Philipp (1862-1947) 140
Lenz, Heinrich Friedrich (1804-1865) 286
Lorentz, Hendrik Antoon (1853-1928) 53
Meitner, Lise (1878-1968) 159
Newton, Isaac (1643-1727) 130, 186
Oerstedt, Hans Christian (1777-1851) 63
Ohm, Georg Simon (1789-1854)
Rohrer, Helmut (*1933) 141
Röntgen, Wilhelm Conrad (1845-1923) 142
Rutherford, Ernest (1871-1937) 140, 150, 159

Shockley, William B. (1910-1989) 92
Siemens, Werner von (1816-1892) 67
Snow, Charles P. (1905-1980) 187
Strassmann, Fritz (1902-1980) 159
Thomson, J. J. (1856-1940) 140
Wilson, Charles Thomson Rees (1869-1959) 149

Legende

Beispiel:

| 16 | O | |
| 8 | | Sauerstoff |

- O = Chemisches Symbol
- 16 = Atommassezahl (gerundet)
- 8 = Ordnungszahl

Metalle · Halbmetalle · Nichtmetalle · Edelgase

* radioaktive Elemente
● künstliche Elemente

Periode	1	2	3	4	5	6	7	8	9	10	11	12	13	14	15	16	17	18 (Edelgase)
1	1 H 1 Wasserstoff																	4 He 2 Helium
2	7 Li 3 Lithium	9 Be 4 Beryllium											11 B 5 Bor	12 C 6 Kohlenstoff	14 N 7 Stickstoff	16 O 8 Sauerstoff	19 F 9 Fluor	20 Ne 10 Neon
3	23 Na 11 Natrium	24 Mg 12 Magnesium											27 Al 13 Aluminium	28 Si 14 Silizium	31 P 15 Phosphor	32 S 16 Schwefel	35 Cl 17 Chlor	40 Ar 18 Argon
4	39 K 19 Kalium	40 Ca 20 Calcium	45 Sc 21 Scandium	48 Ti 22 Titan	51 V 23 Vanadium	52 Cr 24 Chrom	55 Mn 25 Mangan	56 Fe 26 Eisen	59 Co 27 Kobalt	59 Ni 28 Nickel	64 Cu 29 Kupfer	65 Zn 30 Zink	70 Ga 31 Gallium	73 Ge 32 Germanium	75 As 33 Arsen	79 Se 34 Selen	80 Br 35 Brom	84 Kr 36 Krypton
5	85 Rb 37 Rubidium	88 Sr 38 Strontium	89 Y 39 Yttrium	91 Zr 40 Zirkon	93 Nb 41 Niob	96 Mo 42 Molybdän	99 Tc*● 43 Technetium	101 Ru 44 Ruthenium	103 Rh 45 Rhodium	106 Pd 46 Palladium	108 Ag 47 Silber	112 Cd 48 Cadmium	115 In 49 Indium	119 Sn 50 Zinn	122 Sb 51 Antimon	128 Te 52 Tellur	127 I 53 Jod	131 Xe 54 Xenon
6	133 Cs 55 Cäsium	137 Ba 56 Barium	139 La 57 Lanthan	179 Hf 72 Hafnium	181 Ta 73 Tantal	184 W 74 Wolfram	186 Re 75 Rhenium	190 Os 76 Osmium	192 Ir 77 Iridium	195 Pt 78 Platin	197 Au 79 Gold	201 Hg 80 Quecksilber	204 Tl 81 Thallium	207 Pb 82 Blei	209 Bi 83 Wismut	210 Po* 84 Polonium	210 At*● 85 Astat	222 Rn* 86 Radon
7	223 Fr*● 87 Francium	226 Ra* 88 Radium	227 Ac* 89 Actinium	261 Rf*● 104 Rutherfordium	262 Ha*● 105 Hahnium	263 *● 106	264 Ns*● 107 Nielsbohrium	267 Hs*● 108 Hassium	268 Mt*● 109 Meitnerium	271 *● 110	272 *● 111	277 *● 112						

Lanthanoide 57–71

140 Ce 58 Cer	141 Pr 59 Praseodym	144 Nd 60 Neodym	147 Pm*● 61 Promethium	150 Sm 62 Samarium	152 Eu 63 Europium	157 Gd 64 Gadolinium	159 Tb 65 Terbium	163 Dy 66 Dysprosium	165 Ho 67 Holmium	167 Er 68 Erbium	169 Tm 69 Thulium	173 Yb 70 Ytterbium	175 Lu 71 Lutetium

Actinoide 89–103

232 Th* 90 Thorium	231 Pa* 91 Protactinium	238 U* 92 Uran	237 Np*● 93 Neptunium	244 Pu*● 94 Plutonium	243 Am*● 95 Americium	247 Cm*● 96 Curium	249 Bk*● 97 Berkelium	251 Cf*● 98 Californium	254 Es*● 99 Einsteinium	257 Fm*● 100 Fermium	258 Md*● 101 Mendelevium	259 No*● 102 Nobelium	260 Lr*● 103 Lawrencium

Eigenschaften verschiedener Stoffe

Stoff	Symbol bzw. Formel	Dichte ϱ in g/cm³ bei 20 °C	Schmelz-temp. ϑ_E in °C	Siede-temp. ϑ_S in °C	Spez. Wärme-kapazität c in $\frac{J}{g \cdot K}$ bei 20 °C	Spez. Schmelz-wärme E_s in $\frac{J}{g}$	Spez. Verd.-wärme E_v in $\frac{J}{g}$ am norm. Siedep.	Spez. elektr. Widerstand ϱ in $\frac{\Omega mm^2}{m}$ bei 20 °C
Feste Stoffe:								
Jod	J	4,94	114	184	0,218	124	172	
Kalium	K	0,86	63	757	0,741	66	2052	0,07
Kohlenstoff	C							
Graphit		2,25	3550	4350	0,708	–	–	
Diamant		3,52	>3600	4200	0,502	–	–	$3 \cdot 10^{17} \dots 5 \cdot 10^{18}$
Schwefel								
rhombisch	S	2,06	113	445	0,720	50	293	$\sim 10^{22}$
Natriumchlorid	NaCl	2,164	808	1465	0,867	519	2931	$1,15 \cdot 10^9$
Metalle								
Aluminium	Al	2,70	660	2400	0,90	403,6	10 538	0,027
Blei	Pb	11,35	327	1750	0,13	24,7	871	0,21
Eisen	Fe	7,86	1535	2800	0,45	270,0	6322	0,099
Gold	Au	19,3	1063	2660	0,13	64,5	1578	0,022
Kupfer	Cu	8,93	1083	2582	0,39	204,7	4798	0,017
Magnesium	Mg	1,74	650	1110	1,02	378,9	5422	0,047
Messing		8,3	–	–	0,38			0,08
(62 % Cu; 38 % Zn)								
Nickel	Ni	8,9	1453	2800	0,45	299,8	6490	0,073
Platin	Pt	21,45	1769	4000	0,13	111,4	2470	0,106
Silber	Ag	10,5	961	2190	0,23	104,7	2357	0,016
Wismut	Bi	9,75	271	1550	0,12	54,4	195	1,21
Wolfram	W	19,27	3380	5900	0,13	192,6	4185	0,054
Zink	Zn	7,13	420	907	0,39	102,2	1758	0,062
Zinn	Sn	7,30	232	2600	0,23	59,5	2386	0,121
Typische undotierte Halbleiter								
Germanium	Ge	5,36	959	2700	0,31	–	–	$0,6 \cdot 10^6$ bei 27 °C
Silizium	Si	2,4	1410	2600	0,70	164,1	12 560	$2,3 \cdot 10^9$ bei 27 °C
Naturstoffe, Keramik u. a.								
Beton (lufttrocken)		1,5 … 2,4	–	–	0,84	–	–	1–5
Eis (bei 0 °C)	H₂O	0,917	–	–	2,09	–	–	–
Erde (trocken)		1,3 … 2,0	–	–	–	–	–	$10^8 \dots 10^{10}$
Glas		2,4	~500	–	0,8	–	–	$10^{12} \dots 10^{19}$
Granit		2,6 … 3,0		–	0,75	–	–	–
Hartgummi		1,1 … 1,2	–	–	1,26 … 1,67	–	–	$10^{19} \dots 10^{22}$
Kork		0,20 … 0,35	–	–	1,67 … 2,09	–	–	–
Rohrzucker	C₁₂H₂₂O₁₁	1,59	186	–	0,29	13,4	–	–
Sandstein		1,9 … 2,3	–	–	0,71	–	–	–
Holz		0,4 … 0,8	–	–	1,26 … 1,57	–	–	$10^{14} \dots 10^{20}$
Keramik		2,4	1670	–	0,85	–	–	10^{16}
Kunststoffe								
Perlon		1,08 … 1,14	–	–	1,8 … 1,88	–	–	$\sim 10^{22}$
Trolitul		1,05 … 1,20	–	–	1,26	–	–	$\sim 10^{22}$
Styropor		0,017	–	–	–	–	–	$\sim 10^{16}$